地学の目で見る世界の絶景

世界には，長い年月をかけて形成されたさまざまな地形が存在している。

JN111952

❸アンテロープキャニオン［アメリカ合衆国］

アリゾナ州に位置し，砂岩層が水や風によって侵食されてできたもの。内部の岩肌はなめらかに削られ，岩の間が細い通路のようになっている。

❹エンジェルフォール［ベネズエラ］

ギアナ高地にあり，世界一落差のある滝。落差が979mと大きいため，水は流れ落ちる間に細かい雨や霧となってしまい，滝つぼがない。

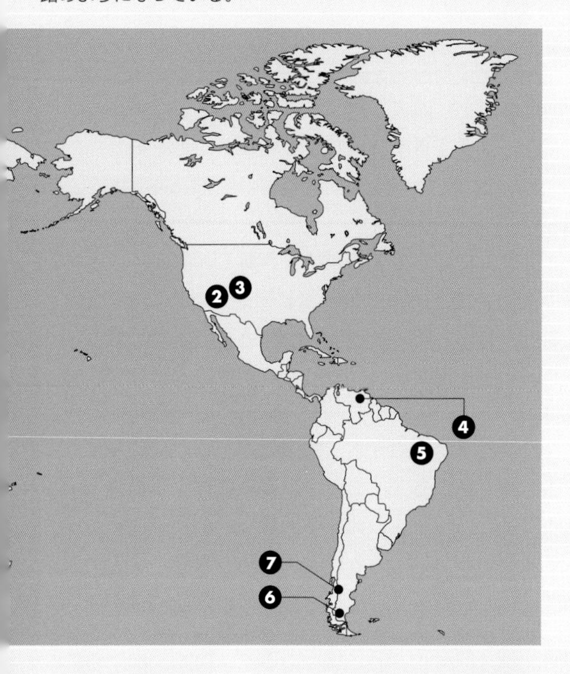

❺レンソイス・マラニャンセス国立公園［ブラジル］

純白の砂丘と雨季に見られる無数の湖が特徴的なブラジルの国立公園。砂の大部分が石英のため，真っ白な砂丘となっている。

❼マーブル・カテドラル［アルゼンチン・チリ］

大理石でできた岩が侵食されて形成されたマーブル模様の洞窟。アルゼンチンとチリにまたがるヘネラル・カレーラ湖で見られる。

❻ペリトモレノ氷河［アルゼンチン］

アルゼンチンのロス・グラシアレス国立公園に属する全長約35km，面積約250km²の巨大な氷河。この氷河の氷は透明度が高く，青みを帯びて見える。

本書の特徴と構成

本書の特徴

本書は，**中学**の復習から**大学入学共通テスト**の演習までの段階的な構成で，高等学校「地学基礎」の学習内容の定着をはかる，これまでにないタイプの問題集です。教科書「地学基礎」の構成・配列に合わせて，全体を５章15節に分けました。授業・教科書との併用はもちろんのこと，到達目標を共通テストに設定していることから，その対策問題集としても使うことができます。
なお，特に思考力・判断力・表現力等を必要とする問題には?印をつけています。

本書の構成

中学理科Check	各章のはじめに設定。その章に関連する中学理科の内容を空欄補充形式でまとめました。
要点Check	節ごとに設定。「地学基礎」の学習事項を，図表を豊富に用いて，わかりやすく整理しています。定期試験前などに学習事項を復習する場合はここを見て確認することができます。
正誤Check	節ごとに設定。「地学基礎」の学習事項に関する文の正誤を判断し，誤っている場合には正しい用語に変更する問いです。入試で頻繁に出題される「…についての記述として最も適当なもの（誤っているもの）を選べ」といった形式の**内容正誤問題**対策として効果を発揮します。
標準問題	節ごとに設定。入試に頻出する標準的な問題のうち，**知識問題**を中心に取り上げています。授業・教科書との併用をふまえ，また，学習内容の定着の確認のために，選択式の問題だけでなく，記述式の問題や簡単な計算問題，論述式の問題も取り上げています。わからない，あるいは，間違った際，すぐに学習事項を確認できるように，問題の右側に，要点Check・正誤Checkの参照ページがついており，効率的に学習を進めることができます。
演習例題	各章のおわりに設定。入試に頻出する**総合問題**とその解説・解答で構成しています。問題の右側に，ベストフィットとして，問題文の用語解説や事象解説，解答およびその解説を示しています。
演習問題	各章のおわりに設定。入試に頻出する**総合問題**を中心に取り上げています。大学入試共通テストタイプの出題に慣れるとともに，内容が複合された問題にも対応できる応用力を養うことができます。

別冊解答

２色刷りの詳しい解答・解説です。標準問題では，ベストフィットで各問題の解法のポイントを示しています。演習問題では，リード文 Checkとしてリード文を掲載し，問題を読み解く上で重要な用語や事象についてベストフィットで説明しています。

contents

ベストフィット地学基礎

目次

1章 地球の構成と運動
中学理科Check …… 2
❶節 地球の構造
要点Check …… 4
正誤Check …… 6
標準問題 …… 7
❷節 プレートの運動
要点Check …… 10
正誤Check …… 13
標準問題 …… 14
❸節 地震と火山
要点Check …… 18
正誤Check …… 22
標準問題 …… 23
演習例題 …… 30
演習問題 …… 32

2章 大気と海洋
中学理科Check …… 40
❶節 大気の構造と運動
要点Check …… 42
正誤Check …… 44
標準問題 …… 45
❷節 大気の大循環
要点Check …… 48
正誤Check …… 51
標準問題 …… 52
❸節 海洋の構造と海水の運動
要点Check …… 55
正誤Check …… 56
標準問題 …… 57
❹節 日本の四季の気象と気候
要点Check …… 59
正誤Check …… 60
標準問題 …… 60
演習例題 …… 62
演習問題 …… 64

3章 宇宙,太陽系と地球の誕生
中学理科Check …… 72
❶節 宇宙の誕生
要点Check …… 74
正誤Check …… 75
標準問題 …… 75
❷節 太陽の誕生
要点Check …… 78
正誤Check …… 79
標準問題 …… 80
❸節 惑星の誕生と地球の成長
要点Check …… 81
正誤Check …… 84
標準問題 …… 85
演習例題 …… 88
演習問題 …… 90

4章 古生物の変遷と地球環境の変化
中学理科Check …… 94
❶節 地層のでき方
要点Check …… 95
正誤Check …… 97
標準問題 …… 98
❷節 化石と地質時代の区分
要点Check …… 101
正誤Check …… 101
標準問題 …… 102
❸節 古生物の変遷と地球環境
要点Check …… 103
正誤Check …… 105
標準問題 …… 106
演習例題 …… 108
演習問題 …… 110

5章 地球の環境
中学理科Check …… 116
❶節 日本の自然環境
要点Check …… 116
正誤Check …… 118
標準問題 …… 118
❷節 地球環境の科学
要点Check …… 120
正誤Check …… 121
標準問題 …… 122
演習例題 …… 124
演習問題 …… 126
大学入学共通テスト特別演習 …… 130
重要用語Check …… 138

1章 地球の構成と運動

□ 1 地上にあるすべての物体には(　　　　)がはたらき，地球の中心方向に引かれている。

□ 2 マグマが冷却すると(　　　　)となる。

□ 3 火成岩は数種類の(　　　　)とよばれる結晶からできている。

□ 4 マグマが地表付近で急冷されてできた火成岩を(　　　　)という。

□ 5 火成岩に含まれる鉱物には，石英や長石のような白っぽい(　ア　)と，黒雲母，角閃石，輝石，かんらん石などのような黒っぽい(　イ　)とがある。

□ 6 火山岩の組織は(　ア　)とよばれ，比較的大きな結晶である(　イ　)とよばれる部分と，形がわからないほど小さな粒である(　ウ　)という部分からなる。

□ 7 マグマが地下深くでゆっくり冷却されてできた火成岩を(　　　　)という。

□ 8 深成岩の組織は同じくらいの大きな鉱物からなり，(　　　　)とよばれる。

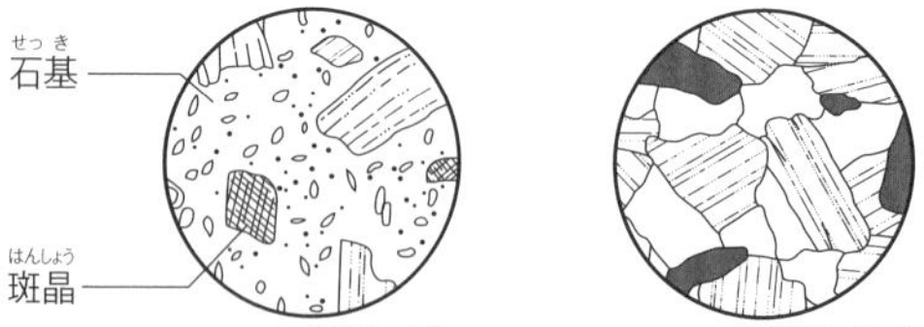

石基

斑晶

火山岩(斑状組織)　深成岩(等粒状組織)

図1　火山岩と深成岩の組織

□ 9 地球内部の熱により，地下の岩石がとけると(　　　　)が生成する。

□ 10 火山をつくるマグマが地表に現れたものを(　　　　)という。

□ 11 火山の形や噴火のようすはマグマの(　　　　)によって異なる。

□ 12 マグマのねばりけが(　ア　)いと傾斜がゆるやかな火山が形成され，噴火のようすは(　イ　)である。また，噴出物の色は(　ウ　)っぽい。

□ 13 マグマのねばりけが(　ア　)いとドーム状の火山が形成され，噴火のようすは(　イ　)。また，噴出物の色は(　ウ　)っぽい。

□ 14 地層に大きな力がはたらき，波打つように曲げられてできる構造を(　　　　)という。

□ 15 地層に大きな力がはたらき，地層が断ち切られてできる構造を(　　　　)という。

□ 16 地層が両側に引っぱられるような力がはたらいてできる断層を(　　　　)という。

1.重力
2.火成岩
3.鉱物
4.火山岩
5.ア 無色鉱物
　イ 有色鉱物
6.ア 斑状組織
　イ 斑晶
　ウ 石基
7.深成岩
8.等粒状組織
9.マグマ
10. 溶岩
11. ねばりけ
12. ア 小さ
　イ おだやか
　ウ 黒
13. ア 大き
　イ 激しい
　ウ 白
14. 褶曲
15. 断層
16. 正断層

□ **17** 地層に両側から押されるような力がはたらいてできる断層を(　　　)という。 — 17. 逆断層

□ **18** 地層に大きな力がはたらき，水平方向にずれた断層を(　　　)という。 — 18. 横ずれ断層

□ **19** 地震が起きたとき，地下で岩石の破壊が起こり，地震が最初に発生した場所を(　ア　)といい，(　ア　)の真上にあたる地表の位置を(　イ　)という。 — 19. ア 震源　イ 震央

□ **20** 地震のはじめの小さな揺れは，(　ア　)波によるもので，(　イ　)という。 — 20. ア P　イ 初期微動

□ **21** 地震のはじめの小さな揺れの後からくる大きな揺れは，(　ア　)波によるもので，(　イ　)という。 — 21. ア S　イ 主要動

□ **22** P波とS波の到達時刻の差を(　ア　)といい，この時間は震源から遠ざかるほど(　イ　)くなる。 — 22. ア 初期微動継続時間　イ 長

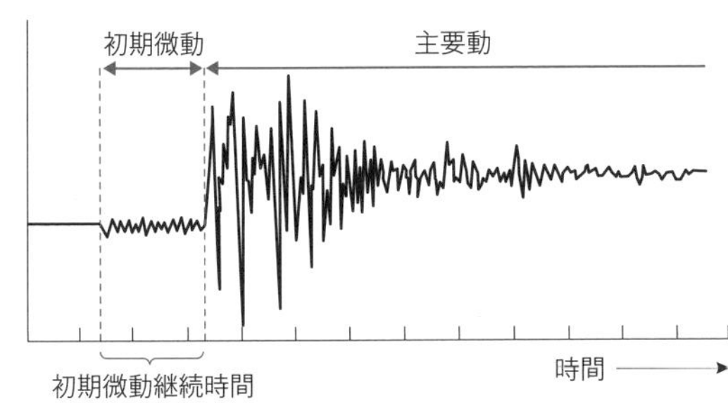

図2　地震計の記録

□ **23** ある地点での地震の揺れの強さを表す数値を(　　　)という。 — 23. 震度

□ **24** 日本では震度階級は(　ア　)階級にわけられており，最も小さい揺れは震度(　イ　)，最も大きい揺れは震度(　ウ　)である。 — 24. ア 10　イ 0　ウ 7

□ **25** 地震の規模を表す数値を(　　　)という。 — 25. マグニチュード

□ **26** 地震発生時に生じる地下の地盤のずれを(　　　)という。 — 26. 断層

□ **27** 断層のうち，過去に活動をくり返し，今後も地震を起こす可能性がある断層を(　　　)という。 — 27. 活断層

□ **28** 地球表面をおおう厚さ約100kmのかたい岩盤を(　　　)という。 — 28. プレート

□ **29** 東太平洋海嶺(かいれい)で生成された(　　　)プレートは，西に少しずつ移動し，日本海溝などで沈み込んでいる。 — 29. 太平洋

□ **30** 日本付近の地震は，海溝よりも大陸側に集中しており，一般に震源の深さは海溝から離れるほど(　　　)くなる。 — 30. 深

□ **31** インド半島をのせたプレートが(　ア　)プレートと衝突することで(　イ　)山脈が形成された。 — 31. ア ユーラシア　イ ヒマラヤ

1節 地球の構造

▶1 地球の形と大きさを調べる

(1)「地球」は球形か？

アリストテレス(古代ギリシア)が考えていた地球が球形である証拠

① 北半球で，北方に向かうほど北極星の高度が高くなる(明るさは変化しない)。

② 月食時に月面に映る地球の影が丸い。

(2)地球の円周の測定

紀元前230年頃，エラトステネス(古代ギリシア)は，以下の仮定に基づき地球の円周を測定した。

(仮定)・地球は完全な球形である。

・太陽はきわめて遠方にある。

エラトステネスが求めた地球の円周は約46000km

(誤差は約15%)

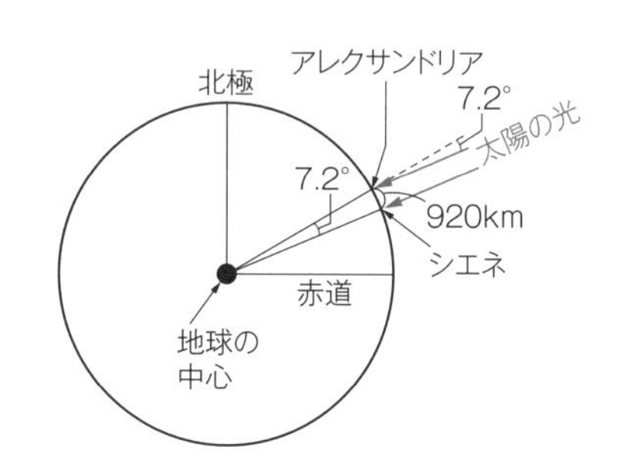

▶2 地球の形

(1)偏平な地球

ニュートンの仮説

「地球は厳密には赤道方向にふくらんだ回転楕円体(だえんたい)である」

↑

フランス学士院が証明(18世紀)

緯度差1°に相当する弧の長さは高緯度ほど長い。

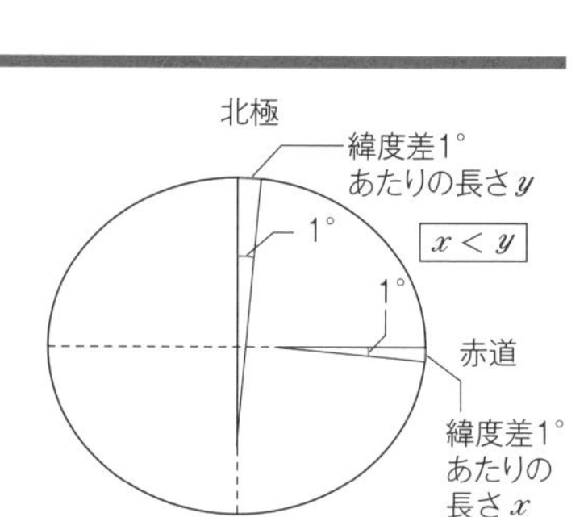

(2)正確な地球の形

地球の形に最も近い回転楕円体を地球楕円体という。

赤道半径a = 6378km，極半径b = 6357km

楕円のつぶれ具合は偏平率で表す。

$$偏平率 = \frac{赤道半径 - 極半径}{赤道半径} = \frac{a - b}{a} \fallingdotseq \frac{1}{298}$$

地球を赤道半径30cmに縮小すると，極半径は29.9cm

(わずか1mm短い)

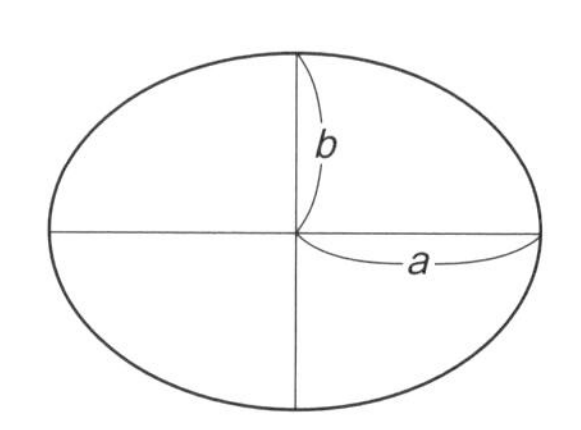

(3)地表の起伏

地球の表面は大陸が約30%，海洋が約70%を占める。

大陸で最も大きな面積を占めるのが標高0～1000mの地域，海洋で最も大きな面積を占めるのは深さ4000～5000mの地域である。

高度分布に2つのピークをもつのが地球の大きな特徴。

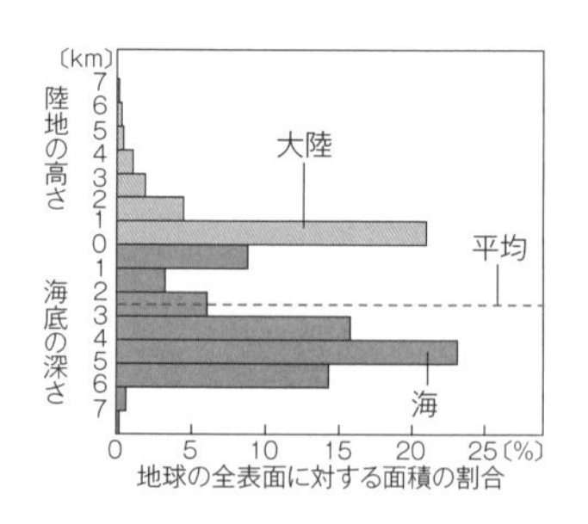

▶3 地球内部の層構造

(1)**地　殻**……密度の小さい岩石で構成。大陸で厚く，海洋で薄い。
　　　　　　地殻とマントルの境界を**モホロビチッチ不連続面**という。

(2)**マントル**…地殻に比べて密度の大きい岩石で構成。

(3)**外　核**……主に鉄からなり，**液体**である。

(4)**内　核**……主に鉄からなり，**固体**である。

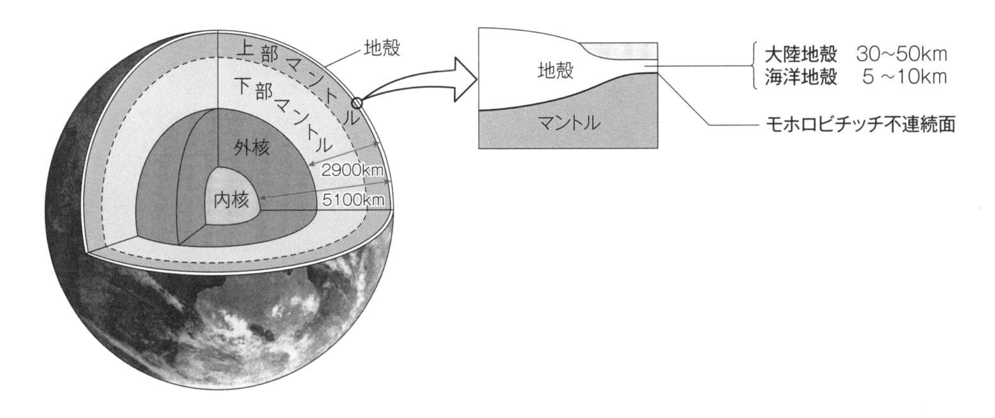

▶4 地球内部を構成する物質

(1)**地殻の化学組成と地球全体の化学組成**

・地殻に含まれる元素(多いものから順に)
　酸素O，ケイ素Si，アルミニウムAl，鉄Fe

・地球全体に含まれる元素(多いものから順に)
　鉄Fe，酸素O，ケイ素Si，マグネシウムMg

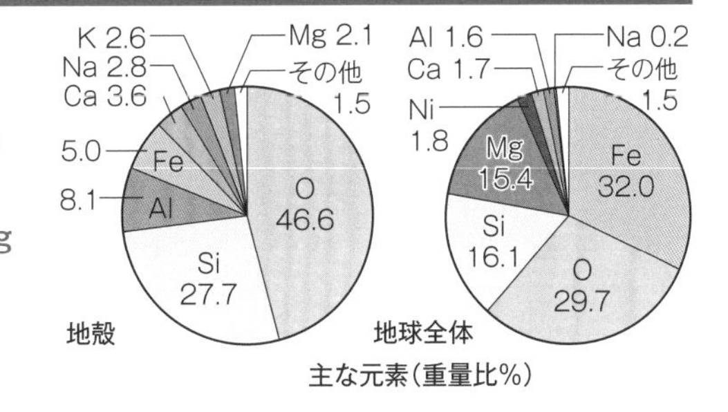

主な元素(重量比%)

(2)**地球内部の区分と構成物質**

・地球全体の平均密度は約5.5g/cm³

区分		構成物質	密度	深さ
地殻	大陸地殻	上部　花こう岩質	約2.7g/cm³	厚さ：約30 ～ 50km
		下部　玄武岩質	約3.0g/cm³	
	海洋地殻	玄武岩質	約3.0g/cm³	厚さ：約5 ～ 10km
マントル	上部	かんらん岩質	約3.3 ～ 4.5g/cm³	
	下部		約6.5g/cm³	約2900km
外核		主に鉄(液体)	約10 ～ 12g/cm³	約5100km
内核		主に鉄(固体)	約13g/cm³	

正誤 Check

次の各文のそれぞれの下線部について，正しい場合は○を，誤っている場合には正しい語句を記せ。

1	地球が丸いことは，ア月食のときに月に映る地球の影が円形であること，北極星の高度が北から南へいくほどイ高くなることなどからわかる。【19センター改】	1 ア○ イ×→低く
2	地球の円周は，ア緯度が等しい2地点の距離とイ経度差を測定することにより求められる。	2 ア×→経度 イ×→緯度
3	南北に並んだ2地点の緯度差は南中高度の差に等しい。	3 ○
4	地球の全周は約40000kmである。	4 ○
5	精密な測量を行うと地球は赤道半径より極半径がア小さく，その差はイ200kmほどである。【10センター追，07センター，00センター，04センター追】	5 ア○ イ×→20km
6	精密に測定を行うと地球の赤道に沿った周囲の長さは，子午線に沿った周囲の長さに比べて長くなっている。【10センター追，07センター】	6 ○
7	緯度差1°に対する子午線（経線）の長さは，極付近のほうが赤道付近よりも長い。【09センター追，04センター追，20センター追，21共通1】	7 ○
8	地球上の任意の2地点における鉛直線は地球の中心で交わる。	8 ×→交わらない
9	地球はア極方向にふくらんだ回転楕円体であり，このことを17世紀に示したのはイギリスのイカッシーニである。【21共通1改】	9 ア×→赤道方向 イ×→ニュートン
10	地球の赤道半径と極半径の長さの違いは，地球の自転による万有引力が作用した結果生じたものである。【07センター，00センター】	10 ×→遠心力
11	回転楕円体のつぶれの度合いを表す数値を離心率という。	11 ×→偏平率
12	偏平率は，赤道半径をa，極半径をbとすると，$\frac{b}{a}$という式で表される。【05センター】	12 ×→$\frac{a-b}{a}$
13	完全な球体であるとき，偏平率の値は0となる。	13 ○
14	地球の偏平率は，およそ$\frac{1}{100}$である。【05センター追】	14 ×→$\frac{1}{300}$
15	実際の地球の形に最もよく適合する回転楕円体を標準楕円体という。	15 ×→地球楕円体
16	地球の陸地で最も大きな面積を占めるのは標高1000～2000mの地域である。	16 ×→0～1000m
17	地球の海洋で最も大きな面積を占めるのは深度4000～5000mの地域である。	17 ○
18	地表の陸地の最高地点は，アアルプス山脈のイエベレスト山である。	18 ア×→ヒマラヤ イ○
19	地球において，陸地の最高地点と海底の最深地点の高低差は約10kmである。	19 ×→20km
20	地球表面の約60%を海洋が占めている。	20 ×→70
21	地殻の厚さは，海洋地域のほうが大陸地域よりも厚い。【19センター追】	21 ×→薄い

□ **22** 海洋地殻の厚さは，地球半径のおよそ1000分の1である。【09センター追】

22 ○

□ **23** マントルと地殻の境界をコンラッド不連続面という。

23 ×→モホロビチッチ

□ **24** マントルは$_{ア}$液体であり，$_{イ}$対流している。【18センター追】

24 ア×→固体 イ○

□ **25** マントルは$_{ア}$岩石でできているが，核の主成分は$_{イ}$マグネシウムである。

25 ア○ イ×→鉄

□ **26** 核は，$_{ア}$固体の外核と$_{イ}$液体の内核からなる。【19センター追】

26 ア×→液体 イ×→固体

□ **27** 外核はマントルに比べて密度が$_{ア}$小さく，温度が$_{イ}$高い。【03センター】

27 ア×→大きく イ○

□ **28** 地殻に含まれる元素のうち最も多いものは$_{ア}$アルミニウムであり，2番目に多いものは$_{イ}$炭素である。

28 ア×→酸素 イ×→ケイ素

□ **29** 地球全体に含まれる元素のうち，最も多いものは鉄である。

29 ○

標準問題

1 **[地球の大きさ]** 地球の形状に関する次の文章を読み，下の問いに答えよ。

❶p.4 要点Check▶1
p.6 正誤Check 1

地球が球形であること❶を日常生活のなかで実感するのは難しいが，宇宙から見るとほぼ球形であることがわかる。地球を完全な球と仮定すると，子午線(経線)に沿った2地点間の緯度差と距離(弧の長さ)から地球の周囲の長さ(円周)を推定することができる。

(1) 上の文章中の下線部の考え方に基づき，紀元前3世紀にはじめて地球の周囲の長さを求めた人物は誰か。

(2) 同じ子午線上にある2地点間の緯度差と距離を測定したところ，それぞれ3.2(°)，356 (km)であった。地球を完全な球と仮定して，地球の周囲の長さを求めよ。(2007センター改)

2 **[恒星の高度と緯度差]** 同じ子午線上にある2地点X・Y❶において，北極星が地点Xでは高度32度に，地点Yでは高度41度に見えた。

❶p.4 要点Check▶1
p.6 正誤Check 4, 5

(1) 2地点X・Yのうち，より高緯度側に位置するのはどちらの地点か。

(2) この2地点間の距離は約何kmか。その数値として最も適当なものを，次の①～④のうちから一つ選べ。

① 1000 km　② 2000 km　③ 3000 km　④ 4000 km

(2018センター追改)

3 ［地球の形］ 地球の形状に関する次の文章を読み，下の問いに答えよ。

精密な測量を行うと，地球の形は，［ ア ］半径が［ イ ］半径より20kmほど大きい回転楕円体❶に近いことがわかる。この長さの違いは，地球の［ ウ ］による［ エ ］が作用した結果生じたものである。

(1) 文中の**ア**～**エ**に適語を入れよ。

(2) 地球が偏平であることの説明として最も適当なものを，次の①～④のうちから一つ選べ。

① 緯度差1°あたりの弧の長さが低緯度ほど長い。

② 緯度差1°あたりの弧の長さが高緯度ほど長い。

③ 経度差1°あたりの弧の長さが低緯度ほど長い。

④ 経度差1°あたりの弧の長さが高緯度ほど長い。

(2007センター改)

❶p.4
要点Check▶2
p6
正誤Check 16

4 ［地球楕円体］ 地球の形状に関する次の文章を読み，下の問いに答えよ。

地球を含む惑星の形は回転楕円体❶で近似できることが多い。特に，地球の形を近似する回転楕円体を［ ア ］とよぶ。［ ア ］の赤道半径❷をa km，極半径❸をb kmとすると，その偏平率❹は［ イ ］と表される。

(1) 文中の**ア**に適語を入れよ。

(2) 文中の**イ**にあてはまる式を答えよ。

(3) 地球の偏平率を$\frac{1}{298}$，赤道半径を6378 kmとすると，極半径は何kmになるか。

(2005センター改)

❶p.4
要点Check▶2
p.6
正誤Check 16
❷❸p.4
要点Check▶2
p.6
正誤Check 6, 11, 13
❹p.4
要点Check▶2
p.6
正誤Check 12, 13, 15

5 ［地球表面の高度分布］ 次の文章を読み，下の問いに答えよ。

地球の地殻には，［ ア ］地殻と［ イ ］地殻が存在する。このことは，右に示した，海水を取り除いた状態で作成した地球表面の起伏の分布にも表れている。右図のグラフの**A**および**B**の位置は，それぞれ，［ ア ］地殻と［ イ ］地殻によって構成されている地域である。グラフにおいてこのような2つの明確なピーク❶が現れるのは，［ ア ］地殻上部を構成するおもな火成岩のほうが，［ イ ］地殻を構成するおもな火成岩より密度が［ ウ ］ためである。

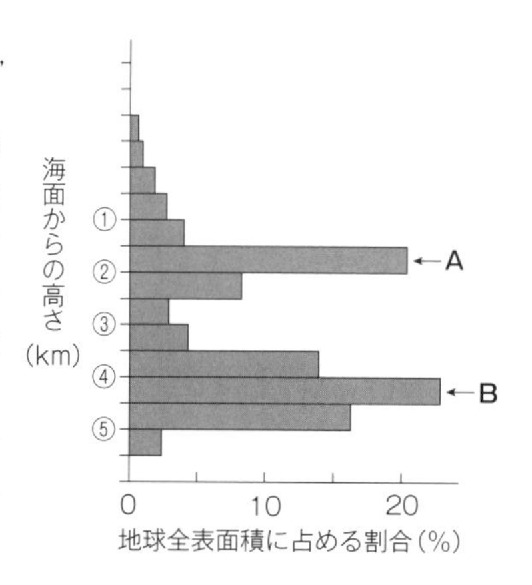

(1) 文章中の［ ア ］～［ ウ ］に適切な語句を答えよ。

(2) グラフ中の縦軸は一目盛りが1 kmを表している。図中の①～⑤のうち，海水面に相当する位置を選べ。

(2019センター追改)

❶p.4
要点Check▶2
p.6
正誤Check 19, 20

6 ［地球の構成］ 次の文章を読み，下の問いに答えよ。

地球は核❶・マントル❷・地殻❸からなる成層構造をもっている。

(1) 地球の内核・外核・上部マントルは，おもにどのような物質で構成されているか。次の物質a～dの組合せとして最も適当なものを，次の①～④のうちから一つ選べ。

a 固体の鉄・ニッケル合金　　b 鉄・ニッケルの溶融体
c かんらん岩　　d 斑(はん)れい岩

	内核	外核	上部マントル		内核	外核	上部マントル
①	a	b	c	②	a	b	d
③	b	a	c	④	b	a	d

(2) 地殻を構成する岩石について述べた文として最も適当なものを，次の①～④のうちから一つ選べ。

① 大陸地殻の上部は安山岩質，下部は花こう岩質である。
② ハワイのような海洋プレート内の火山島は，おもに流紋岩質の溶岩からなる。
③ 中央海嶺(かいれい)では，玄武岩質の海洋地殻が生成されている。
④ 片岩は，接触変成岩の代表例である。

(3) 地殻の浅部や表層には堆積(たいせき)岩が分布している。堆積岩について述べた文として**適当でないもの**を，次の①～④のうちから一つ選べ。

① 砕屑(さいせつ)岩は，構成粒子の大きさによって，粗いものから順に礫(れき)岩・砂岩・泥岩に分類される。
② 凝灰岩や凝灰角礫岩は，火山砕屑物が固まってできた。
③ チャートは，主に$CaCO_3$の殻を持つ有孔虫や貝の遺骸(いがい)が集積・固化してできた。
④ 堆積岩には，岩塩のように海水や湖水の蒸発によってできたものがある。

（2004センター改）

❶p.5
要点Check▶4
p.7
正誤Check 26，27，28
❷p.5
要点Check▶4
p.7
正誤Check 24，25，26
❸p.5
要点Check▶4
p.6，7
正誤Check 22，23，29

7 ［核の大きさ］ 核の大きさに関する次の問いに答えよ。

地球全体に対する外核❶と内核❷の大きさを表した図として最も適当なものを，次の①～④のうちから一つ選べ。

（2007センター）

❶❷p.5
要点Check▶3

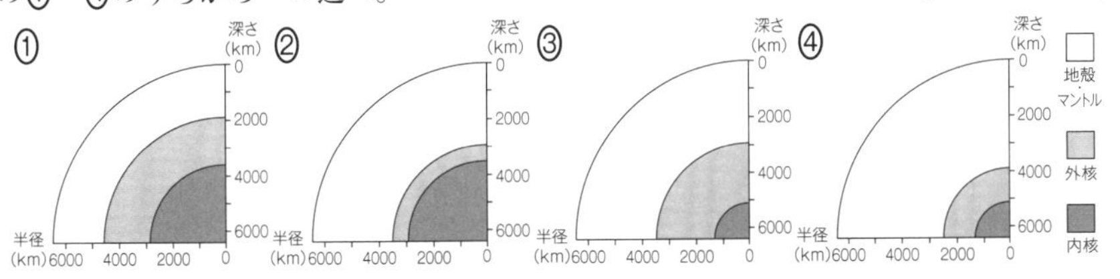

8 ［地球内部の物理量］ 次の文章を読み，問いに答えよ。

右のグラフはある2つの物理量**A**および**B**が，地表からの深さに伴ってどのように変化するかを示したものである。**A**，**B**がそれぞれ何を表しているか，次の①～④のうちからそれぞれ一つずつ選べ。

① 物質の融点　　② 温度
③ 密度　　④ 圧力　　（2006センター改）

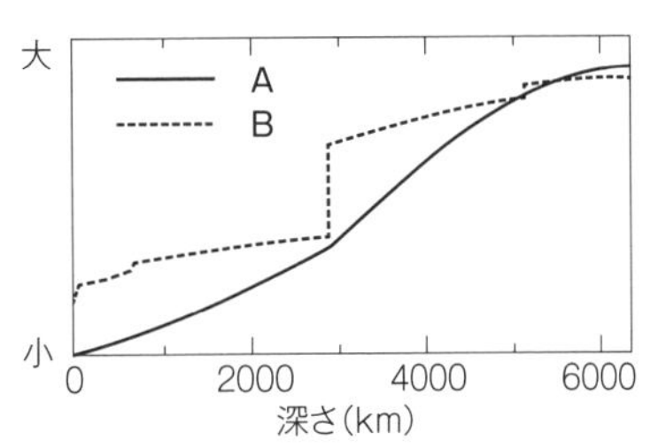

2節 プレートの運動

▶1 プレートテクトニクス

地震や火山などのさまざまな地学現象をプレートの運動によって統一的に説明する理論。

(1)リソスフェアとアセノスフェア

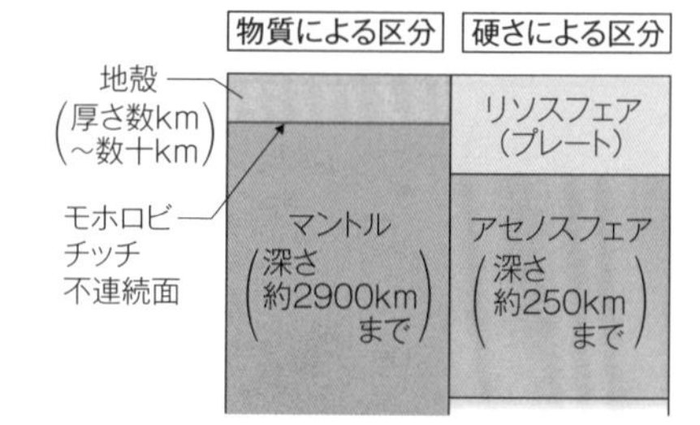

(a)リソスフェア……地球表層のかたい岩盤。地殻とマントル最上部からなる。厚さ約70km(海洋)～140km(大陸)。リソスフェアは地球上で十数枚に分割されており，この一枚一枚の板を**プレート**とよぶ。

(b)アセノスフェア……リソスフェアの下のやわらかく流動しやすい領域。岩石が溶融寸前，または部分的に溶融している。深さ約250kmまで。

(2)3種類のプレート境界

プレート境界は地震の分布と一致している。

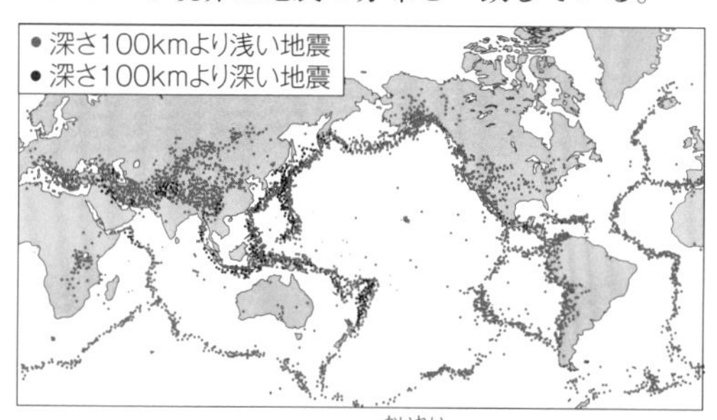

(a)拡大する境界……**中央海嶺**(例：大西洋中央海嶺，東太平洋海嶺)。新しくプレートが生成され，広がっていく。

(b)収束する(沈み込む)境界……**海溝**・トラフ(例：日本海溝，マリアナ海溝)。海洋プレートが他のプレートの下に沈み込む。大陸プレートどうしの場合は衝突し，**造山帯**を形成(例：ヒマラヤ山脈)。

(c)すれ違う境界……**トランスフォーム断層**(例：サンアンドレアス断層)。中央海嶺を横断する断層によりプレートが水平方向にすれ違う。

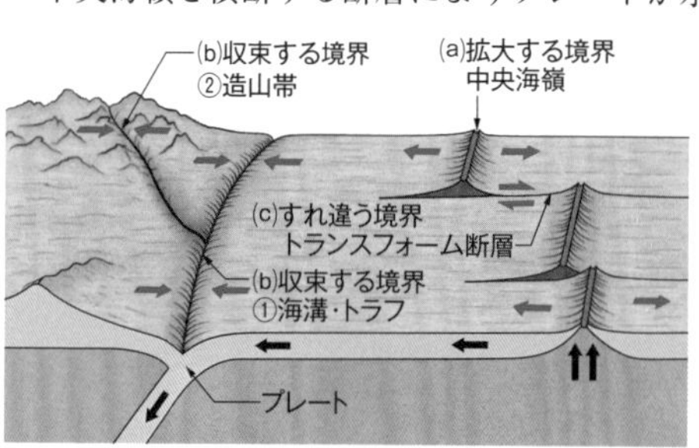

(3)地震の分布

(a)**中央海嶺**……震源の浅い(100km以下)地震が多発。地震の規模は小さい。

(b)**海溝**……震源の浅いものだけでなく，深さ100km ～ 700kmの**深発地震**も発生。
地震の規模もさまざまで，M8クラスの巨大地震も発生。

(c)**トランスフォーム断層**……震源の浅い(100km以下)地震が発生。地震の規模は小さい。

(4)火山の分布

火山が存在するのは，きわめて限られた地域であり，プレート境界である**中央海嶺**と**海溝**(**島弧**)のほか，ハワイ島などの**ホットスポット**がある。

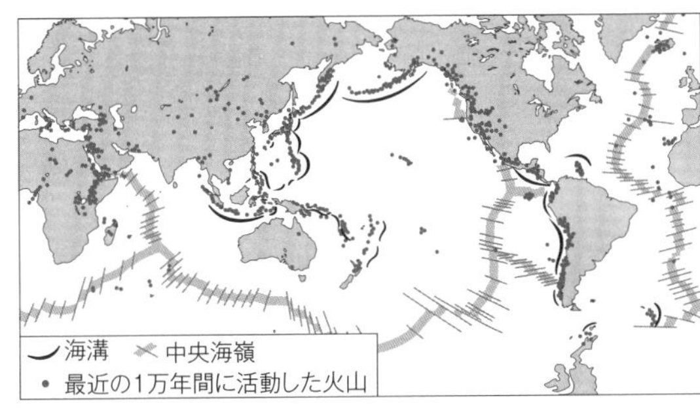

(5)島弧－海溝系

海溝と平行に，プレートの沈み込む側には火山島である**島弧**が存在。(例)日本海溝と日本列島，アリューシャン海溝とアリューシャン列島，ペルーチリ海溝とアンデス山脈(←「島」ではないので，陸弧という)。

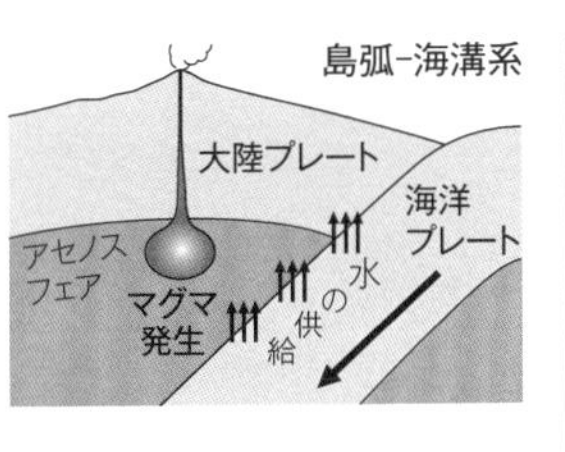

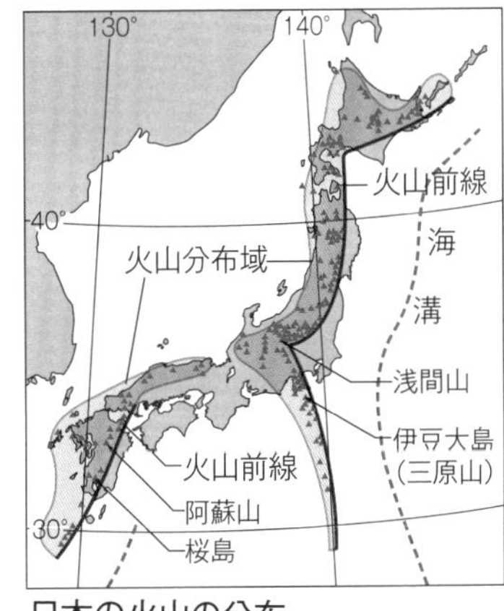

日本の火山の分布

(a)**火山の分布**……沈み込むプレートから水が供給されることでマントルの融点が下がり，部分溶融する。プレートが一定の深さ以上にもぐり込むとマグマ

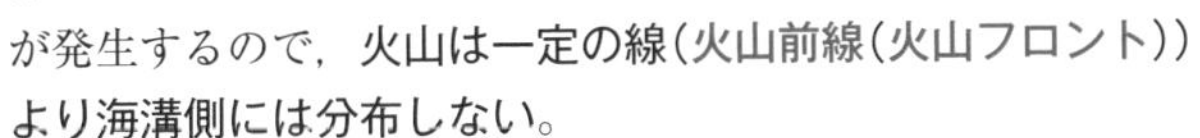

が発生するので，**火山は一定の線**(**火山前線**(**火山フロント**))**より海溝側には分布しない**。

(b)**地震の分布**……**深発地震**は日本海溝から大陸側に向かってしだいに深くなる(和達(わだち)－ベニオフ帯)。このほか，活断層による**内陸性の地震**も多発。

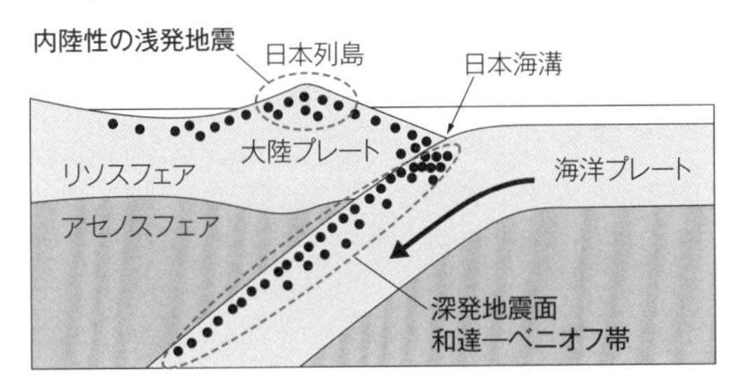

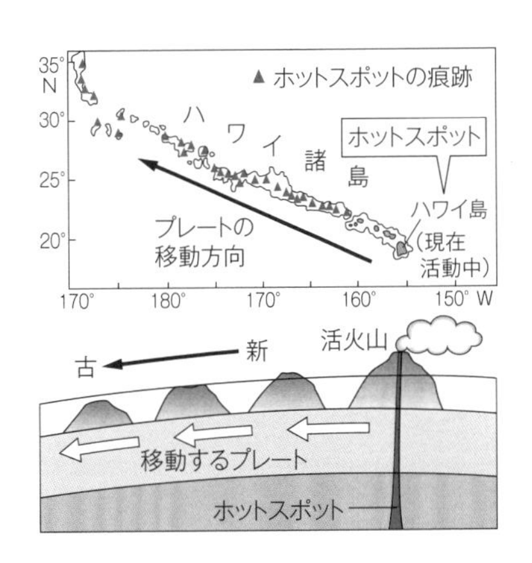

(6)ホットスポット

マントル深部の熱源からマグマが供給される場所。プレート運動と無関係に火山を形成し続け，火山列を形成。ホットスポットから離れた火山は活動を停止し，沈降して海山になる。

▶2 大地形の形成と地質構造

(1)造山帯と変成岩の形成

(a)変成作用

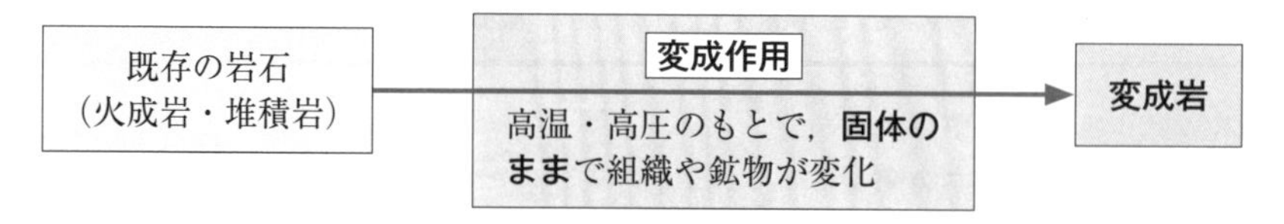

(b)接触変成作用……貫入したマグマに接触した部分で生じる熱による変成作用。鉱物が成長し，粗粒化する。

もとの岩石	変成岩
石灰岩	**結晶質石灰岩(大理石)**
砂岩・泥岩	**ホルンフェルス**

(c)広域変成作用……造山運動に伴い広範囲で生じる高い温度と圧力による変成作用。

変成岩	特徴
片岩	圧力の影響が大きく(低温高圧型)，薄くはがれやすい組織(**片理**)が発達
片麻岩	温度の影響が大きく(高温低圧型)，粗粒で白と黒の縞模様をもつ

(2)断層と褶曲(しゅうきょく)

(a)断層

岩盤は，あらゆる方向からたえず圧縮されている。岩盤にはたらく力を，鉛直方向と水平面上の直交する2方向の三成分にわけて考えたとき，最大の圧縮力がはたらく方向と相対的に伸張する方向の組合せで，断層は三種類にわけられる。たとえば正断層では，上下方向に最大の圧縮力がはたらき，水平方向に相対的に伸張し，上盤がずり下がる断層となる。

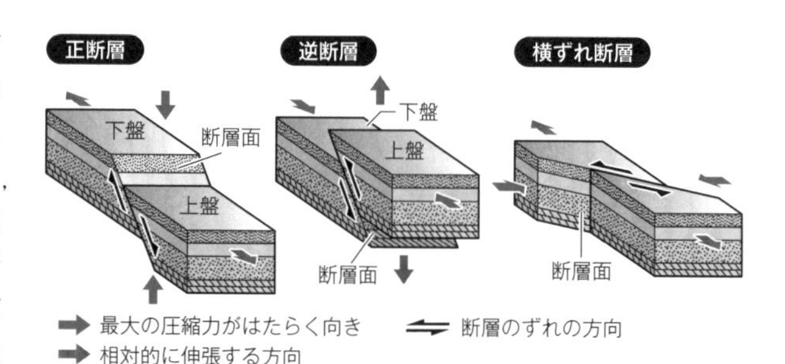

(b)褶曲

水平に堆積した地層が圧縮力を受け波状に変形。山状の部分を**背斜**，谷状の部分を**向斜**という。

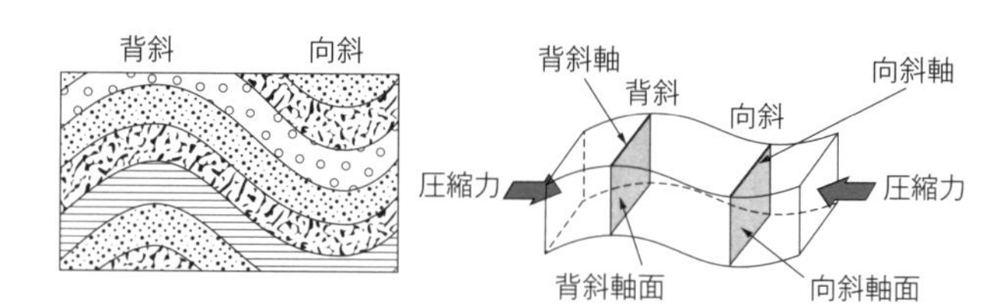

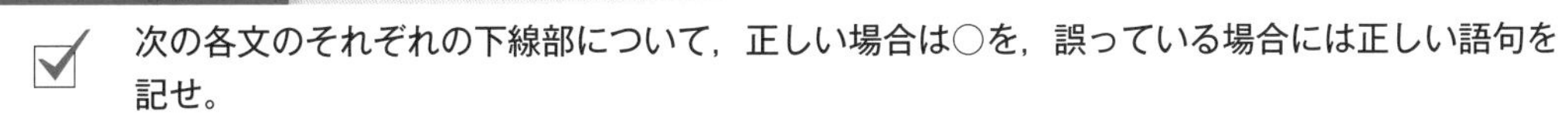

次の各文のそれぞれの下線部について，正しい場合は○を，誤っている場合には正しい語句を記せ。

1	地表を十数枚に分割しておおっている厚さ100kmほどのかたい岩盤を地殻という。	1 ×→プレート
2	プレートの下のやわらかく流動性のある部分をリソスフェアという。	2 ×→アセノスフェア
3	アセノスフェアは，おもに地殻とマントルの上部から構成される。【19センター追】	3 ×→リソスフェア
4	プレートは数mm/年の速度で移動している。【06センター改】	4 ×→cm/年
5	プレートが生成され広がっていくプレート境界を中央海嶺(かいれい)という。	5 ○
6	中央海嶺では，噴出した流紋岩質溶岩が冷えて固まり，新しい海洋地殻がつくられる。【21共通２】	6 ×→玄武岩
7	ア トランスフォーム断層の上にある島であるアイスランドには，イ ギャオと呼ばれる大地の裂け目がある。【20センター改】	7 ア×→中央海嶺 イ○
8	海溝ではプレートがすれ違い，地震が多発する。	8 ×→トランスフォーム断層
9	海洋プレートはア 中央海嶺で生まれ，そこから離れるとイ 厚くなる。【19センター追】	9 ア○ イ○
10	震源の深さが300kmよりも深い地震を深発地震という。	10 ×→100km
11	海溝では浅発地震だけでなく，深発地震も多発する。	11 ○
12	地球上で700kmよりも深い震源をもつ地震は観測されていない。【95センター改】	12 ○
13	東北日本では，ア 太平洋プレートがイ ユーラシアプレートの下に沈み込んでいる。	13 ア ○ イ ×→北米プレート
14	マリアナ海溝では，ア ユーラシアプレートがイ フィリピン海プレートの下に沈み込んでいる。	14 ア ×→太平洋プレート イ ○
15	日本の九州はフィリピン海プレート上に位置している。	15 ×→ユーラシア
16	日本列島のように，プレートの沈み込み帯で海溝とほぼ平行に形成される火山島を海膨という。	16 ×→島弧
17	ヒマラヤ山脈はデカン高原とチベット高原の間に位置し，2つのプレートが互いに遠ざかる境界の周辺で形成された。【13センター】	17 ×→近づく
18	日本付近で起こる深発地震の震源の深さは，海溝から大陸側に向かうにつれてだんだん浅くなる。	18 ×→深く
19	海洋地殻の年齢は地球上で最も古いもので約20億年程度である。	19 ×→2億年
20	大陸地殻には年齢が20億年を超えるものが存在する。	20 ○
21	陸と海のプレートの境界で大きな地震が発生したとき，陸のプレートの先端部は沈降する。【11センター】	21 ×→隆起
22	東北日本で南北に帯状に分布する火山分布域の東端をプレート境界という。【08センター】	22 ×→火山前線（火山フロント）
23	深発地震面の等深線(同じ深さを示した線)と火山前線はほぼ平行である。【11センター】	23 ○

24	ハワイ島のように，プレートの動きと無関係に，マントル中にほぼ固定されたマグマの供給源をチムニーという。【05センター】	24 ×→ホットスポット
25	ホットスポット起源の火山はおもに花こう岩からなる。【99センター追】	25 ×→玄武岩
26	海溝付近で大陸側の地盤が跳ね上がってできる断層を逆断層という。	26 ○
27	横ずれ断層のうち，断層をはさんで手前の地盤が相対的に右側にずれるものを右横ずれ断層という。	27 ×→左横ずれ断層
28	地層が$_{ア}$張力により波状に変形した構造を褶曲(しゅうきょく)といい，とくに，上側に凸に曲がった部分を$_{イ}$背斜という。	28 ア ×→圧縮力 イ ○
29	泥岩層中にマグマが貫入すると結晶分化作用によりかたくて緻密(ちみつ)な岩石に変化する。【11センター】	29 ×→変成作用
30	接触変成作用は，マグマとの接触部から最大で数百km程度にわたっておこる。【18センター改】	30 ア×→数km
31	片岩は$_{ア}$高い圧力のもとでできる$_{イ}$接触変成岩である。	31 ア○　イ×→広域
32	$_{ア}$片岩では，変成鉱物が一方向に配列した組織が見られ，面状にはがれやすい。このような組織を$_{イ}$層理という。【18センター改】	32 ア○ イ×→片理
33	大理石は，$_{ア}$花こう岩が変化してできる$_{イ}$接触変成岩である。	33 ア×→石灰岩 イ○
34	一般に，高温のもとで変成作用を受けると，鉱物の大きさは小さくなる。	34 ×→大きく

正誤Check

標準問題

9 ［プレート境界］ 次の図は，プレート境界❶の模式図である。

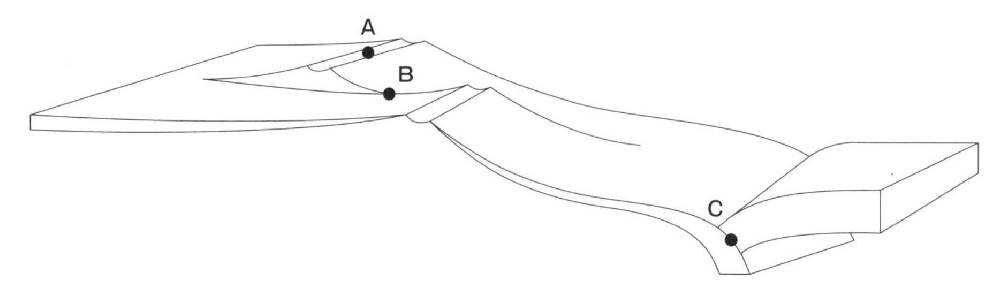

(1) プレート境界である，図中のA，Cの地形および，Bの部分に見られる断層をそれぞれ何というか。

(2) A，B，Cに見られる断層の種類を下の①～④の中からそれぞれ選べ。

① 右横ずれ断層　② 左横ずれ断層　③ 正断層　④ 逆断層

(3) 新しくプレートが生成されているのはA～Cのうちのどこか。

(4) マグニチュードが8を超えるような巨大地震が発生するのはA～Cのうちどこか。

（2018センター追改）

❶p.10 要点Check▶1
p13 正誤Check 5

10 ［地震の分布］ 地球の活動❶に関して，次の図をもとに，以下の問いに答えよ。

❶p.10
要点Check▶1

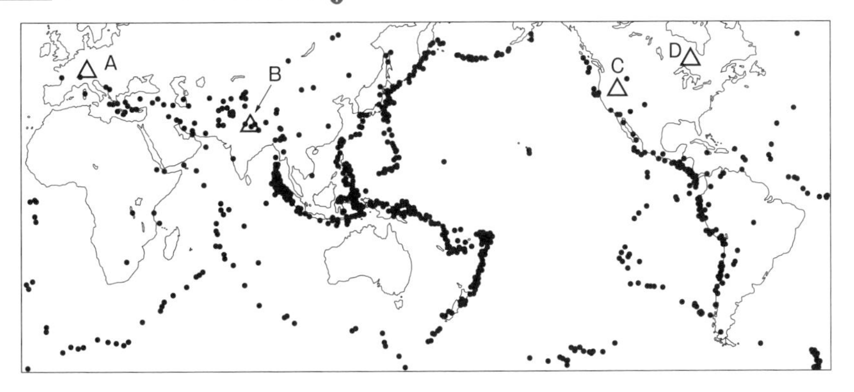

(1) 図中の・印は，地球のある活動の位置を示している。地球のこの活動として最も適当なものを，次の①～④のうちから一つ選べ。

① ホットスポットにある活火山　② ホットスポット以外にある活火山
③ 深さ100kmより浅い地震　④ 深さ100kmより深い地震

(2) 図中の△印で示された地点A～Dについて述べた文として**誤っているもの**を，次の①～④のうちから一つ選べ。

① 地点Aは，地層や岩体が変形し複雑な地質構造をもつ造山帯にある。
② 地点Bは，二つのプレートの衝突によって形成された大山脈にある。
③ 地点Cは，新しいプレートが生成されているところにある。
④ 地点Dは，現在，造山運動が起こっていないところにある。

(2009センター)

11 ［海嶺と島弧—海溝系］ 次の文章を読み，下の問いに答えよ。

次の図は，ある地域におけるプレートの生成・移動・沈み込み❶を模式的に示したものである。［ア］ではアセノスフェア❷が上昇し，冷えてリソスフェア❸となり海洋プレートが生まれる。その後，海洋プレートは数千kmもの距離を移動し，海溝から大陸プレート下のマントル中に5cm/年の速度で沈み込んでいる。

❶p.10
要点Check▶1
p.13
正誤Check 4，5，7
❷p.10
要点Check▶1
p.13
正誤Check 2
❸p.10
要点Check▶1
p.13
正誤Check 3

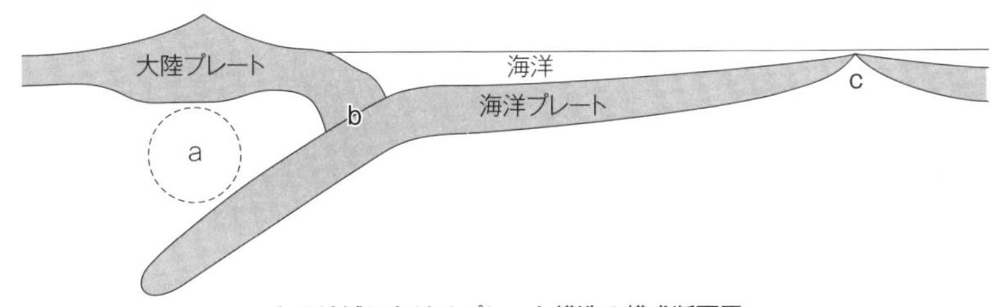

ある地域におけるプレート構造の模式断面図

(1) 前の文章中の［ア］に入れる語として最も適当なものを，次の①～④のうちから一つ選べ。

① 和達(わだち)－ベニオフ面　② 巨大地震震源域
③ ホットスポット　④ 中央海嶺(かいれい)

(2) 前の図中のaとcの場所に共通して見られる地学現象として最も適当なものを，次の①～④のうちから一つ選べ。

① 深発地震　② マグマの生成
③ 造山運動　④ プレート間の横ずれ断層運動

(3) 前の図中の，海洋プレートが大陸下に沈み込んだ部分の長さは1000kmであった。沈み込みの向きと速度が変わらなかったとすると，この海洋プレートの先端部分が沈み込みを開始したのはいつと考えられるか。最も適当な数値を，次の①～④のうちから一つ選べ。

① 2万年前　② 20万年前　③ 200万年前　④ 2000万年前

(2006センター追)

12 ［ホットスポット］ 次の文章を読み，下の問いに答えよ。

次の図1は，プレート上の火山の連なり（火山列）を示したものである。活動中の火山がホットスポット❶上にあり，その西に，かつては同じホットスポット上で活動していた火山が点々と連なっている。ホットスポットの位置が変わらなかったとすると，地点Xの火山が活動していた時点を境にプレートの移動方向が変化したことになる。下の図2は，火山列に沿って測った活動中の火山からの距離と，火山活動の年代との関係を示す。この関係から，プレートの移動の速さは［ア］cm/年でほぼ一定だったと考えられる。実際にホットスポット上の火山活動に関連してできた火山列としては，［イ］がある。

❶p.10
要点Check▶1
p.14
正誤Check 24

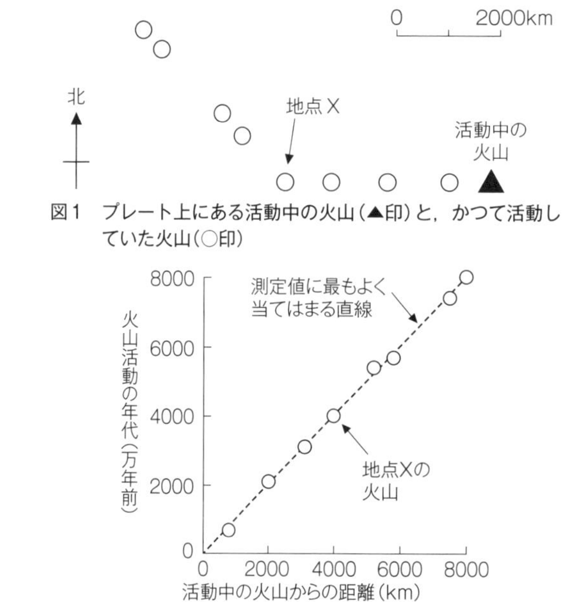

図1 プレート上にある活動中の火山(▲印)と，かつて活動していた火山(○印)

図2 火山列に沿って測った活動中の火山からの距離と火山活動の年代との関係

(1) 上の文章中の［ア］に入れる数値として最も適当なものを，次の①～④のうちから一つ選べ。

① 0.1　② 1　③ 10　④ 100

(2) 上の文章中の［イ］に入れる語句として最も適当なものを，次の①～④のうちから一つ選べ。

① アリューシャン列島　② ハワイ諸島
③ アンデス山脈　④ ヒマラヤ山脈

(3) 上の文章中の下線部に関連して，プレートの移動方向は地点Xの火山が活動していた時点を境にしてどのように変化したと考えられるか。最も適当なものを，次の①～④のうちから一つ選べ。

① 西向きから北西向きに変化　② 北西向きから西向きに変化
③ 東向きから南東向きに変化　④ 南東向きから東向きに変化

(2011センター改)

13［断層と褶曲］ 地層や岩石が力を受けると，断層❶や褶曲(しゅうきょく)❷が形成されることがある。次の図(A)～(D)は，地盤にいろいろな力がはたらいた場合に形成される断層や褶曲の模式図である。ただし，図中の灰色の部分は，力がはたらく以前は連続する水平あるいは垂直の平板状の1枚の地層であったとする。また，図はすべて，右に示した方位で表してある。

❶p.12
要点Check▶2
p.14
正誤Check 26, 27
❷p.12
要点Check▶2
p.14
正誤Check 28

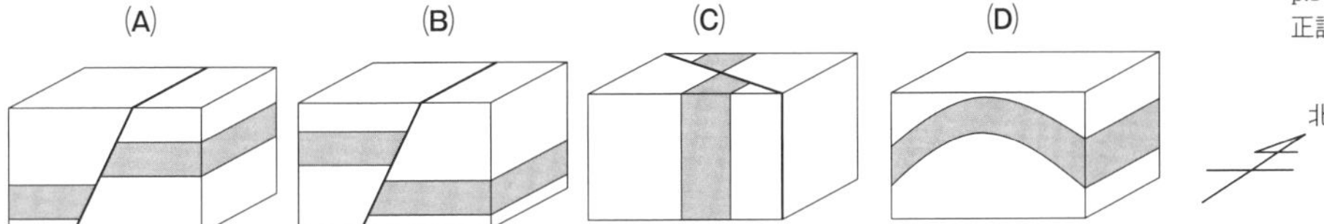

(1) 図(A)～(C)の断層の種類をそれぞれ答えよ。
(2) 褶曲において，図(D)に示したような上に凸になった部分を何というか。
(3) 次の(i)～(iv)の説明に該当する構造を，それぞれ，上の図(A)～(D)からすべて選べ。
(i) 東西方向が相対的に伸張する方向となるような力が作用して形成された。
(ii) 最大の圧縮力が東西方向となるような力がはたらいて形成された。
(iii) 最大の圧縮力が鉛直方向となるような力がはたらいて形成された。
(iv) 最大の圧縮力の向きと相対的に伸張した方向がともに水平面内にあるような力がはたらいて形成された。　(2018センター追改)

14［変成岩］ 次の(A)～(D)は変成岩❶の特徴や性質を説明したものである。

❶p.12
要点Check▶2
p.14
正誤Check 31, 32, 33

(A) (a)鉱物が一方向に配列した組織をもち，面状にはがれやすい。
(B) 粗粒の方解石が集まってできている。(b)古くから建築材として用いられてきた。
(C) 黒雲母を多く含み，かたくて緻密(ちみつ)である。
(D) 粗粒な鉱物からなり，白と黒の縞(しま)模様が発達している。

(1) 上の(A)～(D)を接触変成岩と広域変成岩にわけよ。
(2) 上の(A)～(D)の変成岩の名称を答えよ。
(3) 文章中の下線部(a)の構造を何というか。
(4) 文章中の下線部(b)について，(B)の変成岩は屋外の建築材には適していない。この理由を答えなさい。　(2017共通試行改，2018センター改，2021共通2改)

3節 地震と火山

1 地震活動

(1)地震発生のしくみ

地殻やマントルで，プレート運動や火山活動により蓄積されたひずみが解放されることで地震が発生する。この際，岩盤の破壊によって**断層**が形成される。

- **震源断層**……地震を引き起こした断層。地表に現れた震源断層を**地震断層**とよぶ。
- **震源**……震源断層において，最初に破壊が生じた点。
- **震央**……震源の真上にあたる地表の地点。
- **余震**……本震後部分的なひずみの解消により生じる小規模な地震。
  余震の震源は震源断層に沿って分布する。

(2)地震波の性質

(a)**P波**……速度が大きく(5 ～ 7km/s)，はじめに到着する。振幅が小さく，周期が短い**初期微動**をもたらす。波の振動方向と進行方向が平行する縦波。

(b)**S波**……速度が小さく(3 ～ 4km/s)，P波のあとに到着する。固体しか伝わることができない。振幅が大きく，周期が長い**主要動**をもたらす。波の振動方向と進行方向が直交する横波。

(c)**表面波**……地球表面を伝わり，S波の後に到達する。

(3)初期微動継続時間と震源距離

P波が到達してからS波が到達するまでの時間を**初期微動継続時間**(**PS時間，S－P時間**)※とよぶ。
初期微動継続時間の長さは震源距離に比例する(1899年，**大森房吉**)。

> P波の速度をV_P〔km/s〕，S波の速度をV_S〔km/s〕，震源距離をd〔km〕，初期微動継続時間をt〔s〕とすると，初期微動継続時間は，P波とS波が到達するのに要する時間の差であるので，
>
> $t = \dfrac{d}{V_S} - \dfrac{d}{V_P}$　　これを式変形すると，　$d = \dfrac{V_P V_S}{V_P - V_S} t$　（**大森公式**）
>
> 大森定数(6 ～ 8km/s)

(4)震央と震源の決定

3地点の震源距離から震源の位置を決定できる。

①観測点1～3を中心に，震源距離(d_1 ～ d_3)を半径とする円を描く。②円周どうしの交点を結ぶ3つの線分が交わる点(図中**H**)が震央である。③観測地点と震央**H**を結ぶ線分と垂直な線分を震央**H**から引き，この線分が円周と交わる点を I とすると，**HI**が震源の深さとなる。

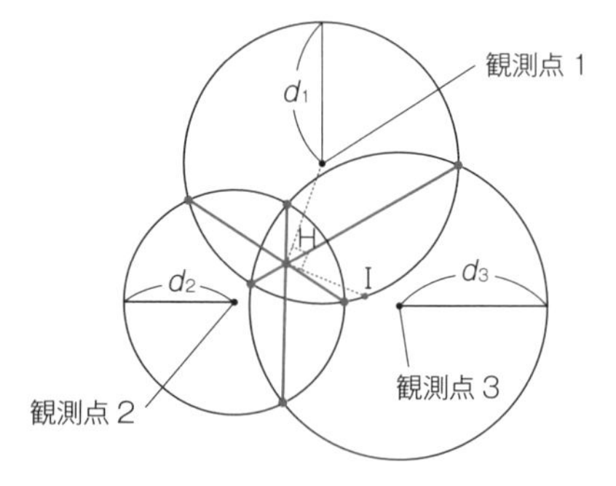

(5)震度とマグニチュード

(a)**震度**……各地点の揺れの強さを表す。日本では10段階の震度階級を使用。

(b)**マグニチュード(M)**……地震の規模(放出エネルギー)を表す。
マグニチュードが2大きくなるとエネルギーは1000倍になる。
(マグニチュードが1大きくなるとエネルギーは$\sqrt{1000}$倍(≒ 32倍))

(6)活断層

おおむね過去数十万年以内にくり返し活動し，今後も活動する可能性がある断層。日本列島には数多くの活断層が存在し，周期的に活動をくり返すものも多い。

▶2 火山活動

(1)火山噴火のしくみ

①マントル上部で岩石が**部分溶融**し，マグマが発生する。

②液体であるマグマは密度が小さいため，地殻上部まで上昇し，**マグマだまり**を形成する。

③マグマだまりで，とけ込んでいた**ガス成分**(揮発成分)が分離し，体積が増加(圧力が増加)する。

④マグマだまりで分離したガスの圧力が限界に達すると噴火が起きる。

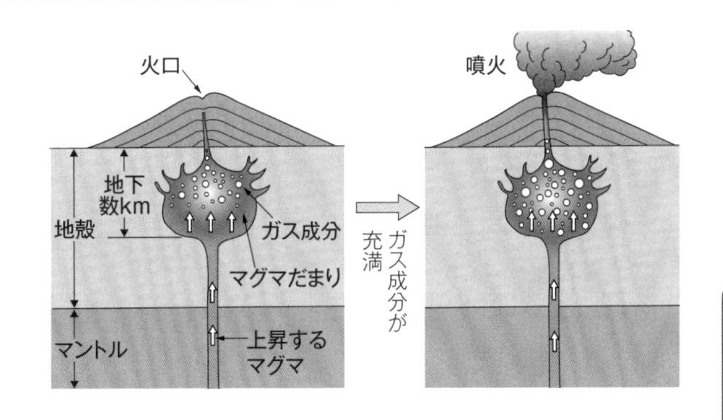

(2)噴火の形式と火山の形態

噴火の形式は，**マグマの粘性**と**ガス成分の量**により決まる。

火山岩	玄武岩	安山岩	流紋岩
SiO_2(重量%)	少 ◀―――― 52 ―――― 66 ――――▶ 多		
マグマの温度	高 ◀―― 1100℃ ―― 1000℃ ―― 900℃ ――▶ 低		
マグマの粘性	低 ◀――――――――――▶ 高		
ガス成分の割合	少 ◀――――――――――▶ 多		
噴火の形態	穏やか ◀――――――――――▶ 爆発的		
噴火の周期	短 ◀――――――――――▶ 長		
火山の形態	溶岩台地 例：デカン高原(インド) 盾状火山 例：マウナロア(ハワイ)	成層火山 例：浅間山，桜島	溶岩ドーム(溶岩円頂丘) 例：昭和新山

{ **溶岩流**……溶岩が火口から流れ下る現象。粘性の低いマグマで見られる。
{ **火砕流**……マグマが発泡し火山ガスと火山砕屑物が高速で山腹を流れ下る現象。ガス成分を多く含む粘性の高いマグマでよく見られる。

(3) 火山砕屑物

(a)**不定形**……大きさが小さなものから，**火山灰**，**火山礫**，**火山岩塊**

(b)**多孔質**(発泡による空隙を多くもつ)

{ 白っぽい……**軽石**
{ 黒っぽい……**スコリア**

(c)**紡錘形**……**火山弾**

※初期微動継続時間はS波(Secondary wave)の到達時刻からP波(Primary wave)の到達時刻を引いた時間であることから，気象庁では「S－P時間」という用語が用いられている。P波の到着時刻とS波の到着時刻との差であることからPS時間とよぶこともある。

▶3 地殻を構成する岩石

(1)地殻を構成する岩石

火成岩	マグマが冷却し固結したもの
堆積(たいせき)岩	堆積物が積み重なり固結したもの
変成岩	既存の岩石が高温・高圧下で変化したもの

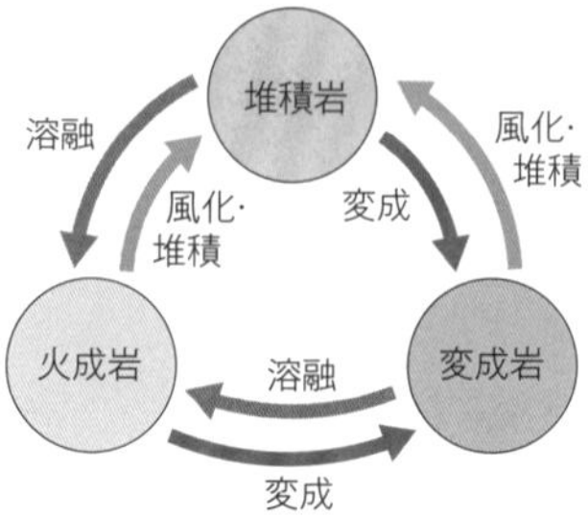

(2)火成岩

(a)造岩鉱物

有色鉱物 (苦鉄質鉱物)	かんらん石，輝石，角閃(かくせん)石，黒雲母(うんも) (Fe，Mgを含む)
無色鉱物 (珪(けい)長質鉱物)	斜長石，カリ長石，石英

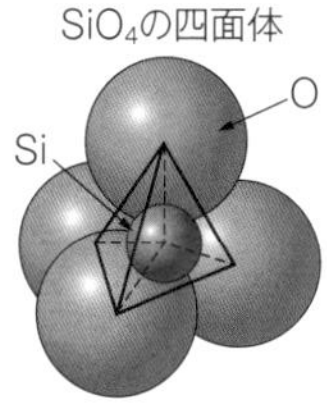

(b)ケイ酸塩鉱物

火成岩を構成する鉱物の多くは，**酸素O**と**ケイ素Si**からなるSiO_4四面体を骨格とする**ケイ酸塩鉱物**である。鉱物によってSiO_4四面体の連結のしかたと，含まれる金属イオンの種類が決まっている。

	かんらん石	輝石	角閃石	黒雲母
有色鉱物	独立構造 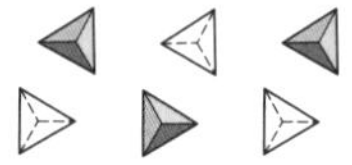	一重鎖構造 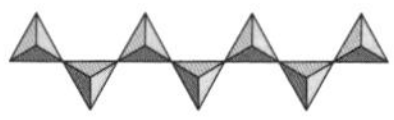	二重鎖構造 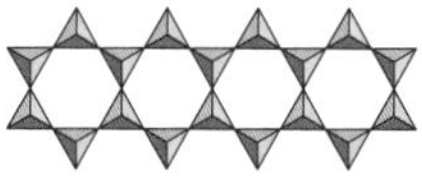	平面網状構造 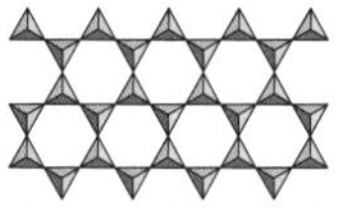
無色鉱物	立体網状構造			

へき開……SiO_4四面体の連結によってできる鎖と鎖，あるいは層と層の間の結合は弱く，輝石，角閃石，黒雲母は特定の方向に割れたりはがれたりしやすい。

(c)火成岩の分類

・組織による分類

火山岩	**斑(はん)状組織**……マグマが地表付近で急冷してできる。 **斑晶(はんしょう)**……地下深部で成長した結晶。 **石基**……急冷の際に固結した微細結晶やガラス質(非結晶)の部分。	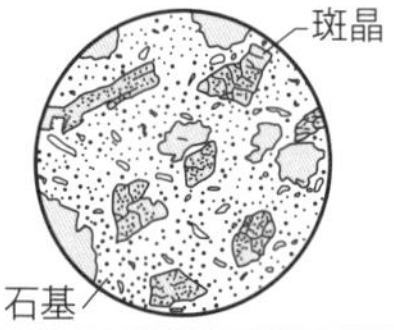
深成岩	**等粒状組織**……マグマが地下深部でゆっくり冷却してできる。鉱物が大きく成長し(粗粒)，ガラス質を含まない。	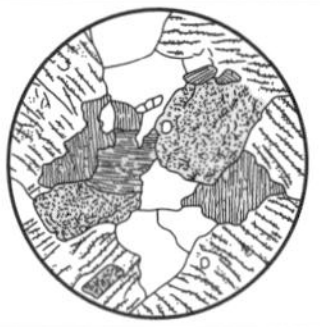

火成岩中の結晶の形
- **自形**……早期に晶出し，鉱物本来の形をなす。
- **半自形**……少し遅れて晶出し，結晶の一部が欠けている。
- **他形**……遅く晶出し，他の鉱物の隙間を埋める。

・化学組成（有色鉱物の割合）による分類

分類	苦鉄質（塩基性）	中間質（中性）	珪長質（酸性）
SiO_2（重量％）	少 ← 52	――――	66 → 多
色指数 （有色鉱物の体積％）	多 ← 35 （黒っぽい）	――――	10 → 少 （白っぽい）

＜火成岩の分類＞

岩石の分類	超苦鉄質	苦鉄質	中間質	珪長質
火山岩		玄武岩	安山岩	デイサイト・流紋岩
深成岩	かんらん岩	斑（はん）れい岩	閃緑（せんりょく）岩	花こう岩

おもな造岩鉱物〔体積比〕

無色鉱物

有色鉱物

Caに富む斜長石

石英

カリ長石

Naに富む斜長石

黒雲母

かんらん石

輝石

その他の鉱物

角閃石

SiO_2以外のおもな酸化物〔重量%〕

15

10

5

0

Al_2O_3

$FeO + Fe_2O_3$

MgO

CaO

Na_2O

K_2O

SiO_2〔重量%〕	45	52	60	66	70
色指数〔有色鉱物の体積%〕	60	35		10	

(d)火成岩の産状

・火山岩

火山体……火山の本体

岩脈………地層を切って貫入

岩床………地層に沿って貫入

・深成岩

底盤（バソリス）……大規模な貫入岩体

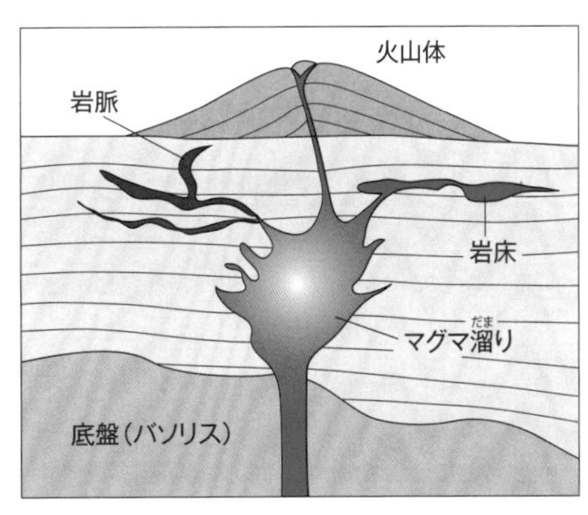

正誤Check

☑ 次の各文のそれぞれの下線部について，正しい場合は○を，誤っている場合には正しい語句を記せ。

□ **1** 地震のとき，地表に現れた断層を活断層という。【99センター】

□ **2** 最近数十万年間にくり返し活動し，将来も活動する可能性がある断層を震源断層という。

□ **3** 地下の岩石が破壊され始めた点を震源という。【04センター】

□ **4** 本震より前に起こる地震を余震という。【10センター追】

□ **5** 震源の真上の地表の地点を震央という。

□ **6** 地震発生後，最も速く到達する地震波は$_{ア}$S波であり，一般に大きな揺れを引き起こす地震波は$_{イ}$P波である。【11センター】

□ **7** 地表付近の大気中の平均的な音速よりも，地殻を伝わる地震波の平均的な速度の方が速い。【13センター】

□ **8** P波による最初の揺れが震央方向に向かう領域を「押し」の領域という。

□ **9** 地震による揺れの強さの尺度をマグニチュードという。【21共通1】

□ **10** 日本では震度は$_{ア}$10階級にわけられ，震度$_{イ}$5～7はそれぞれ強と弱の二段階にわけられている。【08センター追，06センター】

□ **11** 地震のマグニチュードが1大きくなると放出されるエネルギーはおよそ10倍になる。【10センター追】

□ **12** 震源が近いほど初期微動継続時間は短くなる。【20センター】

□ **13** 海溝沿いの巨大な地震によって海底の隆起や沈降が起こると，高潮が発生することがある。【21共通1改】

□ **14** マグマは，マントル上部で岩石が部分的に溶融することで生じる。

□ **15** マントルで発生したマグマはまわりの岩石よりも密度が大きいため，浮力がはたらき，地殻上部まで上昇する。

□ **16** マグマ中に含まれる揮発成分(ガス成分)の量が多いほど，噴火は爆発的になる。

□ **17** 噴出時のマグマの温度が高いほど，爆発的な噴火が起こりやすい。【18センター追】

□ **18** 火山ガスのうち，その割合が最も大きいものは二酸化硫黄である。【11センター】

□ **19** マグマ中の二酸化炭素の量が多いほどマグマの粘性は高くなる。【08センター追】

□ **20** マグマの粘性が高いほど噴火は穏やかになる。

□ **21** 一般に成層火山は安山岩質のマグマの活動によってできる。

□ **22** 溶岩ドームを構成する岩石は，粘性の$_{ア}$高いマグマから形成されたもので，その色指数は$_{イ}$大きい。【15センター改】

□ **23** 火山砕屑(さいせつ)物と火山ガスが混じって山腹を流れ下る現象を溶岩流という。【07センター追】

解答

1 ×→地震断層
2 ×→活断層
3 ○
4 ×→後
5 ○
6 ア ×→P波　イ ×→S波
7 ○
8 ×→引き
9 ×→震度
10 ア ○　イ ×→5～6
11 ×→32倍
12 ○
13 ×→津波
14 ○
15 ×→小さい
16 ○
17 ×→低い
18 ×→水蒸気
19 ×→二酸化ケイ素
20 ×→低い
21 ○
22 ア○　イ×→小さい
23 ×→火砕流

□ **24** 火砕流は多くの場合，玄武岩質マグマや安山岩質マグマが噴火する際に発生する。【18センター追改】

□ **25** 大量の溶岩や火山砕屑物の噴出に伴う陥没によって生じる大型のなべ状のくぼ地をクレーターという。【00センター追】

□ **26** 造岩鉱物のうち，黒雲母（うんも）はSiO_4四面体が独立した構造をもつ。

□ **27** 鉱物が特定の方向に割れやすい性質を片理（へんり）という。

□ **28** 深成岩に見られる大きな結晶の集まりからなる組織を斑状組織（はん）という。

□ **29** 火山岩に見られる粒の細かい結晶やガラス質の部分を斑晶（はんしょう）という。【12センター】

□ **30** カリ長石や黒雲母を含む白っぽい色をした深成岩を花こう岩という。

□ **31** 斑れい岩の密度は，花こう岩の密度より小さい。【17センター】

□ **32** 色指数が大きいと黒っぽい岩石になる。

□ **33** 二酸化ケイ素の量が50重量％前後で，輝石やかんらん石に富む火山岩は安山岩である。【12センター】

□ **34** 二酸化ケイ素の量が66重量％以上のものを珪長質岩（けいちょう）という。

□ **35** 玄武岩に含まれる斜長石よりも，流紋岩に含まれる斜長石の方がカルシウムを多く含む。

□ **36** 玄武岩に含まれるFeO成分はSiO_2成分より多い。【17センター改】

24 ×→流紋岩
25 ×→カルデラ
26 ×→かんらん石
27 ×→へき開
28 ×→等粒状組織
29 ×→石基
30 ○
31 ×→大きい
32 ○
33 ×→玄武岩
34 ○
35 ×→ナトリウム
36 ×→少ない

標準問題

15 ［本震と余震］ 次の文章を読み，下の問いに答えよ。

地震が起きた際，最も大きな揺れをもたらした地震を本震というが，本震以外にも，余震❶などの小さな地震がしばしば発生する。

❶ p.18 要点Check ▶1 p.22 正誤Check 4

(1) 余震の観測から推測されることとして最も適当なものを，次の①～⑤のうちから一つ選べ。

① 本震の発生する時期　② 本震のマグニチュード
③ 震源断層の位置　④ 震源断層のずれた方向
⑤ 震源の深さ

(2) 時間の経過と余震の発生回数の関係を表したグラフとして最も適当なものを，次の①～⑥のうちから一つ選べ。ただし，グラフにおいて，横軸は経過時間，縦軸は発生回数を表し，t_0は本震の発生時刻を表す。

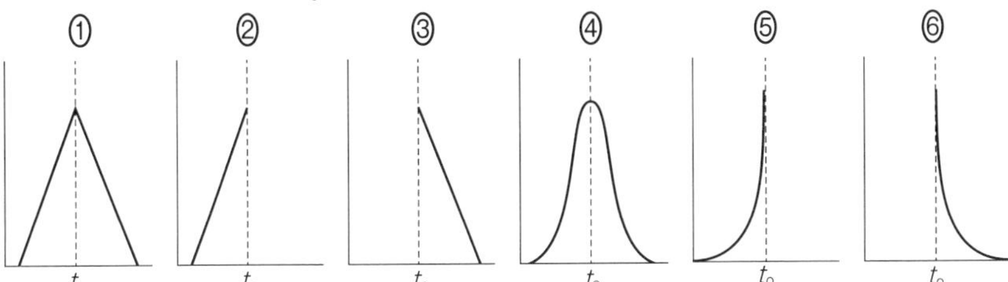

16 **[地震計の記録]**　次の文章中の［ア］～［ウ］に入れる記号の組合せとして最も適当なものを，次の①～④のうちから一つ選べ。

次の図は，ある地震を二つの地点（地点1，地点2）で記録したものである。矢印［ア］はP波❶の到着，矢印［イ］はS波❷の到着を示す。二つの地点のうち震源に近いのは地点［ウ］である。

❶❷p.18
要点Check▶1
p.22
正誤Check 6

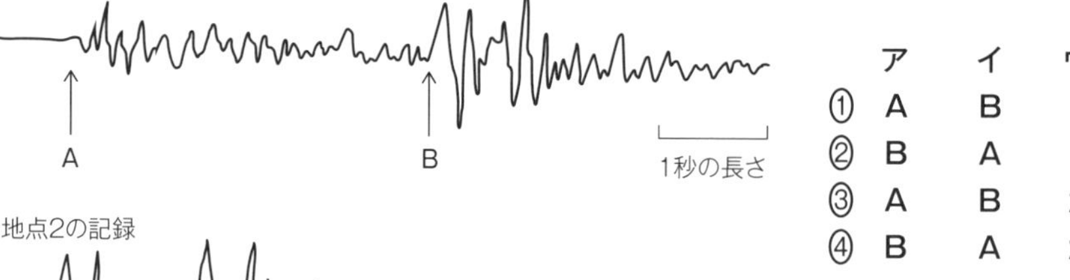

	ア	イ	ウ
①	A	B	1
②	B	A	1
③	A	B	2
④	B	A	2

（2002センター）

17 **[初期微動継続時間と震源距離]**　右の図は，ある地点に設置された地震計の記録である。この地域におけるP波❶およびS波❷の伝わる速さは，それぞれ5km/s，3km/sである。地震計から，この地点では，10時25分［ア］秒にP波が，10時25分［イ］秒にS波がそれぞれ到達したことがわかる。P波とS波の到達時刻の差を［ウ］という。

❶❷p.18
要点Check▶1
p.22
正誤Check 6

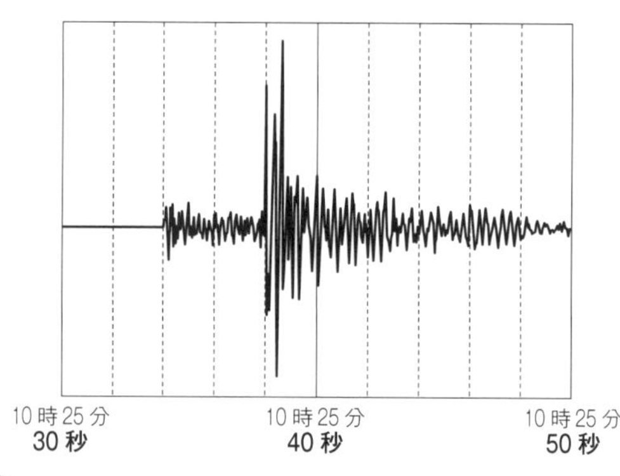

(1)　文章中の［ア］，［イ］に適する数字をそれぞれ答えよ。

(2)　文章中の［ウ］に適する語句を答えよ。

(3)　この地点の震源からの距離を求めよ。

（2019センター改）

18 **[大森公式]**　次の文章を読み，下の問いに答えよ。

震源からは，P波とS波の2種類の波が観測点に伝わっていく。P波の平均速度を5.0km/s，S波の平均速度を3.0km/sとすると，初期微動継続時間❶t(s)と観測点から震源までの距離❷L(km)の間には$L =$［ア］tの関係が成り立つ。

❶❷p.18
要点Check▶1
p.22
正誤Check 12

(1)　上の文章中の［ア］に入れる数値として最も適当なものを，次の①～④のうちから一つ選べ。

①　2.0　　②　4.0　　③　7.5　　④　9.0

(2) 観測点から震源までの距離が50km，震央までの距離が40kmであったとすると，震源の深さは何キロメートル(km)となるか。最も適当な数値を，次の①〜④のうちから一つ選べ。

① 10 km　② 30 km　③ 45 km　④ 90 km　(2004センター)

19 [震央と震源の決定] 次の文章を読み，下の問いに答えよ。

ある地震が観測点A，B，Cで観測された。それぞれの観測点における初期微動継続時間から大森公式を用いて計算することで，それぞれの観測点における震源距離が85km，90km，120kmであることがわかった。右の図は，それぞれの観測点から，震源距離を半径とする円を描いたものである。

(1) 震央にあたる地点をHとして右図中に示せ。

(2) この地震の震源の深さとして最も適当なものを，次の①〜⑤のうちから一つ選べ。

① 15km　② 45km　③ 60km
④ 75km　⑤ 90km　(2008秋田大改)

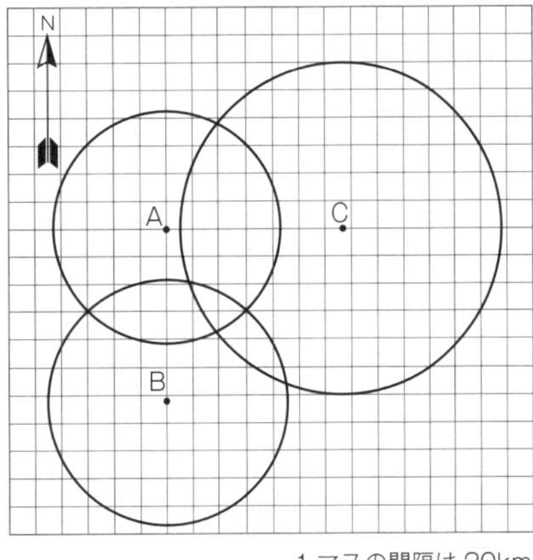

1マスの間隔は20km

20 [緊急地震速報] 次の文章を読み，下の問いに答えよ。

地震による大きな揺れの発生を速報によって事前に少しでも早く周知できれば，震災の軽減に役立てられる。近年，このような速報を提供するシステムが実用化されている。このシステムは，地震が起きた直後に，最も速く伝わる地震波である［ア］をいくつかの観測点で検知(観測)し，地震波が最初に発生した場所❶である［イ］と地震の規模❷を表す［ウ］を推定する。さらに，各地に大きな揺れ(主要動)をもたらす［エ］の到達時刻や，その揺れの程度❸を表す［オ］を予測し，これらの情報を速やかに伝達する。

(1) 文章中の［ア］〜［オ］に入る適切な語句を答えよ。

(2) ある地震が発生した際に，［イ］から35kmの距離にある地震観測点Aで［ア］を観測し，その0.5秒後に緊急地震速報が発表された。［イ］から70kmの地点Bに［エ］が到達するのは，緊急地震速報受信から何秒後となるか。ただし，緊急地震速報は発表されてから瞬時に各地点に伝わるとする。また，［ア］，［エ］の地震波の速さは深さによらずそれぞれ，7.0km/s，4.0km/sでほぼ一定であるとする。

(2011センター，2016センター追改)

❶p.18 要点Check▶1 p.22 正誤Check 3
❷p.18 要点Check▶1 p.22 正誤Check 11
❸p.18 要点Check▶1 p.22 正誤Check 10

21 [活断層] 活断層❶について述べた文として最も適当なものを，次の①〜④のうちから一つ選べ。

① 活断層は最近数十年間に活動し，今後も地震を発生させると思われるものをいう。
② 活断層は陸上だけでなく，海底にも存在する。
③ 日本列島内で見つかっている活断層の数は，10程度である。
④ 活断層は都市直下に多い。　(2001センター追改)

❶p.18 要点Check▶1 p.22 正誤Check 2

22 ［火山地形］ 次の文章を読み，下の問いに答えよ。

火山の形は，マグマの性質❶および噴火の様式❷によって異なる。下の図は，さまざまな性質のマグマが噴出して形成された火山a～cの断面を模式的に示したものである。a～cのうち，玄武岩質マグマによって形成されたものは［ア］，安山岩質マグマによって形成されたものは［イ］，流紋岩質マグマによって形成されたものは［ウ］である。

❶p.19 要点Check▶2 p.22 正誤Check 19，20

a

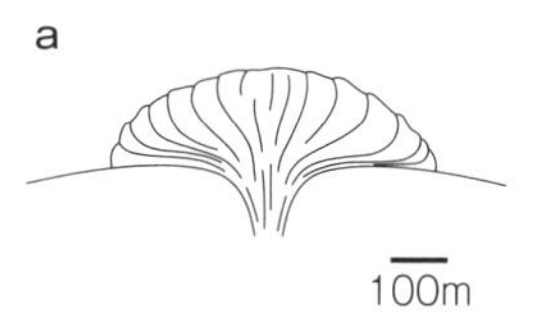

厚い溶岩流が火口の上に盛り上がって形成された

b

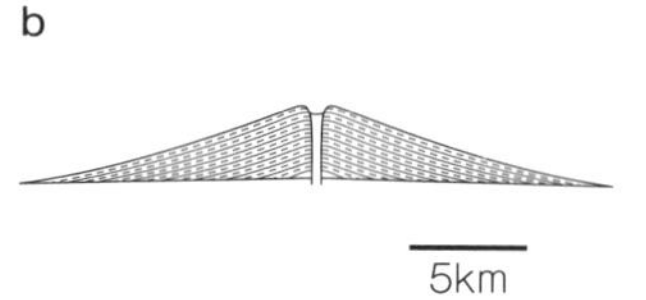

溶岩の流出や火山砕屑物（火砕物）の噴出が長期間にわたってくり返されて形成された

c

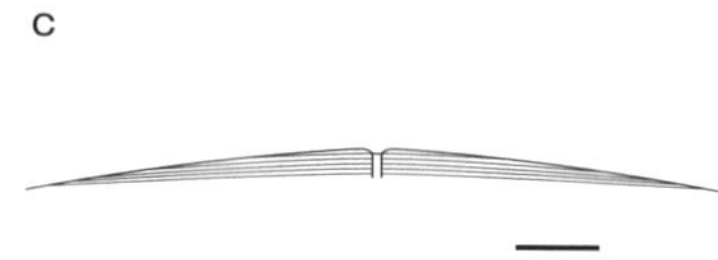

マグマが大量にくり返し噴出し，傾斜のゆるやかな山体となった

❷p.19 要点Check▶2 p.22 正誤Check 16，20

(1) 文章中の［ア］～［ウ］にあてはまる記号を，a～cのうちからそれぞれ答えよ。

(2) 上のa～cの火山地形の名称をそれぞれ答えよ。

(3) 文章中の下線部に関して，マグマの粘性とマグマに含まれる揮発成分の量にふれ，玄武岩質マグマの噴火の特徴を簡潔に説明せよ。

（2010センター追，2019センター改）

23 ［火山噴火］ 火山噴火に関する次の文章を読み，下の問いに答えよ。

火山の噴火によって地表や大気中に放出される火山噴出物には，溶岩・火砕物（火砕物質，火山砕屑(さいせつ)物）および火山ガス❶がある。火砕物はその性質や大きさなどにより，火山灰・火山岩塊・火山弾❷などに分類される。高温の火砕物とガスが入り混じって山腹を流れ下るものを火砕流❸とよぶ。

❶p.19 要点Check▶2 p.22 正誤Check 16，18
❷p.19 要点Check▶2
❸p.19 要点Check▶2 p.22 正誤Check 23

(1) 火山ガスに含まれる成分のうち，最も割合の多いものを答えよ。

(2) 火山噴出物について述べた文として**誤っているもの**を，次の①～④のうちから一つ選べ。

① 火山灰が分布するのは，火口から100km以内の範囲に限られる。

② 同じ火口から，火山ガスと溶岩が同時に放出されることがある。

③ 一般にSiO_2量が多いマグマほどガス成分は蓄積され，その割合が増す。

④ 火砕流は高速で流れ，その速度は時速100kmを超えることがある。

（2007センター追改）

24 ［日本付近のプレート］ 次の文章を読み，下の問いに答えよ。

次ページの図は，日本列島付近の海溝❶とトラフの分布を示した図である。図中の海溝では，［ア］プレートが海溝の西側にあるプレート❷の下に沈み込んでいる。また，東海から四国にかけてのトラフの部分では［イ］プレートがトラフの北側にあるプレートの下に沈み込んでいる。

❶p.10，11 要点Check▶1 p.13 正誤Check 11
❷p.10 要点Check▶1 p.13 正誤Check 13

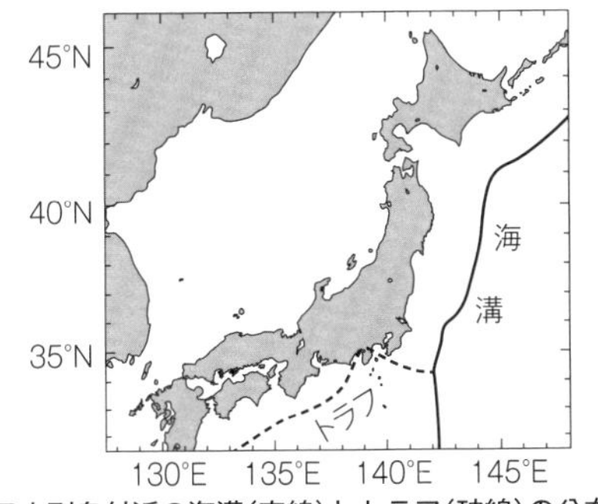

日本列島付近の海溝(実線)とトラフ(破線)の分布

(1) 文中の**ア**，**イ**に適する語句を答えよ。

(2) 図中の東北日本における深発地震の震源分布にはどのような特徴が見られるか。簡潔に答えよ。　(2011センター改)

25 [日本付近の火山分布]　日本付近の火山は島弧とほぼ平行に並んでいるように見えるが，その分布を見ると，火山が存在する領域と存在しない領域にわかれており，その境界線を［ア］という。

(1) 文章中の［ア］に入る適切な語句を答えよ。

(2) 東北日本の下には，太平洋プレートが西向きに海溝から沈み込んでいる。東北日本の［ア］の位置と，その直下の沈み込むプレートの深さとの関係を表した模式図として最も適当なものを，次の①～④のうちから一つ選べ。

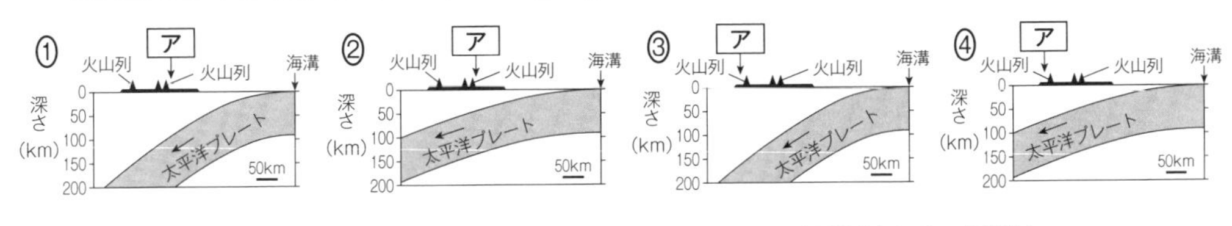

(2020センター地学改)

26 [火成岩の観察]　次の文章を読み，下の問いに答えよ。

火成岩❶の観察実習をするために河原に出かけた。火成岩の分類の基準をもとに河原にある礫(れき)を観察したところ，花こう岩❷に区分されるものが最も多かった。

❶p.20
要点Check▶3
p.23
正誤Check 28，29
❷p.21
要点Check▶3
p.23
正誤Check 30

(1) 花こう岩は他の火成岩に比べてどのような特徴をもっているか。最も適当なものを，次の①～④のうちから一つ選べ。

① 色指数が40以上で黒っぽい色調を示す。
② 斑晶(はんしょう)として角閃石(かくせん)・黒雲母(うんも)を含む。
③ 急冷によってできたガラス質のものを多く含む。
④ 等粒状組織で石英・カリ長石を多く含む。

(2) 河原での観察で岩石名を決めることができなかった火成岩の薄片(プレパラート)を作製した。この薄片を偏光顕微鏡で観察して，次ページの図のようなスケッチをした。この火成岩の岩石名を答えよ。

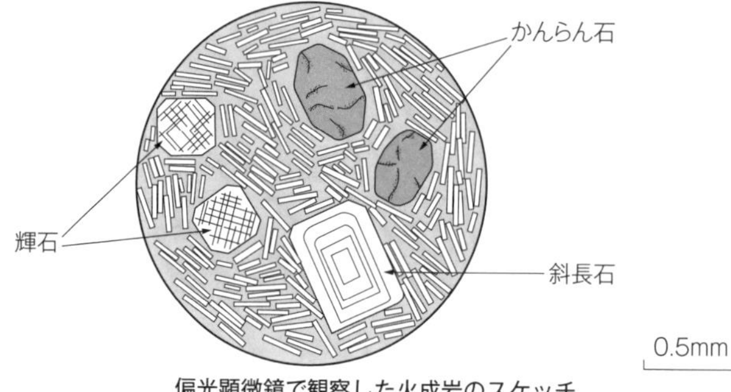

偏光顕微鏡で観察した火成岩のスケッチ

(2010センター)

27 [造岩鉱物の結晶構造] 次の文章を読み，下の問いに答えよ。

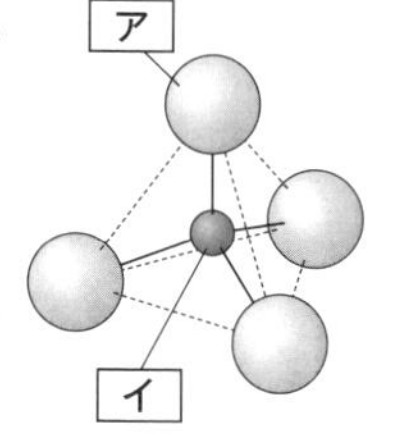

火成岩❶を構成する造岩鉱物❷の多くは，右の図に示したような，ア 原子と イ 原子からなる立体的な四面体構造からなる。このような鉱物を ウ という。エ ウ の骨格は，この四面体が規則的に配列したり，互いに連結したりしてできている。連結した骨格をつくる際には，四面体構造をつくる元素のうち，ア 原子が互いに共有される。そして，オ多くの ウ は，これらの基本骨格の間に，複数の種類の元素がさまざまな割合で含まれることで鉱物の結晶をつくっている。

❶p.20
要点Check▶3
❷p.20
要点Check▶3
p.23
正誤Check 26

(1) 文章中の ア ・ イ に適する元素名をそれぞれ答えよ。
(2) 文章中の ウ に適する語句を答えよ。
(3) 文章中の下線部**エ**について，次の①〜③で説明されるような基本骨格をもつ造岩鉱物の名称をそれぞれ答えよ。
①四面体が ア 原子を共有せず，独立した状態で配列している。
②それぞれの四面体が互いに2つの ア 原子を共有し，単一の鎖状となる。
③それぞれの四面体が3つの ア 原子を共有し，平面的につながって層状の構造を形成する。
(4) 文章中の下線部**オ**について，かんらん石などの有色鉱物に含まれる元素名を2つ答えよ。

(2019センター地学改)

28 [火成岩と造岩鉱物] 次の文章を読み，下の問いに答えよ。

次ページの図は，含まれるSiO_2の割合による火成岩❶の区分とおもな造岩鉱物❷の量(体積%)を示している。火成岩中のおもな造岩鉱物は，有色鉱物❸と無色鉱物とにわけられる。それぞれの鉱物は，SiO_4四面体からなる骨格構造をもち，有色鉱物と無色鉱物では，その骨格構造の間に入る金属元素(イオン)の種類が異なる。ただし，一つだけ例外的に，SiO_4四面体だけでできている鉱物がある。

❶p.20
要点Check▶3
❷❸p.20
要点Check▶3
p.23
正誤Check 26

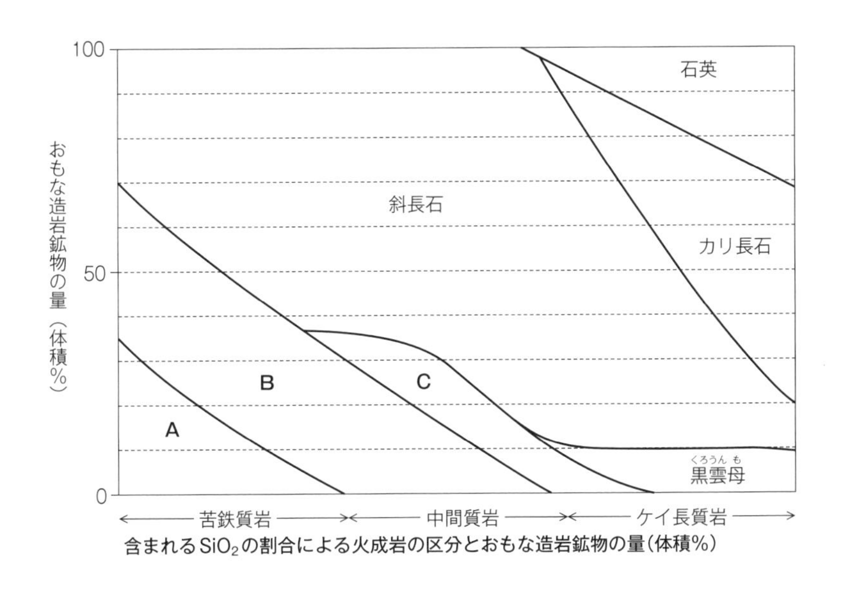

含まれるSiO_2の割合による火成岩の区分とおもな造岩鉱物の量（体積%）

(1) 図中の有色鉱物A，B，Cの名称をそれぞれ答えよ。

(2) 図中の斜長石について，苦鉄質岩に含まれるものと，ケイ長質岩に含まれるものとでどんな違いがあるか。簡潔に答えよ。

(3) 文章中の下線部で述べられている主要造岩鉱物は何か。

(4) ある火成岩は4種類のおもな造岩鉱物から構成されていた。それらの量を計測したところ，石英の量が20体積%であった。この岩石の色指数を上の図から求めよ。

（2006センター，2018センター改）

29 ［深成岩の色指数］ 次の文章を読み，下の問いに答えよ。

次の図は，輝石，斜長石，角閃石（かくせん）から構成される，ある深成岩❶の組織の観察例である。直線と黒丸は，1mm間隔の格子線とそれらの交点を表す。

❶p.20
要点Check▶3
p.23
正誤Check 28

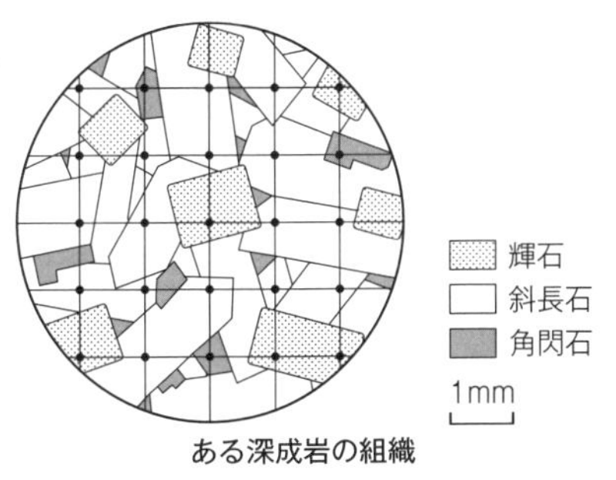

ある深成岩の組織

(1) 図中の各鉱物内に含まれる黒丸の数（計25個）の比が，岩石の各鉱物の体積比を表すとする。この岩石の色指数を求めよ。

(2) 深成岩に見られるような，大きさのそろった粗粒な鉱物の結晶からなる組織を何というか。

(3) この深成岩の岩石名を答えよ。

（2019センター改）

演習例題

例題1 地球の形と大きさ

地球は丸い。ギリシャ時代にはすでに一部の人々はそれを理解していた。地球の大きさの見積もりも，紀元前3世紀にはエラトステネスがエジプトで行っている。

彼は，ナイル河口のアレクサンドリアで夏至の日の太陽の南中高度を測定して，A太陽が天頂より7.2°南に傾いて南中することを知った(図)。また，アレクサンドリアから南へナイル川を5000スタジア（エラトステネスの時代の距離の単位）さかのぼったところにあるシエネ(現在のアスワン)では，B夏至の日に太陽が真上を通り，正午には深い井戸の底まで日が射すことが当時広く知られていた。これらの事実から，彼は地球一周の長さを［ア］スタジアであると計算した。これは，現在の測定値と15%ほどしか違わないよい値であった。

地球の形が球からずれていることは18世紀に明らかになった。フランス学士院は赤道付近と高緯度地方に測量隊を派遣し，地球は極半径より赤道半径の方が［イ］ことを見いだした。これは，［ウ］によるものである。現在では人工衛星の軌道観測から地球の形は非常に正確に測定されている。とはいえ，球形からのずれは小さく，地球はやはり丸いといえるのである。

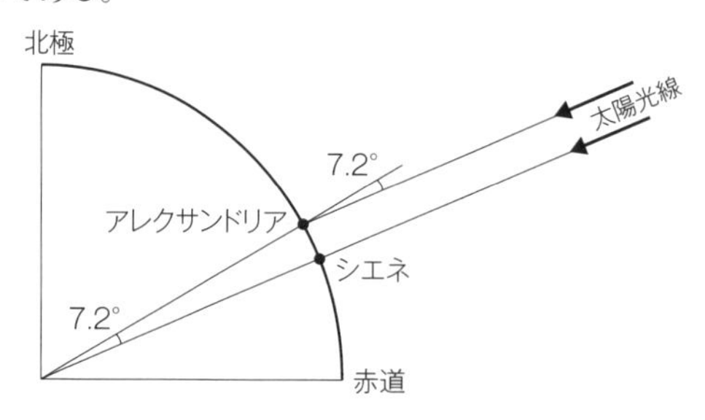

ベストフィット

A 南中高度が，90° − 7.2° = 82.8°となる地点である。

B 夏至の日に天頂の位置に太陽がある（南中高度90°）。北回帰線上にあたる。アレクサンドリアはシエネよりも7.2°北にあることになる。図を描くことができれば緯度差は求められるが，南中高度の差が緯度差になることは知っておくとよい。図において，遠方にある太陽光はどの地点にも平行に入射することに注意。

問1 上の文章中の［ア］に入れる数値として最も適当なものを，次の①〜④のうちから一つ選べ。

① 22000　② 25000　③ 40000　④ 250000

問2 一周4m（直径約1.3m）の地球儀を考える。この縮尺では世界で最も高いエベレスト山(チョモランマ山)の高さ(8848m)はどれくらいになるか。最も適当なものを，次の①〜④のうちから一つ選べ。ただし，地球一周は約40000kmである。

① 0.9mm　② 9mm　③ 90mm　④ 900mm

問3 上の文章中の［イ］・［ウ］に入れる語句の組合せとして最も適当なものを，次の①〜④のうちから一つ選べ。

	イ	ウ
①	短い	地球の自転による遠心力
②	短い	月がおよぼす引力
③	長い	地球の自転による遠心力
④	長い	月がおよぼす引力

（2000センター改）

解答・解説

問1. ④

$5000 \times \frac{360}{7.2} = 250000$（スタジア）

問2. ①

$40000\text{km} = 4 \times 10^7\text{m}$なので，円周の比から，地球儀の縮尺は$\frac{1}{10^7}$

$8848\text{m} \fallingdotseq 9000\text{m} = 9 \times 10^6\text{mm}$として，$9 \times 10^6 \times \frac{1}{10^7} = 0.9\text{mm}$

どの程度の概数値で計算すればよいかを確認するために，選択肢の数値を先に見ておくとよい。

問3. ③

地球は自転による遠心力により赤道方向にふくらんでいる。

例題 2 火成岩と変成岩

次の図1は泥岩層に貫入したある火成岩体の模式断面図である。この岩体は，玄武岩質マグマが泥岩層の[A]地層面に沿ってほぼ水平に貫入して形成されたものである。この岩体を構成する岩石は主としてかんらん石，輝石，斜長石からなる。岩体のうち，[B]上下の泥岩層との境界付近(周縁部)では結晶が細粒であり，内部では粗粒になっている。また，泥岩層は，この岩体に接するところでは，[C]固く緻密(ちみつ)な岩石に変化している。下の図2のaとbは，それぞれ図1の岩体中のA部とB部の岩石の偏光顕微鏡観察によるスケッチである。

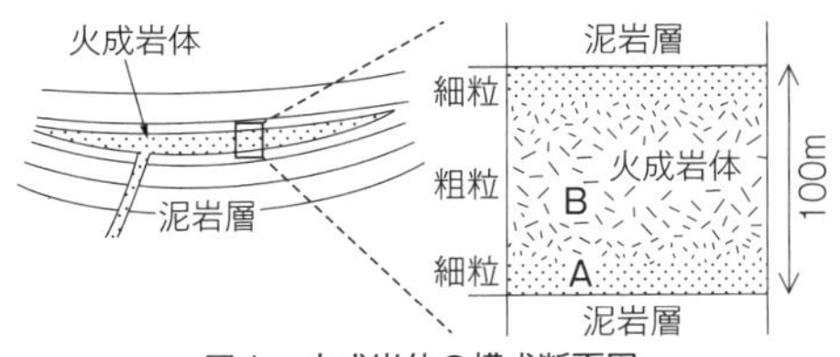

図1　火成岩体の模式断面図

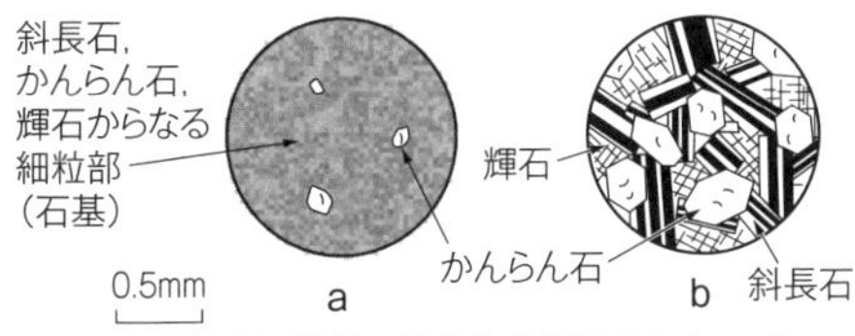

図2　偏光顕微鏡で観察した岩石のスケッチ

問1　この火成岩体の周縁部と内部で，結晶の大きさに違いが生じた原因として最も適当なものを，次の①～④のうちから一つ選べ。

① マグマの化学組成の違い　② 鉱物のかたさの違い
③ マグマの冷却速度の違い　④ 鉱物の量比の違い

問2　図2bのスケッチから，図1のB部の岩石について，鉱物の晶出順序(できた順番)を知ることができる。斜長石，かんらん石，輝石を晶出した順番に並べよ。

問3　上の文章中の下線部に関連して，泥岩層にこのような変化が起こった原因として最も適当なものを，次の①～④のうちから一つ選べ。

① マグマの結晶分化作用が起こったため
② マグマによって加熱されたため
③ マグマによって圧縮されたため
④ マグマが水に富んでいたため　(2011センター改)

ベストフィット

[A] このような産状を岩床という。地層を貫いている場合は岩脈，大規模な貫入岩体をバソリス(底盤)という。
[B] マグマが急冷されると，鉱物は大きな結晶に成長できずに微細結晶やガラス質の状態で固結する。
[C] ホルンフェルス化していることを意味する。熱の影響を受けると鉱物が成長し，粗粒化する(モザイク状組織)。また，もとの堆積(たいせき)岩よりも緻密な組織となる。

解答・解説

問1. ③
同一の岩体においても，周縁部は急激に冷却され，中心部とは組織が異なり，細粒化する。
問2. かんらん石→斜長石→輝石
かんらん石のように最初に晶出する鉱物は本来の結晶形(自形)を呈する。輝石のように終わりになって晶出する鉱物は隙間を埋めるようにして結晶化する(他形)。
問3. ②
問題文から，接触変成作用を受けたことがわかる。高い温度の影響について言及したものを選べばよい。

■ 演習問題

30 [ケイ酸塩鉱物] 岩石はおもにケイ酸塩鉱物で構成されている。ケイ酸塩鉱物の結晶構造は，下の図１に示すSiO_4四面体を基本としている。下の図２はある鉱物のSiO_4四面体のつながり方を示したものである。

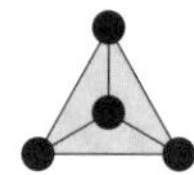

四面体の頂点から底面に向かって見た図であり，酸素原子を黒丸(●)で表している。

図1

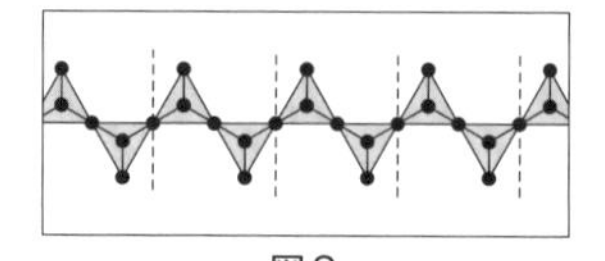

破線は構造がくり返される最小単位の境界を示す。

図2

問1 上の図２で示された結晶構造をもつ鉱物として最も適当なものを，次の①〜⑤のうちから一つ選べ。

① 石英　② 黒雲母(うんも)　③ かんらん石　④ 輝石　⑤ 角閃石(かくせん)

問2 上の図２の鉱物におけるケイ素原子と酸素原子の数の比(Si：O)として最も適当なものを，次の①〜④のうちから一つ選べ。

① 2：5　② 2：6　③ 2：7　④ 2：8

(2008センター改)

31 [マグマの化学組成] 地下深部から上昇するマグマは，右の図の(**ア**)に示すように，火山の下にマグマ溜(だま)りをつくることが多い。図(**イ**)に示すように，そこでのマグマは結晶と液体の混合物であり，共存する結晶と液体とは化学組成が異なるのが普通である。いま，結晶と液体が，マグマ中で図(**イ**)に示すように共存している。このマグマ中での結晶と液体の割合は，それぞれ20重量%と80重量%である。マグマ全体での MgO の重量%として最も適当な数値を，次の①〜④のうちから一つ選べ。

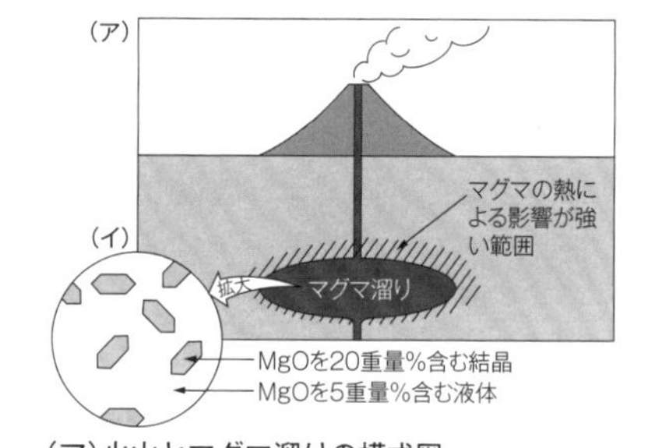

(ア)火山とマグマ溜りの模式図
(イ)マグマ中で共存する結晶と液体の模式図

① 5重量%　② 8重量%　③ 17重量%　④ 25重量%

(2006センター改)

32 [地震・火山・プレート]

右の図は，東北日本(東北地方)の東西断面の模式図である。地震の震源，火山の分布および沈み込む海洋プレート(海のプレート)の位置を表している。太平洋の［ア］で生成された海洋プレートは，図の矢印Aで示される［イ］で大陸プレートの下に沈み込む。東北日本の地震や火山の活動は，海洋プレートの沈み込みと密接に関連している。

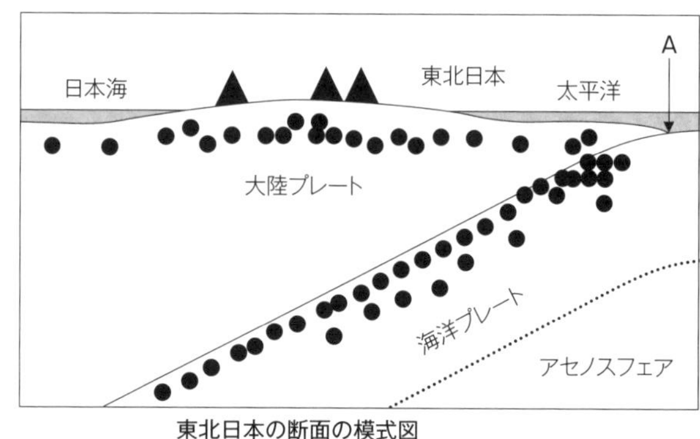

東北日本の断面の模式図
▲は火山を，●は地震の震源を示す。

問1　前ページの文章中の ア ・ イ に入れる語の組合せとして最も適当なものを，次の①～④のうちから一つ選べ。

	ア	イ
①	中央海嶺（かいれい）	トランスフォーム断層
②	ホットスポット	海溝
③	中央海嶺	海溝
④	ホットスポット	トランスフォーム断層

問2　東北日本の太平洋沖では，大陸プレートと沈み込む海洋プレートとの境界でマグニチュード7以上の大地震が発生する。このことに関して述べた文として最も適当なものを，次の①～④のうちから一つ選べ。

① このような大地震の発生のくり返し間隔は数千年である。
② このような大地震は，大陸プレートがはね上がることによって起こる。
③ 海洋プレートの沈み込みに伴う大地震は日本特有の現象である。
④ 大地震に伴うマグマの発生が火山形成の原因である。

問3　深さ17kmで発生した地震の揺れが，震源のほぼ真上の地震計で記録された。上下方向と，水平のある一方向の揺れのそれぞれの記録として最も適当なものを，次の①～④のうちから一つ選べ。なお，それぞれの図には，P波とS波が到着した時間を破線で示してある。

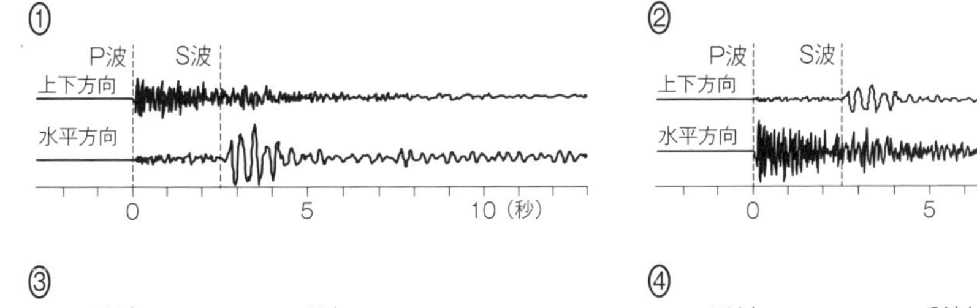

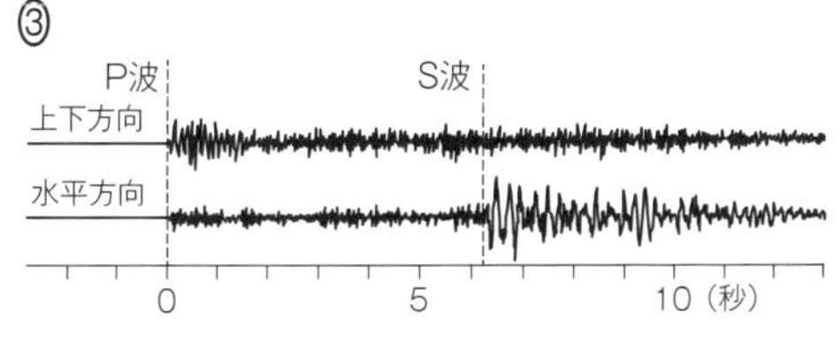

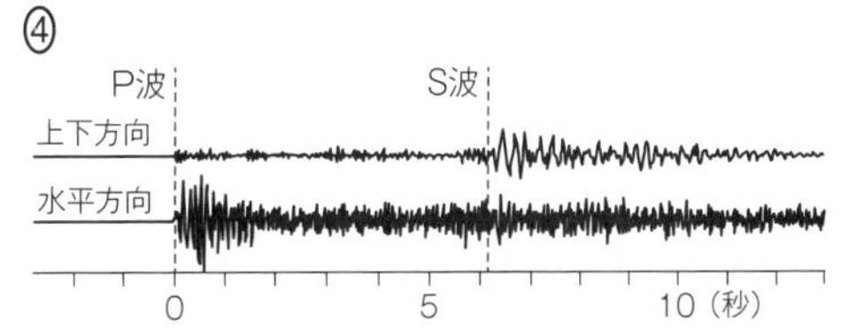

問4　前ページの図で示した東北日本の火山の分布の特徴として最も適当なものを，次の①～④のうちから一つ選べ。

① 東北日本の中央部に火山は密集し，東西に行くにつれて火山の数は減少する。
② 東北日本の中央部に火山はなく，東西に行くにつれて火山の数は増加する。
③ 東北日本のある地域より西側にしか火山は存在しない。
④ 東北日本のある地域より東側にしか火山は存在しない。

問5　海洋プレートの下にはアセノスフェアが存在する。海洋プレートやアセノスフェアについて述べた文として最も適当なものを，次の①～④のうちから一つ選べ。

① 海洋プレートとアセノスフェアの境界は，モホロビチッチ不連続面とよばれる。
② 海洋プレートの厚さは，約2900kmである。
③ アセノスフェアの上部は，やわらかく流動しやすい状態になっている。
④ アセノスフェアは，玄武岩質の岩石でできている。　　（2008センター改）

33 ［震央の推定と震源距離］ ある観測点で地震による揺れを観測した。次の図は，震源，震央，観測点を示した模式図である。

問1 P波による地面の最初の動き（P波の初動）を調べたところ，この観測点の地面は，水平方向では北に，上下方向では上に動いたことがわかった。観測点から見て，震央はどの方位にあると考えられるか。最も適当なものを，次の①〜④のうちから一つ選べ。

① 北　② 南　③ 東　④ 西

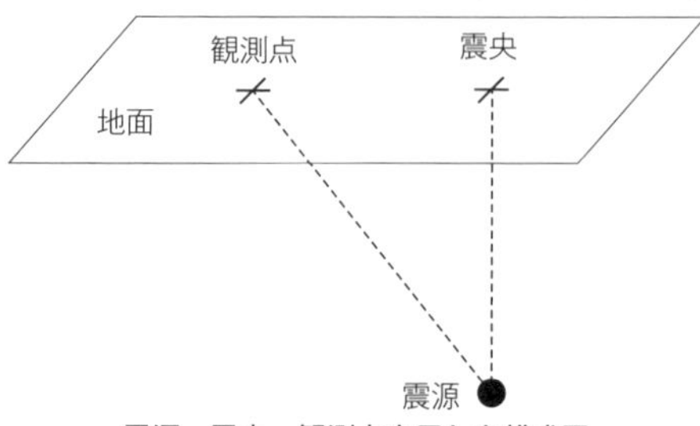

震源，震央，観測点を示した模式図

問2 この観測点での初期微動継続時間は2秒であった。地中を伝わるP波の速度が5km/s，S波の速度が3km/sであるとき，震源から観測点までの距離は何kmか。その数値として最も適当なものを，次の①〜⑤のうちから一つ選べ。

① 12km　② 13km　③ 14km　④ 15km　⑤ 16km

（2012センター）

34 ［大森公式と震源の深さ］ 同じ標高にある地震観測点A・B・Cが，右の図のような直角三角形の頂点に位置している。ある深さで地震が発生し，A・B・Cで観測されたP波到着からS波到着までの時間はすべて4秒であった。よって，震央はA・B・Cから等距離にあり，辺ACを直径としA・B・Cを通る円の中心に一致する。このとき震源の深さは何kmと推定されるか。最も適当な数値を，次の①〜④のうちから一つ選べ。ただし，大森公式の比例定数kを6.25km/秒とする。

① 10km　② 15km　③ 20km　④ 25km

（2010センター追）

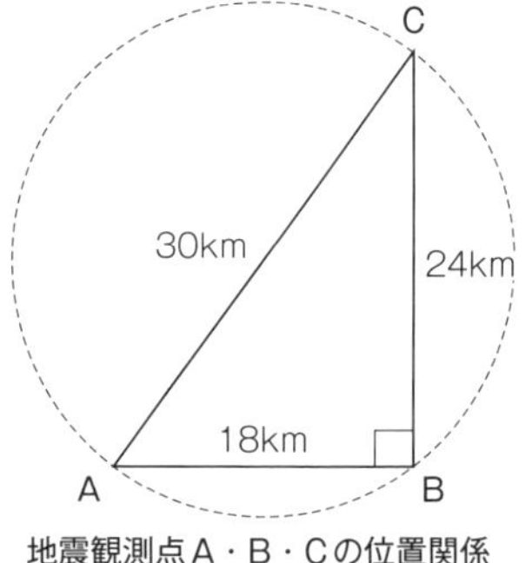

地震観測点A・B・Cの位置関係
破線はA・B・Cを通る円を表す。

35 ［火山噴出物］ 料理好きの美砂（みさ）さんは，地学の授業で軽石を観察した。このとき，軽石は次の図のように，休日につくるパンの内部に似ていることに気がついた。美砂さんは，「軽石に穴がたくさんあいている理由を考えるとき，パン内部の穴のでき方が参考になるのではないか？」と思った。そこで放課後に図書館で調べると，パンではイースト（パン酵母）の発酵で生じた二酸化炭素が膨張することで，内部にたくさんの穴をつくることがわかった。

美砂さんは，「マグマの中でも，何かが膨張して軽石にたくさんの穴をつくったのだろう」と考えた。

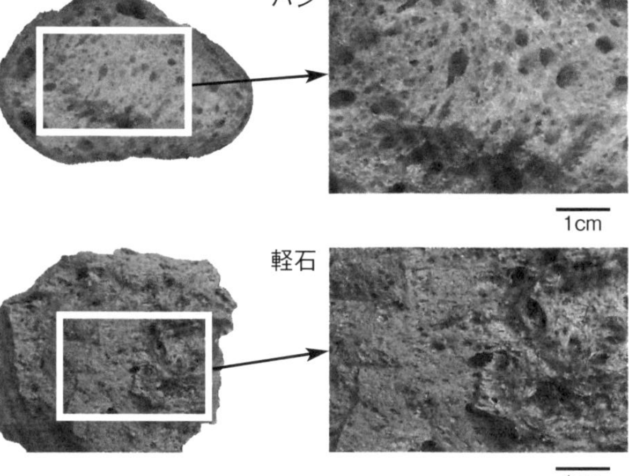

パンと軽石の内部

問1　前ページの文章中の下線部に関連して，マグマではおもに何が膨張して軽石にたくさんの穴をつくるのか。最も適当なものを，次の①〜④のうちから一つ選べ。

① 噴火時に火口で大量に取り込まれた空気
② マグマに含まれる水蒸気などのガス成分
③ マグマに含まれる二酸化ケイ素(SiO_2)成分
④ マグマを生じたマントルに含まれていた原始大気

問2　多量の軽石や火山灰を噴出する火山噴火について述べた文として最も適当なものを，次の①〜④のうちから一つ選べ。

① 海嶺(かいれい)で起こる噴火で，枕(まくら)を積み重ねたような構造の枕状溶岩をつくる。
② 噴煙が成層圏まで到達するような爆発的な噴火で，カルデラをつくることがある。
③ 溶岩が割れ目から洪水のように流れ出す噴火で，平坦(へいたん)で広大な溶岩台地をつくる。
④ ハワイ島のようなホットスポットで起こる噴火で，盾(たて)状火山をつくる。

(2007センター)

36 [震度とマグニチュード]　浅い地震の場合，震度は震央距離とともに一定の傾向で小さくなることが統計的に認められる。これを震度の距離減衰とよぶ。次の図1は震度の距離減衰曲線をマグニチュード別に簡略化して描いたものである。

地震計による観測が行われなかった時代の地震でも，その揺れの強さを物語る文献の記事などから，次の図2のような震度分布図をつくれば，これをもとにしてマグニチュードを推定することができる。古い時代の大地震のマグニチュードはこのようにして決められている。

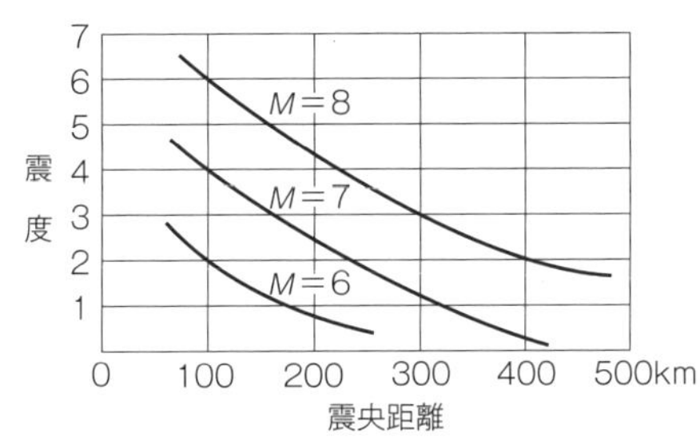

図1　震度の距離減衰曲線
図中のMはマグニチュードを表す。

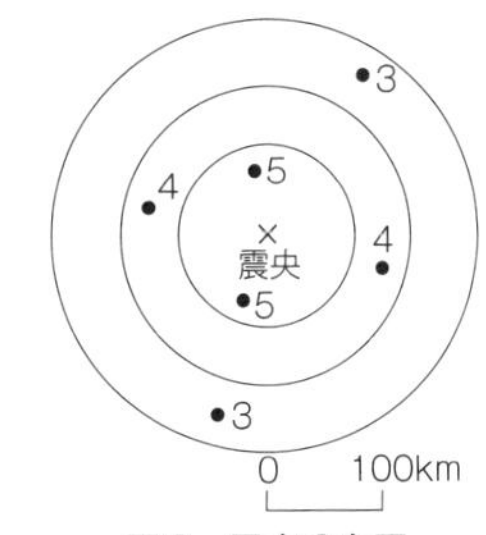

図2　震度分布図
図中の数字は震度を表し，円は震度の境界を表している。(震度5は強弱に細分していない。)

問1　震度について述べた文として最も適当なものを，次の①〜④のうちから一つ選べ。

① 震度は地震のエネルギーを表すのに対し，マグニチュードは揺れの大きさを表す。
② 初期微動継続時間が長くなると，その分だけ震度も大きく観測される。
③ ある場所での震度は，震央がわからなくても決定することができる。
④ 震央がわからなくても，ある場所での震度を正確に観測すればマグニチュードは計算できる。

問2　震央距離100kmのところでは，マグニチュードが1違うと震度はどれくらいの差になるか。前ページの図1を見て最も適当な数値を，次の①～④のうちから一つ選べ。

①　1　　②　2　　③　3　　④　4

問3　前ページの図2は古い文献に記載された記事から•印の町の震度を推定してつくった震度分布図である。この図から震央距離100km付近の震度を読みとり，前ページの図1を使ってこの地震のマグニチュードを推定した。推定値として最も適当なものを，次の①～④のうちから一つ選べ。

①　5　　②　6　　③　7　　④　8　　(2002センター)

37 ［プレート運動とホットスポット］　次の図は，中央海嶺（かいれい）で生み出されたプレートA・Bが中央海嶺に直交する向きに移動するようすを矢印で示した模式図である。中央海嶺のC部分とD部分との間にこれらと直交するトランスフォーム断層が存在し，ここではプレートAとプレートBが互いにすれ違うように動いている。プレートB上には，マントル深部に固定された同一のホットスポットを起源とするマグマによって火山島E・Fがつくられている。火山島Eでは火山が活動中である。また，火山島Fは，島から採取された岩石の年代測定によって，200万年前に形成されたことがわかっている。

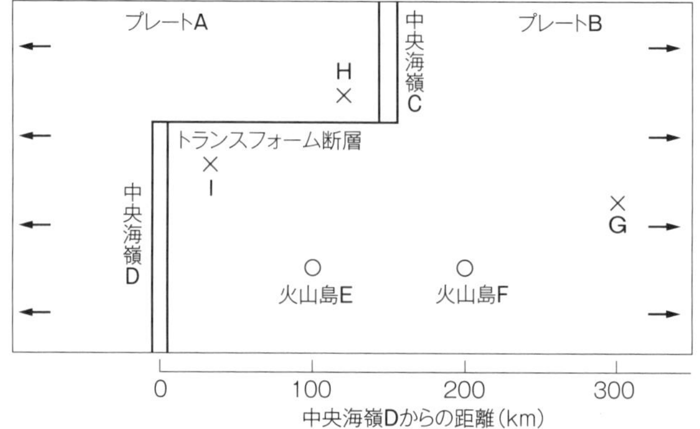

中央海嶺で生み出されたプレートA・Bのようす
矢印はプレートの移動する向きを示す。

問1　上の図のG点で深海掘削を行い，過去に中央海嶺のD部分で生み出された海洋底の岩石を採取することができた。この岩石の年代測定を行った場合に予想される年代値として最も適当な数値を，次の①～④のうちから一つ選べ。ただし，プレートの移動速度は一定であるとし，中央海嶺はホットスポットに対して移動しないものとする。

①　200万年前　　②　300万年前　　③　400万年前　　④　600万年前

問2　上の図のトランスフォーム断層をはさんだH点とI点の間の距離は今後時間とともにどのような変化をすると予想されるか。最も適当なものを，次の①～⑤のうちから一つ選べ。ただし，H点とI点はプレート上に固定されており，プレートは一定速度で移動し続けるものとする。

①　変化しない。　　②　増加し続ける。
③　減少し続ける。　　④　増加した後に減少する。
⑤　減少した後に増加する。　　(2009センター追)

38 ［日本付近のプレートと地殻変動］ 四国沖では，大陸プレートである［ア］の下に海洋プレートである［イ］が北西方向に沈み込んでおり，それらのプレートの境界で急激なずれが生じることによって巨大地震がくり返し発生してきた。最近では1946年に南海地震（マグニチュード8.0）が発生し，室戸（むろと）岬で大きな地殻変動が観測された。

問1 上の文章中の［ア］・［イ］に入れる語の組合せとして最も適当なものを，次の①～④のうちから一つ選べ。

	ア	イ
①	ユーラシアプレート	太平洋プレート
②	ユーラシアプレート	フィリピン海プレート
③	北アメリカプレート	太平洋プレート
④	北アメリカプレート	フィリピン海プレート

問2 日本におけるマグニチュードや震度について述べた文として最も適当なものを，次の①～④のうちから一つ選べ。

① 内陸直下で発生した地震のマグニチュードが7.0を超えたことはない。
② 日本海溝沿いにはマグニチュード9.0を超える地震がしばしば発生する。
③ 震度は震度計の計測結果をもとにして決められている。
④ 震度の5～7はそれぞれ強と弱の2段階にわけられている。

問3 上の文章中の下線部の地殻変動において，室戸岬の上下方向と水平方向の動きを模式的に表す図として最も適当なものを，次の①～④のうちから一つ選べ。

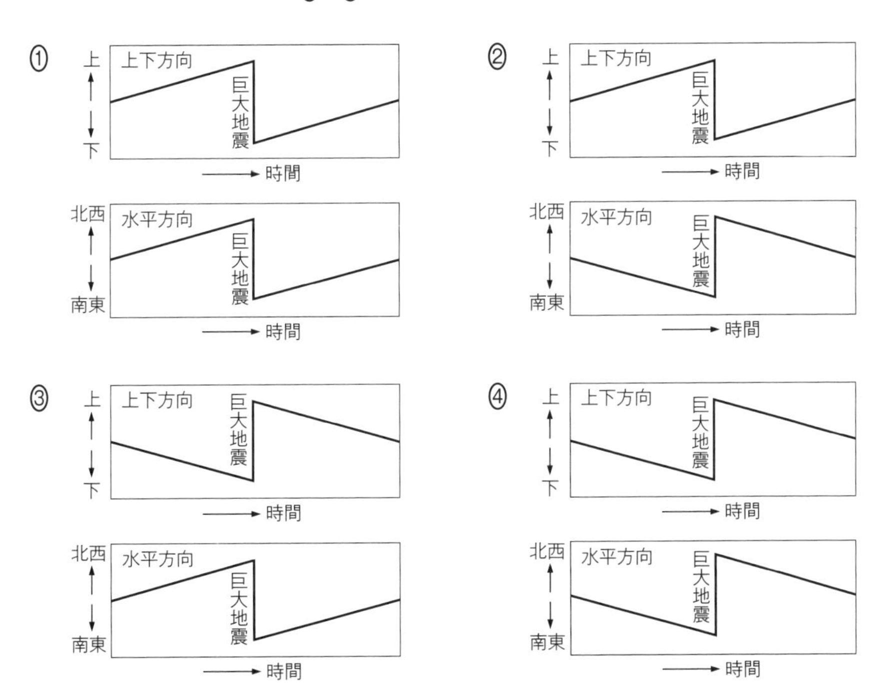

（2008センター追）

1章 地球の構成と運動

39 [断層運動] 地層や岩石は，大きな力を受けると，さまざまな変形を示す。おもに水平方向の圧縮の力で生じる変形には [ア] や [イ] などがあり，引っぱりの力で生じる変形には [ウ] などがある。

日本列島中央部の主要な横ずれ断層の走向(断層面と水平面との交線の方向)には，右の図に示すように，おもに北東－南西方向と北西－南東方向の2種類がある。<u>これらの断層のずれの方向から，この地域には，東西方向の圧縮の力がはたらいていることがわかっている。</u>

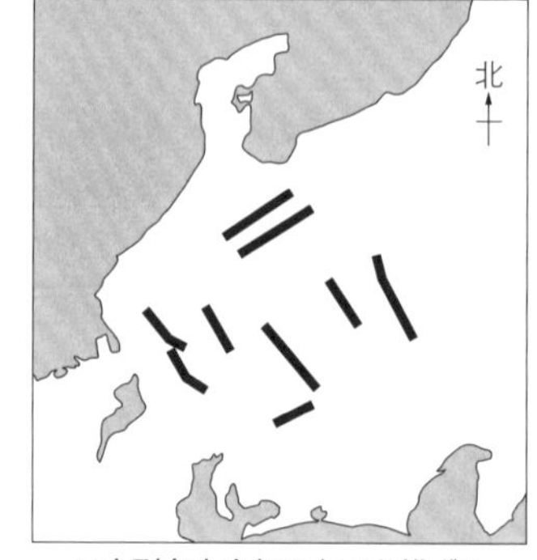

日本列島中央部の主要な横ずれ断層の分布図

問1 上の文章中の [ア] ～ [ウ] に入れる語の組合せとして最も適当なものを，次の①～④のうちから一つ選べ。

	ア	イ	ウ
①	褶曲(しゅうきょく)	正断層	逆断層
②	褶曲	逆断層	正断層
③	侵食	正断層	逆断層
④	侵食	逆断層	正断層

問2 上の文章中の下線部に関連して，これらの2種類の断層のずれの向きを示す図として最も適当なものを，次の①～④のうちから一つ選べ。

①
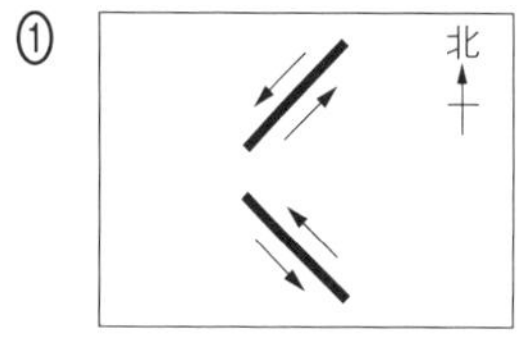

②
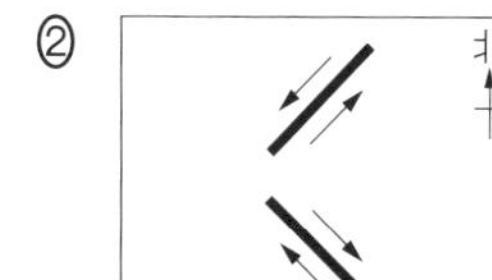

③
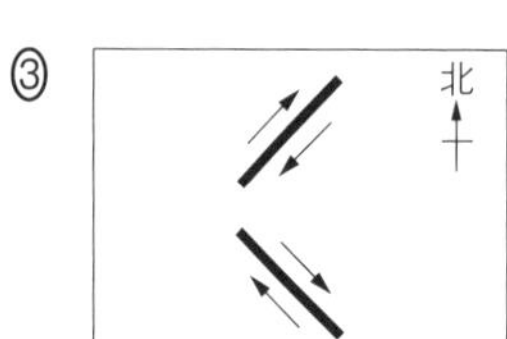

④
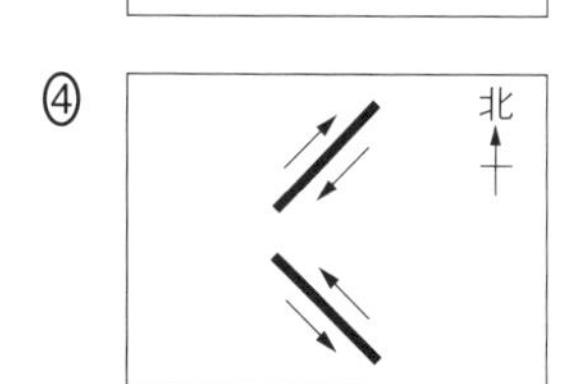

(2009センター)

40 [マグマの発生] マグマの発生する過程を考えるために，右の図にかんらん岩(無水)の融解曲線および地下の温度と圧力の関係を示した。点Pの状態にあるかんらん岩が上昇した場合に，点Q～Tのうち，どの点でマグマが発生するか。最も適当なものを，次の①～④のうちから一つ選べ。

① Q　② R　③ S　④ T

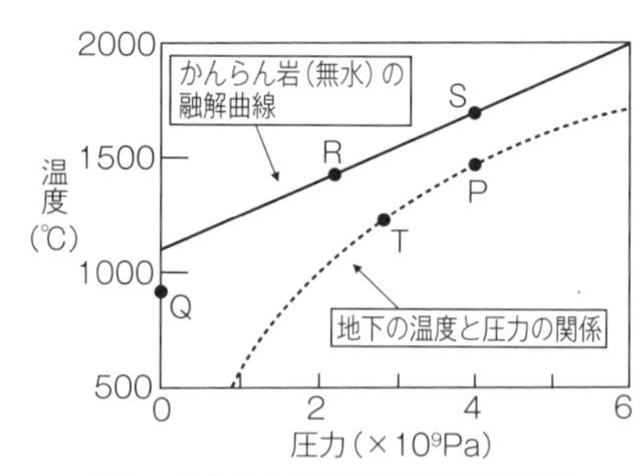

図1　かんらん岩の融解曲線と地下の温度と圧力の関係

(2014センター改)

41 ［変成作用と変成鉱物］ 変成岩が再び変成作用を受けて，別の種類の変成岩に変わることがある。次の図1は，そのような例を模式的に示した平面図である。この地域には，変成岩と花こう岩が分布している。変成岩の地域は，特徴的に産するAl_2SiO_5鉱物の種類により，X帯，Y帯，Z帯に区分される。X帯には紅柱石（こうちゅうせき），Y帯にはらん晶石，Z帯には珪線石（けいせんせき）が産する。これら3種類の鉱物は，互いに多形(同質異像)の関係にある。X帯は，広域変成岩が花こう岩の貫入によって再結晶して，接触変成岩に変わった部分である。Y帯とZ帯の変成岩は，年代測定によって約1億年前に一連の広域変成作用によって形成されたことが推定された。なお，この地域には断層は存在しない。次の図2は，紅柱石，らん晶石，珪線石が安定になる温度と圧力の領域を示している。

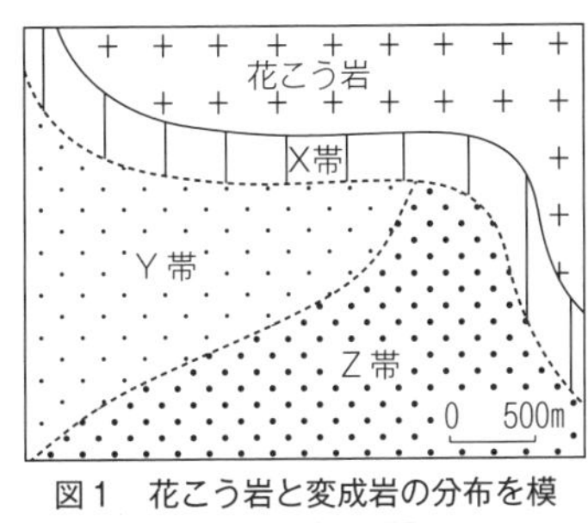

図1 花こう岩と変成岩の分布を模式的に示した平面図

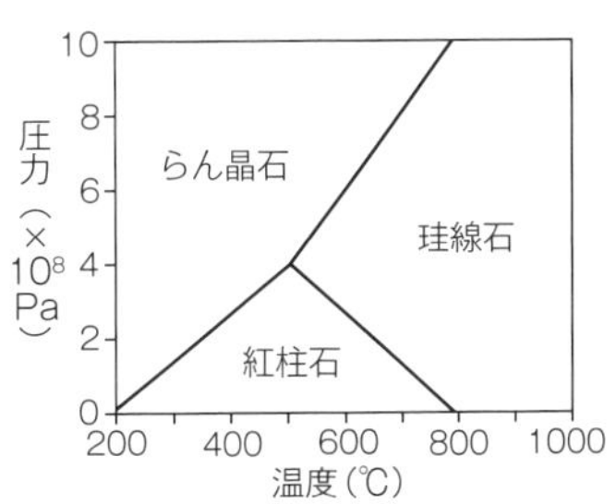

図2 紅柱石，らん晶石，珪線石が安定になる温度と圧力の領域

問1 ある鉱物が再結晶して別の鉱物に変わる場合，一般にその変化は鉱物の外側から始まる。接触変成作用によって形成されたX帯のうち，花こう岩からはなれた所では，再結晶が完全には起こらずに，広域変成作用によって形成された鉱物が一部残っていることがある。そのような岩石の薄片を偏光顕微鏡で観察した場合，広域変成作用と接触変成作用によってつくられたAl_2SiO_5鉱物は，次の図3に模式的に示したa～fのうち，どの組織をつくるか。その組合せとして最も適当なものを，下の①～⑥のうちから一つ選べ。

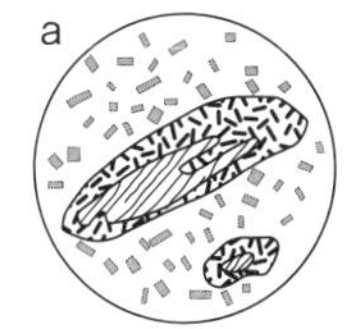

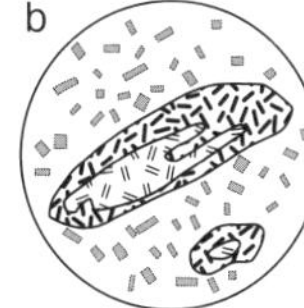

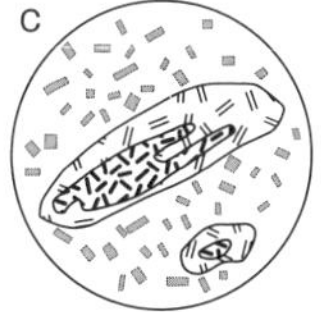

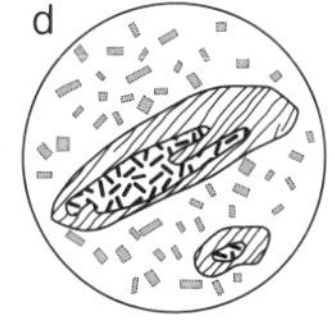

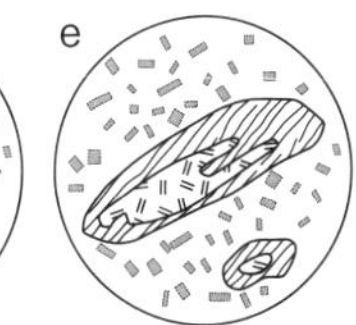

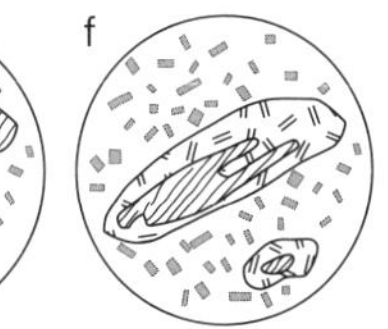

図3 共存する2種類のAl_2SiO_5鉱物の組織
Al_2SiO_5鉱物の周囲は他の鉱物の集合体からなる。各スケッチの直径は1mmである。

紅柱石　らん晶石　珪線石

① aとb　② aとf　③ bとe　④ cとd　⑤ cとf　⑥ dとe

問2 この地域の岩石を説明した文として最も適当なものを，次の①～④のうちから一つ選べ。

① 花こう岩は古生代に貫入した。
② 花こう岩が貫入した時，花こう岩に接する広域変成岩の少なくとも一部は，800℃以上に加熱され接触変成岩となった。
③ 変成作用の温度が一定であるとした場合，Z帯の広域変成岩はY帯の広域変成岩に比べると，深い所で形成された。
④ Y帯とZ帯の広域変成岩は，それが形成された後に，より浅い所へ上昇してから花こう岩の貫入を受けた。

（2014センター改）

2章 大気と海洋

	問題	解答
□ 1	水は，室温でも（　ア　）して水蒸気になり，空気を（　イ　）すると水蒸気は水となって現れる。	1.ア 蒸発 イ 冷却
□ 2	一定体積の空気に含むことのできる水蒸気の量を（　ア　）といい，その値は温度の上昇とともに（　イ　）くなる。	2.ア 飽和水蒸気量 イ 大き
□ 3	空気を冷却していき，水滴が生じるときの温度を（　　　）という。	3.露点
□ 4	一定体積の空気に含まれる水蒸気の量を，その温度における飽和水蒸気量に対する割合(%)で示した値を（　ア　）といい，同じ量の水蒸気を含む空気であっても，温度が高いほうがその値は（　イ　）なる。	4.ア 湿度 イ 小さく
□ 5	暖かい空気は，冷たい空気に比べて密度が（　ア　）ため，太陽放射により地面が熱せられると，（　イ　）気流が発生する。	5.ア 小さい イ 上昇
□ 6	地表面の物体は空気の重さによる圧力をあらゆる面に受けており，この圧力を（　　　）という。	6.大気圧(気圧)
□ 7	大気圧の大きさを表す単位はhPaであり，（　ア　）と読む。地表付近の平均の大気圧の大きさは約（　イ　）hPaである。	7.ア ヘクトパスカル イ 1013
□ 8	空気が上昇すると，まわりの気圧は（　ア　）するため，空気は（　イ　）し，空気の温度は（　ウ　）する。	8.ア 低下 イ 膨張 ウ 低下
□ 9	気圧が等しい地点をなめらかに結んだ曲線を（　　　）という。	9.等圧線
□ 10	気圧に差がある場所では，気圧が（　　　）ほうへ大気を動かそうとする力がはたらく。	10. 低い
□ 11	北半球の（　ア　）気圧の中心付近からは風が時計回りに吹き出す。このとき，中心付近では（　イ　）気流が生じ，雲が発生しにくく，晴天になりやすい。	11. ア 高 イ 下降
□ 12	北半球の（　ア　）気圧の中心付近へは風が反時計回りに吹き込む。このとき，中心付近では（　イ　）気流が生じ，雲が発生しやすく，くもりや雨になりやすい。	12. ア 低 イ 上昇
□ 13	大陸や海洋の影響を受けてできる気温や湿度が一様な大規模な大気のかたまりを（　ア　）という。例えば，冷えた大陸上には低温で湿度の（　イ　）い（　ア　）が形成される。	13. ア 気団 イ 低
□ 14	冷たい気団と暖かい気団が接する場所に形成される境界を（　　　）という。	14. 前線
□ 15	2つの同じような強さの気団が接するところにできる前線を（　　　）という。	15. 停滞前線
□ 16	寒気が暖気を押し上げながら進む前線を（　ア　）といい，前線面の傾斜が（　イ　）であり，（　ウ　）とよばれる雲が発達して雨を降らせる。	16. ア 寒冷前線 イ 急 ウ 積乱雲
□ 17	暖気が寒気の上にはい上がって進む前線を（　ア　）といい，前線面の傾斜が（　イ　）であり，（　ウ　）とよばれる雲が発達して雨を降らせる。	17. ア 温暖前線 イ 緩やか ウ 乱層雲

□ **18** 日本付近に形成される低気圧は東側に(　ア　)前線を，西側に(　イ　)前線を持つことが多く，このような低気圧を(　ウ　)という。

□ **19** 一般に，寒冷前線の進み方は温暖前線の進み方よりも(　ア　)く，片方の前線が他方の前線に追いつき(　イ　)前線を形成する。

□ **20** 下の(a)～(d)の前線の名称を記せ。

(a)　(　ア　)

(b)　(　イ　)

(c)　(　ウ　)

(d)　(　エ　)

□ **21** 右は紙面の上側を真北とした天気図記号である。この天気図記号から，この場所は，風向は(　ア　)，風力(　イ　)，天気は(　ウ　)であることが読みとれる。なお，このほかの天気記号としては，○が(　エ　)を，⦶が(　オ　)を，●が(　カ　)を，⊗が(　キ　)を表す。

□ **22** 日本付近の上空には一年を通して西から東に向かう風が吹いており，この風を(　　)という。

□ **23** 大陸と海洋を比較すると，(　ア　)のほうが暖まりやすく，冷えやすい。このため，夏は海洋側に，冬は大陸側にそれぞれ(　イ　)気圧が発達する。このような気圧配置が要因となって吹く風を(　ウ　)という。

□ **24** 海に面した地域では，よく晴れた日の昼間には(　ア　)に向かって，夜にはその逆方向に風が吹く。このような風を(　イ　)という。

□ **25** 冬にユーラシア大陸で発達する高気圧を(　ア　)といい，日本付近は，この高気圧の発達により，「(　イ　)」とよばれる冬型の気圧配置となり，(　ウ　)の季節風が吹く。

□ **26** 春や秋には日本付近を低気圧と高気圧が交互に通過する。春や秋に晴天をもたらすこのような高気圧を(　　)という。

□ **27** 初夏の頃，日本付近には湿った気団どうしがぶつかり，(　ア　)前線が形成され，多量の雨をもたらす。この時期を(　イ　)とよび，このとき形成される(　ア　)前線を(　イ　)前線とよぶ。

□ **28** 夏に日本列島の南東の海上に発達する高気圧を(　ア　)といい，日本付近には(　イ　)の季節風が吹く。この時期，日本は(　ウ　)気団とよばれる高温で湿潤な気団におおわれ，日本特有の蒸し暑い夏となる。

□ **29** 日本の南方の低緯度海域で発達する低気圧を(　ア　)といい，このうち，一定の勢力以上に発達したものを(　イ　)とよぶ。

18. ア 温暖　イ 寒冷　ウ 温帯低気圧
19. ア 速　イ 閉塞(へいそく)
20. ア 閉塞前線　イ 温暖前線　ウ 停滞前線　エ 寒冷前線
21. ア 南西　イ 4　ウ くもり　エ 快晴　オ 晴れ　カ 雨　キ 雪
22. 偏西風
23. ア 大陸　イ 高　ウ 季節風
24. ア 陸　イ 海陸風
25. ア シベリア高気圧　イ 西高東低　ウ 北西
26. 移動性高気圧
27. ア 停滞　イ 梅雨
28. ア 太平洋高気圧　イ 南東　ウ 小笠原
29. ア 熱帯低気圧　イ 台風

1節 大気の構造と運動

▶1 大気の層構造

(1)気圧

重力により地球に引きつけられている大気の重みが物体に及ぼす圧力。

海抜0mでの平均気圧が**1気圧(= 1013hPa)**である。

1気圧は，1cm^{2}あたりに約1kgの物体の重力がはたらいていることに相当し，水深約10mの水圧とほぼ等しい。

(2)高度による気圧の変化

気圧はその地点より上層にある空気の重さによって生じるため，**気圧は上空ほど低くなる。**

一般に，5.5km高度が上昇するごとに気圧は約$\frac{1}{2}$になる。

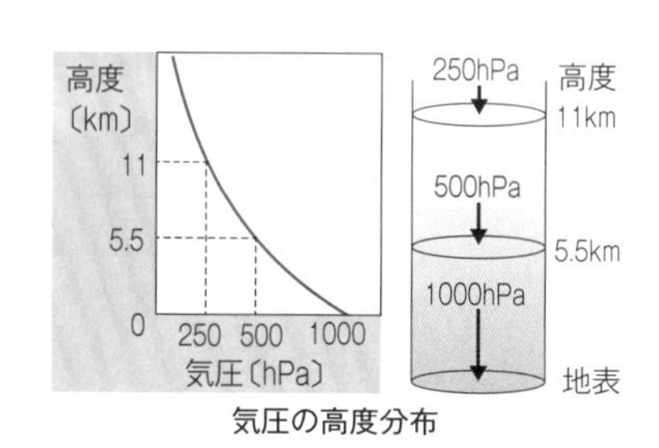

気圧の高度分布

(3)大気の組成

組成は**上空約80kmの中間圏までほぼ一定**(← 長い時間をかけよく混合されている)

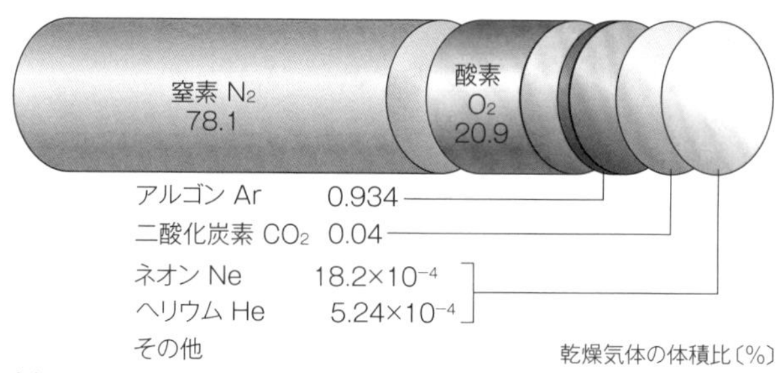

大気の組成 ※水蒸気H_2Oは場所や時間によって大きく変化する。

(4)大気の層構造

気温の高度変化の特徴から4つに区分

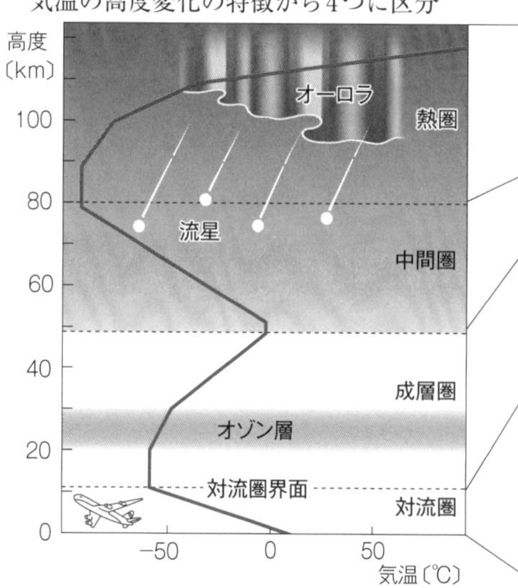

熱圏 大気が太陽からのX線や紫外線を吸収して，**上空ほど気温は上昇**。分子が電離(イオン化)して**電離層**を形成。**オーロラ**が発生。

中間圏 **上空ほど気温は低下**。

成層圏 大気中の**オゾンO_3が紫外線を吸収**し，**上空ほど気温は上昇**。オゾン密度が最も高いのは高度20～30km (**オゾン層**)。

対流圏 **上空ほど気温は低下**(←地表が太陽からの可視光線を吸収して暖まるため)。気温減率は平均約**0.65℃/100m**。地表ほど暖かいため対流が発生しやすく，さまざまな気象現象が発生。

▶2 大気中の水とその状態

(1)空気中の水

(a)飽和水蒸気圧(飽和水蒸気量)

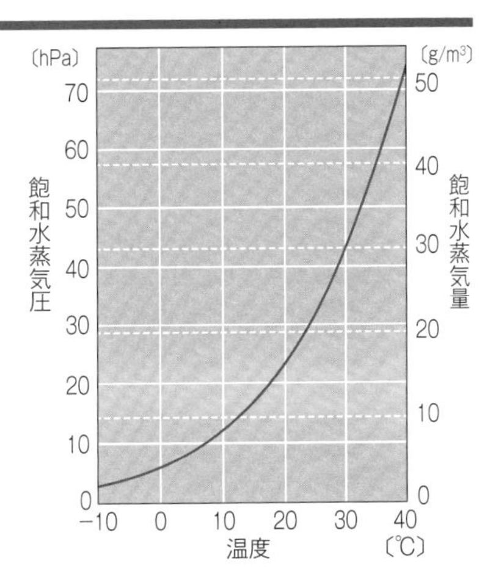

$1m^3$の空気が含むことのできる水蒸気の最大質量を**飽和水蒸気量**〔g/m^3〕という。また，飽和水蒸気量を含む(水蒸気で飽和している)空気の水蒸気圧(水蒸気の及ぼす圧力)を**飽和水蒸気圧**〔hPa〕という。

飽和水蒸気量も飽和水蒸気圧も，温度の上昇とともにその値は急激に大きくなる。

(b)湿度(相対湿度)

実際に空気中に含まれる水蒸気の量を飽和水蒸気圧(飽和水蒸気量)に対する割合で表したものを**湿度(相対湿度)**〔%〕という。

$$\text{湿度} = \frac{\text{空気中の水蒸気圧〔hPa〕}}{\text{その気温の飽和水蒸気圧〔hPa〕}} \times 100〔\%〕$$

$$= \frac{\text{空気中の水蒸気量〔g/m}^3\text{〕}}{\text{その気温の飽和水蒸気量〔g/m}^3\text{〕}} \times 100〔\%〕$$

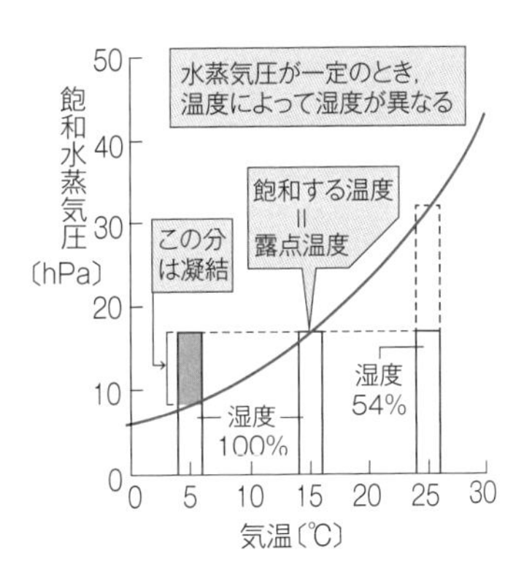

(c)露点

空気を冷却していき，実際に含まれる空気の水蒸気圧が飽和水蒸気圧に達する温度を**露点温度(露点)**という。空気を露点以下に冷却すると，一部の水蒸気は**凝結**して水滴が生じる。

(2)水の状態変化

水が状態変化をする際に，温度変化を伴わずに出入りする熱を**潜熱**という。

一方，伝導や対流などによる熱の移動は物体の温度変化を伴うもので，**顕熱**とよばれる。

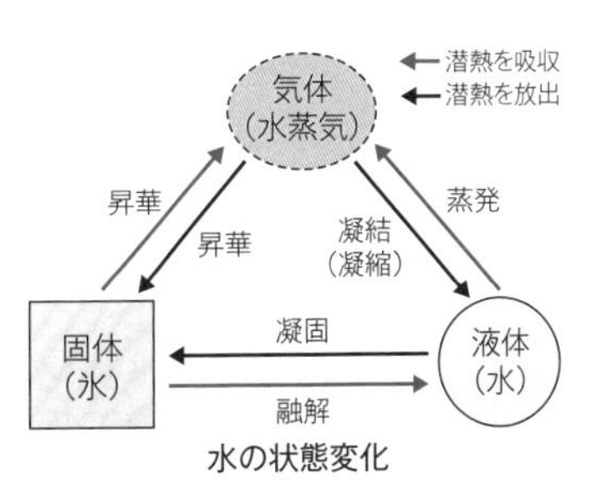

水の状態変化

(3)大気の状態

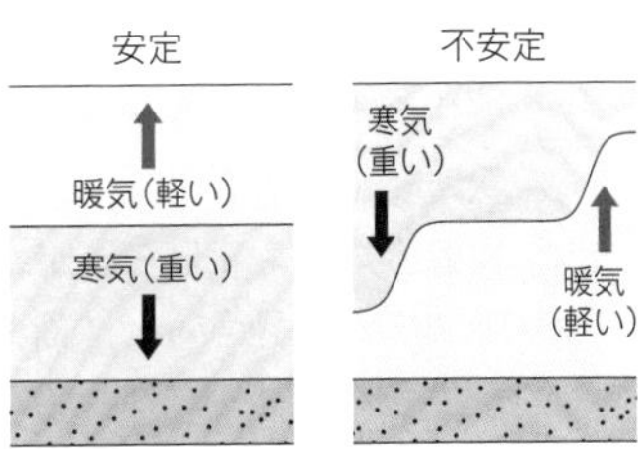

空気は低温であるほど密度が大きく重い。したがって低温の空気の下に高温の空気がある場合には，対流が発生しやすく，大気は**不安定**になる。一方，高温の空気の下に低温の空気が存在する場合は対流が発生しにくく，大気は**安定**である。

(4)雲の発生と降雨

① 水蒸気を含んだ**空気塊が上昇すると膨張し温度が低下する**（断熱膨張）。

② 温度が低下して露点を下まわると，空気中の水蒸気は，大気中の塵（ちり）や埃（ほこり）を核（凝結核）として凝結し，微水滴となる（雲の発生）。

③ 雲を形成している微水滴や氷の粒（氷晶）は上昇気流により持ち上げられているが，これらの粒が成長すると上昇気流に逆らって地表に落下する（降雨，降雪）。

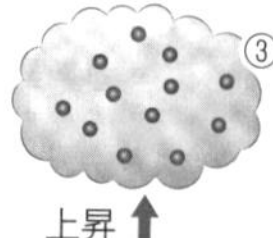

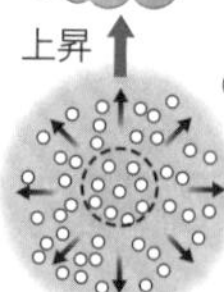

正誤Check

次の各文のそれぞれの下線部について，正しい場合は○を，誤っている場合には正しい語句を記せ。

問題	解答
1 大気圧は高度とともに<u>高く</u>なる。	1 ×→低く
2 一般に気圧は，水平方向の変化の方が鉛直方向の変化よりも<u>大きい</u>。【08センター追】	2 ×→小さい
3 地表付近の大気に含まれる気体成分は，水蒸気を除くと，その割合の大きいものから ア窒素，イ酸素，ウ二酸化炭素である。	3 ア○ イ○ ウ×→アルゴン
4 地球大気を構成する窒素，酸素，アルゴンの比は，対流圏から<u>中間圏</u>までほぼ一定である。【15センター追】	4 ○
5 対流圏では，高度1kmあたり約 ア0.65℃の割合で気温が イ低くなる。【16センター追】	5 ア×→6.5 イ○
6 成層圏，中間圏，熱圏に比べ，対流圏には特に ア酸素が多く，その イ顕熱の放出を伴った大気の運動が起こる。【10センター】	6 ア×→水蒸気 イ×→潜熱
7 <u>中間圏</u>では，太陽活動の影響によりオーロラが発生しやすい。【19センター地学】	7 ×→熱圏
8 成層圏では アフロンが イ紫外線を吸収するため，上空ほど気温は ウ高い。【08センター追】	8 ア×→オゾン イ○ ウ○
9 飽和水蒸気圧の値は温度の上昇とともに<u>増加</u>する。	9 ○
10 水蒸気を含む空気を冷却していくと，いずれ ア露点に達し，イ融解して水滴を生じる。	10 ア○ イ×→凝結（凝縮）
11 同じ温度の空気であれば，湿度の低い空気のほうが露点温度は<u>高い</u>。	11 ×→低い
12 液体の水が水蒸気になる状態変化を ア沸騰といい，潜熱を イ放出する状態変化である。	12 ア×→蒸発 イ×→吸収
13 放射冷却により地表面が急激に冷やされると，大気は<u>不安定</u>になる。	13 ×→安定
14 空気塊が上昇すると，断熱 ア圧縮により空気塊の温度は イ低下し，雲が生じる。【03センター追】	14 ア×→膨張 イ○

42 [大気の層構造] 次の文章を読み，下の問いに答えよ。

地球大気の気温分布❶は季節や場所によって変わるが，平均的には右の図のような複雑な鉛直分布になっている。ア大気圏は気温の鉛直分布の特徴に基づいて区分され，名称が与えられている。高度50km付近の気温の極大❷は［イ］が［ウ］を吸収することにより形成される。［イ］は地球大気の主要な成分の一つである［エ］から生成される。一方，気圧は，気温と違って高度とともに単調に低くなっている❸。観測の結果，オ高度が16km増すごとに気圧は約1/10になることが知られている。

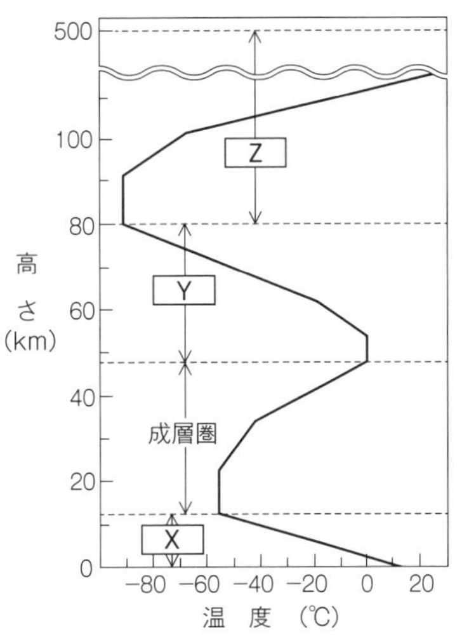

一方，水蒸気を除く大気組成❹は，地上付近だけでなく約［カ］kmの高さまでほぼ一定であることがわかっている。このことは，さまざまな運動に伴って，大気がこの高さまで上下方向によく混合されている❺ことを意味している。

❶p.42 要点Check▶1
❷p.42 要点Check▶1 p.44 正誤Check 8
❸p.42 要点Check▶1 p.44 正誤Check 1
❹p.42 要点Check▶1 p.44 正誤Check 3, 6
❺p.42 要点Check▶1 p.44 正誤Check 4

(1) 文章中の下線部**ア**に関連して，上の図中の［X］～［Z］に入れる語を答えよ。

(2) 文章中の［イ］～［エ］に適する語句を答えよ。

(3) 文章中の下線部**オ**に関連して，48kmの高さでの気圧は地上気圧のおよそ何倍になるか。最も適当なものを，次の①～④のうちから一つ選べ。

① $\frac{1}{30}$倍　② $\frac{1}{100}$倍　③ $\frac{1}{300}$倍　④ $\frac{1}{1000}$倍

(4) 文章中の［カ］に入れる数値として最も適当なものを，次の①～④のうちから一つ選べ。

① 12　② 48　③ 80　④ 500　(2002センター追・2008センター追改)

43 [水の状態変化] 次の文章を読み，下の問いに答えよ。

地球大気を他の惑星の大気と比較したとき，［ア］，水蒸気などの成分が多量に含まれていることが大きく異なる。大気中の水は，気体(水蒸気)・液体(水)・固体(氷)といろいろな形態に変化❶しながら，大部分が［イ］に存在している。

❶p.43 要点Check▶2 p.44 正誤Check 12

(1) 文中の［ア］にあてはまる大気成分を答えよ。

(2) 文中の［イ］にあてはまる語として最も適当なものを，次の①～④のうちから一つ選べ。

① 成層圏　② 熱圏　③ 中間圏　④ 対流圏

(3) 文章中の下線部に関連して，水の状態変化について述べた文として**誤っているもの**を，次の①～④のうちから一つ選べ。

① 大気中の水蒸気が凝結すると，周囲の空気が加熱される。
② 気体の水蒸気が凝結せずに，直接，固体の氷になることがある。
③ 水は100℃にならなくても蒸発する。
④ 海面での水の蒸発によって，海面の温度は上昇する。

❓(4) 水蒸気を含む空気を冷やすと水蒸気が凝結して水になる。日中28℃で飽和していた空気の温度が，夜になって20℃まで下がったとき，もとの空気に含まれていた水蒸気の何％が水に変わるか。ただし，この温度範囲では，気温が4℃下がるごとに飽和している空気中の水蒸気量の20％が凝結することがわかっている。
(2004センター追改)

44 **[水の状態変化と潜熱]** 次の文章を読み，下の問いに答えよ。

右の表は気温と飽和水蒸気量❶の関係を表している。いま，気温25℃，露点温度10℃の $1m^3$ の空気塊が5℃まで冷却されたとする。

❶p.43
要点Check▶2

気温と飽和水蒸気量の関係

気温(℃)	飽和水蒸気量(g/m^3)
5	6.8
10	9.4
15	12.8
20	17.3
25	23.1
30	30.4

(1) この空気塊の気温25℃のときの相対湿度(湿度)を求めよ。ただし，小数第一位を四捨五入して整数で答えよ。

(2) この空気塊が5℃まで冷える過程で放出される潜熱の量を求めよ。ただし，1gの水蒸気が凝結する際に放出される潜熱の量は2.5kJであるとする。
(2019センター追改)

45 **[大気中の水蒸気と温室効果]** 次の文章を読み，文中の［ア］～［ウ］にあてはまる語句の組合せとして最も適当なものを，次の①～⑥のうちから一つ選べ。

水の分布や循環は，気候に対して重要な役割を果たしている。例として水蒸気の温室効果への影響を考えてみよう。ここでは，湿度(相対湿度)は常に一定であると仮定する。対流圏全体の気温が上昇した場合には，大気中の水蒸気量が［ア］する❶ため，温室効果は［イ］。このため，地球温暖化は［ウ］されることになる。

❶p.43
要点Check▶2
p.44
正誤Check 9

	ア	イ	ウ
①	増加	強まる	更に促進
②	増加	強まる	抑制
③	増加	弱まる	抑制
④	減少	強まる	更に促進
⑤	減少	強まる	抑制
⑥	減少	弱まる	抑制

(2002センター追改)

46 **[雲の発生と雨滴の成長]** 次の文章を読み，下の問いに答えよ。

❶p.44
要点Check▶2
p.44
正誤Check 14

大気下層にある未飽和の空気塊が［ア］すると，断熱膨張❶によりその空気塊の温度が下がる。温度が［イ］まで下がると，大気中に浮遊している微粒子(エアロゾル)を核にして水滴(雲粒)ができ，雲がつくられる。生成した水滴は落下しつつ成長して雨滴となる。また，氷点下の低温では過冷却した水滴からなる雲の中に［ウ］が形成される。［ウ］は落下しつつ成長し，温度が0℃以上の下層の大気を通過すると，途中でとけて水滴となる。大きな水滴は，小さな水滴よりも速く落下するので，その周りの小さな水滴を取りこみ，より大きな水滴(雨粒)になる。

(1) 文章中の［ア］～［ウ］に適する語句を答えよ。

(2) 雨粒の直径を2mm，雲粒の直径を0.02mmとすると，雨粒1個の水の量は雲粒何個分に相当するか。最も適当なものを，次の①～④のうちから一つ選べ。

① 100個　② 1万個　③ 100万個　④ 1億個

(2000センター追改)

47 **［雲の発生］** 次の文章を読み，下の問いに答えよ。

❶p.43 要点Check▶2 p.44 正誤Check 9, 10

下の図のように，空気中に水蒸気として存在できる水の量には限界があり，それは気温により変化する❶。雲の中では，気温の（**ア**　上昇・低下　）によって空気中に存在できなくなった水蒸気が，小さな水滴や氷晶に変わることで雲粒がつくられている。

いま，地上にあった空気が次にあげる二通りの変化（P・Q）をしたとする。

P　地上で気温29℃，相対湿度❷50%であった空気が1000m上昇した。

❷p.43 要点Check▶2

Q　地上で気温24℃，相対湿度80%であった空気が500m上昇した。

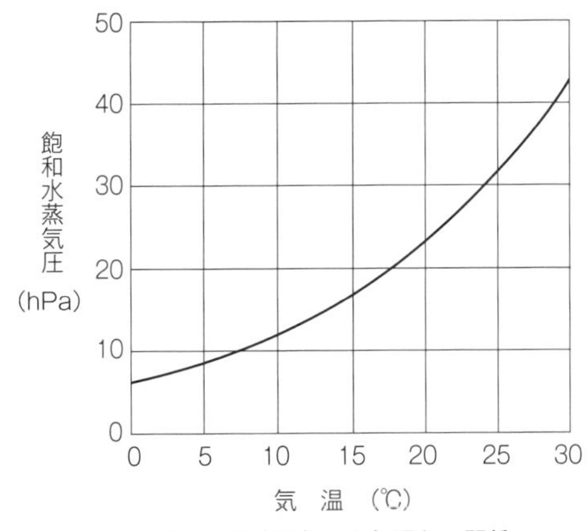

水に対する飽和水蒸気圧と気温との関係

(1) 文章中の（**ア**）から適する語句を選べ。

(2) 文章中の下線部の温度を何というか。

(3) Pの空気に実際に含まれる水蒸気の圧力は何hPaか。上の図を用いて計算せよ。

(4) 上のP・Qのとき，雲粒は形成されるか。上の図を用いて，その可能性の組合せとして最も適当なものを，次の①～④のうちから一つ選べ。ただし，雲粒が形成されるまでは，空気の上昇に伴う気温変化は100m上昇するごとに1℃であるとする。また，空気中には雲粒形成に十分な凝結核が含まれ，かつ各変化においては凝結が起こる場合を除き水蒸気圧は一定に保たれるものとする。

	P	Q
①	形成される	形成される
②	形成される	形成されない
③	形成されない	形成される
④	形成されない	形成されない

(2006センター追改)

▶1 地球のエネルギー収支

(1)太陽放射と地球放射

(a)太陽放射

太陽は莫大なエネルギーを，おもに**可視光線**として放射。
地球の大気圏外で，太陽光に垂直な1m^{2}の面が1秒間に受け取るエネルギーは，約1370Jである。この値を**太陽定数**といい，約1370W/m^2 = 1.37kW/m^{2}と表される。1W = 1J/sである。

地球の半径をR〔m〕とすると…

① 地球が受け取る太陽放射エネルギーの総量
1.37 × πR^2〔kW〕

② 受け取る太陽放射エネルギーを地球全体で平均すると，

$$\frac{1.37\times\pi R^2}{4\pi R^2}=1.37\times\frac{1}{4}\fallingdotseq 0.34〔kW/m^2〕$$

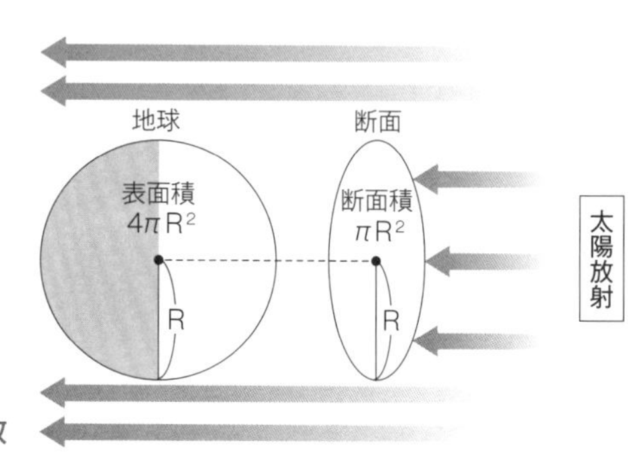

(b)地球放射

地球は宇宙に向かって**赤外線**による放射(**赤外放射**)をおこない，地表を冷却する(放射冷却)。

(2)地球のエネルギー収支

・地球に入射する太陽放射エネルギーのうち**約5割を地表が吸収する**。
・地表からの赤外放射のうち，**約9割は地球大気が吸収し**，再び地表に放射する(**温室効果**)。
・以下のエネルギー量は等しく，釣り合いが保たれている。

① 宇宙空間から入射するエネルギー と 宇宙空間に放射されるエネルギー
② 地球大気が受け取るエネルギー と 地球大気が放出するエネルギー
③ 地表が受け取るエネルギー と 地表が放出するエネルギー

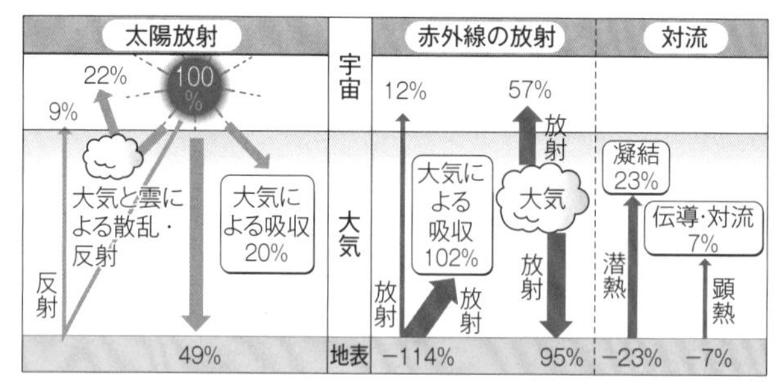

地球の熱収支
地球全体に入射する太陽放射エネルギーの平均値(約343W/m^2)を100%としたもの。
(出典：IPCC (2007))

(3)温室効果

地球大気は太陽放射(おもに可視光線)をあまり吸収しないが，地表からの赤外放射の大部分は地球大気中の**温室効果ガス**に吸収され，再び地表に放射する。

↓

水蒸気H_2O，二酸化炭素CO_2，メタンCH_4など

(4)海陸風循環

陸地は海よりも比熱が小さく，暖まりやすく冷えやすいため，海岸付近では日中に海から陸地へ海風が吹き，夜間に陸から海へ陸風が吹く。

比熱……物質1gの温度を1℃上げるのに必要な熱量。

●日中の海風循環

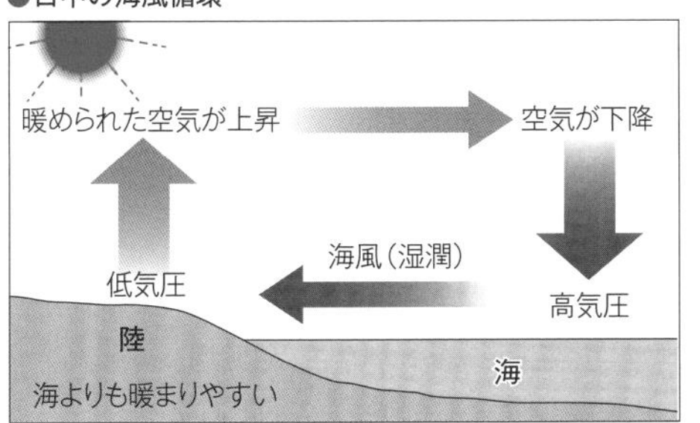

●夜間の陸風循環

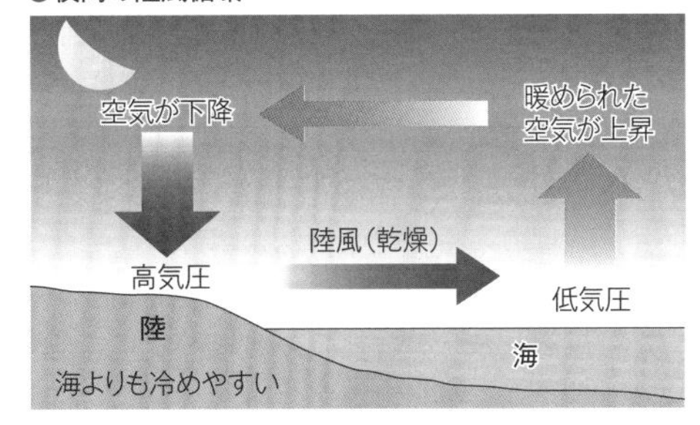

▶2 大気大循環

(1)南北のエネルギー輸送

地球が受け取る太陽放射……**赤道付近で多く，極地方では著しく少ない。**
（↑太陽光の入射角の違いによる）
地球から放射される熱量……赤道付近で多いが，**緯度による差は小さい。**

緯度37°～38°付近を境に，
低緯度は熱が過剰，高緯度は熱が不足
↓
大気と海水の循環により，この不均衡を解消

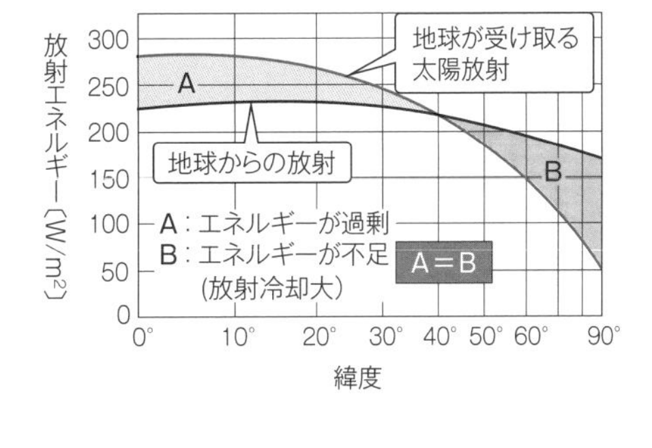

(2)大気の大循環

地球の大気循環は，**自転の影響**によりかなり複雑になっている。

① 低緯度地域の循環(**ハドレー循環**)
熱帯収束帯で暖められた空気が上昇し高緯度に移動し，**亜熱帯高圧帯**で下降。その後，地表付近を低緯度に向かって移動(**貿易風**)。南北鉛直面内の循環により熱を輸送。

② 中緯度地域の循環(**フェレル循環**)
地表付近では**偏西風**が卓越。上空の偏西風は南北に蛇行しながら高緯度へ熱を輸送。
圏界面付近の特に強い偏西風を**ジェット気流**という。

③ 高緯度地域の循環(極循環)
極付近で低温の空気が下降し，地表を低緯度に向かって移動(**極偏東風**)。南北鉛直面内の循環により熱を輸送。

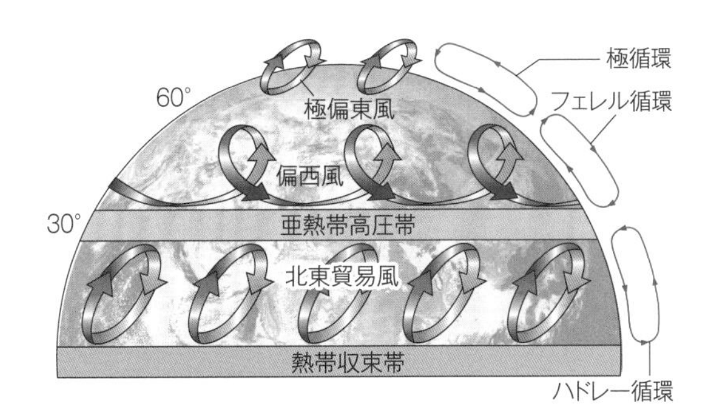

▶3 温帯低気圧と熱帯低気圧

(1)高気圧と低気圧

① **高気圧**……気圧が周囲より高い。北半球では時計回りに，南半球では反時計回りに風が吹き出し，**下降気流**を形成。雲が発生しにくく，晴天になりやすい。

② **低気圧**……気圧が周囲より低い。北半球では反時計回りに，南半球では時計回りに風が吹き込み，**上昇気流**を形成。雲が発生し，雨が降りやすい。

(2)温帯低気圧

高緯度の寒冷で乾燥した気団と，低緯度の温暖で湿潤な気団がぶつかる，中緯度地域で発達する巨大な大気の渦。寒気と暖気の境目に2つの前線をもつ。

① **温暖前線**……前線面の傾斜が緩く，乱層雲により，広範囲に穏やかな雨が降る。

② **寒冷前線**……前線面の傾斜が急で，積乱雲により狭い範囲で激しい雨や雷雨になる。

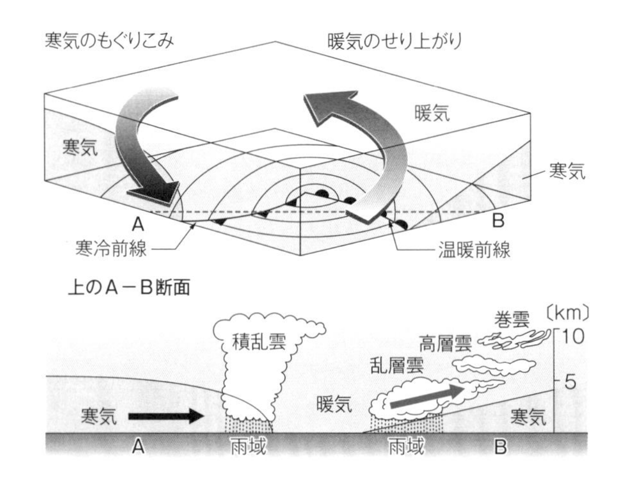

(3)熱帯低気圧

・エネルギー源……暖かい海水から供給される水蒸気が凝結する際の潜熱。

・発生場所……おもに緯度5～20°あたりの海上。
自転による力（転向力）により回転的な運動（渦）を形成する。
赤道では転向力がはたらかないため渦が形成されない。

・最大風速が17.2m/s以上に発達すると**台風**とよばれる。台風は，夏から秋にかけて日本に接近する。

・日本以外の地域では強い熱帯低気圧に，**ハリケーン**（アメリカ），**サイクロン**（インド洋）などの名前がつく。

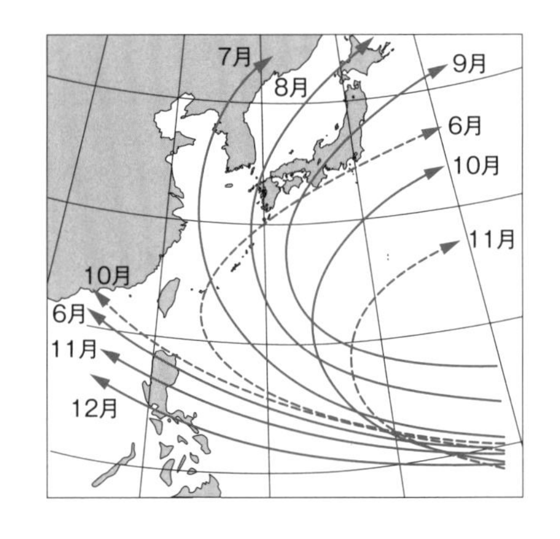

台風の主な月別経路
（実線は主な経路，破線はそれに準ずる経路）

正誤 Check

次の各文のそれぞれの下線部について，正しい場合は○を，誤っている場合には正しい語句を記せ。

- [ ] 1 太陽放射において最もエネルギー割合が多いのは紫外線である。 — 1 ×→可視光線
- [ ] 2 地球放射において最もエネルギー割合が多いのは赤外線である。 — 2 ○
- [ ] 3 可視光線，赤外線，紫外線のうち，波長が最も短い電磁波は可視光線である。 — 3 ×→紫外線
- [ ] 4 太陽定数は，ア地表において，太陽光にイ垂直な1m²の面積を1秒間に通過する太陽放射のエネルギーの大きさを表したものである。 — 4 ア×→大気圏外 イ○
- [ ] 5 地球に入射する太陽放射エネルギーを地球表面全体で平均すると，その値は太陽定数の2分の1となる。 — 5 ×→4分の1
- [ ] 6 地球が寒冷化して雪や氷におおわれる面積が増えると，宇宙空間へ反射される太陽放射は減少する。【06センター】 — 6 ×→増加
- [ ] 7 地表から放射される赤外線の大部分は，地球大気に含まれるア窒素，イ二酸化炭素，ウメタンなどに吸収される。 — 7 ア×→水蒸気 イ○ ウ○
- [ ] 8 地球に入射する太陽放射のうち，地表が吸収するのは約2割である。 — 8 ×→5割
- [ ] 9 地表から地球大気への熱輸送において，潜熱輸送は顕熱輸送に比べてその値は小さい。 — 9 ×→大きい
- [ ] 10 太陽放射吸収量はア低緯度ほど大きく，地球放射量はイ高緯度ほど大きい。一方，緯度による差は，太陽放射吸収量よりも地球放射量のほうがウ大きいため，エ低緯度でエネルギーが余ることになる。【99センター改】 — 10 ア○ イ×→低緯度 ウ×→小さい エ○
- [ ] 11 低緯度地域にはフェレル循環とよばれる熱対流が形成されている。 — 11 ×→ハドレー循環
- [ ] 12 ハドレー循環は，降水の多いア熱帯で下降し，砂漠の多いイ亜熱帯で上昇するような大気の循環である。【18センター追】 — 12 ア×→熱帯で上昇 イ×→亜熱帯で下降
- [ ] 13 北半球の中緯度上空で吹く風は，夏と冬で風向きがア逆で，冬のほうが風速はイ大きくなる。【04センター改】 — 13 ア×→同じ イ○
- [ ] 14 圏界面付近の偏西風の特に強い流れをフェレル循環という。 — 14 ×→ジェット気流
- [ ] 15 最も高いところに生じる雲を巻雲という。【01センター】 — 15 ○
- [ ] 16 温暖前線面には積乱雲が発達し雨を降らせる。【01センター】 — 16 ×→乱層雲
- [ ] 17 北半球の高気圧中心付近では，ア反時計回りに風がイ吹き出す。 — 17 ア×→時計回り イ○
- [ ] 18 南半球では温帯低気圧の中心からア北東方向に寒冷前線が延び，温帯低気圧の中心の南側からはイ南西の風が吹き込む。【03センター改】 — 18 ア×→北西 イ×→南東
- [ ] 19 地上天気図において，等圧線の数値が大きい場所ほど強い風が吹く。 — 19 ×→間隔が狭い
- [ ] 20 台風は北緯約5°～20°の領域で発生することが多い。【17センター地学追】 — 20 ○
- [ ] 21 台風は，おもに，水蒸気がア蒸発する際のイ顕熱の放出によって，強化される。【17センター地学追改】 — 21 ア×→凝結(凝縮) イ×→潜熱
- [ ] 22 熱帯低気圧は，最大風速が基準値を超えるまで発達すると台風とよばれる。 — 22 ○
- [ ] 23 気象衛星による画像には，可視光線によるもの以外に，夜間でも撮影可能な紫外線による画像がある。【06センター改】 — 23 ×→赤外線

標準問題

48 ［太陽放射］ 次の文章を読み，下の問いに答えよ。

次の図は地球に入射する太陽放射❶と，地球から宇宙へ放出される地球放射❷を模式的に示したものである。

❶p.48 要点Check▶1 p.51 正誤Check[1]，[4]
❷p.48 要点Check▶1 p.51 正誤Check[2]

太陽放射の強度のピークは［ア］の領域にある。また，(a)太陽放射に［イ］な面が受ける地球の［ウ］での太陽放射量は$1.37 kW/m^2$であり，この値を［エ］という。この太陽からの入射量のうち31%は宇宙へ反射される。ただし，高緯度側では，赤道付近にくらべて太陽高度が低いので，地表$1 m^2$あたりに入射する太陽放射量は少ない。

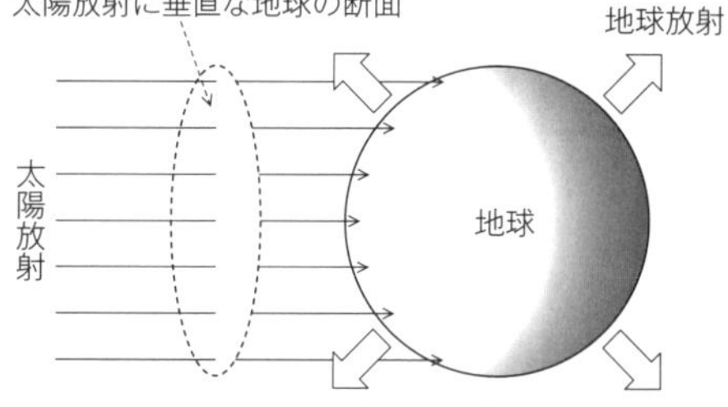

太陽放射と地球放射の模式図
太陽放射に垂直な地球の断面の半径は，地球半径と同じとみなす。

一方，(b)地球の熱エネルギーは地球放射として地表面や大気から宇宙へと放出される。地球放射量も低緯度域より高緯度域の方が少ないが，その緯度による違いは太陽放射の緯度による違いとくらべて［オ］。これは，［カ］によって，低緯度から高緯度に熱エネルギーが運ばれているためである。

(1) 文中の［ア］にあてはまる電磁波の種類を答えよ。
(2) 文中の［イ］に適する語句を答えよ。
(3) 文中の［ウ］に適する語句として最も適当なものを，次の①～④のうちから一つ選べ。
① 大気上端　② 成層圏上端　③ 対流圏上端　④ 地表面
(4) 文中の［エ］に適する語句を答えよ。
(5) 文中の［オ］・［カ］に適する語句を答えよ。
(6) 文中の下線部(a)について，以下の(i)，(ii)に答えよ。
(i) 地球の半径をR〔m〕とすると，地球が太陽から受け取る総エネルギー量は何kWか。
(ii) 地球全体で平均した場合，地球に入射する太陽放射の平均値は，何kW/m^2か。有効数字2桁で答えよ。
(7) 文中の下線部(b)に関連して，宇宙へ放出される地球放射量を地球の全表面で平均したときの，単位面積あたりの値はいくらか。有効数字2桁で答えよ。

（2018センター追改）

49 ［地球の熱収支］ 次の文章を読み，下の問いに答えよ。

次ページの図は太陽から入射するエネルギー量を***X***，地表から放射されるエネルギー量を***Y***として，地球のエネルギー収支を表したものである。

(1) 図中のA～Iのうちから，赤外放射によるエネルギーの移動を示しているものをすべて選べ。
(2) 図中の***X***に対するCの割合はおよそ何%か。最も適当な値を，次の①～④のうちから一つ選べ。
① 29%　② 49%　③ 69%　④ 89%

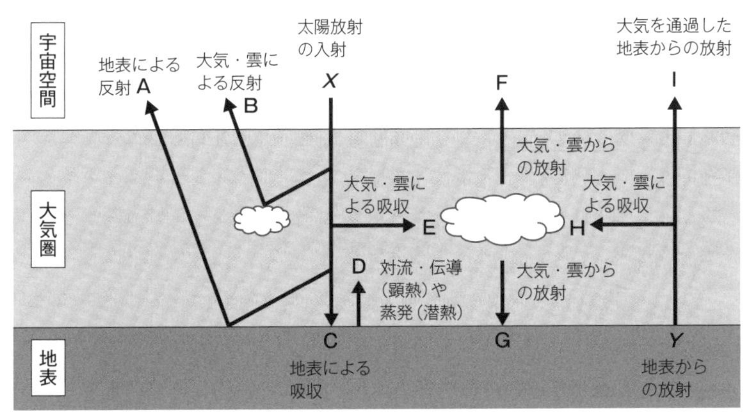

地球のエネルギー収支

(3) 図中の*X*，*Y*およびA～Ⅰのエネルギーについて説明した次の①～⑤のうち，正しい説明を２つ選べ。

① 地球表面の雪氷の面積が増加すると，*X*に対するAの割合は減少する。
② 地球全体の雲量が増加すると，*X*に対するCの割合が増加する。
③ Dにおける顕熱の割合は，潜熱の割合よりも小さい。
④ Hに比べてⅠのエネルギー量は著しく大きい。
⑤ 大気中の温室効果ガスの濃度が増加すると，*Y*に対するⅠの割合が減少する。

(4) 図中のC，Dを，それぞれE，F，G，H，Ⅰを用いた式で表せ。

(2020センター追改)

50 **[緯度別の熱収支の違い]** 次の文章を読み，下の問いに答えよ。

❶p.49
要点Check▶2
p.51
正誤Check⑩

単位面積あたり，ア地球が吸収する太陽放射のエネルギー量とイ地球から放射される地球放射のエネルギー量は，緯度により異なる❶。ウこのような太陽放射のエネルギー量から地球放射のエネルギー量を引いたものを，正味の入射エネルギー量とする。

(1) 上の文章中の下線部ア，イに関して，それぞれその値が，低緯度に比べて高緯度が大きい場合には○を，低緯度に比べて高緯度が小さい場合には×を，低緯度と高緯度でほぼ等しい場合には△を記せ。

(2) 上の文章中の下線部ウに関して，正味の入射エネルギー量の緯度による変化を示す模式図として最も適当なものを，次の①～④のうちから一つ選べ。

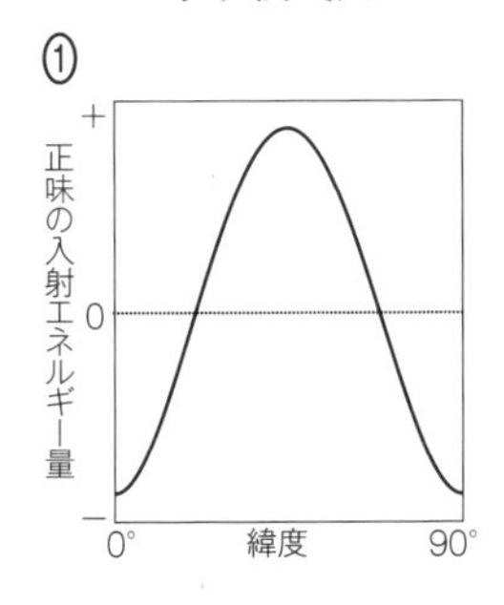

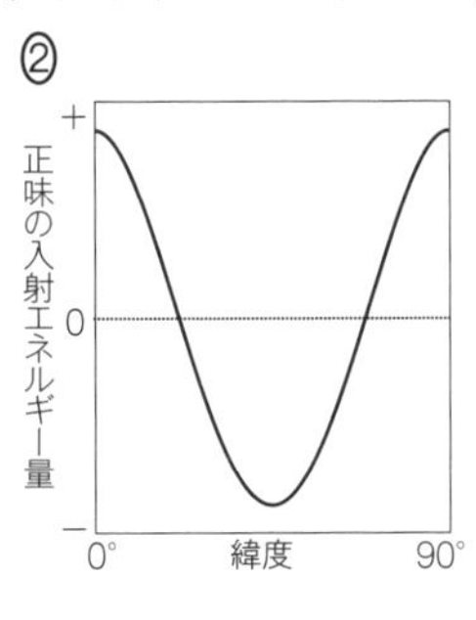

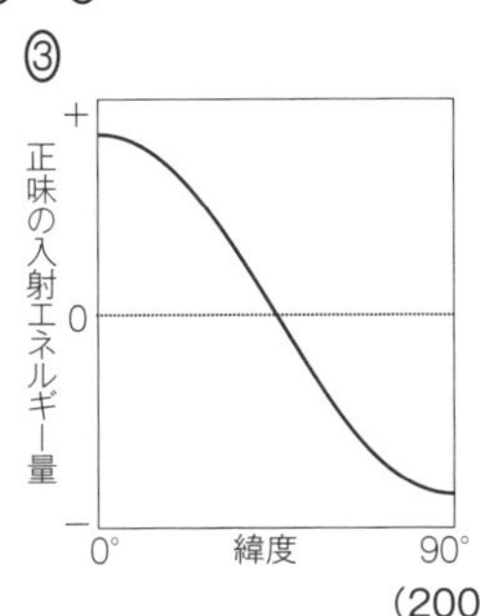

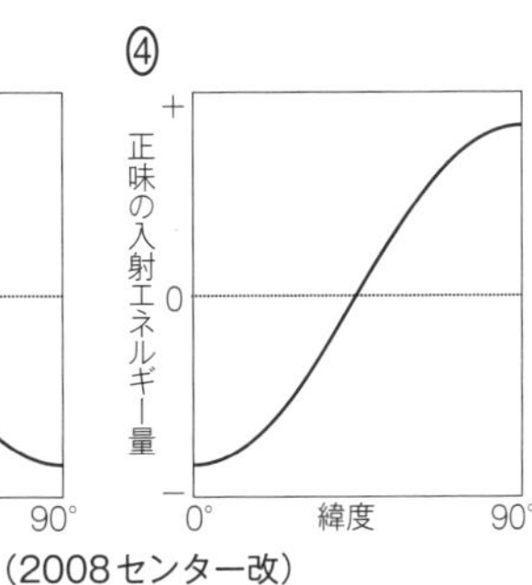

(2008センター改)

51 ［地球の大気循環］ 次の文章を読み，下の問いに答えよ。

地球表面で受け取る太陽放射の緯度による違い❶により，大気の大規模な南北方向の循環が形成される。この循環に伴う南北方向の風は［ア］の影響により東西方向の力を受ける。たとえば，低緯度地域の子午面内の大気循環に伴う南北方向の風は，低緯度の地球表面付近で［イ］，中緯度の対流圏界面付近で［ウ］を引き起こす。中緯度では地球表面でも［ウ］が吹く。このような地球表面の風は，海流（海水の循環）を引き起こす。このようにして形成された大気の循環も海水の循環も，南北方向に熱を輸送する。

❶p.49
要点Check▶2

(1) 文章中の［ア］に適する語句を答えよ。

(2) 文章中の下線部の循環を何というか。

(3) 文章中の［イ］・［ウ］に適する風の名称を答えよ。

(4) 北半球における［イ］の風のおおよその風向を，8方位を用いて答えよ。

(5) ［ウ］の風は中緯度の対流圏界面付近では秒速100m以上に達することもある。このような強い大気の流れを何というか。

（2017センター追改）

52 ［温帯低気圧］ 次の文章を読み，下の問いに答えよ。

右の図は北半球の温帯低気圧❶を示している。温帯低気圧は図のようにA，Bの2つの前線❷を伴うのが特徴である。これらの前線面に沿って，雨を降らせる雲が発達するが，このような雲には，対流圏下層から上層まで垂直に発達する雲Cと，高度2～5km付近に広がる雲Dの2種類がある。

❶❷p.50
要点Check▶3

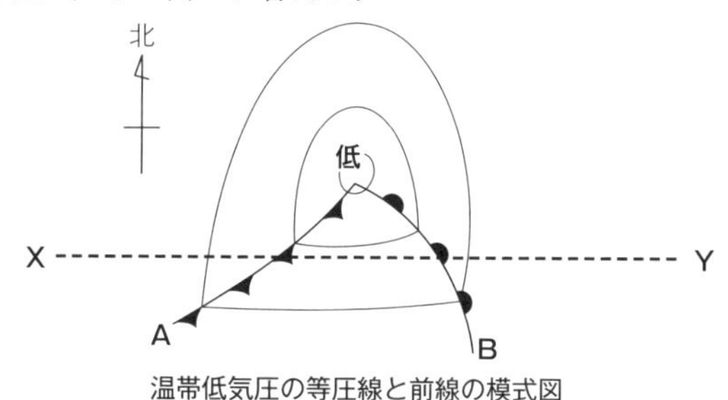

温帯低気圧の等圧線と前線の模式図

(1) 図中のA，Bの前線の名称を答えよ。

(2) 文章中の雨を降らせる雲C，Dの名称を答えよ。

(3) 文章中の雲C，Dに伴う降雨にはそれぞれ特徴がある。このうち，雲Cに伴う降雨の特徴を簡潔に説明せよ。

(4) 図中の破線XYに沿った前線面と雲C，Dの鉛直断面を南側から見た構造として最も適当なものを下の①～④から選べ。

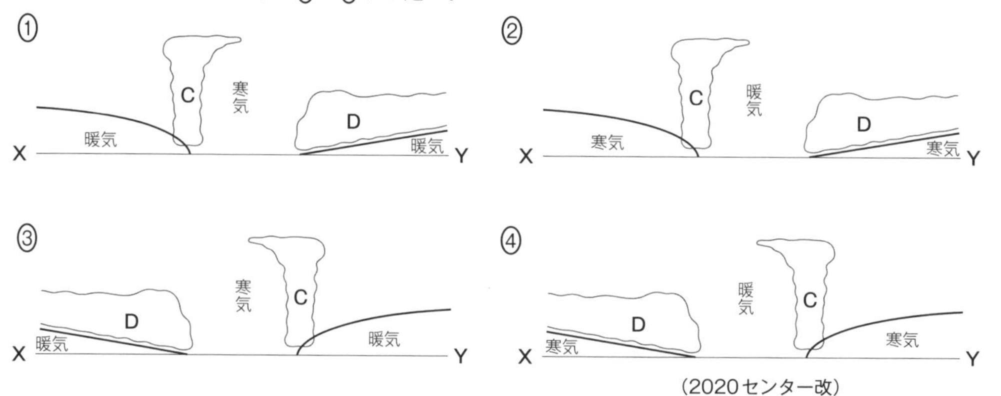

（2020センター改）

3節 海洋の構造と海水の運動

▶1 海洋の層構造

(1)海水の組成

(a)塩分

海水中に含まれる塩類の濃度。気候や地理的要因で値は大きく変化。
世界の海洋の平均値は約3.5%。

(b)海水の組成(質量%)……地球上の海で割合はほぼ一定。

① 塩化ナトリウム$NaCl$(約78%)
② 塩化マグネシウム$MgCl_2$(約10%)
③ 硫酸マグネシウム$MgSO_4$(約6%)

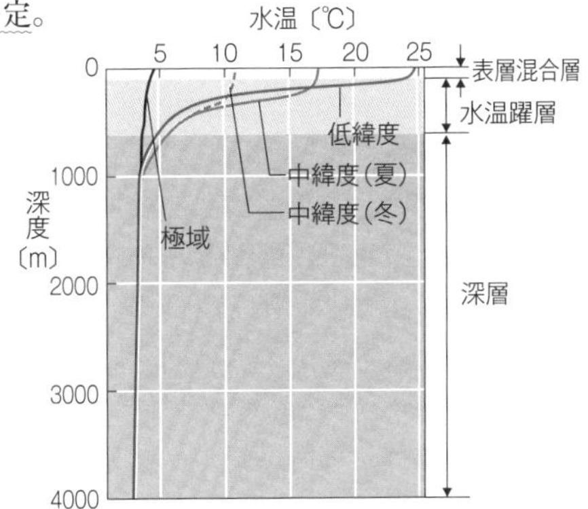

※極域は表層の水温が低く，水温躍層は存在しない。

(2)海水の鉛直構造

(a)表層混合層……水温は深さによらずほぼ一定(風や波によりよく混合されている)。表層混合層の厚さと水温は季節により変動(太陽放射の影響)。

(b)水温躍層(やくそう)……水温は深さとともに急激に低下。

(c)深層……水温は深さとともに徐々に低下。2000m以深でほぼ一定。

▶2 海水の運動と循環

(1)海水の水平循環……海流

海流は卓越風と自転の影響(転向力)によって形成。

低緯度海域では，北半球で時計回り，南半球で反時計回りの循環を形成(亜熱帯環流)。

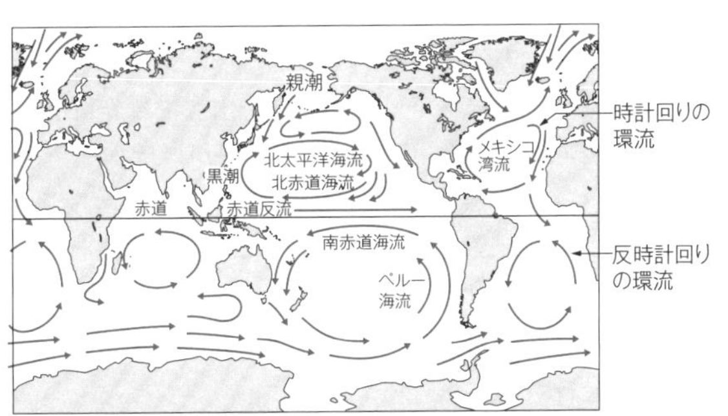

(2)深層循環

グリーンランド付近で高密度海水(低温・高塩分)が沈降。海底をゆっくりと循環し，各所で表層へ浮上(湧昇(ゆうしょう))。北大西洋で沈降した海水が北太平洋で浮上するまでに約2000年かかる。

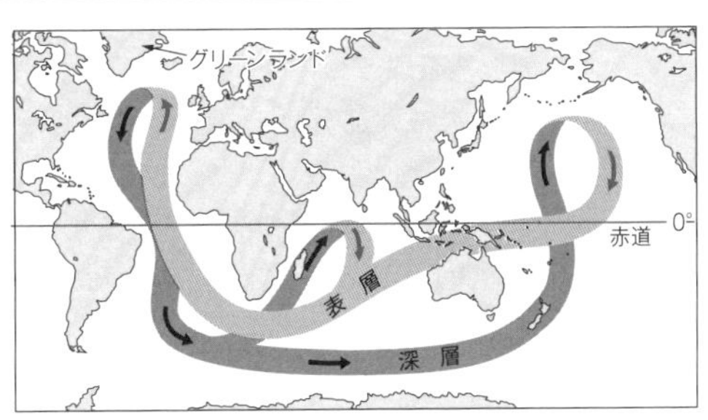

(3)地球の水循環

(a)地球上の水

海水……約97%
淡水……雪氷(約1.7%)，地下水(約0.7%)，湖沼・河川(約0.009%)

(b)地球上の水循環

海洋では降水量よりも蒸発量が多く，陸地では蒸発量よりも降水量が多い。

地球全体では，**蒸発量＝降水量** となる。
（水蒸気，河川水として海洋と陸地を移動）

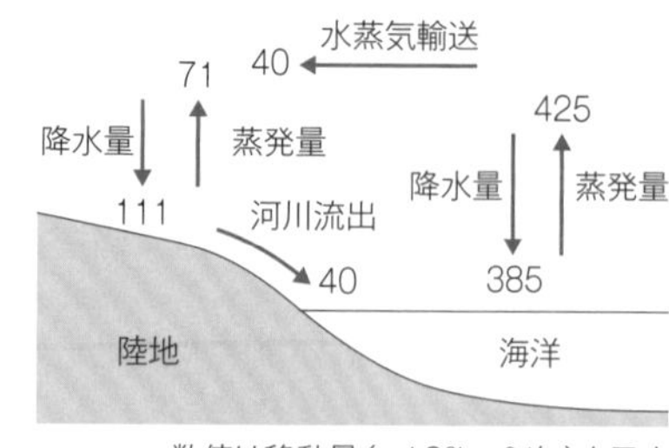

数値は移動量（×10^3km^3/年）を示す

正誤Check

次の各文のそれぞれの下線部について，正しい場合は○を，誤っている場合には正しい語句を記せ。

1 1kgの海水に含まれる塩類は世界の平均で約<u>3.5g</u>である。【10センター追改】

2 赤道付近と高緯度での海面付近の塩分濃度は世界の平均値より<u>高い</u>。【07センター】

3 海氷の生成に伴って海水の塩分は<u>増加</u>する。【20センター】

4 海面から蒸発が起こると，海水温が_ア<u>上がり</u>，塩分は_イ<u>増加</u>する。【02センター】

5 海水に含まれるイオンを，重量が大きい順にあげると，塩化物イオン，_ア<u>ナトリウム</u>イオン，硫酸イオン，_イ<u>臭化物</u>イオンとなる。【07センター】

6 表層混合層の水温は深層の水温よりも_ア<u>低く</u>，両者の間には，水温が深さとともに大きく変化する_イ<u>水温前線</u>が存在する。【21共通2改】

7 海洋の水深2000m以深では，水温がほぼ<u>0℃</u>で一定となっている。

8 北太平洋海流のおもな原動力は<u>北東貿易風</u>である。

9 南半球の亜熱帯環流は北半球と_ア<u>同じ向き</u>に循環しており，その方向は_イ<u>反時計回り</u>である。【10センター】

10 黒潮の幅は_ア<u>100km</u>程度，平均流速は_イ<u>10m/s</u>程度である。【05センター追】

11 メキシコ湾流は北大西洋の_ア<u>東</u>側に形成されている海流であり，北大西洋の亜熱帯環流の中で，最も_イ<u>弱い</u>流れとなっている。

12 深層の海水の大部分は，_ア<u>北太平洋</u>で冷やされて沈み込んだ塩分の_イ<u>高い</u>水を起源とする。【19センター地学】

13 海水の深層循環は表層の海流と比較すると移動速度が<u>小さい</u>。

14 深層水の大循環において，北大西洋で沈み込んだ海水が北太平洋で湧昇してくるまでに約<u>200年</u>かかる。【06センター改】

15 地球上の淡水のうち，最も割合の大きいものは_ア<u>河川水</u>であり，次に割合が大きいのが_イ<u>地下水</u>である。

解答

1 ×→35
2 ×→低い
3 ○
4 ア×→下がり　イ○
5 ア○　イ×→マグネシウム
6 ア×→高く　イ×→水温躍層
7 ×→2℃
8 ×→偏西風
9 ア×→逆　イ○
10 ア○　イ×→2m/s
11 ア×→西　イ×→強い
12 ア×→北大西洋　イ○
13 ○
14 ×→2000年
15 ア×→雪氷　イ○

標準問題

53 ［海水の組成］ 次の文章を読み，下の問いに答えよ。

海水には種々の塩類がイオンとしてとけており❶，それらの組成比は世界の海のどこでもほぼ一定である。とけているイオンを，海水に含まれる重量が大きい順にあげると，［ア］・ナトリウムイオン・硫酸イオン・［イ］・カルシウムイオンなどがある。

一方，海水1kgにとけている塩類の総重量(g)を塩分❷といい，その値は場所や深さによって異なる。海面付近の塩分の分布は，河川水の流入や氷の形成・融解の影響を受ける海域もあるが，おもに海上での降水と蒸発によって決まっている。降水量と蒸発量の分布は大気の大規模な循環と密接に関係し，亜熱帯では蒸発量が降水量を上回るが，その他の海域では逆に降水量が蒸発量を上回る。

❶p.55 要点Check▶1 p.56 正誤Check5
❷p.55 要点Check▶1 p.56 正誤Check1

(1) 上の文章中の［ア］・［イ］に入るイオンの名称をそれぞれ答えよ。

(2) 上の文章中の下線部に関連して，海面付近の塩分を世界の海で平均するとおよそ何g/kgになるか。最も適当なものを，次の①～④のうちから一つ選べ。

① 2.0g/kg　② 3.5g/kg　③ 20g/kg　④ 35g/kg

(3) 次の①～⑤のうち，海面付近の塩分の値を大きくする要因となるものをすべて選べ。

① 河川水が流入する　② 氷が形成される　③ 氷が融解する
④ 蒸発が盛んに起こる　⑤ 多量の雨が降る

(2007センター改)

54 ［海洋の構造］ 次の文章を読み，下の問いに答えよ。

右の図は，北大西洋の低緯度地域の観測点Aと高緯度地域の観測点Bとで，海面から深さ4000mまでの水温を計測した結果を示している。

海水の密度は水温が低いほど［ア］。ここで，観測点Aと観測点Bの海水の密度が水温のみで決まるとすれば，海面で同じ程度の熱放出が起こった場合，海洋の表層から深層への海水の沈み込みは観測点［イ］の方が起こりやすい。深層に沈み込んだ海水は［ウ］年をかけて地球全体の海洋を循環する❶。

観測点AとBでの海面から深さ4000mまでの水温分布

❶p.55 要点Check▶2 p.56 正誤Check13, 14

(1) Aの海域では，水温分布の特徴から，図に示したように，X，Y，Zの領域にわけることができる。それぞれの領域の名称を答えよ。

(2) Aの海域のXの領域では深さによる水温の変化が小さい。この理由を簡潔に答えよ。

(3) 季節による水温の変化が最も大きいのはX，Y，Zのどの領域か答え，その領域で水温分布が季節変化をする理由を簡潔に答えよ。

(4) 文章中の ア ・ イ にあてはまる語の組合せとして最も適当なものを，次の①～④のうちから一つ選べ。

	ア	イ		ア	イ
①	小さい	A	③	大きい	A
②	小さい	B	④	大きい	B

(5) 文章中の ウ にあてはまる数値として最も適当なものを，次の①～④のうちから一つ選べ。

① 10～20　② 100～200　③ 1000～2000　④ 10000～20000

（2014センター追改）

55 ［地表の水循環］ 次の文章を読み，下の問いに答えよ。

❶ p.56 要点Check▶2

右の図は，地球の表層における水の輸送量❶を模式的に示している。水の大部分は，液体として海洋に存在している。ア海洋以外の水はおもに陸域に存在し，陸水という。大気への水蒸気の供給は地表(陸面や海面)からの水の蒸発によってなされている。大気中で凝結した水は，降水となって陸面や海面に降り注ぐ。また，降水として陸面に降った水の一部は，河川水や地下水などとして海洋へ流入する。イこのように地球の表層をめぐる水は，地球の熱収支においても大きな役割を果たしている。

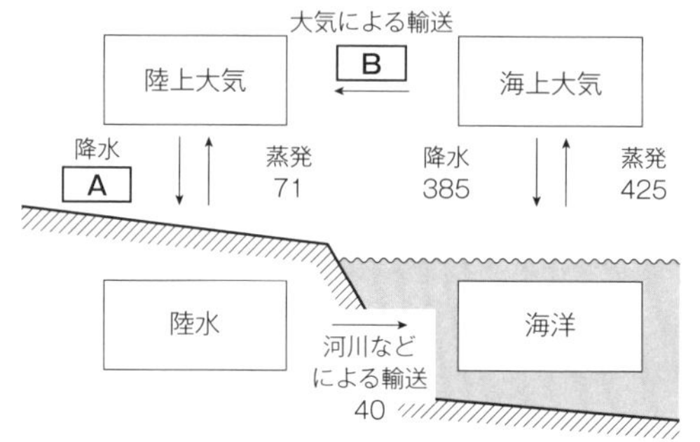

地球表層の水の輸送量の模式図
数量の単位は10^{15}kg/年である。

(1) 文章中の下線部**ア**について，陸水はさまざまな形で存在するが，陸水のうち，存在量が最大であるものは何か。

(2) 図において，陸上大気から降水として陸水に移動する水の量である A (10^{15}kg/年)および，海上大気から陸上大気に移動する水の量 B (10^{15}kg/年)の値を求めよ。

(3) 上の文章中の下線部**イ**に関連して，地球の温度分布や熱収支に果たす水の役割に関して述べた文として**誤っているもの**を，次の①～④のうちから一つ選べ。

① 北半球に比べて海洋の面積の大きい南半球の方が，中緯度地域での夏冬の地上気温の差が小さい傾向がある。

② 大気中の温室効果ガスや雲から宇宙空間へ出される赤外放射量は，地表から宇宙空間に直接出される赤外放射量とほぼ同じである。

③ もし雲量が変化せずに大気中の水蒸気が増えたとすると，大気の温室効果は強まる。

④ 気候が寒冷化して雪や氷におおわれる面積が増えると，宇宙空間へ反射される太陽放射量も増える。

（2006センター，2019センター地学改）

4節 日本の四季の気象と気候

▶1 日本周辺の気団

気団……一様な性質をもつ大きな大気の塊。

気団	温度	湿度	活動時期
シベリア気団(シベリア高気圧)	寒冷	乾燥	冬
オホーツク海気団(オホーツク海高気圧)	寒冷	湿潤	梅雨
小笠原気団(太平洋高気圧)	温暖	湿潤	夏

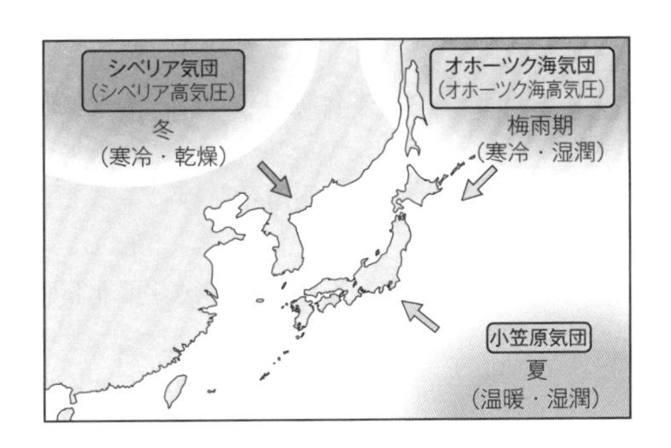

▶2 日本の四季

(a)冬……大陸の冷却によりシベリア高気圧が発達し，西高東低の気圧配置。
南北に延びる密な等圧線，強い北西の季節風，季節風に沿う筋状の雲。

> <日本海側と太平洋側での天気の違い>
> シベリア気団からの北西季節風(寒冷・乾燥)
> ↓ 日本海(対馬海流)から多量の水蒸気を吸収(気団の変質)
> 日本列島の脊梁(せきりょう)山脈により上昇気流が発生，日本海側に多量の降雪
> ↓ 降雪により水蒸気を喪失
> 太平洋側は乾燥した晴天

(b)春・秋……温帯低気圧と移動性高気圧が交互に東進，周期的な天気の変化。
3～5日程度の周期で温帯低気圧に伴う曇りや雨と，移動性高気圧に伴う晴天をくり返す。

(c)梅雨……6～7月頃，北側のオホーツク海気団と南側の小笠原気団の間に停滞前線(梅雨前線)が形成。南西から流れ込む温暖で湿潤な空気により，多量の降雨をもたらす。太平洋高気圧(小笠原高気圧)の発達により，梅雨前線が北方に押し上げられ，消滅すると梅雨明けとなる。

(d)夏……日本列島は太平洋高気圧(小笠原高気圧)におおわれ，南高北低の気圧配置。高温で湿潤な小笠原気団の勢力下で，蒸し暑い晴天が続く。強い日差しにより地表面の温度が上がると，上昇気流が生じて積乱雲が発達し，夕立が発生。

(e)秋雨……大陸からの寒冷な高気圧の南下により停滞前線(秋雨前線)が出現。
10月頃，太平洋高気圧が衰退すると，天気が周期的に変化する秋となる。

正誤Check

次の各文のそれぞれの下線部について，正しい場合は○を，誤っている場合には正しい語句を記せ。

1 日本の冬の気候を支配しているのは，ア寒冷でイ湿潤な性質をもったウユーラシア気団である。

2 アシベリア高気圧が発達すると，日本付近はイ東高西低の冬型になる。

3 日本の春や秋には，ア熱帯低気圧とイ移動性高気圧が交互に通過し，周期的な天気の変化をくり返す。【07センター】

4 日本の夏の晴天をもたらしているのは，ア温暖でイ乾燥した性質をもった，ウフィリピン海気団である。

5 夏になるとア太平洋低気圧が発達し，日本付近はイ南高北低の気圧配置となる。【98センター】

6 6月頃に見られる梅雨は，梅雨前線とよばれる閉塞(へいそく)前線によってもたらされる雨が一か月程度も続く。【08センター】

7 シベリア高気圧は梅雨によく出現する寒冷な高気圧であり，北日本の太平洋側に寒冷な空気をもたらす。【14センター追】

8 一般に温帯低気圧が通り過ぎると気温は上がる。【14センター追改】

9 夏には強い日射のため，日本の内陸部や山岳部ではア早朝からイ積乱雲がよく発達し，雷雨を伴うことも多い。【15センター】

10 春一番は，ア高気圧がイ日本の南岸を発達しながら通過するさいに強いウ南風が吹く現象である。【08センター改】

1 ア○ イ×→乾燥した ウ×→シベリア
2 ア○ イ×→西高東低
3 ア×→温帯低気圧 イ○
4 ア○ イ×→湿潤な ウ×→小笠原気団
5 ア×→太平洋高気圧 イ○
6 ×→停滞前線
7 ×→オホーツク海
8 ×→下がる
9 ア×→昼過ぎ イ○
10 ア×→低気圧 イ×→日本海付近 ウ○

標準問題

56 [梅雨] 次の文章を読み，下の問いに答えよ。

梅雨❶は日本の気候を特徴づける現象の一つであり，6月後半から7月前半ごろに西日本から関東にかけて最盛期となる。しかし，そのときの天候の特徴は，西日本と東日本とでかなり異なっている。

例えば東日本では，梅雨前線❷の北側にある［ア］高気圧の影響をより強く受けて，しとしとと雨が降る肌寒い日が多い。一方，西日本では，一般に梅雨前線付近での降水量が東日本よりも多い。しかもその多量の降水は，発達した［イ］の集団による集中豪雨❸としてもたらされやすい。

❶❷p.59 要点Check▶2
p.60 正誤Check 6
❸p.59 要点Check▶2

(1) 上の文章中の［ア］にあてはまる語句を答えよ。
(2) 上の文章中の［イ］にあてはまる雲の種類を答えよ。
(3) 上の文章中の［イ］にあてはまる雲の発生に好都合な気象状況の例を述べた文として**誤っているもの**を，次の①～④のうちから一つ選べ。
① 主に対流圏下層の空気が，冷たい地面や海面の影響により冷却される。
② 主に対流圏の下層に，湿った暖かい空気が流入する。
③ 主に対流圏の中層あるいは上層に，冷たい空気が流入する。
④ 主に対流圏下層の湿った空気が，日射で暖まった地面から強く加熱される。

(2002センター改)

57 ［日本の四季と天気図］ 次の［A］～［C］の文章は，それぞれ12月，2月，8月の日本のある日の天気❶について述べている。文章を読み，下の問いに答えよ。

❶p.59
要点Check▶2
p.60
正誤Check 1，3，4

［A］ (a)ユーラシア大陸に発達した［ ア ］から季節風が吹き出し，西日本の日本海側で初雪がもたらされた。一方，太平洋側は晴天となったが，真冬なみの寒さであった。

［B］ 日本海付近を低気圧が通過し，(b)関東から中国地方の広い範囲で強い南風が吹いた。広い範囲で4～6月なみの気温となったが，(c)翌日は，一転，真冬の寒さとなった。

［C］ 海洋性の［ イ ］におおわれ，日本の広い範囲で猛暑となった。関東などでは，(d)午後になると，強い日射によって大気が不安定となり，［ ウ ］の発達により局地的な雷雨がもたらされた。

(1) 文章中の［ ア ］・［ イ ］に適する高気圧または低気圧の名称を答えよ。

(2) 文章中の下線部(a)について，ユーラシア大陸から吹き出す冬の季節風は，もともと低温で乾燥している。このような乾燥した冬の季節風が日本海側に降雪をもたらす理由を説明せよ。

(3) 文章中の下線部(b)について，立春後に最初にもたらされるこのような南風を何というか。

(4) 文章中の下線部(c)について，このように天気が変化した理由を答えよ。

(5) 文章中の［ ウ ］に適する雲の種類を答えよ。

(6) 文章中の下線部(d)について，このような局地的な雷雨を何というか。

(7) 上の［A］～［C］の日の天気図として適当なものを次の①～④からそれぞれ選べ。

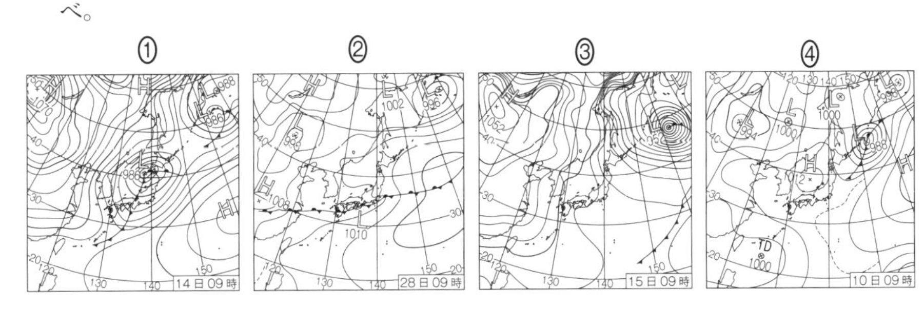

58 ［降水の要因と前線］ 降水のしくみは，地球規模で見ると地域によってかなり異なる。たとえば，赤道付近での降水は熱帯収束帯(赤道低圧帯)によって生じやすい。一方，［ ア ］の温度差が大きく，かつ，上空の［ イ ］が強い中緯度地域での降水は［ ウ ］の周期的な通過によって生じやすい。

［ ウ ］は前線上に発生し，日本の気象に大きく影響を与える。前線では，寒気と暖気が接しているが，その境界面に前線面が形成されるのは，寒気と暖気の［ エ ］が異なるためである。寒気と暖気の勢力がつりあうと，［ オ ］前線ができる。

(1) 文章中の［ ア ］・［ エ ］に適する語句として最も適当なものを，次の①～⑧のうちからそれぞれ一つずつ選べ。

① 東西　② 南北　③ 地表と上空　④ 昼と夜
⑤ pH　⑥ 成分　⑦ 風力　⑧ 密度

(2) 文章中の［ イ ］・［ ウ ］・［ オ ］に適する語句をそれぞれ答えよ。

(2008センター，2013センター改)

演習例題

例題 3 地球の熱収支

右の図は，地球による太陽放射の吸収量と地球からの放射量（地球放射量）の緯度分布を，模式的に示したものである。A太陽放射吸収量は低緯度ほど多く，高緯度では少ない。一方，B地球放射量は温度が高い低緯度で多く，温度が低い高緯度では少ないが，緯度による差は太陽放射吸収量ほど大きくない。したがって，放射だけを考えると，低緯度でエネルギーが余り，高緯度でエネルギーが不足することになる。この過不足は，南北方向の熱輸送により解消されている。

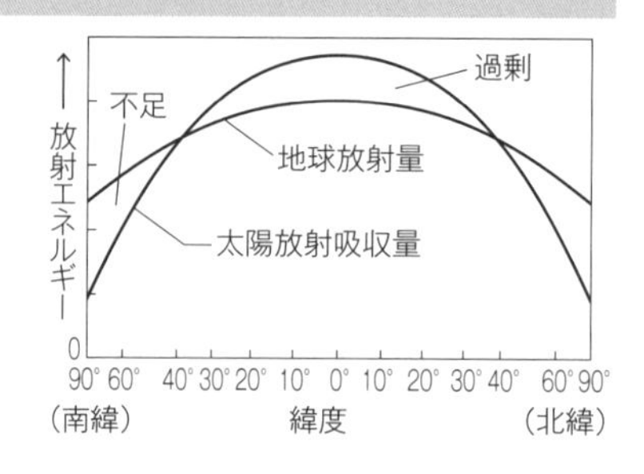

ベストフィット

A 低緯度地域は太陽の平均の入射角が大きく，受け取る太陽放射エネルギーが大きい。

B 地球放射はおもに赤外線であり，放射量は表面温度によって決まる。大気や海水の大循環の結果として，地球の低緯度と高緯度の温度差は比較的小さくなっている。

問1 南北方向の熱輸送を示す図として最も適当なものを，次の①～④のうちから一つ選べ。ただし，南から北への熱輸送量を正とし，北から南への熱輸送量を負とする。

①
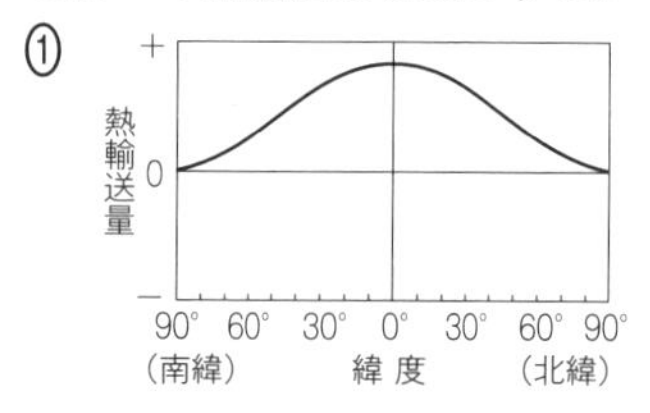

②
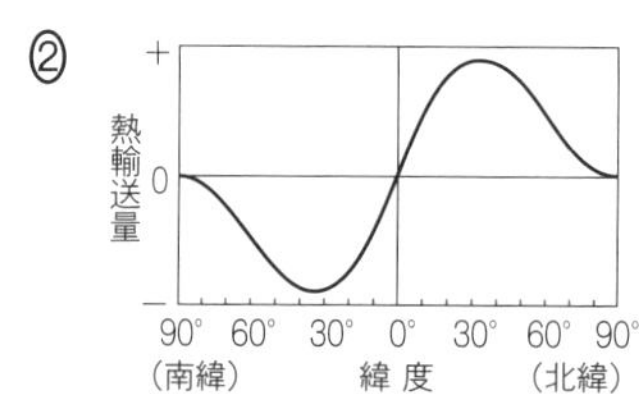

③
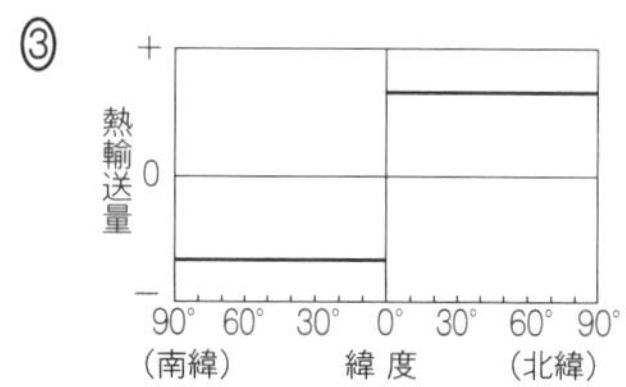

④
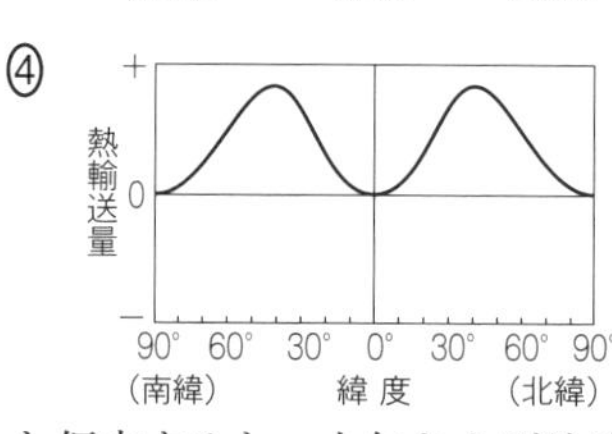

問2 南北方向の熱輸送がなくなったと仮定すると，大気および地球表面の温度と地球の熱収支はどのように変化すると考えられるか。最も適当なものを，次の①～④のうちから一つ選べ。

① 温度は変化せずに，各緯度で，太陽放射吸収量と地球放射量とが一致するように変化する。

② 温度は低緯度で上がり，高緯度で下がるが，太陽放射吸収量と地球放射量は変化しない。

③ 温度が低緯度で下がり，高緯度で上がり，各緯度で，太陽放射吸収量と地球放射量とが一致するように変化する。

④ 温度が低緯度で上がり，高緯度で下がり，各緯度で，太陽放射吸収量と地球放射量とが一致するように変化する。

（1999センター）

解答・解説

問1.②

まず，北半球では北向き（正＋）の，南半球では南向き（負－）の流れになるので，①と④は除外される。緯度38°付近に熱収支の過剰な地域と不足している地域の境界があり，このあたりで熱輸送量は最大となる。

問2.④

太陽放射吸収量は，地表の熱輸送とは無関係である。熱輸送がなくなれば，低緯度の温度は上昇し，それに伴って地球放射量は増加する。太陽放射吸収量と地球放射量が等しくなると収支平衡が保たれ，温度は一定になる。高緯度はその逆で，温度が下がることにより地球放射量が減少し，収支平衡に達し，温度が一定になる。

例題 4 温帯低気圧

次の図1は，ある年の4月26日正午の日本付近の天気図である。A 発達中の低気圧が日本海を東へ移動し，その中心から2本の前線A・Bが延びている。このとき，図中のX・Y・Zの各地点で地表面付近に吹く風を考えると，B 気圧の差によって生じる力がほぼ西向きにはたらいているのは地点[ア]であり，C 北東の風が吹いているのが[イ]である。ある地点で観測される風向・風速や地上気温は，移動性高気圧や温帯低気圧の通過に伴って日々変化する。これらの高・低気圧は南北方向の気温差を解消するようにはたらき，その活動は南北方向の気温差が最小となる夏に最も弱まる。

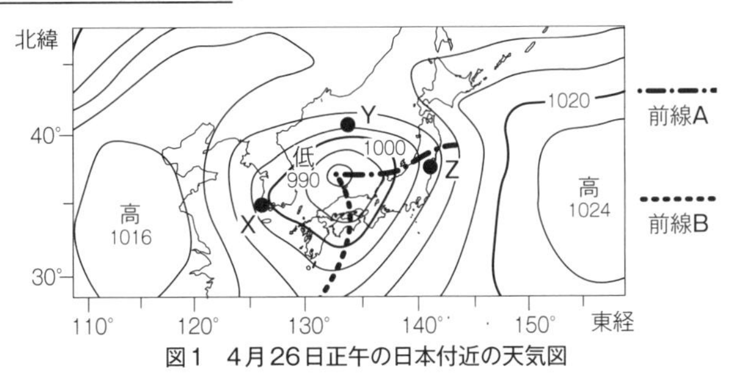

図1　4月26日正午の日本付近の天気図

問1　上の文章中の[ア]・[イ]に入れるアルファベットの組合せとして最も適当なものを，次の①～⑥のうちから一つ選べ。

	ア	イ		ア	イ		ア	イ
①	X	Y	②	X	Z	③	Y	X
④	Y	Z	⑤	Z	X	⑥	Z	Y

問2　右の図2に示すように，上の図1中の地点Zで4月に観測された地表面付近の南北風速（南北方向の風速）は，日々変化していた。上の文章中の下線部に関連して，地点Zにおいて同じ年の7月に観測された南北風速の変化を示す図として最も適当なものを，次の①～④のうちから一つ選べ。ただし，各図において，風速の正の符号は南風，負の符号は北風を示す。また，この年の7月は平年並みの夏であった。

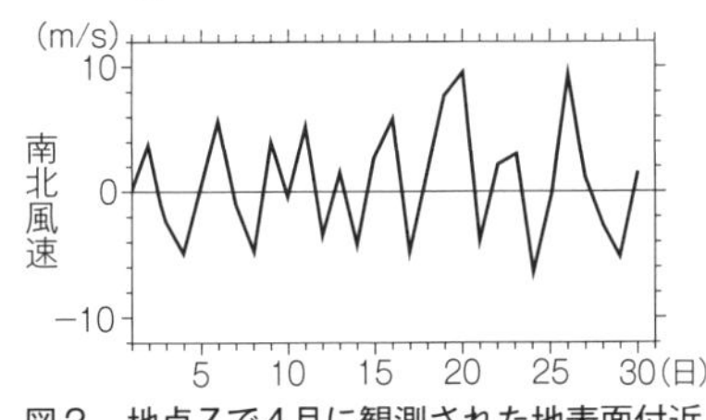

図2　地点Zで4月に観測された地表面付近の南北風速の変化（毎日正午に観測）

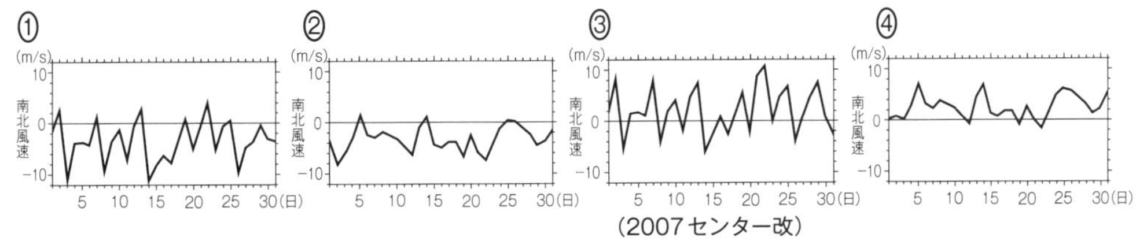

（2007センター改）

> **ベストフィット**
>
> A　Aは温暖前線，Bは寒冷前線である。寒気と暖気が接する場所で発達する温帯低気圧はこれら2本の前線を伴っているのが特徴である。
>
> B　気圧傾度力とよばれる力であり，等圧線に直交する向きに気圧の高い側から低い側へはたらく力である。
>
> C　地表付近の風には気圧差による力のほか，地球の自転によって生じる力（転向力）と摩擦力がはたらく。結果として，北半球では，低圧部を左前方に見て等圧線と斜交する向きに風が吹く。風向は吹いてくる方向で表すことにも注意しよう。

> **解答・解説**
>
> 問1. ⑥
> 上の解説B・Cを参照
>
> 問2. ④
> 4月は温帯低気圧と移動性高気圧の東進により，短い周期で風向きも変化する。一方，7月は太平洋高気圧の発達により南高北低の気圧配置が安定しており，短い周期での風の変化は起こらない。したがって，①と③は除外される。そして，南高北低の気圧配置により，南寄り（正＋）の風が吹くので，④が適当である。

演習問題

59 ［飽和水蒸気圧曲線］ 右の図の曲線は温度と飽和水蒸気圧の関係を示している。大気中の水蒸気圧が何らかの過程で飽和水蒸気圧を超えると水蒸気の一部分は凝結し，雲・霧・露などが生じる。

ア<u>ある地点における地表付近の気温と露点（露点温度）を測定したところ，それぞれ24.1℃と17.5℃であった。図1中のP点は，そこでの気温と水蒸気圧を示している</u>。この状態の空気塊がイ<u>上昇して断熱膨張すると，ある高さで相対湿度が100％（飽和状態）になり雲が生じ始める</u>。

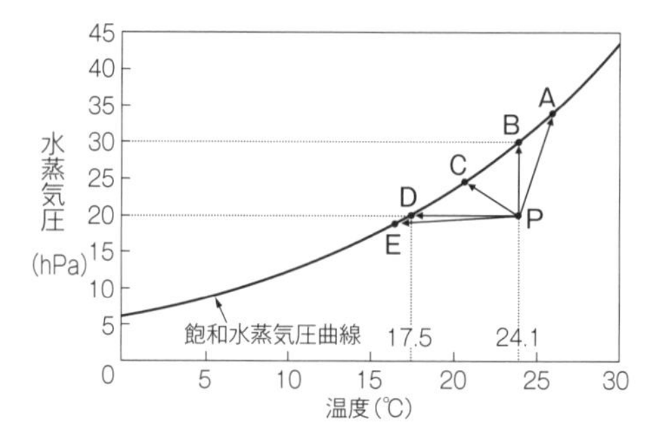

問1 上の文章中の下線部**ア**に関連して，この地点での相対湿度として最も適当な数値を，次の①～④のうちから一つ選べ。

① 61％　② 67％　③ 73％　④ 79％

問2 上の文章中の下線部**イ**に関連して，空気塊が飽和に達する道筋を示すものは図の**PA**～**PE**のうちどれか。最も適当なものを，次の①～⑤のうちから一つ選べ。ただし，雲が生じるまでの空気塊では，水蒸気圧と気圧の比は一定であるとする。

① PA　② PB　③ PC　④ PD　⑤ PE　（2003センター追）

60 ［地球の熱収支］ 地球周辺の宇宙空間では，ほぼ一定量の太陽放射のエネルギーが，次の図に示されるように一様に伝わってきている。しかし，地表面が太陽放射に対してなす角度の違いのため，<u>単位面積が受ける太陽放射はその地点の緯度・季節・時刻によって異なる</u>。地球が受ける太陽放射のうち約31％は雲・大気・地表面などによって反射される。その結果，大気圏を含めて地球に吸収される太陽放射は，全地球表面で平均して約235W/m²になっている。長期的に見ると地球の熱収支はつり合っており，地球は，これと同じ約235W/m²を地球放射として宇宙空間に放出している。

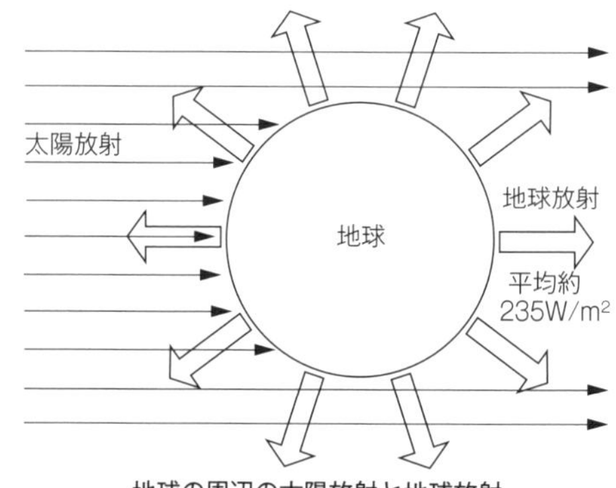

地球の周辺の太陽放射と地球放射

問1 下線部に関連して，夏至の日に，赤道・北緯23.4°・北緯60°それぞれの地点において，地表面が受ける太陽放射の日変化を示す模式図として最も適当なものを，次の①～⑥のうちから一つ選べ。ただし，大気による吸収や雲による反射は考慮しなくてよい。

①
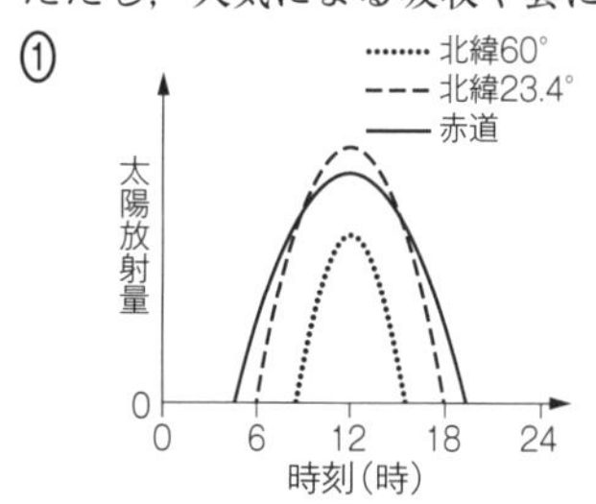

②
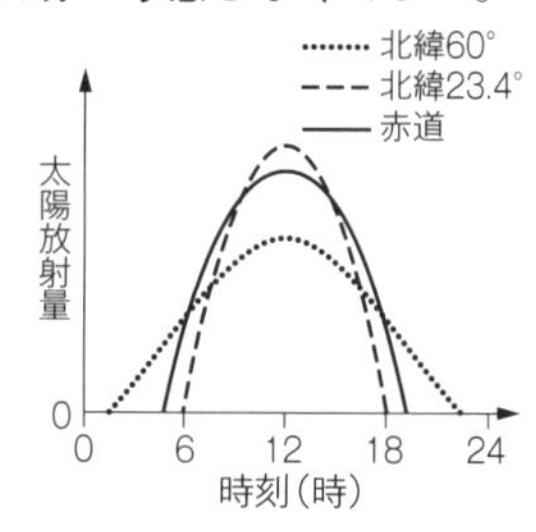

③
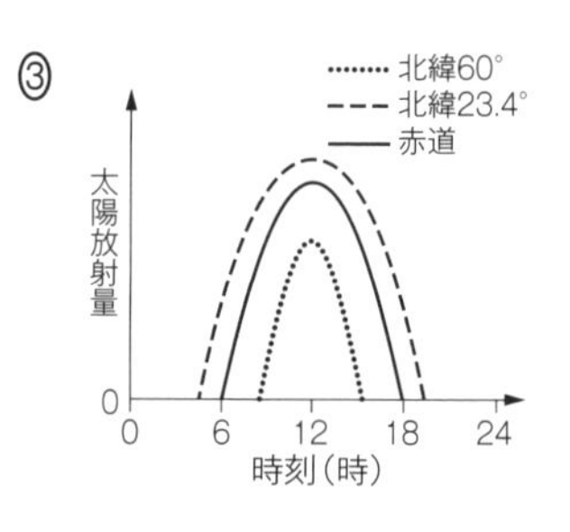

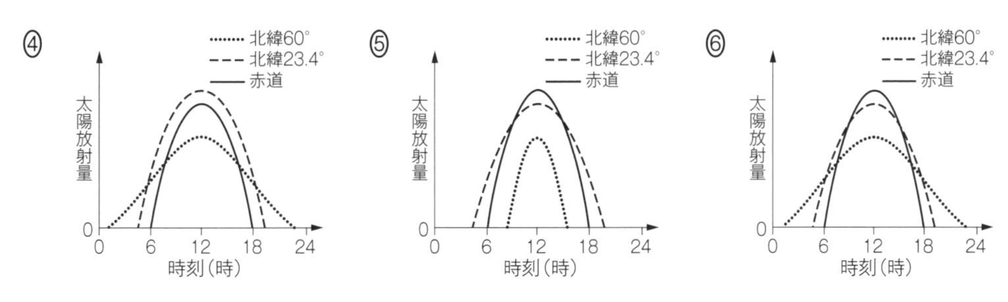

問2 大気中の二酸化炭素が増加して，温室効果によって地表面の温度が現在より高くなった状態を考える。地表面の温度が高くなっても，長期的にその温度に保たれていれば，熱収支がつり合っていると考えることができる。このような状態において，地球放射として宇宙空間に放出される放射量に関して述べた文として最も適当なものを，次の①～④のうちから一つ選べ。ただし，太陽放射の約31％が反射されるという状況に変化はないものとする。

① 地表面からの赤外放射のうち，大気中の二酸化炭素に吸収される放射量が多くなるため，地球放射は約$235W/m^2$より小さくなる。

② 地表面の温度が高くなって，放出する赤外放射の量が多くなるため，地球放射は約$235W/m^2$より大きくなる。

③ 温室効果で地表面の温度が高くなっても，その温度が保たれた状態にあるため，地球放射は約$235W/m^2$のまま変わらない。

④ 増加した二酸化炭素が，宇宙に放出する量とほとんど同じ量の赤外放射を宇宙から吸収するため，地球放射はほぼ$0W/m^2$になる。

(2009センター追)

61 **[海水の塩分]** 塩分を海水1kgにとけているすべての塩類の重さ(グラム，g)として千分率(パーミル，‰)で表すと，外洋の塩分は，おおよそ［ア］‰の範囲にある。イ<u>低・中緯度域の外洋における海面付近の塩分の緯度分布は，右の図に示すような降水量と蒸発量の緯度分布をおもに反映している</u>。蒸発量は，赤道付近で極小になり，ほぼ南北に対称な分布をしている。一方，降水量は赤道よりやや北で最大になる。両半球とも緯度20～30°付近で降水量が極小になる理由は，この海域が［ウ］圧帯に属するからである。

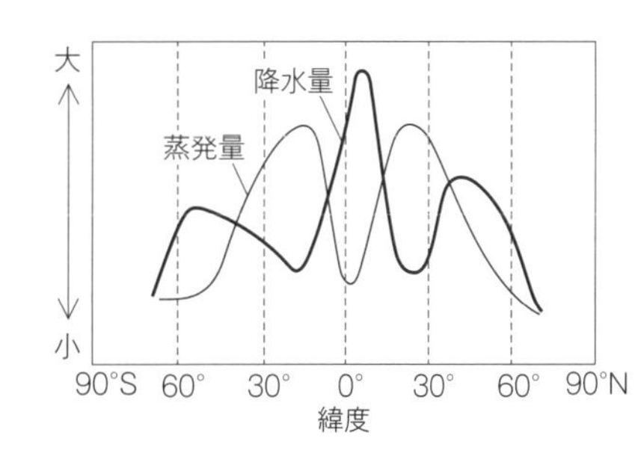

問1 上の文章中の［ア］・［ウ］に入れる数値と語の組合せとして最も適当なものを，次の①～④のうちから一つ選べ。

	ア	ウ
①	3.3～3.8	高
②	3.3～3.8	低
③	33～38	高
④	33～38	低

問2 上の文章中の下線部イに関連して，塩分の緯度分布の模式図として最も適当なものを，次の①～④のうちから一つ選べ。

①
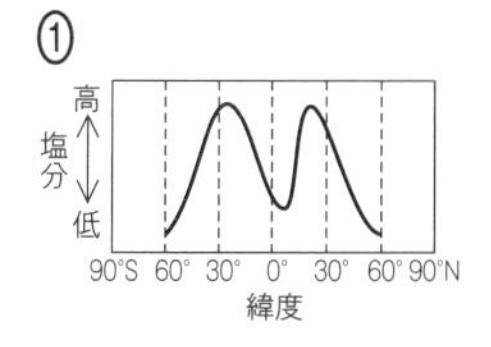

②
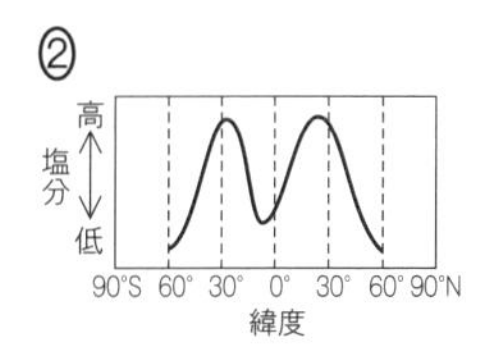

③
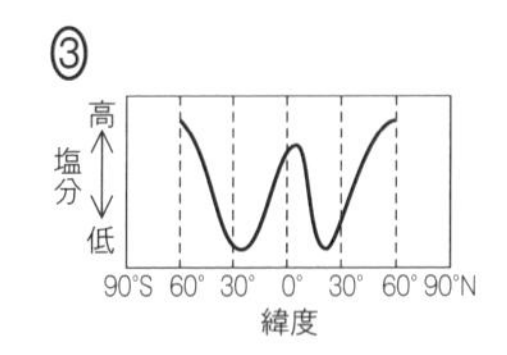

④
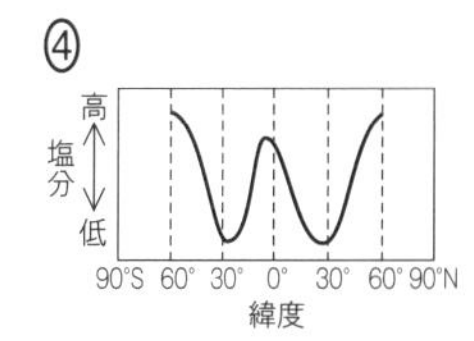

(2010センター追改)

62 ［海水の構造］ 右の図は，高緯度域（北緯50°）と低緯度域（北緯10°）での典型的な海水温の鉛直分布を示している。この図から，低緯度域の深層の水温は，高緯度域の表層から深層にかけての水温とほぼ等しいことがわかる。ア低緯度域の深層が低温である理由は，高緯度域で表層から深層へ沈み込んだ海水が，低緯度域の深層へ流れるためである。イそのほかにも，大洋の水温分布を形成するさまざまなしくみがある。

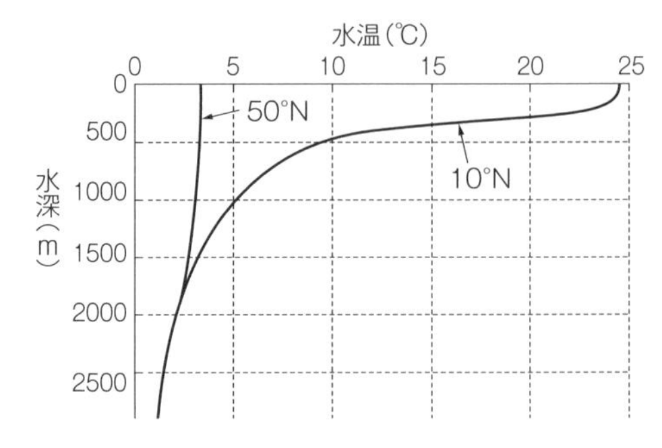

問1 上の文章中の下線部**ア**に関連して，上の図に示された海水温の鉛直分布と対応する南北断面の水温分布として最も適当なものを，次の①～④のうちから一つ選べ。

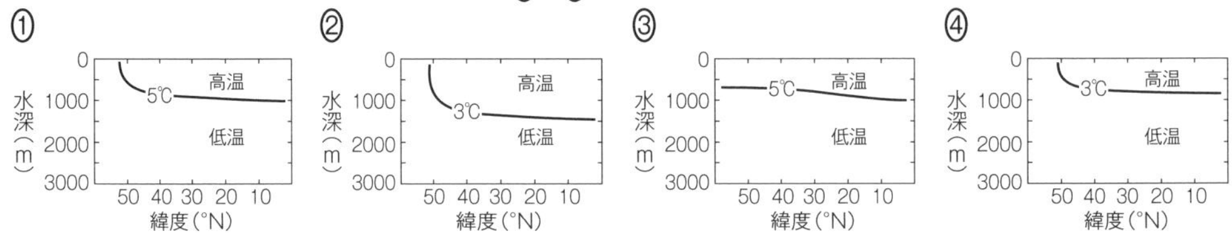

問2 上の文章中の下線部**イ**に関連して，大洋の水温分布の形成過程について述べた文として**適当でないもの**を，次の①～④のうちから一つ選べ。

① 高緯度ほど日射量が減少するため，海洋全体で見ると海面水温は高緯度ほど低い。
② 風や波により鉛直方向に海水がかき混ぜられるため，海洋表層には水温がほぼ一様な層ができる。
③ 貿易風により表層の海水が吹き寄せられるため，赤道太平洋の表層は西部より東部の方が暖かい。
④ 黒潮は暖かい海水を輸送するため，黒潮に沿って海面水温は周りより高くなる。

（2009センター追改）

63 ［海水の温度と塩分］ 太平洋のある場所において，海洋中のさまざまな深さで水温と塩分を測定したところ，右の図のような結果が得られた。

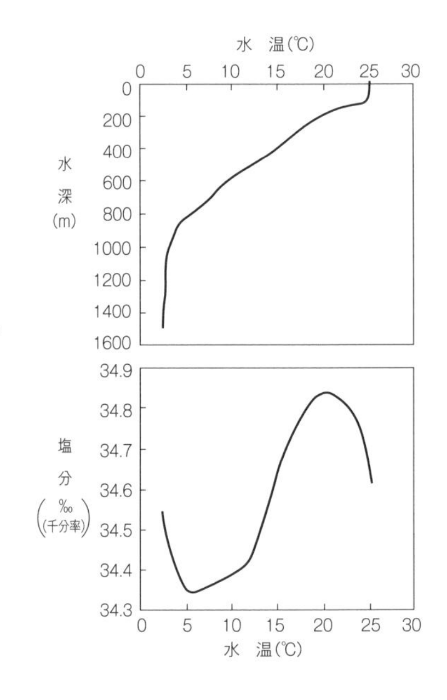

問1 この場所における主水温躍層（やくそう）の深さはどれくらいか。最も適当なものを，次の①～④のうちから一つ選べ。

① 0～100m　② 0～500m
③ 200～800m　④ 800～1400m

問2 塩分が極小になっているところの水深はどれくらいか。最も適当なものを，次の①～④のうちから一つ選べ。

① 50m　② 300m
③ 800m　④ 1500m

問3 塩分が極小になっているところにあるような，低塩分で，水温が上層水より低く，深層水よりはやや高い海水は，どこで，どのようにしてつくられたと考えられるか。最も適当なものを，次の①～④のうちから一つ選べ。

① この場所で，台風に伴う強い風によって上下の海水が激しく混合してつくられた。
② 南極周辺の海洋で，冬期に海水が盛んに結氷することによってつくられた。
③ 熱帯の海洋で，降水を上まわる量の激しい蒸発によってつくられた。
④ 亜寒帯の海洋で，蒸発を上まわる量の降水や海氷の融解などによってつくられた。

（1997センター）

64 ［海水の深層循環］ 海洋には，深層循環（熱塩循環）とよばれる，表層から深さ数千mにまで及ぶ海水の循環があり，長期的な地球の気候を決める重要な要因となっている。

ある特定の場所で沈み込んだ海水は，深層をゆっくりと流れ，地球の大洋をめぐると考えられている。右の図に示すように，深層循環は各大洋をつなぐベルトコンベアーにたとえられ，沈み込んだ海水が再び表層近くへ上昇するまでに［ア］年を要すると考えられている。この年数と深層循環の経路の長さ数万kmを用いると，深層の流れの平均的な速さは1mm/s程度と見積もることができる。

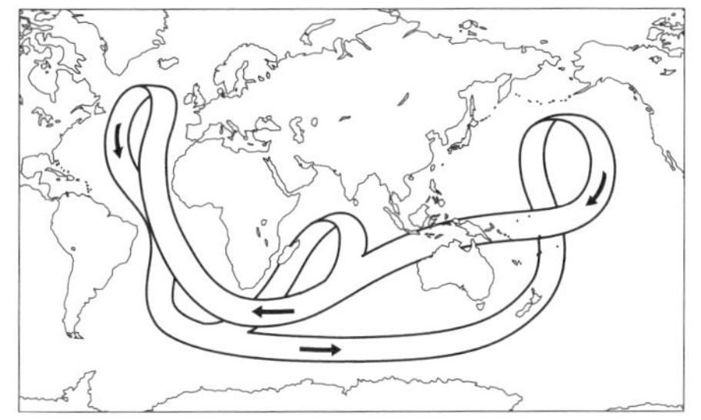
ベルトコンベアーにたとえられる深層循環の模式図
図中の矢印は流れの向きを示す。

問1 上の文章中の下線部に関連して，深層循環形成のおもな原因を述べた文として最も適当なものを，次の①〜④のうちから一つ選べ。
① 風によって形成された表層の海流が，高緯度で深層にもぐり込むため。
② 盛んな蒸発によって重くなった海水がその場で沈み込むため。
③ 高緯度で冷却され，さらに結氷による高塩分化の影響を受けて重くなった海水が沈み込むため。
④ 地熱によって暖められた深層水が，低・中緯度でゆっくりと上昇するため。

問2 上の文章中の［ア］に入れる数値として最も適当なものを，次の①〜④のうちから一つ選べ。
① 5〜10　② 50〜100　③ 1000〜2000　④ 10000〜20000

（2006センター）

65 ［海洋の構造と海水の循環］ 外洋の水深数百メートル付近には，深くなるにつれて水温が急激に［ア］する層があり，［A］とよばれる。この層より上の層と下の層では，海水の循環の特徴が大きく異なる。下の層では，［イ］の海面付近から沈み込んだ重い水が地球全体の海洋にゆっくり広がるように流れる。北太平洋における上の層では，次の図に示すように環状の水平方向の流れがあり，この流れはおもに［ウ］のはたらきで引き起こされる。

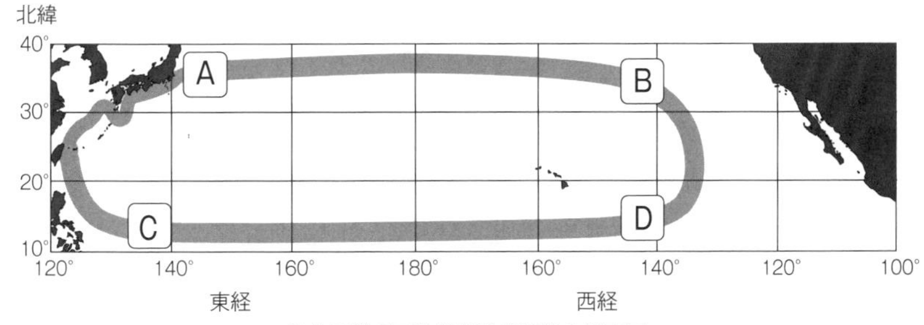

北太平洋の亜熱帯環流（環流）の概略図

問1 前の文章中の ア ～ ウ に入れる語の組合せとして最も適当なものを，次の①～⑧のうちから一つ選べ。

	ア	イ	ウ		ア	イ	ウ
①	低下	高緯度	風	②	低下	高緯度	降水
③	低下	赤道域	風	④	低下	赤道域	降水
⑤	上昇	高緯度	風	⑥	上昇	高緯度	降水
⑦	上昇	赤道域	風	⑧	上昇	赤道域	降水

問2 前の文章中の A に入る語句として最も適当なものを，次の①～⑤のうちから一つ選べ。

① 急冷層　② 表層混合層　③ 対流層　④ 水温躍層(やくそう)　⑤ 深層

問3 亜熱帯環流付近の海水は，海面近くで加熱または冷却されながら，環流によって輸送される。前の図中の北太平洋の海域**A**～**D**のうち，海面近くの年平均水温が最も高い海域と最も低い海域の組合せとして最も適当なものを，次の①～⑧のうちから一つ選べ。

	水温が最も高い海域	水温が最も低い海域		水温が最も高い海域	水温が最も低い海域
①	A	C	②	A	D
③	B	C	④	B	D
⑤	C	A	⑥	C	B
⑦	D	A	⑧	D	B

（2012センター改）

66 **[水蒸気の移動と熱の出入り]** 地球表層の水の総量は，およそ1.5×10^{24}gと見積もられている。そのほぼ97%は，地球表面の約7割を占める海洋に存在し，残りの大部分は雪氷や地下水，湖水や河川水として陸地の表層に存在する。ア大気中には，総量の0.001%というごくわずかな水が存在しているにすぎない。

地球表面が暖められると，地球表面の水は蒸発し，水蒸気となって大気に含まれる。イ大気中の水蒸気は，大気とともに移動する。水蒸気を含む空気塊が上昇し気温が下がると，水蒸気は凝結して水滴または氷晶となり，雲をつくる。そして，雨や雪となって地球表面に戻る。陸上に降った水は，その一部は蒸発し，一部は河川に集まり海に注ぐ。ウ蒸発量と降水量は，陸と海の違いや緯度の違いなど，場所によって大きく異なるが，地球表面全体で平均すると，いずれも1年に1000mm程度である。

問1 水が蒸発するときは熱を必要とし，水蒸気が凝結するときは熱を放出する。したがって，文章中の下線部**イ**の水蒸気の移動を，熱の移動とみることができる。このような熱の移動をどうよぶか。最も適当なものを，次の①～④のうちから一つ選べ。

① 熱伝導　② 潜熱輸送　③ 長波放射　④ 短波放射

問2 雲について述べた文として**誤っているもの**を，次の①～⑤のうちから一つ選べ。

① 雲粒は，氷点下の気温でも水滴のままで存在することがある。
② 上昇気流の中で，水蒸気が凝結し雲ができているときの気温の下がり方は，水蒸気を含まないときよりも大きい。
③ 温暖前線が近づくときは，巻雲などの上層の雲がはじめに出現することが多い。
④ 寒冷前線の付近では，積乱雲が出現しやすい。
⑤ 高気圧の中は下降気流があるので，低気圧の中よりも雲ができにくい。

問3 文章中の下線部**ウ**に関し，一般に，同一地点の年降水量と年蒸発量とは等しくない。地球上のいろいろな地点で，年降水量Pと年蒸発量Eの差$P-E$を求め，緯度ごとに合計すると，$P-E$の緯度方向の分布が得られる。その模式図として最も適当なものを，次の①～④のうちから一つ選べ。

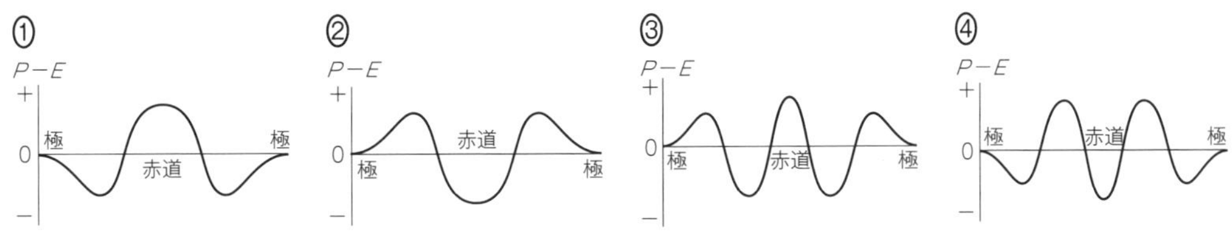

問4 前の文章中の下線部**ア**の事実から，地球表面全体で平均したとき，地球表面1cm^2当たりの上空の大気に含まれる水の量は，降水量になおすと，およそ何mmになるか。最も適当なものを，次の①～④のうちから一つ選べ。ただし，地球の表面積は，$5\times10^{18}cm^2$とする。

① 0.3mm　② 3mm　③ 30mm　④ 300mm

（1995センター改）

67 ［水の循環と地球環境］ 海洋では深くなるほど水温が低くなっているのに対し，大気の対流圏では上空に行くほど気温は低くなっており，海洋と大気はそれぞれの温度の高い部分で接している。両者の接している海面での総蒸発量は総降水量より［ア］，陸域ではその反対になっており，海面での総蒸発量と総降水量の差は［イ］量とつり合っていて，地球上の水や物質の循環と密接に関連している。

問1 上の文章中の［ア］・［イ］に入れる語句の組合せとして最も適当なものを，次の①～④のうちから一つ選べ。

	ア	イ		ア	イ
①	少なく	河川や地下水による水の輸送	②	少なく	湖沼や氷河による水の貯留
③	多く	河川や地下水による水の輸送	④	多く	湖沼や氷河による水の貯留

問2 上の文章中の下線部に関連して，大気と海洋の構造について述べた次の文a～cの正誤の組合せとして最も適当なものを，次の①～⑧のうちから一つ選べ。

a 高度が高くなるほど気圧が低くなっているので，冷たい空気が，暖かい空気の上に乗っている状態が安定的に存在しうる。

b 対流圏における高度に対する気温の低下率，および海洋における深度に対する水温の低下率はそれぞれほぼ一定である。

c 低緯度の海洋表層では継続的に熱が加えられているにもかかわらず深層で水温が低くなっているのは，高緯度でつくられた冷水が運ばれてくるからである。

	a	b	c		a	b	c		a	b	c
①	正	正	正	②	正	正	誤	③	正	誤	正
④	正	誤	誤	⑤	誤	正	正	⑥	誤	正	誤
⑦	誤	誤	正	⑧	誤	誤	誤				

問3 暖かい空気の方が冷たい空気よりも軽いという性質によって生じる大気の構造や動きについて述べた文として適当なものを，次の①～⑤のうちから**すべて**選べ。

① 夏の晴天日の午後に積乱雲が発達し，雷雨をもたらすことがある。
② 台風は強い上昇気流を伴っている。
③ 曇天日の１日の中での温度差は，晴天日に比べて小さいことが多い。
④ 海岸近くでは，天気のよい昼間に，海から陸に向かって風が吹く。
⑤ 成層圏では上空に行くほど温度が高い。

（2015センター改）

68 ［日本の四季］ 日本では，四季折々，さまざまな気象現象が生じる。次にあげる気象現象A～Dの原因と最も関係の深い記述はどれか。次の解答群①～⑦のうちからそれぞれ一つずつ選べ。

A 春一番　　　　　B 夏の午後に発達する雷雲

C 秋晴れ　　　　　D 冬の北西季節風

＜解答群＞

① 地表面が日中の強い日射で局所的に加熱され，大気が不安定になる。

② 海岸付近では，１日周期で向きが反転する風が吹く。

③ 梅雨前線に沿って，小型の低気圧が発生する。

④ 山を越えた空気塊の気温は，高くなることがある。

⑤ 前線を伴った温帯低気圧が，発達しながら日本付近を通過する。

⑥ 大陸上の気温と海洋上の気温の差によって，広範囲の風が生じる。

⑦ 移動性高気圧の圏内では，弱い下降気流が生じる。　　　　　　　　(1991センター追)

69 ［高・低気圧と熱の輸送］ 偏西風の吹く中緯度地域に日々の天候変化をもたらす温帯低気圧や移動性高気圧は，低緯度から高緯度への熱エネルギーの輸送に重要な役割を果たしている。これらの高・低気圧に伴い，地表付近では，温暖域と寒冷域，南風の卓越する領域と北風の卓越する領域とがそれぞれ東西方向に交互に並んで存在している。これら東西方向の温度分布と南北風分布とが一定の位置関係を保つことによって，熱エネルギーが高緯度地域へと効率的に輸送されるのである。

北半球において，温帯低気圧と移動性高気圧により熱エネルギーが北向きに最も効率よく輸送されるとき，地表付近の気圧分布と気温分布はどのような関係になるか。それらの関係を表す模式図として最も適当なものを，次の①～④のうちから一つ選べ。ただし，図中で影をつけた部分は暖気を示し，そうでない部分は寒気に対応する。また，円形の実線は等圧線を表す。

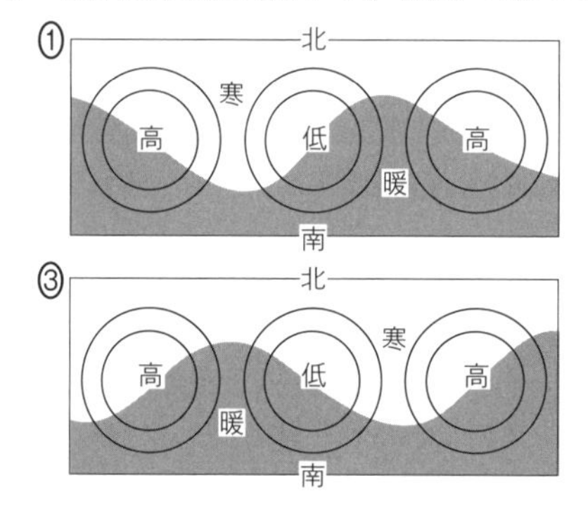

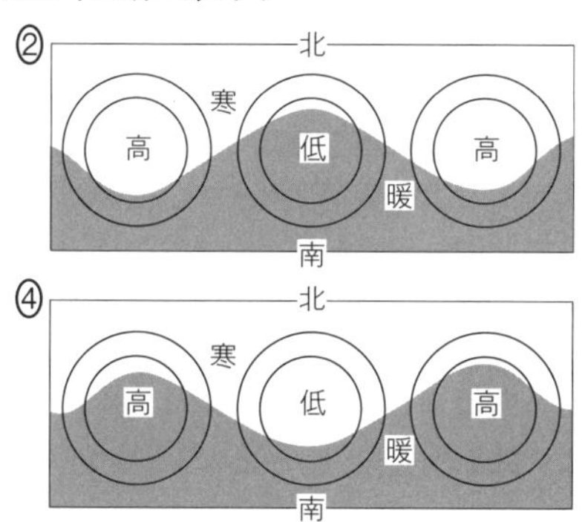

(2006センター改)

70 ［前線と風向］ 日本のある地域を温帯低気圧が通過した。この低気圧は中心付近から$_{ア}$南東側に延びる前線と$_{イ}$南西側に延びる前線を伴っていた。この低気圧に伴う前線がちょうど通過しているとき，この地域の６か所の観測点P～Uにおいて風の分布が右の図のようになっていた。

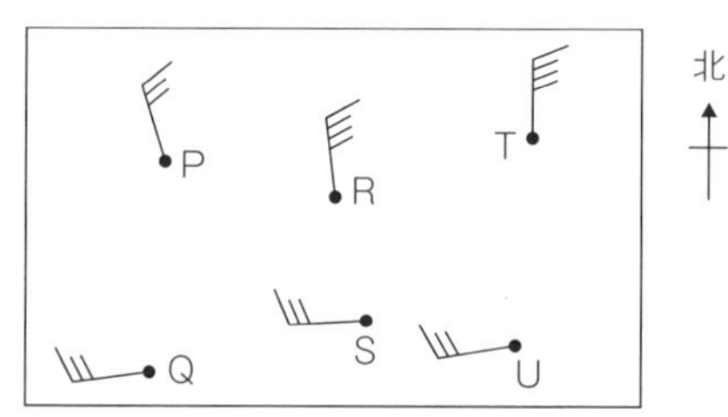

図１　ある時刻の観測点P～Uでの風向・風速

問１ 上の文中の下線部**ア**および**イ**の前線の名称として最も適当なものを，次の①～⑥のうちからそれぞれ一つずつ選べ。

① 寒帯前線　② 寒冷前線　③ 温帯前線　④ 温暖前線
⑤ 停滞前線　⑥ 閉塞（へいそく）前線

問2　上の図の前線を示した図として最も適当なものを，次の①～④のうちから一つ選べ。

①
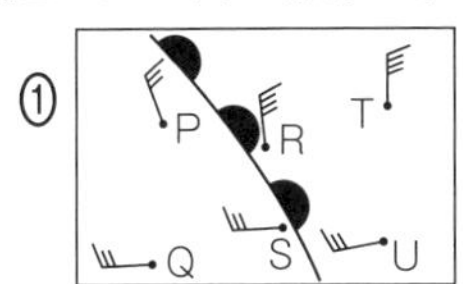

②
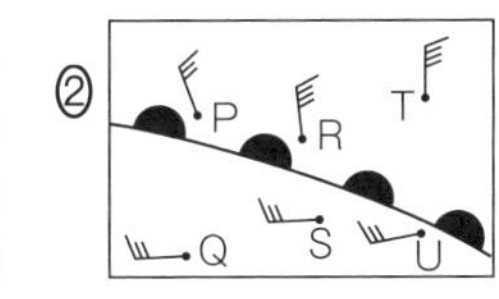

③
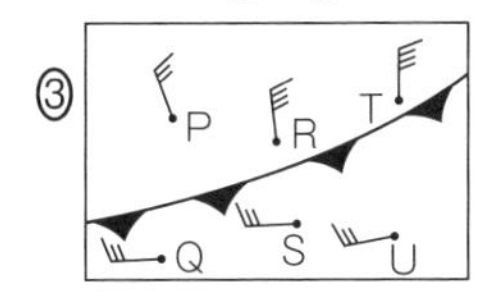

④
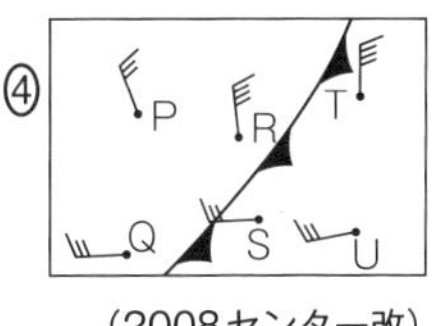

（2008センター改）

71　**［台風の通過と風向きの変化］**　ある年の９月初旬の14時頃に本州の南岸を台風が南から北へ通過した。この地域には，図１に示されているように，西から東に順に観測所Ａ，Ｂ，Ｃが数十km間隔で並んでおり，台風の中心は観測所Ｂの近くを通過した。図２のＸ，Ｙ，Ｚの三つのデータは，観測所Ａ，Ｂ，Ｃのいずれかで観測された風向，風力，気圧の変化を示している。なお，気圧は海面更生された値である。

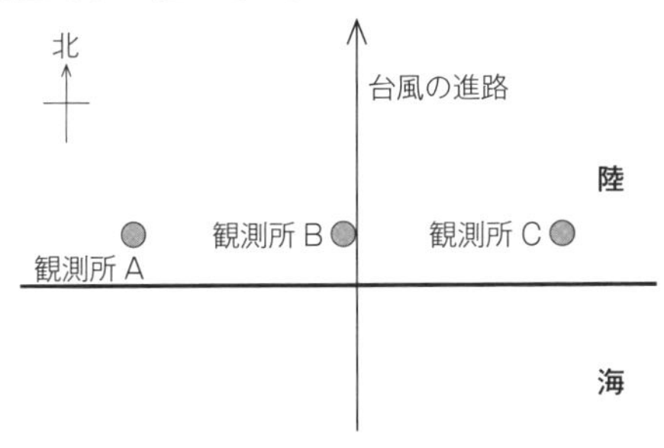

図１　観測所Ａ，Ｂ，Ｃの位置関係と台風の進路

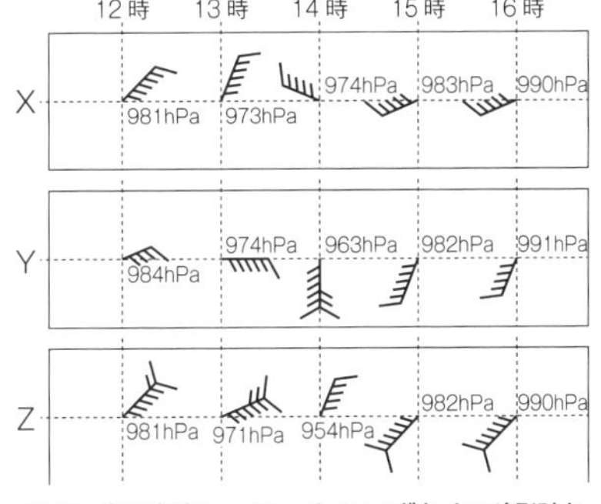

図２　観測所Ａ，Ｂ，Ｃのいずれかで観測された風向，風力，気圧の変化

問1　台風について述べた文として最も適当なものを，次の①～④のうちから一つ選べ。

① 台風は北緯約5°～20°の領域で発生することが多い。
② 北半球で発生した台風は，赤道を越えて南半球に移動することが多い。
③ 台風の発生初期段階において，寒冷前線や温暖前線を伴うことがある。
④ おもに顕熱の放出によって，台風は強化される。

問2　発達した台風について述べた文として最も適当なものを，次の①～④のうちから一つ選べ。

① 台風の目のまわりには，発達した層雲が広い範囲で観測される。
② 台風の目のなかでは，強い上昇気流と強い雨が観測される。
③ 対流圏上層では，風が時計回りに渦巻きながら台風の中心付近から外側に向かって吹き出している。
④ 対流圏下層では，風が時計回りに渦巻きながら外側から台風の中心付近に向かって吹き込んでいる。

問3　観測所Ａ，Ｂ，Ｃに対応するデータの組合せとして最も適当なものを，次の①～⑥のうちから一つ選べ。

	観測所Ａ	観測所Ｂ	観測所Ｃ		観測所Ａ	観測所Ｂ	観測所Ｃ
①	Ｘ	Ｙ	Ｚ	②	Ｘ	Ｚ	Ｙ
③	Ｙ	Ｘ	Ｚ	④	Ｙ	Ｚ	Ｘ
⑤	Ｚ	Ｘ	Ｙ	⑥	Ｚ	Ｙ	Ｘ

（2013センター，2017センター地学追，2020センター改）

3章 宇宙，太陽系と地球の誕生

□ **1** 太陽や，星座として見えている星のように自ら光を出して輝いている天体を(　　　)という。

□ **2** 太陽系において太陽のまわりを公転する天体を(　　　)という。

□ **3** 地球のまわりを公転する(　ア　)のように，惑星のまわりを公転する天体を(　イ　)という。

□ **4** 太陽系の惑星は(　ア　)と(　イ　)の境より内側を公転する惑星と外側を公転する惑星とで性質が大きく異なっている。(　ア　)を含むグループは(　ウ　)型惑星とよばれ，おもに岩石でできている。一方，(　イ　)を含むグループは(　エ　)型惑星とよばれ，おもにガスや氷でできている。(　ウ　)型惑星は(　エ　)型惑星と比較して，大きさが(　オ　)く，質量が(　カ　)く，密度が(　キ　)い。

□ **5** 水星や金星のように，地球の公転軌道の内側にある惑星を(　ア　)，それ以外の地球の公転軌道の外側にある惑星を(　イ　)という。このうち，真夜中に観測できないのは(　ウ　)である。

□ **6** 惑星と同じように太陽のまわりを公転する不規則形の小天体を(　ア　)という。(　ア　)の大部分は(　イ　)と(　ウ　)の間の軌道に存在している。(　ア　)の断片などが地球の地表に落下したものを(　エ　)とよび，その時生じた窪地を(　オ　)という。

□ **7** 冥王星など，海王星より外側を公転する小天体を(　　　)という。

□ **8** 氷や小さな石の粒からなり，太陽に近づくと尾を引いて見える天体を(　ア　)という。(　ア　)から放出された塵(ちり)が地球の大気と衝突すると発光し，(　イ　)として観測される。

□ **9** 地球の(　ア　)によって，1日の周期で太陽や恒星が(　イ　)から(　ウ　)に移動することを(　エ　)という。(　エ　)に伴う恒星の移動は1時間に約(　オ　)°である。

□ **10** 地球の(　ア　)によって，1年の周期で同じ時刻に見える恒星が(　イ　)から(　ウ　)に移動することを(　エ　)という。(　エ　)に伴う恒星の移動は1か月に約(　オ　)°である。

□ **11** 年周運動による天球上の太陽の通り道を(　　　)という。

□ **12** 地球は，公転面に立てた垂線に対して，地軸を約(　ア　)°傾けたまま自転している。これにより地球には(　イ　)が存在する。

□ **13** 1日の昼の長さが最も長い日を(　ア　)，最も短い日を(　イ　)という。また，昼夜の長さが等しいのが(　ウ　)と(　エ　)である。

1. 恒星
2. 惑星
3. ア 月　イ 衛星
4. ア 火星　イ 木星　ウ 地球　エ 木星　オ 小さ　カ 小さ　キ 大き
5. ア 内惑星　イ 外惑星　ウ 内惑星
6. ア 小惑星　イ 火星 ウ 木星　エ 隕石　オ クレーター　(イ，ウ順不同)
7. 太陽系外縁天体
8. ア 彗星　イ 流星
9. ア 自転　イ 東　ウ 西　エ 日周運動　オ 15
10. ア 公転　イ 東　ウ 西　エ 年周運動　オ 30
11. 黄道
12. ア 23.4　イ 季節の変化
13. ア 夏至 イ 冬至　ウ 春分 エ 秋分　(ウ，エ順不同)

□ **14** 地球上の任意の地点において，天球上の北極，南極とその地点の天頂を結んだ線を天の(　　　)という。

□ **15** 天体が日周運動によりその地点の子午線上にくることを(　ア　)といい，その時の天体の高度を(　イ　)という。

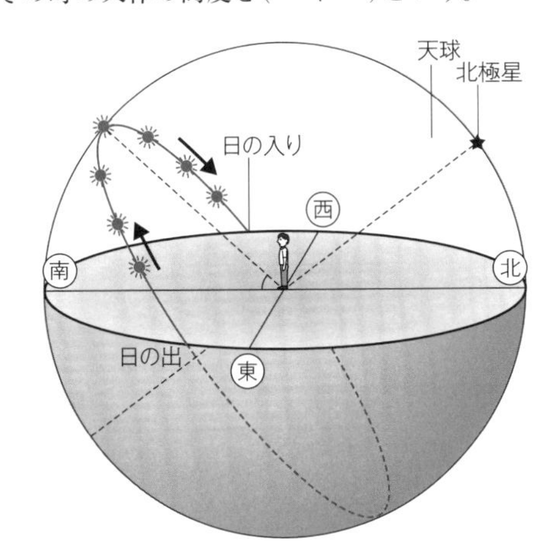

□ **16** (　　　)は太陽，地球，月の順に完全に一直線に並んだときに起こる現象である。

□ **17** (　　　)は太陽，月，地球の順に完全に一直線に並んだときに起こる現象である。

□ **18** 太陽は(　ア　)や(　イ　)などからなる巨大ガス球である。

□ **19** 太陽の表面に見える黒いしみのような斑点を(　ア　)といい，周囲に比べて温度が(　イ　)くなっている。

□ **20** 太陽表面に見られる黒点は，太陽の(　　　)により，しだいに位置を変えていく。

□ **21** 太陽表面に見られる炎のようなガスの動きを(　　　)という。

□ **22** 太陽を取り巻く高温のガス層を(　ア　)といい，(　イ　)の際に真珠色の淡い光として観測される。

□ **23** 光が1年間に進む距離を1 (　　　)といい，遠い恒星までの距離を表すのに用いる。

□ **24** 地球から見える恒星の明るさは(　ア　)によって表される。明るい恒星ほど(　ア　)の値は(　イ　)くなる。

□ **25** 太陽は(　ア　)とよばれる渦巻き状の恒星の集団に属している。(　ア　)の渦巻き部分は恒星が密集しており，夜空に(　イ　)として見える。

□ **26** 銀河系外の銀河系と同じような恒星の集団を(　　　)という。

14. 子午線
15. ア 南中
　イ 南中高度
16. 月食
17. 日食
18. ア 水素
　イ ヘリウム
　(ア，イ順不同)
19. ア 黒点
　イ 低
20. 自転
21. プロミネンス
22. ア コロナ
　イ 皆既日食
23. 光年
24. ア 等級
　イ 小さ
25. ア 銀河系
　イ 天の川
26. 銀河

1節 宇宙の誕生

▶1 宇宙の姿

(1)宇宙の姿

私たちの太陽系が存在する星の大集団を**銀河系**といい，渦巻き形をした薄い円盤状の構造をなす。銀河系と同じような星の集団を**銀河**という。

(a)**円盤部**……恒星が集中する円盤状の部分。天の川として見えている。若い星団(**散開星団**)，星雲が存在し，恒星の誕生の場となっている。中心部の球状にふくらんだ部分は**バルジ**とよばれる。

(b)**ハロー**……銀河系全体をおおう球状の領域。老齢な恒星の集まりである**球状星団**が分布。

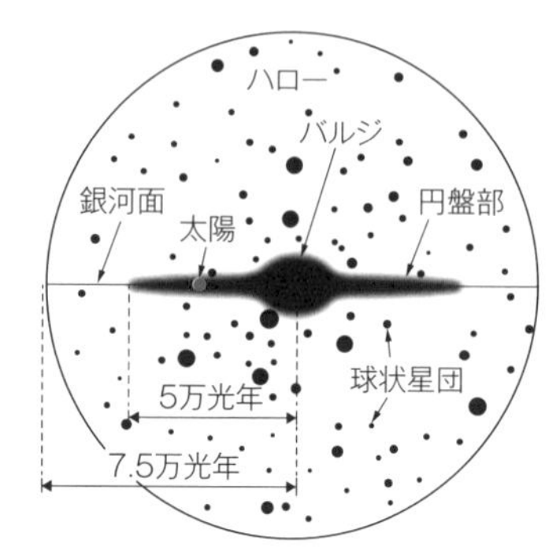

▶2 天体の距離と光の速さ

(1)天体の距離

(a)**天文単位**〔au〕(astronomical unit)

太陽と地球との平均距離(約1億5000万km)を1とする距離の単位

$1\text{au} \fallingdotseq 1.5 \times 10^8\text{km}$

天文単位は，太陽系内の惑星との距離などを表す際に都合がよい。

(2)光の速さ

(a)**光の速さは，約30万km/s。**太陽の光が地球に届くのに,約8分20秒。太陽の光を反射した月の表面の光が地球に届くのに約1.3秒である。

(b)**恒星までの距離の表し方**

太陽系外にある恒星までの距離はとてつもなく遠い。太陽系に最も近い恒星はケンタウルス座α星だが，それでも地球からの距離は，約40兆km（太陽との距離の約27万倍)もある。

そこで，遠くにある恒星や銀河などの距離は，**光が1年間に進む距離**を**1光年**として表す。

▶3 宇宙の誕生

(1)膨張する宇宙ービッグバン宇宙

1929年，**ハッブル**は地球から観測される銀河が遠ざかっていることから宇宙が膨張していることを発見。➡約138億年前に宇宙は高温で高密度の点から膨張し，現在の姿になった。(**ビッグバン宇宙**)

(2)ビッグバンから宇宙の晴れ上がり

ビッグバン……宇宙の誕生。超高温・超高密度の状態からの爆発的膨張。

⬇ $\frac{1}{100000}$秒後

陽子，中性子が出現

⬇ 3分後

重水素原子核が合体し，ヘリウム原子核が生成。

飛びまわる電子により光は直進できず，宇宙は不透明。

⬇ 温度低下

38万年後

宇宙の晴れ上がり……原子核と電子が結合し，水素原子，ヘリウム原子が生成。
光が通り，見通せる宇宙になる。

正誤Check

次の各文のそれぞれの下線部について，正しい場合は○を，誤っている場合には正しい語句を記せ。

1	宇宙の誕生から現在までに，約318億年経過した。【21共通1】	1 ×→138億
2	宇宙誕生初期に爆発的膨張を開始した，きわめて高温・高密度の状態をスーパーノヴァという。【05センター改】	2 ×→ビッグバン
3	宇宙誕生直後にできた原子はア酸素とイヘリウムである。【05センター】	3 ア×→水素 イ○
4	宇宙の誕生から約3秒後までに，水素とヘリウムの原子核がつくられた。【21共通1】	4 ×→3分
5	誕生直後の宇宙は，霧のように密に存在する原子にさえぎられて光は直進できず，不透明であった。【05センター】	5 ×→電子
6	宇宙は誕生からア数日後にイ宇宙の晴れ上がりが起こり，光が直進できる見通せる状態となった。【19センター改】	6 ア×→38万年 イ○
7	宇宙誕生の数十億年後に，最初の恒星が誕生した。【19センター】	7 ×→数億
8	宇宙誕生の約50億年後に，太陽系が誕生した。【19センター】	8 ×→90億
9	地球と太陽との平均距離を1ア光年といい，その距離は約イ1億5000万kmである。	9 ア×→天文単位 イ○
10	太陽は1000億個程度の星からなる銀河系に属している。【15センター追】	10 ○
11	銀河系全体をつつむ球状の領域であるバルジには，球状星団が分布している。【06センター】	11 ×→ハロー
12	銀河系の構造はア可視光線による観察から，イ渦巻き状であることがわかった。	12 ア×→電波 イ○
13	銀河系の円盤部の直径はおよそ10光年である。	13 ×→10万
14	銀河系の円盤部に存在する星間ガスの集まりが，夜空に天の川として観察される。	14 ×→恒星
15	銀河の円盤部には，ア老齢な恒星がまばらに集まったイ散光星雲が多く存在している。	15 ア×→若い イ×→散開星団
16	太陽は銀河系の円盤部に位置している。	16 ○

標準問題

72 ［天文単位］ 銀河系全体の大きさから見ると，太陽系は非常に小さな存在であるが，それでも地球から太陽までの平均距離はおよそ1億5000万kmもある。そこで，太陽系における天体間の距離などを表すのには，地球と太陽の平均距離を基準とした「天文単位」❶を使うことが多い。地球から太陽までの平均距離を1億5000万km，光速度を30万km/sとして下の問いに答えよ。

❶p.74 要点Check▶2 p.75 正誤Check 9

(1) 木星と太陽との平均距離は約7億7800万kmである。この値を用いて，木星と太陽との平均距離を天文単位で表せ。ただし，有効数字2桁で答えよ。

(2) 地球と金星が最も離れた位置関係にあるとき，その距離は1.72天文単位である。地球と金星が最も近い位置関係にあるときに，地球と金星との距離は何天文単位か。ただし，地球，金星は太陽を中心とする円軌道を公転しているとする。

(3) 海王星から太陽までの距離を30天文単位とすると，太陽の光が海王星に届くまでには，およそ何時間かかるか。有効数字2桁で答えよ。　(2017センター改)

73 ［銀河系の形状］ 次の文章を読み，下の問いに答えよ。

銀河系には，多数の恒星が球状に密集してできる天体である球状星団❶が多く存在する。多数の球状星団までの距離が測定された結果，球状星団は，銀河系❷全域にほぼ球状に広がる領域に分布していることがわかった。球状星団の分布の中心は，太陽系から約［ア］光年の距離にあり，その広がりの直径は約［イ］光年である。この銀河系全域に球状に広がる領域❸は［ウ］とよばれ，その中に，太陽系の属する円盤部❹と銀河系の中央部の［エ］とよばれるふくらみが存在する。銀河系に含まれるおよそ［オ］個以上の恒星の大部分は，この円盤部と中央部のふくらみの中にある。

❶❸❹p.74
要点Check▶1
p.75
正誤Check⑪
❷p.74
要点Check▶1
p.75
正誤Check⑫

(1) 文章中の［ア］・［イ］にあてはまる数値として最も適当なものを，次の①～⑤のうちからそれぞれ一つずつ選べ。

① 8300　② 2万8000　③ 15万　④ 370万　⑤ 1800万

(2) 文章中の［ウ］・［エ］にあてはまる語句をそれぞれ答えよ。

(3) 文章中の［オ］にあてはまる数値として最も適当なものを，次の①～④のうちから一つ選べ。

① 1000万　② 10億　③ 1000億　④ 10兆

(4) 銀河系の円盤部を，円盤面に対して垂直な方向から見た図として最も適当なものを，次の①～④のうちから一つ選べ。

① ② ③ ④

(2019センター地学追改)

74 ［銀河の構造］ 次の文章を読み，下の問いに答えよ。

次の図は渦巻銀河❶の写真である。多くの渦巻銀河では中心部(バルジ)❷は明るく黄色いのに対して，円盤部❸はバルジより暗く青白い。それらの明るさは銀河を形づくる恒星の密集する度合いを，色は平均的な表面温度を反映している。また，円盤部の腕に沿って暗黒星雲❹や散光星雲❺が点在している。銀河系にあるオリオン大星雲は，代表的な散光星雲である。

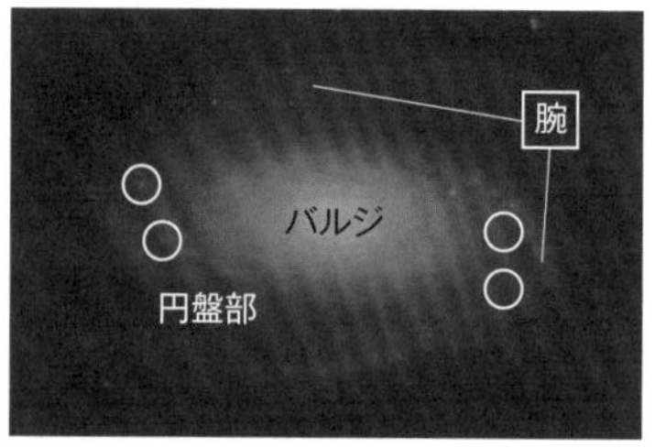

渦巻銀河M81の写真(NASAハッブル宇宙望遠鏡撮影)

※散光星雲や暗黒星雲の例を○で囲んでいる。明るく光っているのが散光星雲，帯状に黒く見えるのが暗黒星雲である。

❶p.74
要点Check▶1
p.75
正誤Check⑫
❷p.74
要点Check▶1
❸p.74
要点Check▶1
p.75
正誤Check⑬,⑭,⑮
❹p.79
要点Check▶2
❺p.79
要点Check▶2
p.79
正誤Check⑩

(1) 銀河について述べた文として最も適当なものを，次の①～④のうちから一つ選べ。

① バルジは，恒星がより密集しているので円盤部より明るい。

② 銀河を包むハローには恒星は存在せず，星間ガスで満ちている。

③ 円盤部は，恒星が生まれないのでバルジより暗い。

④ 円盤部は，老齢な星団が多いため青白い。

(2) 上の文章中の下線部に関連して，暗黒星雲や散光星雲について述べた文として最も適当なものを，次の①～④のうちから一つ選べ。

① 暗黒星雲は，星間物質の密度が高い領域で，星間塵（じん）（宇宙塵）に富む。

② 暗黒星雲では，密度が高いためガスが収縮できず，恒星が生まれにくい。

③ 暗黒星雲は温度が低いので，その内部で分子は形成されない。

④ 散光星雲は，恒星の爆発に伴ってできた高温の星間ガスである。

(3) 太陽は銀河系のどのあたりに位置しているか。下の図に示されている位置の中で最も適当なものを，次の①～④のうちから一つ選べ。

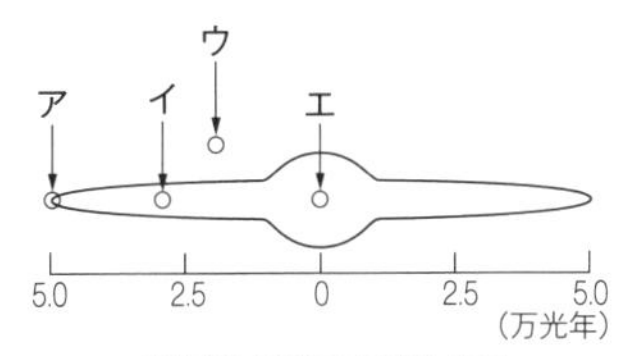

銀河系の断面の模式図

① ア　② イ　③ ウ　④ エ　（2010センター改，2006センター）

75 **[宇宙の誕生と進化]** 次の文章を読み，下の問いに答えよ。

最近の研究によると，宇宙は約 ア 年前に<u>イきわめて高温・高密度の火の玉のような状態から，</u>爆発的膨張❶で誕生したと推定されている。<u>ウ生まれた直後の宇宙には，現在の地球に見られるような重い元素は存在しなかった。</u>したがって，地球が生まれたのは，重い元素が合成され，銀河系内に広く分布したのちであると考えられている。

❶p.74 要点Check▶3 p.75 正誤Check[2]

(1) 上の文章中の ア にあてはまる数値として最も適当なものを，次の①～⑤のうちから一つ選べ。

① 13億　② 45億　③ 98億　④ 140億　⑤ 270億

(2) 上の文章中の下線部**イ**の出来事を何というか。

(3) 上の文章中の下線部**ウ**について，次の(i)，(ii)に存在する主要な元素のうち，存在比の大きなものから２つずつを元素名で答えよ。

(i)生まれた直後の宇宙　(ii)地球の地殻

(4) 宇宙が誕生してしばらくの間は，宇宙は霧のように不透明であったと考えられている。この理由を説明せよ。

(5) 宇宙が誕生してから現在までに起こった現象について述べた文として最も適当なものを，次の①～④のうちから一つ選べ。

① 宇宙誕生の数分後には，陽子や中性子は存在していた。

② 宇宙誕生の数日後に，宇宙の晴れ上がりが起きた。

③ 宇宙誕生の数十億年後に，最初の恒星が誕生した。

④ 宇宙誕生の約50億年後に，太陽系が誕生した。

（2005センター，2011センター，2013センター，2019センター改）

2節 太陽の誕生

▶1 太陽の構造と活動

(1)太陽の大きさ

半径は地球の約109倍(70万km)，質量は地球の約33万倍。
太陽系全体の99.9%の質量を占める。

(2)太陽の表面

(a)**光球**……可視光線で見ることができる部分。温度は約5800K。中央部は明るく，周縁部は暗く見える(周辺減光)。
(b)**粒状斑**……光球面に見られる，粒状の模様。太陽の表面付近(対流層)で起こる対流によるもの。
(c)**黒点**……光球面に見られる黒いしみのような部分。強い磁場の影響で温度が低くなっている(約4000K)。11年周期で増減をくり返す。太陽活動が活発になると黒点数は増大。
(d)**白斑**……光球面に見られる，白い斑点。まわりの光球面より温度がやや高い。太陽の縁のあたりで観測が可能。

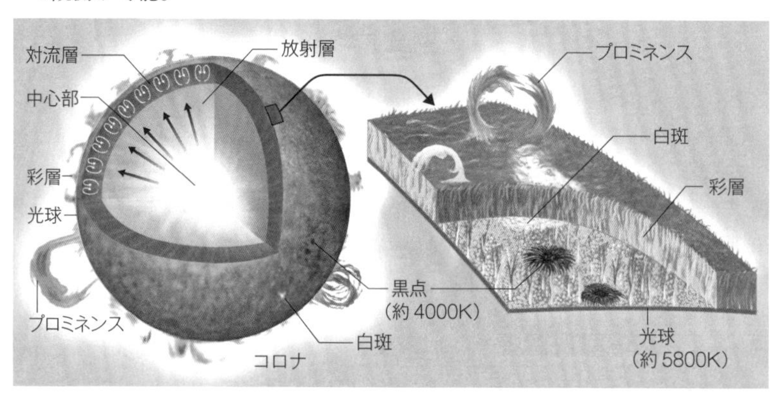

(3)太陽の外層部

(a)**彩層**……光球の外側の希薄な大気層。温度は数千～1万K。
(b)**コロナ**……彩層の外側にある非常に希薄な大気層。温度は100万K超。皆既日食の際に真珠色に輝いて観察される。
コロナからは電離によって生じた荷電粒子(プラズマ)が放出(**太陽風**)。
(c)**プロミネンス**……彩層からコロナ中に吹き上げられたガス雲。

(4)太陽のエネルギー源

4個の水素原子核から1個のヘリウム原子核が形成される際，莫大なエネルギーが放出される(**核融合反応**)。中心部では放射によって，表面近くでは対流によってエネルギーが移動。

▶2 太陽の誕生

星間物質……**水素**，**ヘリウム**(星間ガス)　＋　**星間塵**(じん)

⬇ 濃集

星間雲……**散光星雲**(他の恒星の光を受けて輝く)や**暗黒星雲**(他の恒星の光を遮(さえぎ)る)として観察。
特に密度が高い場所では**分子雲**として観察される。

⬇ 自身の重力により収縮，中心温度上昇。

原始星(原始太陽)……まわりの濃いガス雲のため可視光線での観測は困難であり，赤外線により観察される。

⬇ 中心温度が1000万K超で水素の**核融合反応**が開始。

主系列星(太陽)……長期間安定した核融合反応によって輝く。

次の各文のそれぞれの下線部について，正しい場合は○を，誤っている場合には正しい語句を記せ。

□ **1** 太陽の中心部では水素の$_{ア}$燃焼によって莫大なエネルギーが発生し，$_{イ}$ヘリウムが生成されている。【10センター追】
□ **2** 太陽の光球面の温度はおよそ1500万Kである。
□ **3** 光球の外側に広がった希薄な大気層をプロミネンスといい，皆既日食の際には薄い真珠色の光として見える。
□ **4** コロナは光球よりも温度が低い。【06センター】
□ **5** $_{ア}$コロナでは，原子が原子核と電子に電離した状態となっており，このような電離状態の気体を$_{イ}$コロイドという。
□ **6** 太陽に見られる黒点は，周囲に比べて温度が$_{ア}$低い部分で，約$_{イ}$8年周期でその数が増減する。【06センター改】
□ **7** 太陽活動極大期には，黒点の数が増加する。
□ **8** 太陽の光球面に見られる粒状の模様を白斑といい，表面付近での対流によるものである。
□ **9** コロナから高速で放出される$_{ア}$固体微粒子の流れを$_{イ}$太陽風という。【20センター地学追改】
□ **10** 星間物質が濃集すると$_{ア}$星間雲となり，$_{ア}$星間雲が他の恒星の光に照らされて輝いているものを$_{イ}$散開星団という。
□ **11** 星間物質におけるガス成分を$_{ア}$星間ガスといい，そのおもな成分は割合の多いものから順に，$_{イ}$窒素と$_{ウ}$二酸化炭素である。
□ **12** 現在の太陽は，その進化の段階のうち，原始星に分類される。【21共通1改】
□ **13** 原始星は可視光線での観測は困難であり，紫外線によって観察される。
□ **14** 恒星は一生の大部分の時間を主系列星として過ごす。

1 ア×→核融合反応　イ○
2 ×→5800
3 ×→コロナ
4 ×→高い
5 ア○　イ×→荷電粒子(プラズマ)
6 ア○　イ×→11年
7 ○
8 ×→粒状斑
9 ア×→荷電粒子(プラズマ)　イ○
10 ア○　イ×→散光星雲
11 ア○　イ×→水素　ウ×→ヘリウム
12 ×→主系列星
13 ×→赤外線
14 ○

標準問題

76 ［太陽の活動］ 次の図A～Dは太陽の表面❶と外層の構造❷に関する写真とその説明である。

A

太陽表面の構造であり，周囲に比べて暗く，黒いしみのように見える。

B

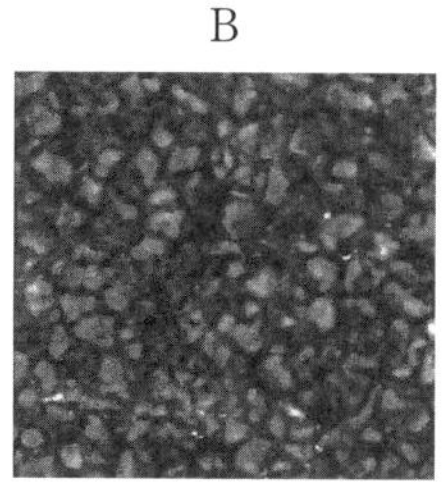

太陽表面の構造であり，粒状の模様が現れたり消えたりする。

C

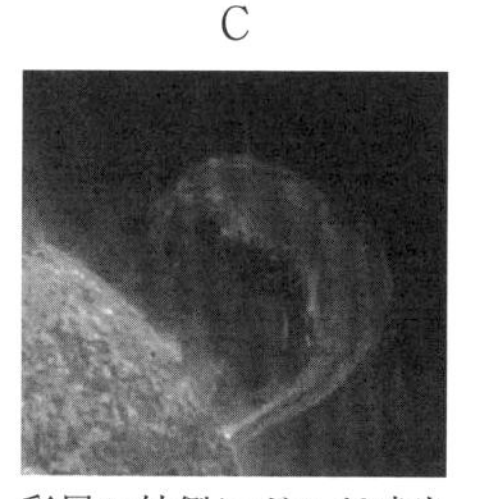

彩層の外側にガスが噴出した巨大な構造である。

D

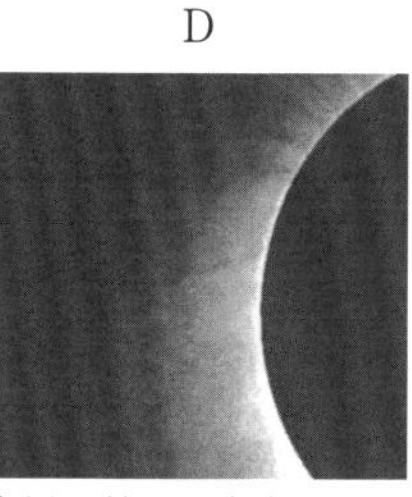

彩層の外側に存在する高温の気体からなる構造である。

(1) 上のA～Dの構造の名前をそれぞれ答えよ。
(2) Aの構造が周囲に比べて暗く見える理由を答えよ。
(3) Aの構造は，数日間継続的に観測すると，その位置を少しずつ変えることがわかる。この理由を答えよ。
(4) Dの構造の温度として最も適当なものを，次の①～④のうちから一つ選べ。
① 10万K　② 100万K　③ 1000万K　④ 1億K

（2017センター改）

❶p.78
要点Check▶1
p.79
正誤Check[2],[6],[8]
❷p.78
要点Check▶1
p.79
正誤Check[3],[4]

77 ［太陽のエネルギー］ 次の文章を読み，下の問いに答えよ。

太陽は誕生から約［ア］年経過しており，中心部で［イ］が［ウ］に変わる［エ］が進行することで安定的にエネルギーを放出している［オ］とよばれる段階にある恒星である。発生したエネルギーは中心から外側に向かって放射によって運ばれ，太陽表面近くでは対流によって運ばれている。(a)こうして，太陽表面まで運ばれた莫大なエネルギーは，太陽放射として宇宙空間に放出される。

(1) 文章中の［ア］に適する数値として最も適当なものを，次の①～④のうちから選べ。
① 50億　② 100億　③ 150億　④ 200億
(2) 文章中の［イ］・［ウ］に適する元素名をそれぞれ答えよ。
(3) 文章中の［エ］・［オ］に適する語句をそれぞれ答えよ。
(4) 文章中の下線部(a)について，太陽定数を$1.4\mathrm{kW/m^2}$とすると，太陽表面から放射される全放射エネルギーは何kWと考えられるか。有効数字2桁で答えよ。ただし，太陽と地球の距離を$1.5\times10^8\mathrm{km}$とし，太陽表面からはどの方向にも同じ強さの放射が行われているものとする。
(5) 太陽と地球の関係について述べた文として最も適当なものを，次の①～④のうちから一つ選べ。
① 太陽の自転方向と地球の公転方向は異なる。
② 大気を構成する元素の割合は，太陽と地球でほぼ同じである。
③ 太陽と地球の距離が変わることが，季節変化のおもな原因である。
④ 太陽の活動が活発になると，地球でのオーロラの活動が活発になることがある。

（2014センター追改）

3節 惑星の誕生と地球の成長

▶1 太陽系の姿

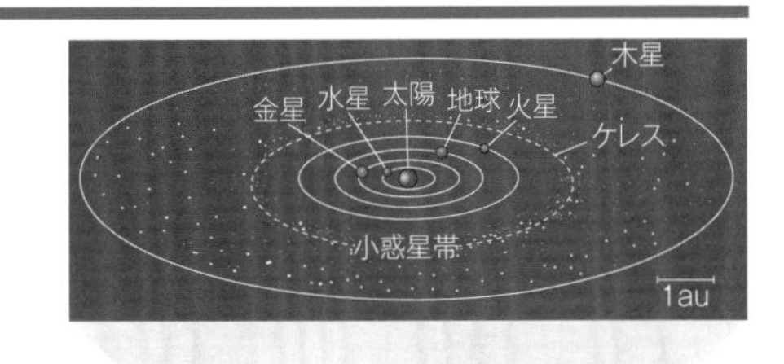

(1)太陽系の天体

(a)**恒星(太陽)**……自ら光を放射し輝く。

(b)**惑星**……8個が存在。太陽のまわりをすべて同じ向きに公転。

(c)**小惑星**……大部分が火星と木星の間の軌道を公転(**小惑星帯**)。

(d)**太陽系外縁天体**……海王星の外側を公転する小さな天体。冥王星がその代表。

(e)**その他**……衛星，彗星，惑星間塵(じん)など。

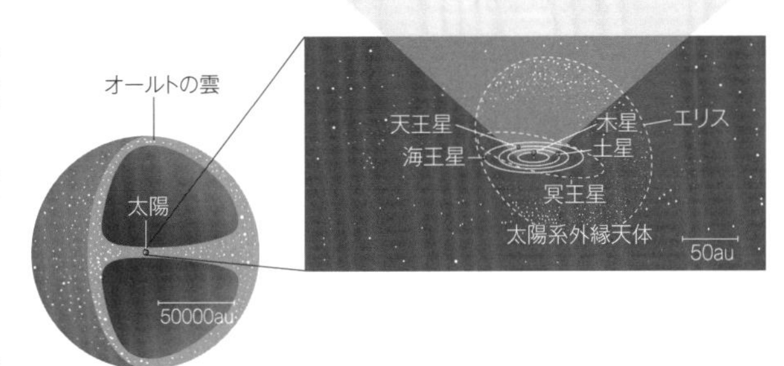

(2)太陽系の広がり

海王星の外側には小天体が円盤状に分布している(**エッジワース・カイパーベルト**)。さらにその外側には，太陽系を球殻状に取り巻くように小天体が分布する(**オールトの雲**)。

▶2 太陽系の誕生と惑星の分類

(1)惑星の分類

	地球型惑星(岩石惑星)	木星型惑星	
		巨大ガス惑星	巨大氷惑星
惑星名	水星・金星・地球・火星	木星・土星	天王星・海王星
内部構造	地球型惑星 岩石質 金属鉄核 マントル 地殻	木星・土星 水素分子 金属水素 おもに岩石	天王星・海王星 水素分子 氷 おもに岩石
半径(地球＝1)	小さい(0.4～1)	大きい(9.5～11)	やや大きい(3.9～4)
密度〔g/cm^3〕	大きい(3.9～5.5)	小さい(0.7～1.3)	やや小さい(1.3～1.6)
自転周期	長い(1～243日)	短い(10～17時間)	
偏平率	小さい(0～0.006)	大きい(0.02～0.1)	
環(リング)	なし	あり	
衛星	少ない(0～2個)	かなり多い(79個以上)	多い(14個以上)

(2)各惑星の素顔

(a)**水星**……太陽系で最も小さい。表面には無数のクレーター。
大気はほとんどなく，昼夜の温度差大(400℃～－180℃)

(b)**金星**……**二酸化炭素**を主成分とする厚い大気→**温室効果**により表面温度460℃。
公転と逆向きに自転。

(c)**地球**……唯一の液体の水をたたえる海が存在。多様な生物が進化。

(d)**火星**……**二酸化炭素**を主成分とする大気は希薄。季節変化(自転軸の傾き)がある。

(e)**木星**……太陽系最大の惑星。大気の運動が激しく，**大赤斑**など大気の渦が見られる。

(f)**土星**……地球からはっきり見えるリングの正体は公転する岩石や氷の粒。太陽系の惑星の中で平均密度が最小。

(g)**天王星**……自転軸が横倒し。大気に含まれるメタンにより青緑色。

(h)**海王星**……大気に含まれるメタンにより青色。メタンの氷からなる雲が浮かぶ。

要点Check

(3)そのほかの太陽系の仲間

(a)**太陽系外縁天体**……海王星の軌道の外側を回る小天体。比較的大きく球形のものは冥王星型天体とよばれる。

(b)**小惑星**……不規則形状の小天体。最大のケレスでも直径950km。現在，数十万個発見されている小惑星の大部分は**火星と木星の軌道の間を公転**。太陽系創成時に惑星まで成長しなかった微惑星や岩石片と考えられる(つまり，固体惑星の材料)。小惑星の断片などが地球に落下したものが**隕石**。

(c)**衛星**……惑星のまわりを公転。水星と金星は衛星をもたない。
・月……地球の唯一の衛星。地球の4分の1ほどの大きさで，大気をもたない。
自転と公転の周期が等しく，地球には常に同じ面を向ける。

(d)**彗星**……本体は塵(ちり)を含む氷。太陽に近づくと氷が気化し，太陽と反対方向に尾を形成。彗星は，公転周期から以下の通り区分される。

区分	軌道	周期	起源
短周期彗星	楕円(だえん)軌道	200年以下	エッジワース・カイパーベルト
長周期彗星	楕円(だえん)軌道	200年以上	オールトの雲
非周期彗星	放物線軌道	－	オールトの雲

(e)**惑星間塵(じん)**……直径1mmに満たない惑星間の固体微粒子。彗星の軌道に集中。惑星間塵が地球大気に突入し，発光する現象が**流星**である。

(4)太陽系の形成(約46億年前)

① 星間雲(水素・ヘリウムを主成分)が収縮し，**原始太陽**を形成。

② まわりのガスと塵が原始太陽のまわりを公転し，**原始太陽系円盤**を形成。

③ 原始太陽系円盤の中で**微惑星**が成長。太陽に近い領域では岩石と金属を主成分とする微惑星(→**地球型惑星**)が，太陽から遠い領域では氷を主成分とする微惑星(→**木星型惑星**)が形成。

④ 微惑星の衝突合体により**原始惑星**が形成。

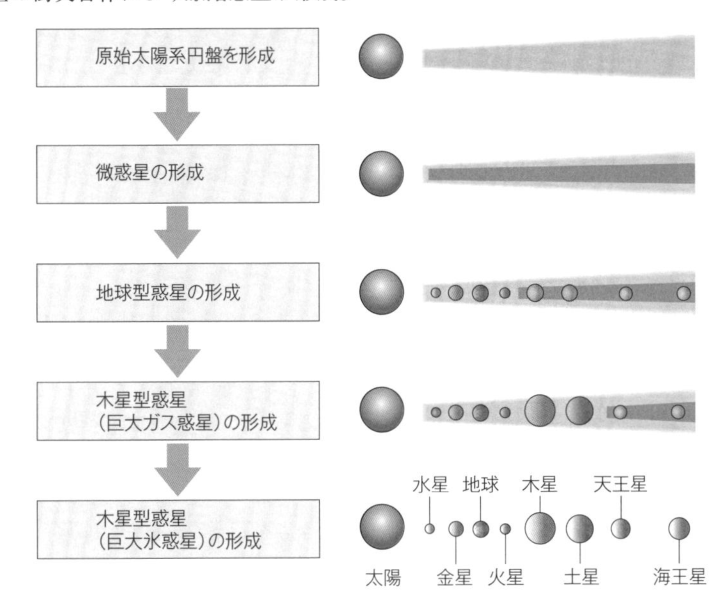

▶3 地球の誕生と成長

(1)原始地球の成長と原始生命の誕生・進化

① 微惑星の衝突により発生した熱により，**二酸化炭素**，**水蒸気**，**窒素**などが蒸発し，**原始大気**を形成。

② 原始大気による**温室効果**で表面が溶融し，**マグマオーシャン**を形成。

③ 比重の大きな金属が地球の中心に沈積し，**核**を形成。核をとりまく岩石層が**マントル**となる。

④ 地表が冷却固化し，**地殻**が形成。

⑤ 水蒸気が高温の雨となって降り注ぎ，**原始海洋**を形成。大気中の**二酸化炭素は海洋にとけ，炭酸カルシウム(石灰岩)として沈殿**。

⑥ 海底火山の熱水噴出孔付近で，熱水をエネルギーとして複雑な有機化合物(核酸，タンパク質など)が合成され，**原始生命**が誕生。

※生命の誕生については，海の中での有機化合物からの合成説が有力とされているが，その詳細は明らかになっていない。

⑦ 約27億年前に**光合成**を行う生物が出現。二酸化炭素を吸収し，大気中に**酸素**を放出。

⑧ 大気中の酸素の蓄積により約4億年前までには**オゾン層**が形成。生物が陸上に進出。

正誤Check

次の各文のそれぞれの下線部について，正しい場合は○を，誤っている場合には正しい語句を記せ。

1 太陽のまわりを公転する惑星は全部で9つ存在する。【04センター改】
2 地球型惑星は木星型惑星に比べ，平均密度は(ア)小さく，質量が(イ)小さい。【10センター，04センター】
3 木星型惑星は地球型惑星に比べ，自転周期が(ア)長く，衛星の数が(イ)多い。【10センター，02センター】
4 地球型惑星の中には，衛星をもたない惑星が存在する。
5 小惑星の大部分は，木星と土星の間に存在する。【12センター】
6 木星型惑星はおもにガスからなる大型の惑星である。【12センター】
7 海王星の外側には多くの小天体が発見されており，銀河系外縁天体とよばれる。【12センター改】
8 太陽系の惑星の公転軌道はほぼ(ア)同一平面上にあり，すべて(イ)天の赤道付近に観測される。【04センター】
9 流星は太陽に近づくと気化し，長い尾を形成する。【12センター】
10 地球型惑星で最も大きな惑星は地球である。
11 地球型惑星の中で大気圧が最も高いのは地球である。【15センター追】
12 太陽系の惑星で最も密度が小さい惑星は海王星である。
13 天王星の外側を公転する冥王星は月より小さい。
14 海王星よりも遠方の太陽系外縁部には冥王星の大きさを超える天体が発見されている。【15センター追】
15 水星の表面は無数のカルデラでおおわれている。【96センター追】
16 金星は(ア)硫化水素を主成分とする厚い大気におおわれ，強い(イ)対流のために460℃の高温となっている。【12センター】
17 木星の大気成分はおもに(ア)水素と(イ)メタンである。【98センター改】
18 水星は公転方向と逆向きに自転している。
19 21世紀初頭に日本の探査機「はやぶさ」は彗星の探査を行った。【09センター追】
20 原始惑星は，原始太陽の周りの(ア)窒素と(イ)酸素を主成分とするガスからなる薄い円盤から形成された。【17センター追】
21 原始惑星は直径1～10km程度の多数の小惑星が衝突・合体をくり返すことで誕生した。【07センター追】
22 原始惑星や微惑星の衝突等による熱で岩石がとけて，原始地球の表面はマグマオーシャンにおおわれた。【20センター追】
23 原始大気に含まれていた大量の(ア)二酸化炭素は，原始海洋にとけ込んで(イ)石炭として沈殿することで減少した。【21共通2改】
24 現在の地球大気の中の酸素は，生物の(ア)呼吸によって放出され，蓄積されたものである。大気中の酸素濃度が増えると，太陽光の中の(イ)X線の作用により(ウ)フロンが生成され，生物の陸上進出のきっかけとなった。

解答

1 ×→8つ
2 ア×→大きく　イ○
3 ア×→短く　イ○
4 ○
5 ×→火星と木星
6 ○
7 ×→太陽系外縁天体
8 ア○　イ×→黄道
9 ×→彗星
10 ○
11 ×→金星
12 ×→土星
13 ○
14 ○
15 ×→クレーター
16 ア×→二酸化炭素　イ×→温室効果
17 ア○　イ×→ヘリウム
18 ×→金星
19 ×→小惑星
20 ア×→水素　イ×→ヘリウム（ア，イ順不同）
21 ×→微惑星
22 ○
23 ア○　イ×→石灰岩
24 ア×→光合成　イ×→紫外線　ウ×→オゾン

標準問題

78 **[太陽系の惑星]** 次の文章中の ア ～ キ に入る適切な語句を答えよ。

❶p.81 要点Check▶2 p.84 正誤Check[2], [4]
❷p.81 要点Check▶2 p.84 正誤Check[3], [6]
❸p.82 要点Check▶2

太陽系の惑星は，その特徴の違いから地球型惑星❶と木星型惑星❷の二つのグループにわけることができる。地球型惑星は木星型惑星に比べ，半径は ア く，質量は イ く，平均密度は ウ い。また，多くの衛星❸や環をもつのは エ 型惑星である。自転周期は， オ 型惑星の方が短い。太陽系の惑星が カ と キ の間を境にして，このように特徴の異なる二つのグループにわかれることは，その成因とも関連して興味深い。

（2004センター，2002センター）

79 **[惑星の内部構造]** 下の図は(1)地球❶，(2)木星❷，(3)天王星❸の3つの惑星の内部構造を断面図で示したものである。いずれも，外側から**A**・**B**・**C**の3層からなる構造であるが，構成物質は異なっている。(1)～(3)の惑星に関して，**A**・**B**・**C**の部分に相当するものを，次の①～⑦のうちからそれぞれ一つずつ選べ。なお，惑星の大きさは実際の比率と異なり，すべて同じ大きさにしてある。

❶p.81 要点Check▶2 p.84 正誤Check[2]
❷❸p.81 要点Check▶2 p.84 正誤Check[6]

(1) 地球

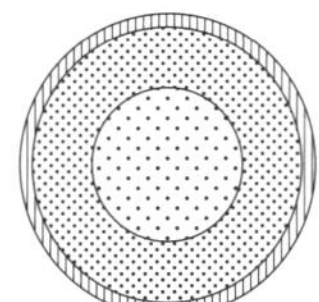

(2) 木星

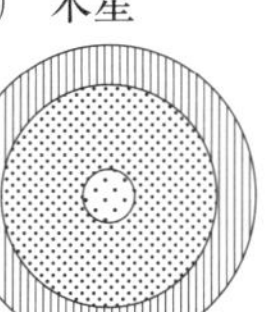

(3) 天王星

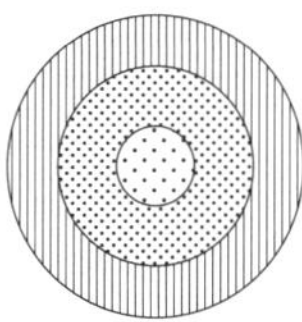

A　B　C

① おもに岩石からなる核　② 岩石質のマントル　③ 岩石質の地殻
④ 水，アンモニア，メタンなどの氷　⑤ 金属からなる核　⑥ 液体水素　⑦ 金属水素

80 **[惑星の特徴]** 次の(1)～(4)にあてはまる惑星の名称をそれぞれ答えよ。

❶p.82 要点Check▶2 p.84 正誤Check[16]
❷p.82 要点Check▶2 p.84 正誤Check[12]
❸p.82 要点Check▶2 p.84 正誤Check[15]

(1) 地表での気圧は90気圧に達し，その大気はほとんどが二酸化炭素である❶。地表の温度は460℃に達する。

(2) 自転軸がほぼ横倒しになっており，大気に含まれるメタンの影響で青みがかって見える。

(3) 美しいリング(環)をもち，平均密度が太陽系の惑星の中で最も小さい❷(1g/cm^{3}以下)。

(4) 大気はほとんどなく，昼は400℃，夜は－180℃に達する。表面は多数のクレーターにおおわれている❸。

81 **[天体の大きさ]** 天体の大きさや距離の関係を適切な尺度で表した模式図を，次のA～Eのうちから3つ選べ。

太陽

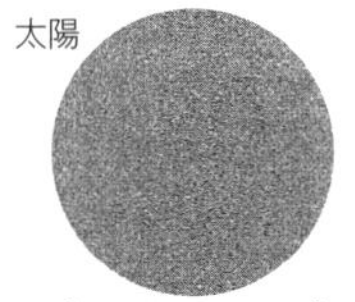

地球直径の100倍

A 太陽の大きさ

金星

地球の直径

B 金星の大きさ

冥王星

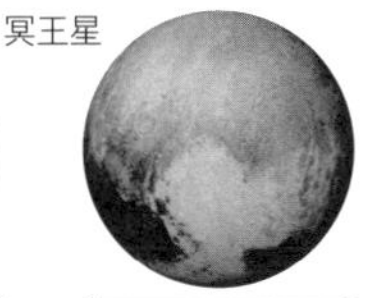

地球の直径の5倍

C 冥王星の大きさ

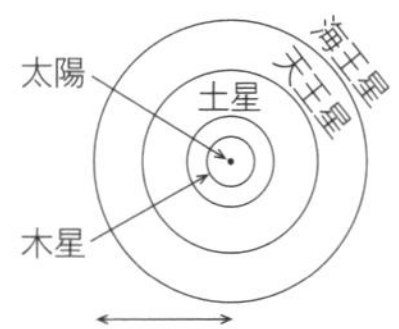

1000天文単位

D 木星以遠の惑星の公転軌道

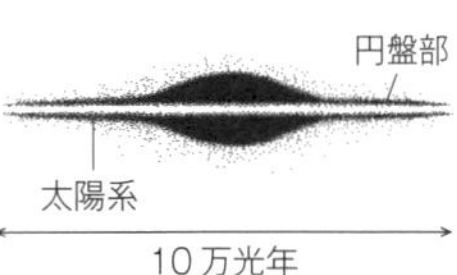

10万光年

E 銀河系の断面図

（2019センター追改）

3章 宇宙、太陽系と地球の誕生

82 **[太陽系のなり立ち]** 次の文章を読み，下の問いに答えよ。

太陽系の惑星が形成された過程は次のように考えられている。今からおよそ［ ア ］億年前に，ガスや塵(ちり)からなる星間物質❶が原始太陽❷のまわりを回転しながら，しだいに円盤状に集積した。その中で直径1～10km程度の多数の［ イ ］が形成され，それらが衝突・合体をくり返して，原始惑星❸が誕生した。これらの原始惑星は，おもに太陽からの距離の違いによって異なる進化を遂げ，地球型惑星と木星型惑星とに大きく分類される現在の惑星の姿になった。

❶❷p.83
要点Check▶2
❸p.83
要点Check▶2
p.84
正誤Check20，21

(1) 上の文章中の［ ア ］・［ イ ］に入る数値と語句を答えよ。

(2) 太陽系の惑星について述べた文として最も適当なものを，次の①～④のうちから二つ選べ。

① 地球型惑星の中心には，鉄を主成分とする核がある。
② 地球型惑星とは，海洋が存在したことがある惑星をいう。
③ 木星型惑星は氷を主成分とする核をもつ。
④ 木星型惑星はすべてリング(環)をもっている。

(3) 惑星の大気について述べた文として**誤っているもの**を，次の①～④のうちから一つ選べ。

① 木星の大気の主成分は水素とヘリウムであり，アンモニアやメタンも含まれている。
② 地球の大気の酸素は，原始大気にほとんど含まれていなかったが，生物の光合成により，長い時間をかけて生成された。
③ 太陽に近い金星では，大気の大部分が太陽風によって吹き飛ばされ，現在の大気の圧力は1気圧以下である。
④ 火星では，大気を引きとめておく引力が小さく，現在の大気の圧力は1気圧以下である。

(2007センター追改)

83 **[地球の誕生と大気の変遷]** 次の文章を読み，下の問いに答えよ。

太陽系は宇宙に漂っていたガスや塵などの星間物質から生まれたと考えられている。星間物質が集まってできた雲の密度の高い部分が重力で収縮して，原始太陽ができ，収縮がさらに進み中心部の圧力と温度が十分に高くなると，［ ア ］の核融合反応が始まり，主系列星の太陽が誕生した。このようにして生まれた原始太陽の周りにはたくさんの微惑星が形成され，それらが衝突・合体して原始地球❶がつくられた。原始地球が大きく成長するにつれて，地表面の温度は上がり，岩石がとけて地表面をおおい，［ イ ］が形成された。［ イ ］の中では［ ウ ］成分が沈み，その後，地球の中心部に集まって核を形成した。その後，地表の温度が低下すると，原始地殻や原始海洋❷が形成された。原始海洋が形成されると，大気中に多く含まれていた［ エ ］は海水にとけ込んで減少した。その後，［ オ ］により大気中の酸素が増加し，オゾン層が安定して存在するようになった。

❶p.83
要点Check▶3
p.84
正誤Check22
❷p.83
要点Check▶3
p.84
正誤Check23

(1) 文章中の［ ア ］に適する元素名を答えよ。
(2) 文章中の［ イ ］に適する語句を答えよ。
(3) 文章中の［ ウ ］に適する語句を答えよ。
(4) 文章中の［ エ ］に適する大気成分を答えよ。
(5) 文章中の［ オ ］に適する文を答えよ。

(2016センター地学，2018センター一改)

84 [惑星間物質] 次の文章を読み，下の問いに答えよ。

太陽系には，惑星とその衛星のほか，火星と木星の間を多くが公転する［ア］❶，遠方から太陽に近づいて特徴的な尾をたなびかせる［イ］❷などがある。［イ］には，周期的に太陽に近づくものが多く，ウ200年未満の周期の短いものから，エ200年以上の周期の長いものまで2000個以上が確認されている。また，惑星間空間には［イ］などによってもたらされた［オ］やガスが漂っている。

❶p.81
要点Check▶1
p.84
正誤Check5
❷p.82
要点Check▶2
p.84
正誤Check9

(1) 文章中の［ア］・［イ］・［オ］にあてはまる語句を答えよ。

(2) 文章中の［ア］について，その破片などが地球に突入し，地表に落下したものを何というか。

(3) 文章中の［イ］について，［イ］の核はおもに何からできているか。

(4) 文章中の［イ］はどこからやってくると考えられているか。下線部**ウ**，**エ**のそれぞれについて答えよ。

(5) 文章中の［オ］について，［オ］が地球大気に突入して発光する現象を何というか。

85 [月の表面] 次の文章を読み，下の問いに答えよ。

月❶は地球の唯一の［ア］である。右の写真のように，月の表面には［イ］によってできた円形の窪地である［ウ］が多数見られる。一方，月に比べて地球上にはこのような窪地が少ない。

❶p.82
要点Check▶2

地球から撮影した月

(1) 文章中の［ア］～［ウ］に適する語句を答えよ。

(2) 文章中の下線部について，地球上にこのような窪地が少ない原因として**誤っているもの**を，次の①～⑤のうちから一つ選べ。

① 水による侵食作用があるから。　② 大気による風化作用があるから。
③ 火山活動による溶岩流出があるから。　④ 巨大隕石が衝突したことがないから。
⑤ 地殻変動による地表の変動があるから。

(2011センター改)

86 [地球における生命の誕生] 次の文章を読み，下の問いに答えよ。

太陽系の天体の中で，生命の存在が確認されているのは地球だけである。これには，多くの要因が関係している。まず，生命の存在に不可欠なものに水があるが，地球は水惑星とよばれるほど水に恵まれている。また，窒素，酸素を主成分とする豊かな大気❶も，陸上における生物の生存に必要である。さらに，地球表面の平均温度が適度であることおよび温度変化が小さいことも生命の存在に有利である。

地球の生命は，まず原始の海洋中❷で誕生した。その後，大気上空に［ア］の存在する層ができて太陽からの［イ］をさえぎるようになり，陸上における生物の生存が可能となった。一方，地球以外の太陽系天体では，現在，生命が存在することは難しいと考えられている。

❶p.83
要点Check▶3
p.84
正誤Check23，24
❷p.83
要点Check▶3
p.84
正誤Check23

(1) 文章中の下線部に関連して，昼夜の温度変化の幅および1年の温度変化の幅の両方を小さくしている要因として最も適当なものを，次の①～④のうちから一つ選べ。

① 自転周期が短い。　② 広い海洋が存在する。
③ 大陸が存在する。　④ 赤道面の公転軌道面に対する傾きが小さい。

(2) 文章中の［ア］・［イ］に適する語句を答えよ。　(2001センター)

演習例題

例題 5 太陽系外惑星の観測

[A]惑星は太陽系以外にも見つかっている。太陽系外惑星を探す方法の一つに，食(食現象)の観測がある。食は，惑星が恒星の手前を通過するときに，[B]惑星で隠された面積の割合だけ恒星が暗くなったように見える現象である。

質量が太陽とほぼ同じである恒星Xを観測したところ，次の[C]図に示すように周期2.92日(0.008年)で明るさの変化が見られた。この変化は恒星Xのまわりを回る惑星の全面が恒星の一部を隠す食によるものと考えられる。

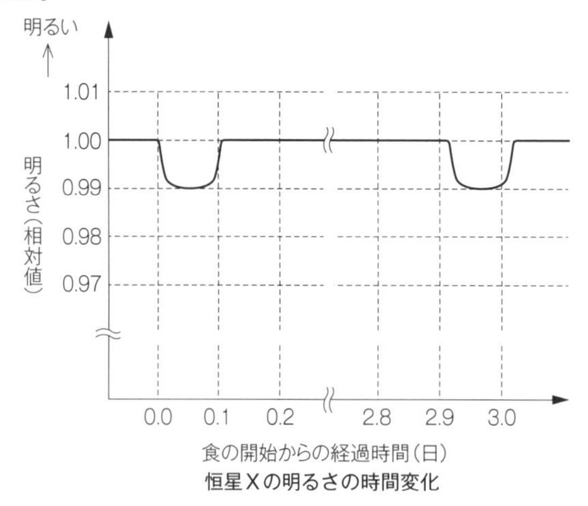

恒星Xの明るさの時間変化

問 上の図に示す明るさの変化から，この惑星についてわかることの組合せとして最も適当なものを，下の①～④のうちから一つ選べ。

a この惑星の直径は，恒星Xの直径の0.1倍である。

b この惑星の直径は，恒星Xの直径の0.01倍である。

c この惑星の公転面(公転軌道面)と観測者の視線のなす角は90°に近い。

d この惑星の公転面(公転軌道面)と観測者の視線のなす角は0°に近い。

① a・c　　② a・d　　③ b・c　　④ b・d

(2010センター追)

ベストフィット

[A] 太陽系外の惑星を光学望遠鏡で直接観察することは不可能である。

[B] 例えば，ある恒星の見た目の面積を100とし，その手前に10の面積の惑星が重なると，明るさは0.1小さくなり，元の明るさの0.9倍になる。

[C] 食のたびに明るさは0.01小さくなる。つまり，この惑星の見た目の面積は恒星Xの0.01倍である。

解答・解説

②

a 惑星の見た目の面積は恒星Xの0.01倍。面積は半径の2乗に比例するので，半径は0.1倍である。

d 視線方向に恒星Xを含む惑星の公転軌道面がなければ食は起こらない。

例題 6 主系列星の寿命

[A]質量が2×10^{30}kgの主系列星の段階にある恒星の中心部で，1年当たり2×10^{19}kgの水素が核融合反応している。この恒星が[B]主系列星の段階を終えるまでに質量の10%の水素が消費されるとすると，主系列星として過ごす期間は約何億年か。最も適当な数値を，次の①～⑤のうちから一つ選べ。

① 4億年　　② 10億年　　③ 40億年

④ 100億年　　⑤ 1000億年

(2010センター追)

ベストフィット

[A] 主系列星の質量≒水素の質量　と考えて差し支えない。

[B] 核融合反応が起こるのは，恒星の中心付近だけであり，反応する水素は全体の10%程度である。

解答・解説

④

反応する水素は，

$2 \times 10^{30} \times 0.10 = 2 \times 10^{29}$kg

なので，

$(2 \times 10^{29})/(2 \times 10^{19}) = 10^{10}$(100億)年

例題 7 地球型惑星の大気

トラさんとヒコくんの次の会話文を読み，下の問いに答えよ。

トラさん：地球と金星，火星の大気の違いを知っているかい？

ヒコくん：はい。[A]地球の大気の主成分は窒素と酸素ですが，金星と火星の大気の主成分は[ア]であり，酸素はほとんど含まれません。また[B]地表の気圧は，金星では地球の約90倍，火星では約100分の1です。

トラさん：それぞれの惑星の気温の鉛直分布について考えてみよう。まず地球はどうかな？

ヒコくん：地球の場合，対流圏と(a)中間圏では上空ほど気温が低くなり，成層圏と(b)熱圏では上空ほど気温が高くなります。

トラさん：よく知っているね。[C]成層圏で上空ほど気温が高くなるのは，オゾン層が存在するからだね。では，大気に酸素がほとんどない(c)金星と火星の気温の鉛直分布はどうなっているのかな？

問1 会話文中の[ア]に入れる語として最も適当なものを，次の①～④のうちから一つ選べ。

① 水 素　② ヘリウム　③ メタン　④ 二酸化炭素

問2 地球の大気に関して，会話文中の下線部(a)および下線部(b)について，それぞれ述べた次の文a・bの正誤の組合せとして最も適当なものを，下の①～④のうちから一つ選べ。

a 中間圏では，太陽活動の影響によりオーロラが発生しやすい。

b 熱圏では，成層圏と同様，オゾン層の存在により上空ほど気温が高い。

	a	b		a	b		a	b		a	b
①	正	正	②	正	誤	③	誤	正	④	誤	誤

問3 会話文中の下線部(c)について，金星と火星の気温の鉛直分布は，次のグラフa～dのうちそれぞれどれか。その組合せとして最も適当なものを，下の①～⑧のうちから一つ選べ。ただし，グラフの縦軸は高度に対応しており，グラフ中の黒丸は惑星表面における値を表している。

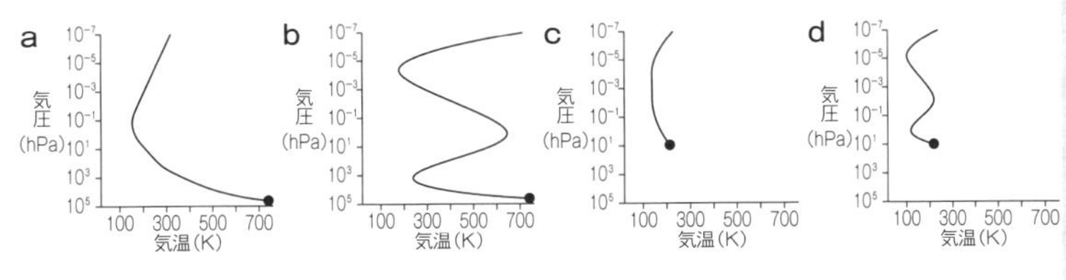

	金星	火星		金星	火星
①	a	c	②	a	d
③	b	c	④	b	d
⑤	c	a	⑥	c	b
⑦	d	a	⑧	d	b

（2019センター地学）

ベストフィット

[A] 大気に二酸化炭素が少なく，酸素が多く含まれるのは，地球の大きな特徴である。

[B] 金星は濃密な大気をもつ一方，火星の大気は非常に希薄である。

[C] 光合成を行う生物が現れ，酸素が蓄積されることで形成されたオゾン層は太陽放射中の紫外線を吸収し加熱する。このため，地球の大気温度の鉛直分布には，上空50km付近に極大が見られる。

解答・解説

問1. ④
金星と火星の大気の主成分は二酸化炭素である。

問2. ④
a：誤り。オーロラは熱圏で発生する。太陽から放出される荷電粒子が高緯度地域上空に侵入し発光する現象である。
b：誤り。熱圏の温度が上空ほど高くなっているのは，太陽からのX線や紫外線を大気分子が吸収し，加熱しているからである。熱圏にオゾン層は存在しない。

問3. ①
まず，地球以外にはオゾン層が見られないため，鉛直分布の中央に温度の極大が見られるb，dは誤りである。あとは，地表付近の気圧で判断できる。地球の地表の平均気圧は1013hPaなので，金星はその約90倍，火星は約100分の1倍となっているものを選べばよい。

演習問題

87 [太陽系の天体] 地球から6年あまりの旅を終え，フランクさんの乗った宇宙船が土星に到着した。土星と太陽との平均距離(軌道長半径)はおよそ10天文単位である。ここからは，土星の軌道の内側に地球を含む五つの惑星が見える。これらの惑星の間には，[ア]とよばれる小天体が，特に[イ]の軌道の内側に多く見られる。この小天体は，太陽系ができた当時の特徴を残すものとして注目され，21世紀初頭には日本の探査機「はやぶさ」による探査も行われた。

問1 上の文章中の[ア]・[イ]に入れる語の組合せとして最も適当なものを，次の①～④のうちから一つ選べ。

	ア	イ		ア	イ
①	小惑星	火　星	②	小惑星	木　星
③	彗　星	火　星	④	彗　星	木　星

問2 木星と太陽との平均距離はおよそ5天文単位である。土星から見たときの，木星と太陽のなす最大の角度は何度か。最も適当な数値を，次の①～④のうちから一つ選べ。

① 30度　② 45度　③ 60度　④ 90度　(2009センター追)

88 [星間雲と恒星の誕生] 宇宙空間には星間ガスの密集した部分があり，星間雲とよばれる。近くにある明るい星の光を受けて輝いて見える星間雲は散光星雲とよばれる。一方，背後の星や散光星雲の光を吸収して暗く観測される星間雲は暗黒星雲とよばれる。

右の図に示されているのはオリオン座の一部の天体写真である。ここにはさまざまな星間雲の姿が見られる。

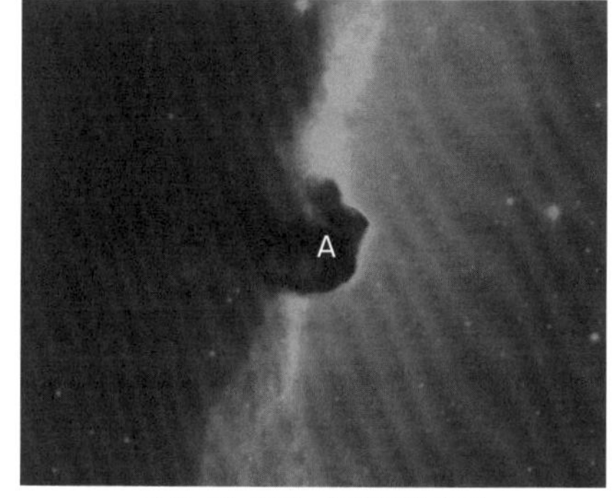

オリオン座の一部の天体写真

問1 右の図に関して述べた文として，**適当でないもの**を，次の①～④のうちから一つ選べ。

① 右側の領域に広がって光っている部分は散光星雲であり，この近くに星間雲を照らす明るい星がある。
② 散光星雲と暗黒星雲の分布を見ると，星間雲は右側の領域だけに存在している。
③ Aで示されている黒い部分は暗黒星雲であり，この部分は周囲の散光星雲より太陽系に近い位置にある。
④ 左側の領域は右側の領域と比べて見える恒星が少なく，ここに遠方の星を隠す暗黒星雲が存在している。

問2 星間雲について述べた文として最も適当なものを，次の①～④のうちから一つ選べ。

① 暗黒星雲では，多数のブラックホールが光を吸収している。
② 密度の高い部分が重力で収縮して，恒星が誕生する。
③ 高温であるため，星間分子はほとんど含まれていない。
④ 星間雲に含まれる星間塵(じん)は，ほとんどヘリウムでできている。　(2008センター)

89 [太陽の観察] 次の図1の左図は，ある日の太陽表面のスケッチであり，右図は同様に6日後の同時刻に得たスケッチである。図1には10°おきに経線と緯線が記してある。このスケッチから低緯度では見かけの自転周期は[ア]日であり，これは高緯度での自転周期より[イ]ことがわかる。

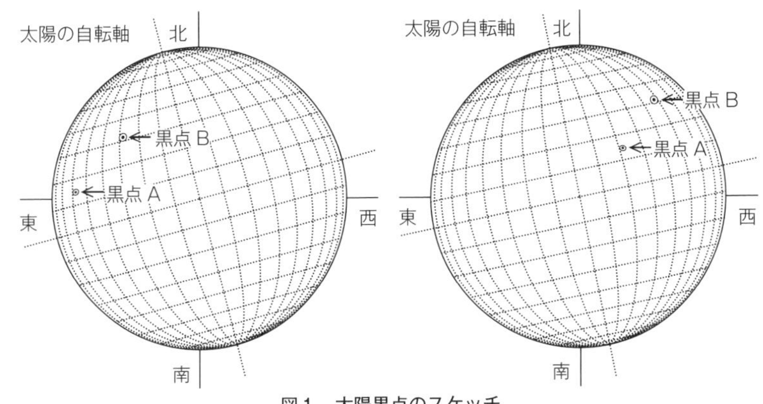

図1　太陽黒点のスケッチ
各図の東西南北は天球面上における方向を示す。

問1　上の文章中の ア ・ イ に入れる数値と語の組合せとして最も適当なものを，次の①～⑥のうちから一つ選べ。

	ア	イ		ア	イ
①	8	短い	②	8	長い
③	14	短い	④	14	長い
⑤	27	短い	⑥	27	長い

問2　上の図1のスケッチでかかれた黒点**A**は緯度方向に約2°の広がりをもっている。このことから黒点**A**は地球の直径のおよそ何倍であるか。太陽の直径は地球の約100倍であることを考えて，最も適当なものを，次の①～⑤のうちから一つ選べ。

①　$\frac{1}{200}$倍　　②　$\frac{1}{20}$倍　　③　2倍　　④　20倍　　⑤　200倍

90　**［惑星の密度と性質］**　太陽系の惑星は質量や半径などにより，(a)木星型および地球型の２種類に大きくわけられる。われわれの太陽系以外にも惑星系（系外惑星系）が数多く発見されている。そのうちいくつかの惑星については(b)質量と半径がともに測定され，平均密度が推定されている。右の図１は，太陽系の８個の惑星と，最近発見されたある系外惑星**P**について，質量と半径の関係を示したものである。なお，図１中の実線は，密度が地球の密度と等しいことを示す線である。

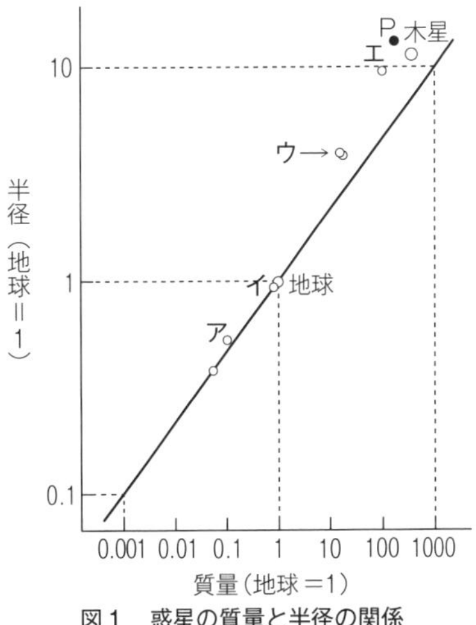

図1　惑星の質量と半径の関係
○は太陽系の惑星を，●は系外惑星**P**を示す。

問1　右の図１中の太陽系の惑星**ア～エ**のうち，金星と土星はどれとどれか。その組合せとして最も適当なものを，次の①～⑧のうちから一つ選べ。

	金星	土星		金星	土星
①	ア	ウ	②	ア	エ
③	イ	ウ	④	イ	エ
⑤	ウ	ア	⑥	ウ	イ
⑦	エ	ア	⑧	エ	イ

問2　上の文章中の下線部(a)に関連して，太陽系内の木星型惑星について述べた文として最も適当なものを，次の①～④のうちから一つ選べ。

① 木星型惑星の大気は，おもに二酸化炭素や窒素からなる。
② 木星型惑星は，すべて環(わ)(リング)と多数の衛星をもつ。
③ 木星型惑星の半径は，太陽から遠くなるほど大きくなる。
④ 木星型惑星は，地球型惑星よりも低速で自転している。

問3　上の文章中の下線部(b)に関連して，図1中の太陽系惑星との比較から系外惑星Pの平均密度とおもな構成物質を推定できる。その組合せとして最も適当なものを，次の①～④のうちから一つ選べ。

	平均密度	おもな構成物質
①	木星よりも大きい	岩石や氷
②	木星よりも大きい	液体や気体の水素
③	木星よりも小さい	岩石や氷
④	木星よりも小さい	液体や気体の水素

(2013センター追)

91　**[天体を構成する元素]**　次の会話文を読み，下の問いに答えよ。

生徒：太陽系には，どんな元素がどれくらいありますか？
先生：太陽系の元素の中で個数比の多いものから順に並べると次の表のようになります。
生徒：元素**x**とヘリウムは，他よりずいぶんと多いですね。3番目の元素**y**は何ですか？
先生：元素**y**は地球の大気で2番目に多い元素です。元素**z**は，ダイヤモンドにもなりますし，天王星や海王星が青く見えることにも関係します。
生徒：なるほど。地球の核に含まれる元素で最も多い［ア］は，太陽系の中で個数比が多い上位4番目の元素には入らないのですね。この元素組成の違いの原因は何でしょうか？
先生：地球の形成過程を反映しているのかもしれません。
生徒：地球は［イ］誕生したのですよね。ところで，［ア］は，そもそも，どこでつくられるのですか？
先生：太陽より質量のかなり大きい恒星でつくられることもありますし，恒星の進化の最後に起こる爆発現象でつくられることもあります。
生徒：私も将来，星の誕生や進化と元素の関係を調べてみたいと思います。

表　太陽系の中で個数比が多い上位4番目までの元素(個数比はヘリウムを1としたときの値を示す)

元素名	個数比	元素名	個数比
x	1.2×10	ヘリウム	1
y	5.7×10^{-3}	**z**	3.2×10^{-3}

問1　会話文中の［ア］・［イ］に入れる語の組合せとして最も適当なものを，次の①～⑥のうちから一つ選べ。

	ア	イ
①	鉄	原始太陽に微惑星が衝突して
②	鉄	原始太陽のまわりのガスが自分の重力で収縮して
③	鉄	原始太陽のまわりの微惑星が衝突・合体して
④	ニッケル	原始太陽に微惑星が衝突して
⑤	ニッケル	原始太陽のまわりのガスが自分の重力で収縮して
⑥	ニッケル	原始太陽のまわりの微惑星が衝突・合体して

問2　表のx，y，zの元素名の組合せとして最も適当なものを，次の①～⑥のうちから一つ選べ。

	x	y	z		x	y	z
①	水素	酸素	炭素	②	水素	炭素	酸素
③	酸素	水素	炭素	④	酸素	炭素	水素
⑤	炭素	水素	酸素	⑥	炭素	酸素	水素

問3　太陽系の起源や天体の化学組成などを調べるために，日本の探査機「はやぶさ２」のように，太陽系の小天体に探査機を送り，岩石試料を地球に持ち帰り直接分析することが試みられている。太陽系の小天体の一種である小惑星の画像の例として最も適当なものを，次の①～④のうちから一つ選べ。

①
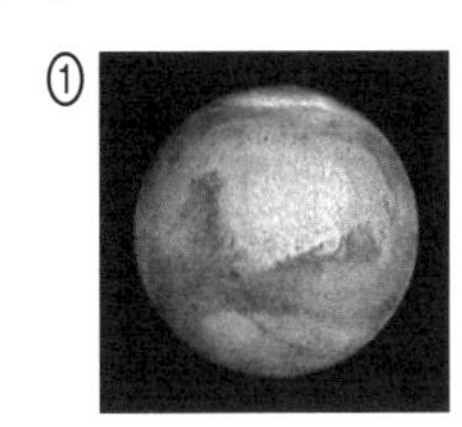
②
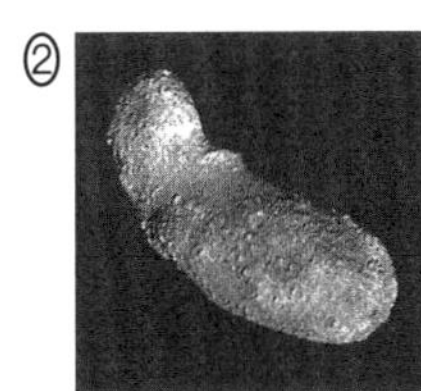
③
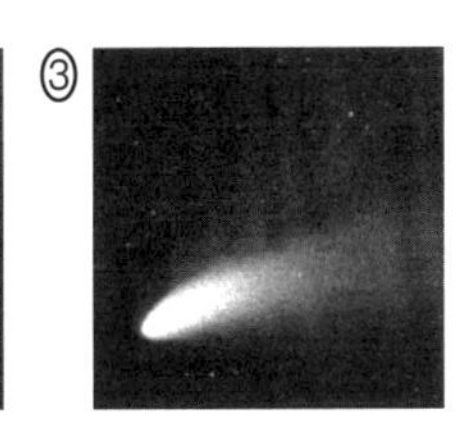
④
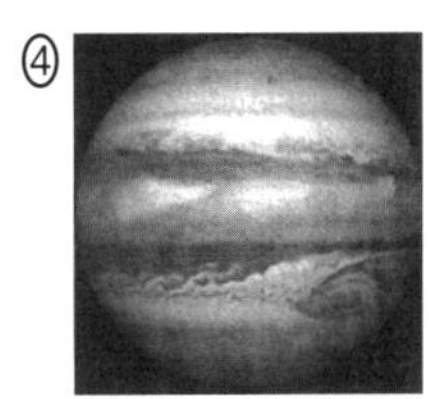

（2021共通２）

92　**［惑星表面の大気圧］**　気圧は気象現象にとって重要な物理量であり，地表の気圧は1 m^2あたりの地表面の上にある空気にはたらく重力の大きさに対応する。次の表は，金星と火星の地表気圧，惑星の半径，および一定質量の物体にはたらく重力の大きさを，地球を１とした時の相対値で示したものである。この表をもとに金星が保持している大気の総質量は地球のそれの100倍であることがわかる。火星が保持している大気の総質量は地球のそれのおよそ何倍か。数値として最も適当なものを，次の①～④のうちから一つ選べ。

	金星	地球	火星
地表気圧	90	1	0.005
惑星の半径	1	1	0.5
一定質量の物体にはたらく重力の大きさ	0.9	1	0.4

①　5×10^{-2}　　②　8×10^{-3}　　③　3×10^{-3}　　④　5×10^{-4}

（2020センター地学追改）

4章 古生物の変遷と地球環境の変化

□ 1 かたい岩石が気温の変化や雨風のはたらきによってもろくなる変化を(　　　)という。

□ 2 もろくなった岩石が雨風のはたらきによって削られて砂や泥になることを(　ア　)といい，砂や泥が河川によって運ばれることを(　イ　)という。そして，運ばれた砂や泥が，流れの緩やかなところにたまることを(　ウ　)という。

□ 3 地層の一部が崖(がけ)や切り通しなどで地表に現れているところを(　　　)という。

□ 4 地層の堆積(たいせき)した年代はふつう，上の層ほど(　　　)い。

□ 5 地層のそれぞれの層の特徴や厚さ，堆積した順序を図に表したものを(　　　)という。

□ 6 地下深くまで穴をあけて柱状の試料を取り出し，土地の地下の状態を調べる方法を(　　　)という。

□ 7 河川の上流部と下流部の堆積物を比較すると，下流部の堆積物の方が粒の大きさが(　　　)い。

□ 8 川が山地から平野に出たところにできる堆積地形を(　　　)という。

□ 9 川が平野から海に出たところにできる堆積地形を(　　　)という。

□ 10 海岸付近で，たび重なる土地の隆起によってできる階段状の地形を(　　　)という。

□ 11 地層をつくる堆積物が圧縮されるなどして固まってできた岩石を(　　　)という。

□ 12 堆積岩のうち，岩石が侵食されて生じた粒子からできるものは，構成する粒子が小さいものから順に(　ア　)，(　イ　)，(　ウ　)とよばれる。

□ 13 堆積岩のうち，生物の死骸(がい)や水にとけていたものなどが押し固まってできたものには，(　ア　)，(　イ　)がある。このうち，(　ア　)は塩酸に入れると二酸化炭素を発生させる。

□ 14 堆積岩のうち，火山灰が固まってできたものを(　　　)という。

□ 15 地層が堆積した当時の環境を知ることができる化石を(　　　)という。

□ 16 地層が堆積した年代を決めるのに役立つ化石を(　　　)という。

□ 17 地球が誕生したのは約(　　　)年前である。

□ 18 生物の移り変わりをもとに決められた年代を(　　　)という。

□ 19 三葉虫が生息していた時代を(　　　)という。

□ 20 恐竜やアンモナイトが生息していた時代を(　　　)という。

□ 21 恐竜が絶滅してからの時代を(　ア　)といい，(　ア　)はさらに，貨幣石などが生息していた(　イ　)，ビカリアなどが生息していた(　ウ　)，マンモスが生息していた(　エ　)に区分される。

1. 風化
2. ア 侵食　イ 運搬　ウ 堆積
3. 露頭
4. 新し
5. 柱状図
6. ボーリング
7. 小さ
8. 扇状地
9. 三角州
10. 海岸段丘
11. 堆積岩
12. ア 泥岩　イ 砂岩　ウ 礫(れき)岩
13. ア 石灰岩　イ チャート
14. 凝灰岩
15. 示相化石
16. 示準化石
17. 46億
18. 地質年代
19. 古生代
20. 中生代
21. ア 新生代　イ 古第三紀　ウ 新第三紀　エ 第四紀

1節 地層のでき方

▶1 地層のでき方

(1)風化作用

(a)**物理的風化作用**……温度変化による鉱物の膨張収縮，水の凍結膨張，植物の根の成長などにより物理的に岩石が破壊。寒冷地域や温度変化の激しい乾燥地域で進行しやすい。

(b)**化学的風化作用**……水と大気による化学反応により岩石が分解される。温暖で湿潤な地域で進行しやすい。

(2)砕屑物（さいせつぶつ）

岩石は風化，侵食され細かい粒子(**砕屑物**)となる。

砕屑物	泥	砂	礫（れき）
粒径	$\frac{1}{16}$mm未満	$\frac{1}{16}$～2mm	2mm以上

(3)流水の作用

岩石は風化作用ののち，流水の作用によりさまざまな変化を受ける。流水の作用には，**侵食**，**運搬**，**堆積**の3つの作用がある。

右の図のように，流速が上昇して最初に侵食されるのは砂である(曲線Ⅰ)。一方，流速が減少していくと，粒径の大きいものから順に堆積する(曲線Ⅱ)。

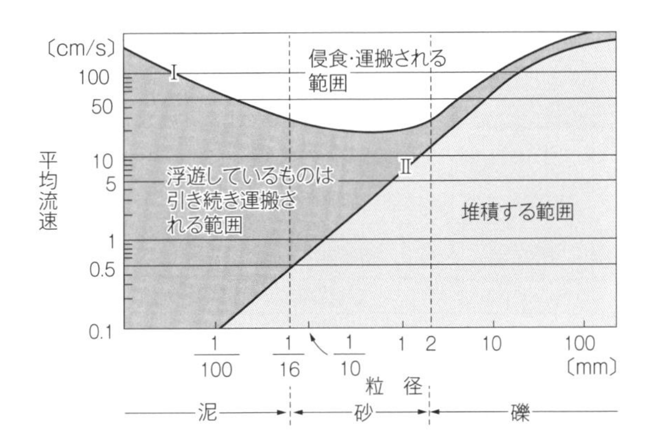

(4)流水のはたらきによる地形

①上流……流速が大きく，河床の侵食(下方侵食)により，**V字谷**を形成。

②山地から平野の出口……流速が急速に弱まり，**扇状地**を形成。

③中・下流……流速が小さく，側壁の侵食(側方侵食)により河川が**蛇行**。地盤の隆起や海面低下が伴うと，**河岸段丘**を形成。

④河口付近……運搬されてきた砂・泥が堆積し**三角州**(デルタ)を形成。

▶2 堆積岩

(a)続成作用……海底や湖底などにたまった堆積物を，長い時間をかけてかたい堆積岩に変化させる作用。

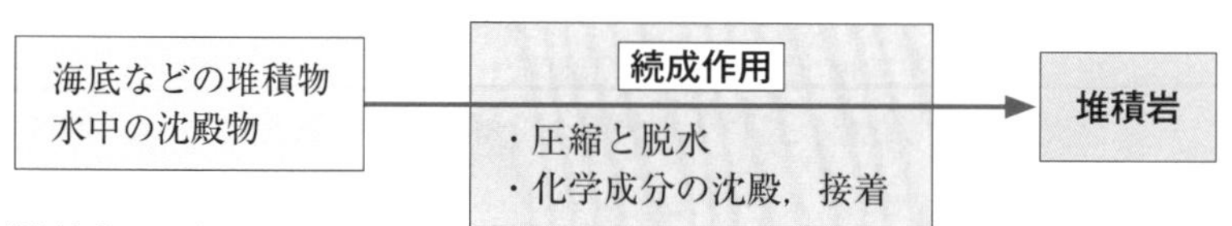

(b)堆積岩の分類

分類	成因	堆積物	堆積岩
砕屑岩	砕屑物の集積	礫(直径2mm以上)	礫岩
		砂(直径1/16 ～ 2mm)	砂岩
		泥(直径1/16mm未満)	泥岩
火山砕屑岩	火山砕屑物の集積	火山岩塊	火山角礫岩
		火山灰	凝灰岩
生物岩	生物の遺骸の集積	サンゴ，貝殻，有孔虫など($CaCO_3$の骨格をもつ)	石灰岩
		放散虫など(SiO_2の骨格をもつ)	チャート
化学岩	水中の溶解物の沈殿	炭酸カルシウム$CaCO_3$	石灰岩
		二酸化ケイ素SiO_2	チャート
		塩化ナトリウムNaCl	岩塩

▶3 地質構造の形成

砕屑物が順に堆積すると地層を形成。同じような堆積物からなる1枚の地層を**単層**といい，単層と単層の境界面を**層理面**という。単層内に見られる筋模様は**葉理**というが，厚さ1cmより薄いものを葉理，それより厚いものを**層理**とすることもある。

(1)地層累重の法則

下位にある地層は，上位にある地層よりも古い。ただし，地殻変動により地層が逆転している場合があり，このような場合，**地層の上下判定**が必要となる。

(2)さまざまな堆積構造－地層の上下判定にも有効

(a)**級化層理(級化成層)**……流れが急に遅くなる場所で，粒径の大きな砕屑物から堆積。
海底地すべりによる混濁流堆積物(タービダイト)中にも発達。
粒径の大きい側が堆積時の下位となる。

(b)**斜交葉理(クロスラミナ)**……流水の強さや向きが変化することによって生じる層理面と斜交する縞模様(葉理)。葉理を切っている側が堆積時の上位。または，葉理が丸まっている側が堆積時の下位。
厚さ数cm程度のものを斜交葉理，厚さ数十cm以上のものを**斜交層理**とすることもある。

(c)**リップルマーク(漣痕)**……流水のはたらきによってできる波形の模様。丸まっている側が堆積時の下位。

(d)**生痕**……生物の生活跡が残ったもの。巣穴の跡はサンドパイプと呼ばれる。

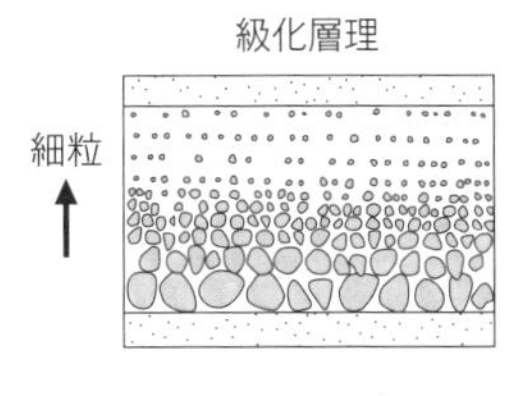

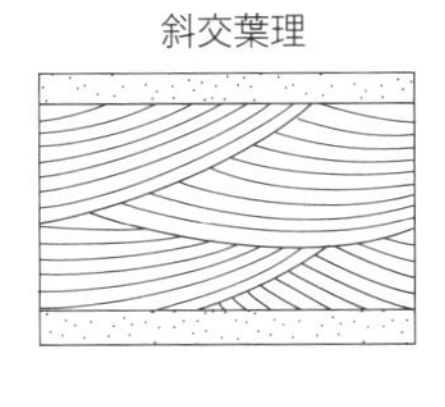

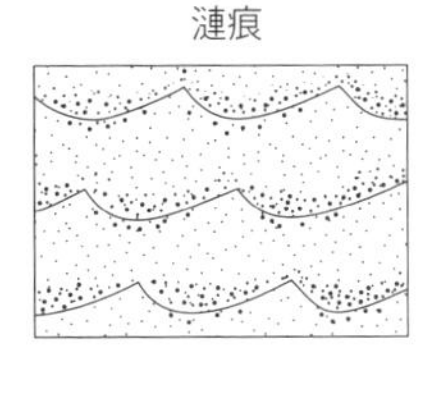

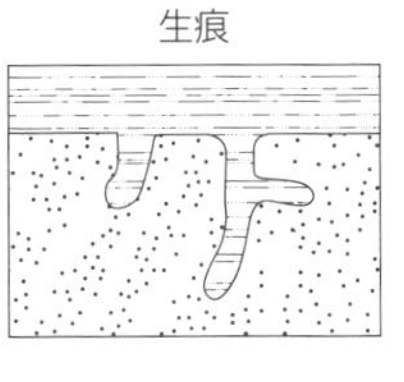

(3)整合と不整合

(a)**整合**……地層が連続的に堆積したもの。

(b)**不整合**……上下の地層に時間的な間隔があり，波状の侵食面(不整合面)を挟む。不整合面の上には侵食による礫(れき)(基底礫)が見られる。
上下の地層の堆積の間には，**隆起**(**海退**)→**侵食**→**沈降**(**海進**)というプロセスが存在。

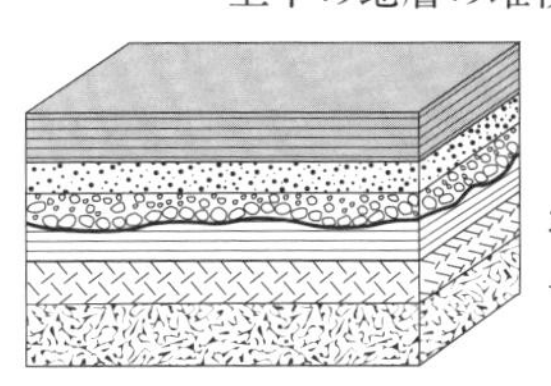

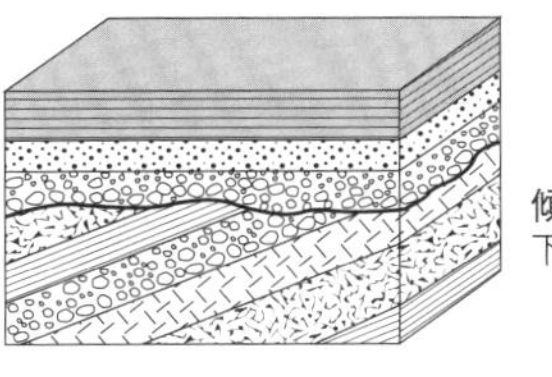

正誤Check

☑ 次の各文のそれぞれの下線部について，正しい場合は○を，誤っている場合には正しい語句を記せ。

1 割れ目に入り込んだ水の凍結膨張により起こる風化を<u>化学的風化</u>という。	1 ×→物理的風化
2 化学的風化が進行しやすいのは，ア<u>温暖</u>でイ<u>乾燥した</u>地域である。【91センター追】	2 ア ○ イ ×→湿潤な
3 石灰岩地域では，ア<u>酸素</u>のとけた雨水などによるイ<u>化学的風化</u>によって，ウ<u>カルデラ地形</u>などの特徴的な地形がつくられる。【15センター改】	3 ア ×→二酸化炭素 イ ○ ウ ×→カルスト地形
4 砕屑物(さいせつぶつ)のうち，粒径がア<u>$\frac{1}{10}$ mm</u>より小さいものを泥といい，粒径がイ<u>2cm</u>以上のものを礫という。	4 ア ×→$\frac{1}{16}$ mm イ ×→2mm
5 水底に堆積(たいせき)している泥・砂・礫のうち，流速が大きくなり，最初に侵食されるのは<u>泥</u>である。【12センター】	5 ×→砂
6 水中で運搬されている泥・砂・礫のうち，流速が小さくなり，最初に堆積するのは<u>泥</u>である。	6 ×→礫
7 流速の大きい河川の上流ではア<u>下方侵食</u>が進行しやすく，イ<u>U字谷</u>が形成される。	7 ア ○ イ ×→V字谷
8 河岸段丘は，地盤のア<u>隆起</u>や海面のイ<u>上昇</u>によってできる侵食地形である。	8 ア ○ イ ×→低下

	問題	解答
9	同じような堆積物からなる地層を$_{ア}$単層といい，その中に見られる筋模様を$_{イ}$層理面という。	9 ア ○ イ ×→葉理
10	地層の逆転がなければ，下位の地層は上位の地層よりも古いというきまりを地層累重の法則という。【92センター追】	10 ○
11	粒子が堆積物の下方から上方に向かって細かくなっている構造を斜交葉理という。【06センター】	11 ×→級化層理
12	混濁流による堆積物を$_{ア}$デイサイトといい，堆積物中には$_{イ}$級化層理が発達する。【97センター追】	12 ア ×→タービダイト イ ○
13	斜交葉理は，葉理が丸まっている側が堆積時の下方になる。	13 ○
14	地層が侵食を受け，その上に新しい地層が堆積したとき，両者の関係を整合という。【02センター】	14 ×→不整合
15	放散虫の遺骸（いがい）が集積し，$_{ア}$変成作用を受けると堆積岩である$_{イ}$チャートが形成される。【15センター追改】	15 ア ×→続成作用 イ ○
16	おもに直径1/16mmより小さい砕屑物（さいせつぶつ）が堆積してできた堆積岩が泥岩である。【10センター】	16 ○
17	火山灰が堆積してできた堆積岩が石灰岩である。	17 ×→凝灰岩
18	チャートは，$CaCO_3$を主成分とする岩石である。【16センター追改】	18 ×→SiO_2

正誤Check

標準問題

93 ［流水の作用］ 次の文章を読み，下の問いに答えよ。

右の図は，水中で堆積物の粒子❶が動き出す流速および停止する流速と粒径との関係を，水路実験によって調べて示したものである。曲線Aは，徐々に流速を大きくしていったときに，静止している粒子が動き出す流速を示す。曲線Bは，徐々に流速を小さくしていったときに，動いている粒子が停止する流速を示す。

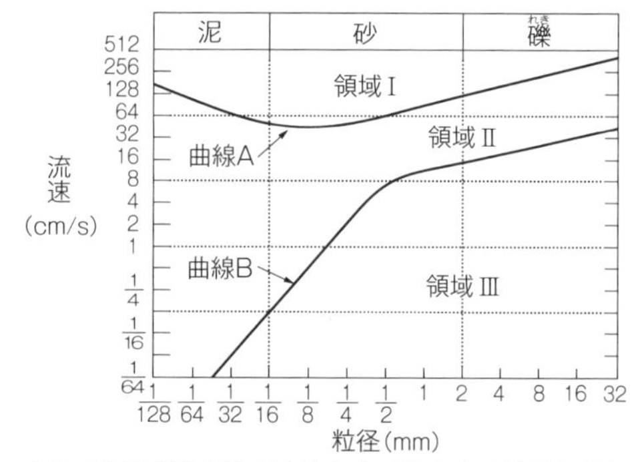

水中で粒子が動き出す流速および停止する流速と粒径との関係

❶❷p.95 要点Check▶1 p.97 正誤Check 4, 5, 6

(1) 三つの水路に粒径$\frac{1}{32}$mmの泥，粒径$\frac{1}{8}$mmの砂，粒径4mmの礫を別々に平らに敷いた。次に，流速0cm/sの状態から，三つの水路の流速が等しくなるようにしながら，徐々に流速を大きくしていった。このとき，図に基づくと，水路内の粒子（泥，砂，礫❷）はどのような順序で動き出すと考えられるか。粒子が動き出す順序を答えよ。

(2) 次のア～ウは，上の図中の領域Ⅰ～Ⅲについての説明である。領域Ⅰ～Ⅲの説明として最も適当なものをア～ウからそれぞれ選べ。

ア 運搬されていたものが堆積する領域

イ 運搬されていたものは引き続き運搬されるが，堆積していたものは侵食・運

搬されない領域

ウ 堆積していたものが侵食・運搬される領域 (2012センター)

94 ［河川による作用］ 次の文章を読み，下の問いに答えよ。

流水による砕屑物❶の挙動には，砕屑物の粒径と流速が関係する。次の図は，蛇行河川が，時間の経過に伴い移動するようすを示している。河川が流路を変化させ，大きく蛇行していくのは，河川がカーブしている箇所では場所により流速に違いがあるためである。この違いにより，カーブの外側では［ア］作用が進行する一方，内側では［イ］作用が進行し，しだいに蛇行は大きくなっていく。図において地点**X**はある時期**A**に蛇行河川の湾曲部の外側付近に位置していた。時間の経過とともに河川が東へ移動した結果，地点**X**の堆積環境は，蛇行河川の湾曲部の内側(時期**B**)を経て，植物の繁茂する後背湿地(時期**C**)へと変化した。

❶p.95
要点Check▶1
p.97
正誤Check 4

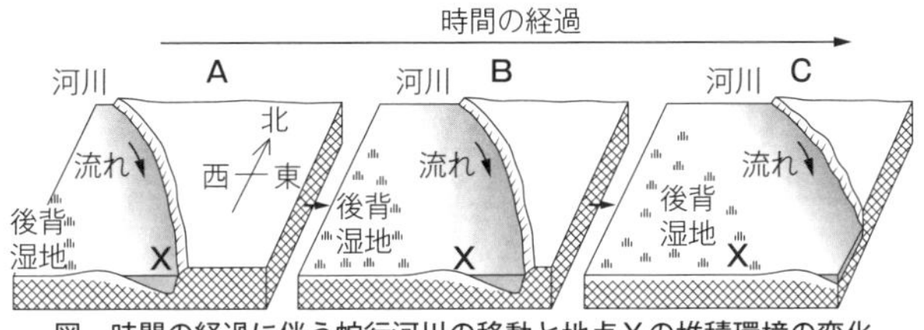

図　時間の経過に伴う蛇行河川の移動と地点Xの堆積環境の変化

(1) 文章中の下線部について，河川がカーブしている箇所では場所により流速にどのような違いがあるか説明せよ。

(2) 文章中の［ア］・［イ］に適する語句をそれぞれ答えよ。

(3) 河川の移動に伴って地点**X**で形成される地層の柱状図として最も適当なものを，右の①～④のうちから一つ選べ。 (2021共通１改)

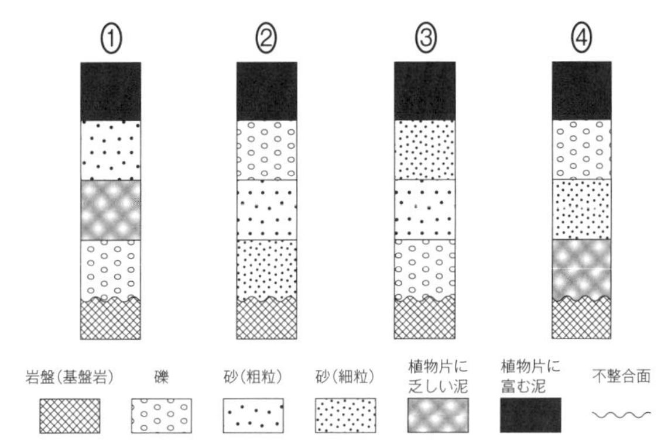

95 ［堆積構造］ 次の文章を読み，下の問いに答えよ。

下の図**A**，**B**は，別々の場所で観察された堆積構造❶のスケッチである。**A**は砂岩層で粒径が下から上に向かって徐々に粗くなる堆積構造が見られた。また，**B**も砂岩層で地層の中に曲がったすじ状の模様がいくつも見られる。

❶p.96
要点Check▶3
p.98
正誤Check 9, 11, 12, 13

A

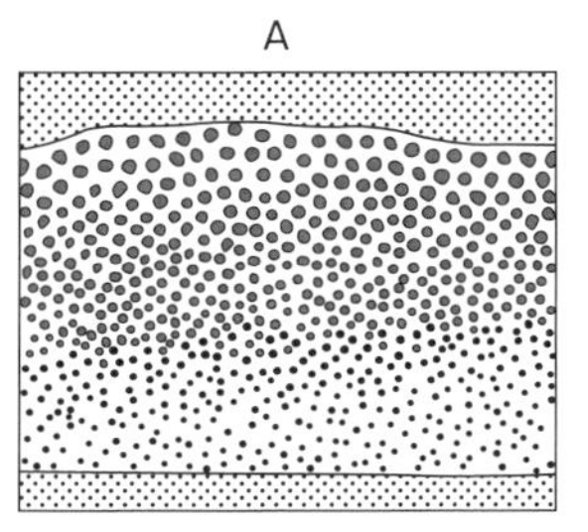

B

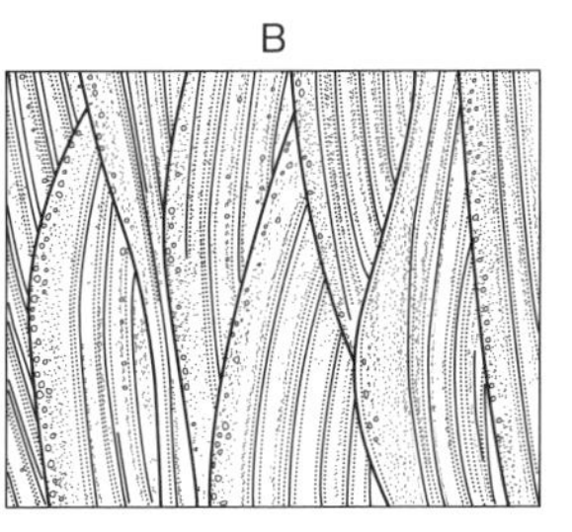

(1) AおよびBに見られる堆積構造の名称をそれぞれ答えよ。

(2) AおよびBの堆積時の上位側はどちらか。右に示したア～エよりそれぞれ選べ。

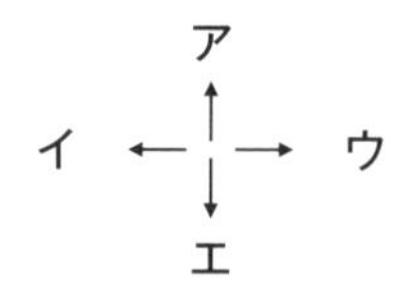

(2011センター改，2008センター改)

96 [地質構造の新旧] 次の文章を読み，下の問いに答えよ。

右の図は，ある地域の地質断面の模式図である。泥岩層Eと石灰岩層Dの一部は火成岩Aによって接触変成作用を受けており，泥岩層E，石灰岩層D，砂岩層Cは断層Zによってずれている。なお，この地域に地層の逆転はないことがわかっている。

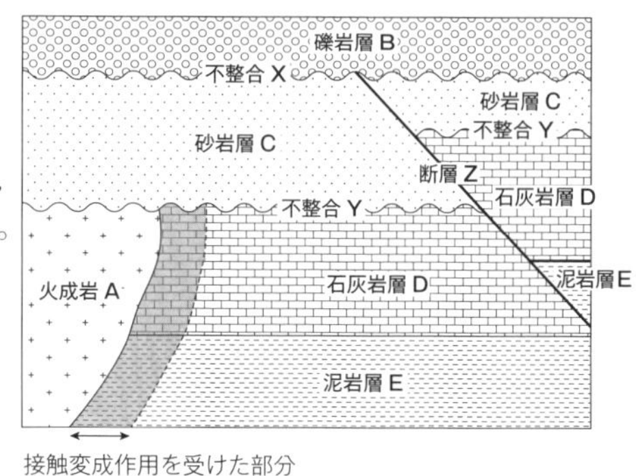

(1) 不整合Yの不整合面上には，この不整合ができた際に形成されたと考えられる礫(れき)が見られた。

(i) このような礫を何というか。

(ii) この礫に**含まれる可能性のない**地層や岩石を，図中のA～Eからすべて選び，記号で答えよ。

(2) 図中の火成岩A，地層B～E，不整合X，Y，および断層Zについて，形成順を明らかにし，形成順に記号を並べよ。 (2020センター追改)

97 [堆積岩] 次の文章を読み，下の問いに答えよ。

堆積岩❶には，岩石や鉱物の破片などからできる［ア］のほか，生物遺骸(いがい)が集まってできる［イ］，水中にとけている成分が沈殿してできる［ウ］，火山灰や火山岩塊など火山噴出物からなる［エ］などがある。

❶p.96
要点Check▶2

(1) 文章中の［ア］～［エ］にあてはまる堆積岩の分類名をそれぞれ答えよ。

(2) 文中の［ア］～［エ］の例を，次の①～⑤のうちからそれぞれ選べ。ただし，該当するものをすべて選ぶこと。

① 石こう　② 泥岩　③ 岩塩
④ 凝灰岩　⑤ チャート

(3) 石灰岩を構成する物質の説明として正しいものを，次の①～⑤のうちから一つ選べ。

① 海洋プランクトンの有機質部　② $CaCO_3$からなる生物の殻や骨格
③ 陸上の植物の遺骸　④ 風化・侵食により生成された砕屑(さいせつ)物
⑤ 火山から噴出し，堆積した火砕物(火山砕屑物)

(4) 次の①～⑤の作用を，文章中の［ア］の堆積岩ができる一般的な作用の順序に並べよ。

① 運搬作用　② 侵食作用　③ 続成作用
④ 堆積作用　⑤ 風化作用

(2007センター追・2004センター追改)

要点 Check

2節 化石と地質時代の区分

▶1 化石

(a)**示相化石**……生物生息当時の**環境**が推定できる化石。**特定の環境下でしか生息できない生物**の化石。

(b)**示準化石**……生物生息時の**時代**が特定できる化石。示準化石となり得るのは，①**種としての生息期間が短い**(または，**進化が速い**)，②**個体数が多い**，③**地理的分布が広い**，という条件を満たすもの。

▶2 地層の対比と地質時代の区分

(1)**地層の対比**… 離れた地域に分布する地層を比較し，互いの地層の新旧関係を明らかにする。

➡地層の対比には，同時期に堆積したことが明らかな地層を見つけることが有効である。このような地層を**鍵層**という。

(2)**地質時代の区分**

(a)**相対年代**……生物の繁栄や消滅に基づく年代区分。
区分の大きいものから，「○○**代**」・「○○**紀**」・「○○**世**」など。

(b)**数値年代**(**絶対年代**)……形成年代などを具体的な数値で示したもの。特に，放射性同位体を用いて決定した絶対年代を**放射年代**とよぶ。

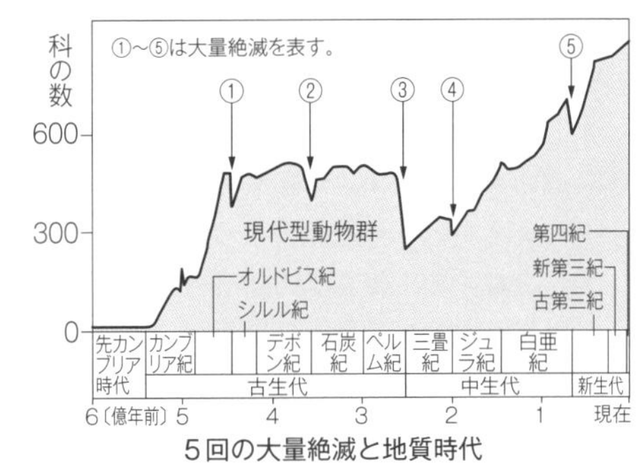

5回の大量絶滅と地質時代

正誤 Check

次の各文のそれぞれの下線部について，正しい場合は○を，誤っている場合には正しい語句を記せ。

1 地質時代の決定に用いられる化石を$_{ア}$示相化石といい，種の生存期間が$_{イ}$長く，地理的分布が$_{ウ}$広く，個体数が$_{エ}$多いものが用いられる。【10センター】

2 生物の繁栄や絶滅などをもとに区分した年代を数値年代という。

3 地層にサンゴが含まれていれば，その地層が$_{ア}$暖かくて$_{イ}$深い海で堆積したことがわかる。

4 離れた場所でも，地層中に，限られた$_{ア}$時代にのみ生息した生物化石が含まれれば，同時期に堆積したと判断できる。この基本原則を$_{イ}$地層累重の法則という。

5 生存期間が長い生物の化石は地層の対比に有効である。【13センター追】

6 鍵層として用いられている地層は，$_{ア}$短い期間に$_{イ}$せまい範囲にわたって堆積した地層である。【05センター改】

7 異なる地域で，同一の火山噴火により形成された石灰岩層を見つければ，同時にできた地層として対比できる。

1 ア ×→示準化石
イ ×→短く
ウ ○ エ ○

2 ×→相対年代

3 ア ○
イ ×→浅い

4 ア ○
イ ×→地層同定

5 ×→短い

6 ア ○
イ ×→広い

7 ×→凝灰岩(火山灰)

標準問題

98 [地層の対比] 次の文章を読み，下の問いに答えよ。

日本列島では，海溝に沈み込む海洋地殻の圧縮によって，断層❶や褶曲(しゅうきょく)❷がつくられ，地表の起伏が大きくなってできた山地が随所に見られる。次の図は，このようにしてできた山地と平野の模式的な地質断面である。ここでは，約180万年前から活動している(a)断層f－f'が，山地と平野の境界になっている。山地と平野の両方に見られる粘土層からは，(b)水深10mより浅い海の環境を示す生物の化石が多数見つかった。粘土層中には，(c)広域的な地層の対比に使われる特徴ある火山灰層が見つかり，両方の粘土層が同じ地層であることがわかった。また，火山灰は，放射年代測定の結果，約260万年前のものであることがわかった。

❶p.12
要点Check▶2
p.14
正誤Check 26, 27
❷p.12
要点Check▶2
p.14
正誤Check 28

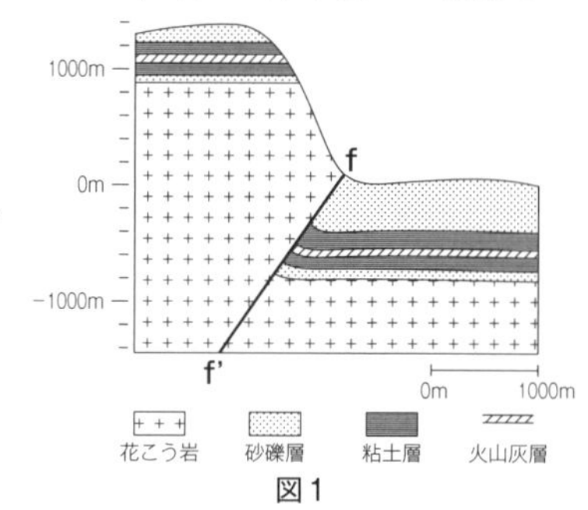

図1

(1) 文章中の下線部(a)に関して，この断層の種類を答えよ。ただし，花こう岩の上位の地層は水平に堆積しているものとする。

(2) 文章中の下線部(b)のように，堆積当時の環境を推定できる化石を何というか。

(3) 文章中の下線部(c)のような地層の対比に有効な地層を何というか。

(4) 文章中の下線部(c)に関して，火山灰層が地層の対比に使われる理由は，火山灰層のどのような特徴によるものか答えよ。

(5) もし，断層が少しずつ動いて現在の地形を形成したと仮定すると，山地と平野の標高差は平均して1万年あたり何mずつ増加したと見積もられるか。最も適当な数値を，次の①～⑤のうちから一つ選べ。

① 0.5　② 1　③ 5　④ 10　⑤ 50

(1998センター追改)

99 [示準化石による地層の対比] 次の図は，離れた二つの露頭Xと露頭Yにおける地層の積み重なる順序と示準化石a～fの産出状況を模式的に示したものである。図中の実線は，地層から化石が産出したことを意味する。両露頭の(a)示準化石の産出状況から，露頭XのB層は露頭Yの［ア］層と同時代に堆積したものとみなせる。また，露頭XのA層と［イ］層に相当する地層は，露頭Yには認められない。

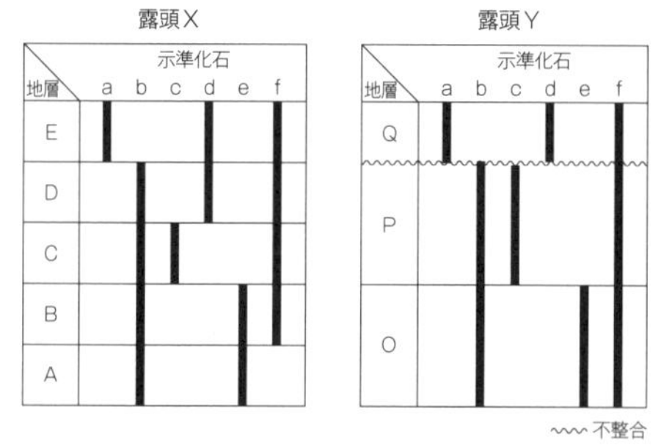

図 露頭Xと露頭Yにおける示準化石a～fの産出状況の模式図

(1) 文中の下線部(a)に関して，示準化石となりうる生物の条件を3つ答えよ。

(2) 文章中の［ア］・［イ］にあてはまる記号をそれぞれ答えよ。

(2019センター改)

3節 古生物の変遷と地球環境

地質年代		年前	できごと	示準化石	
先カンブリア時代	冥王代	46億	◀地球誕生		
		40億			
	始生代(太古代)	38億	◀最古の礫岩(←海洋が存在)		
		35億	◀最古の化石(原核生物)		
		27億	◀**シアノバクテリア**が**光合成**を開始 ストロマトライトを形成 海水中の**酸素O_2濃度増加**		
		25億			
	原生代	25億～18億	◀海中の酸素が鉄を酸化し沈殿 → **縞状鉄鉱層**の形成		
		22.6億	◀全球凍結(**スノーボールアース**)		
		21億	◀真核生物の出現		
		12億	◀多細胞生物である**藻類**が出現		
		7億, 6.4億	◀全球凍結(**スノーボールアース**)		
		5.8億	◀**エディアカラ生物群**…大型生物を含む多細胞生物。殻などのかたい組織をもたない。		
		5億4100万			
古生代	カンブリア紀		●**バージェス動物群** かたい骨格をもった無脊椎動物が爆発的に出現 (**カンブリア紀の大爆発**) 現生の動物のすべての祖先が出現 ●最古の脊椎動物，無顎類の出現	三葉虫	
		4億8500万			
	オルドビス紀		●サンゴの出現 ●藻類の繁栄により大気中の酸素濃度が増加 →**オゾン層**の形成→コケ植物が陸上に進出		
		4億4300万			
	シルル紀		●維管束をもつ**シダ植物**の出現 ●サンゴ類の繁栄 ●魚類の出現		クサリサンゴ ハチノスサンゴ
		4億1900万			
	デボン紀		●魚類の繁栄 ●動物が陸上に進出 → 魚類から分化した**両生類**が出現 ●裸子植物の出現		
		3億5900万			
	石炭紀		●シダ植物(リンボク・ロボク・フウインボク)，裸子植物の繁栄→**石炭になり世界の主要炭田を形成** ●は虫類の出現		紡錘虫(フズリナ)
		2億9900万			
	ペルム紀(二畳紀)		●**超大陸パンゲア**の形成 ●**フズリナ**(紡錘虫)の繁栄		
		2億5200万	●**地球史上最大の大量絶滅**により古生代が終わる		

要点Check

4章 古生物の変遷と地球環境の変化

地質年代		年前	できごと	示準化石	
中生代	三畳紀（トリアス紀）	2億5200万	●気候の温暖化（中生代を通して温暖な時代が続く） ●**恐竜**類の出現　●裸子植物の繁栄 ●**哺乳類**の出現	アンモナイト 恐竜 トリゴニア（三角貝）	モノチス
	ジュラ紀	2億100万	●恐竜類の繁栄，多様化→**始祖鳥**の出現		イノセラムス
	白亜紀	1億4500万	●**被子植物**の出現，繁栄 ●**イノセラムス，トリゴニア**など，二枚貝の繁栄 ●恐竜類など，生物の大量絶滅により中生代が終わる		
新生代	古第三紀	6600万	●大型有孔虫の**貨幣石**（ヌンムリテス）が繁栄 ●**哺乳類が繁栄**，多様化，大型化	貨幣石（ヌンムリテス）	
	新第三紀	2300万	●大型哺乳類の**デスモスチルス**の出現 ●最古の人類である猿人が出現（700万年前） ●アファール猿人が二足歩行（370万年前）	ビカリア デスモスチルス メタセコイア	
	第四紀	260万	●氷期と間氷期がくり返す**氷河時代** ●**原人**（ホモ・エレクトス）が出現，石器を使用（180万年前） ●**旧人**（ホモ・ネアンデルターレンシス）が出現（30万年前） ●**新人**（ホモ・サピエンス）出現（20万年前） →　現代人となる	マンモス ナウマンゾウ	

<主な示準化石>

古生代

三葉虫

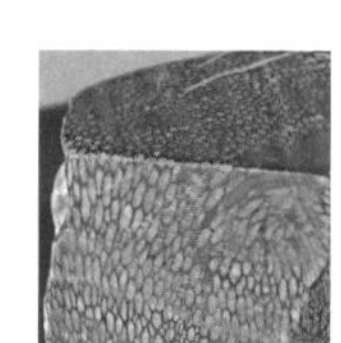

ハチノスサンゴ

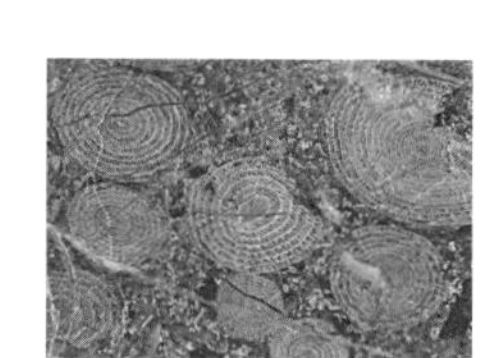

フズリナ

中生代

アンモナイト

モノチス

トリゴニア

イノセラムス

新生代

貨幣石

ビカリア

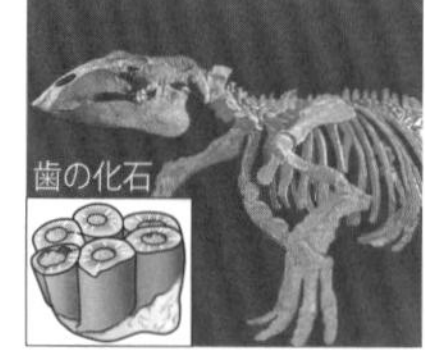

デスモスチルス

次の各文のそれぞれの下線部について，正しい場合は○を，誤っている場合には正しい語句を記せ。

1	先カンブリア時代に光合成によって海洋の酸素濃度が上昇し，縞(しま)状鉄鉱層が形成された。【01センター追】	1 ○
2	地球上に最初に現れた生物は核膜をもたない真核生物であった。	2 ×→原核生物
3	ストロマトライト(コレニア)は，おもにサンゴによってつくられた。【01センター追】	3 ×→シアノバクテリア(ラン藻類)
4	二酸化炭素は海洋に吸収され，石炭として堆積した。【01センター追】	4 ×→石灰岩
5	古生代は，約ア2.5億年前に始まり，イエディアカラ動物群に見られるような多様な生物が出現した時代である。【10センター追】	5 ア ×→5.4億 イ ×→バージェス
6	古生代には，大気中の酸素濃度の増加により，生命に有害なア紫外線を吸収するイ電離層が形成され，生物の陸上進出が可能になった。【15センター追改】	6 ア ○ イ ×→オゾン層
7	地球上で最初に陸上に進出した脊椎(せきつい)動物は，は虫類である。【96センター】	7 ×→両生類
8	超大陸パンゲアが形成されたのは中生代末期である。【07センター，02センター追】	8 ×→古生代
9	古生代の地層の直上に新生代の地層が堆積した関係は不整合である。【21共通2】	9 ○
10	新生代第四紀は，氷期と間氷期が交互にくり返した時代である。【12センター】	10 ○
11	ア白亜紀末には恐竜やアンモナイトなど多くの生物が絶滅し，そのおもな原因はイ全球凍結による環境変化であると考えられている。【19センター地学改】	11 ア ○ イ ×→隕石衝突
12	中生代は三葉虫が繁栄し，この時代の終わりには，海の生物の大量絶滅があった。【98センター追改】	12 ×→古生代
13	古生代末期に繁栄したシダ植物や裸子植物の森林は，現在の世界の主要な油田となっている。	13 ×→炭田
14	始祖鳥は両生類から鳥類への進化を示すものと考えられている。	14 ×→は虫類
15	ビカリアが生息していた時代は中生代ジュラ紀である。【09センターほか出題多数】	15 ×→新生代新第三紀
16	フズリナ(紡錘虫)が生息していた時代は古生代末期である。【09センター追ほか出題多数】	16 ○
17	マンモスが生息していた時代は新生代第四紀である。【07センターほか出題複数】	17 ○
18	新生代には陸上ではア裸子植物が繁栄し，イ哺乳類が種類を増やした。【13センター】	18 ア ×→被子植物 イ ○
19	ホモ属に属する最初の人類は猿人である。【03センター追】	19 ×→原人
20	現在地球上にすむ人類はすべて新人(ホモ・サピエンス)である。	20 ○

標準問題

100 [地球大気の変遷] 次の文章を読み，下の問いに答えよ。

誕生直後の地球の原始大気は，水蒸気，[ア]および窒素を主成分とし，酸素をほとんど含んでいなかったと推定される。先カンブリア時代[1]の中ごろ(約30～20億年前)には，イ海水中の酸素が増加したことを示す地層が堆積(たいせき)した。一方，ウ原始大気の主要な成分であった[ア]は，次第に大気中から減少していった。

❶p.103 要点Check p.105 正誤Check 1

(1) これまでに発見された最古の化石はどのような生物のもので，その年代は今から約何億年前か。生物の種類と年代の組合せとして最も適当なものを，次の①～④のうちから一つ選べ。

	種類	年代		種類	年代
①	原核生物	約46億年前	②	原核生物	約35億年前
③	真核生物	約46億年前	④	真核生物	約35億年前

(2) 文中の[ア]にあてはまる気体成分を答えよ。

(3) 上の文章中の下線部**イ**の地層を何というか。

(4) 文中の下線部**ウ**の理由を2つ答えよ。 (2005センター追改)

101 [生物の大量絶滅] 地球と生物の歴史に関する次の文章を読み，下の問いに答えよ。

(a)カンブリア紀から現在までの期間(顕生代)には，大型の動物が繁栄する一方，大量絶滅が何度か起こった。(b)ペルム紀末には[ア]など海生動物の種の9割ほどが絶滅し，白亜紀末の海域では[イ]などが絶滅した。

(1) 文章中の[ア]・[イ]に入れる語の組合せとして最も適当なものを，次の①～④のうちから一つ選べ。

	ア	イ		ア	イ
①	フズリナ	イノセラムス	②	フズリナ	アノマロカリス
③	トリゴニア	イノセラムス	④	トリゴニア	アノマロカリス

(2) 文章中の下線部(a)に関連して，顕生代が地球の歴史の中で時間的に占める割合は何%か。有効数字2桁で答えよ。

(3) 文章中の下線部(b)のペルム紀末に起こった海生動物の大量絶滅の原因として最も適当なものを，次の①～④のうちから一つ選べ。

① 全球凍結による海水温の低下　② 海中の酸素濃度の減少
③ 10万年周期の氷期と間氷期のくり返し　④ マグマオーシャンの形成による温暖化

(2017センター追改)

102 [植物の変遷] 地球と生物の歴史に関わる次のできごと**a**～**c**は，地質時代のいつ頃起こったものか。その地質時代を示した図として最も適当なものを，次の①～⑥のうちから一つ選べ。

a リンボクなどの繁栄に伴う大気酸素濃度の上昇
b 被子植物の出現　**c** クックソニアの出現

① a c b 6(億年前) 4 2 現在
② c b a 6(億年前) 4 2 現在
③ c a b 6(億年前) 4 2 現在
④ a c b 6(億年前) 4 2 現在
⑤ c b a 6(億年前) 4 2 現在
⑥ c a b 6(億年前) 4 2 現在

(2020センター)

103 ［化石と地質時代］ 次の①～⑦の生物の復元図や化石の名称❶を答え，それぞれの生物が生息していた時代により，古生代，中生代，新生代にわけよ。

❶p.104 要点Check p.105 正誤Check 12, 15, 16

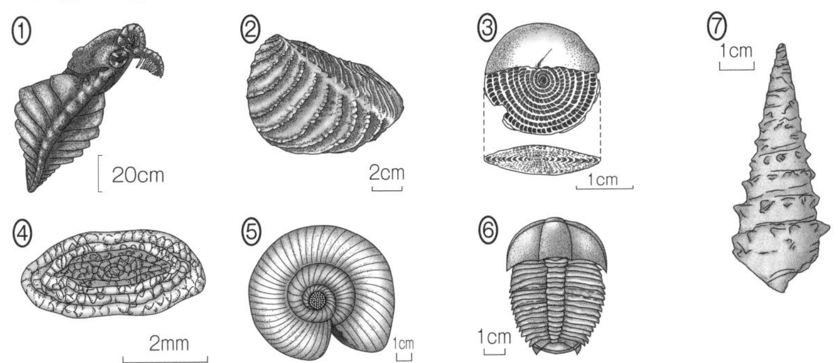

（2007センター追・2006センター）

104 ［地質断面図と地史の解読］ 次の文章を読み，下の問いに答えよ。

次の図はある地域の地質断面図である。この地域には，4つの地層（A層～D層）と，片麻岩（形成年代はシルル紀❶），花こう岩，および500万年前に貫入した玄武岩の岩脈が分布している。また，西に傾斜する断層，および不整合❷が存在することが確認されている。

❶p.103 要点Check
❷p.97 要点Check▶3 p.98 正誤Check 14
❸p.103 要点Check p.105 正誤Check 16

B層からはフズリナ（紡錘虫）❸，C層からはトリゴニア（三角貝），さらに，D層からは貨幣石（ヌンムリテス）の化石が発見されている。

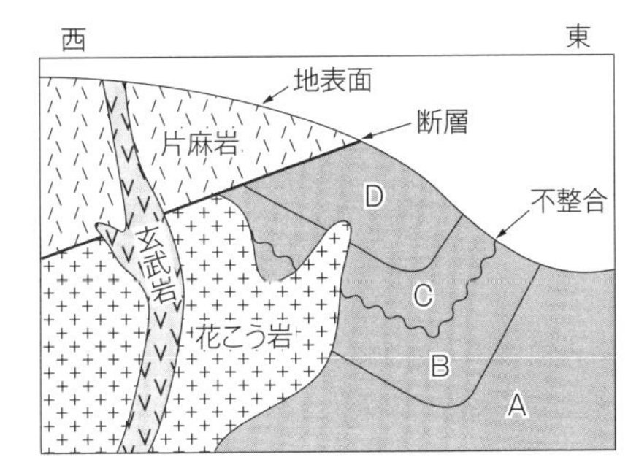

なお，A層～D層は褶曲していて，図に見られるのは褶曲構造のうち［ア］の部分である。また，片麻岩はこの地域で最も古い時代にできた岩石で，断層の運動によって西方から地表にもたらされたことが明らかにされている。すなわち，この断層は［イ］である。

(1) 上の文章中の［ア］および［イ］に適語を入れよ。

(2) A層からD層のうち，中生代に堆積した地層はどれか。

(3) 不整合の形成時期について述べた文として**誤っているもの**を，次の①～⑤のうちから一つ選べ。

① 褶曲構造が形成される以前に形成された。
② A層が堆積する以前に形成された。
③ 花こう岩が貫入する以前に形成された。
④ 玄武岩の岩脈が貫入する以前に形成された。
⑤ 西に傾斜する断層が形成される以前に形成された。

(4) 断層の形成時期として最も適当なものを，次の①～⑤のうちから一つ選べ。

① 先カンブリア時代　② 古生代　③ 中生代
④ 古第三紀～新第三紀　⑤ 第四紀

（2000センター）

演習例題

例題 8 地質断面図と地史

次の図は，ある地域の地質断面を示したものである。露頭で，[A]巣穴の化石A，[B]不整合面B，および[C]深成岩と石灰岩の境界Dを観察した。またCでは岩石を採取し，薄片を偏光顕微鏡で観察した。

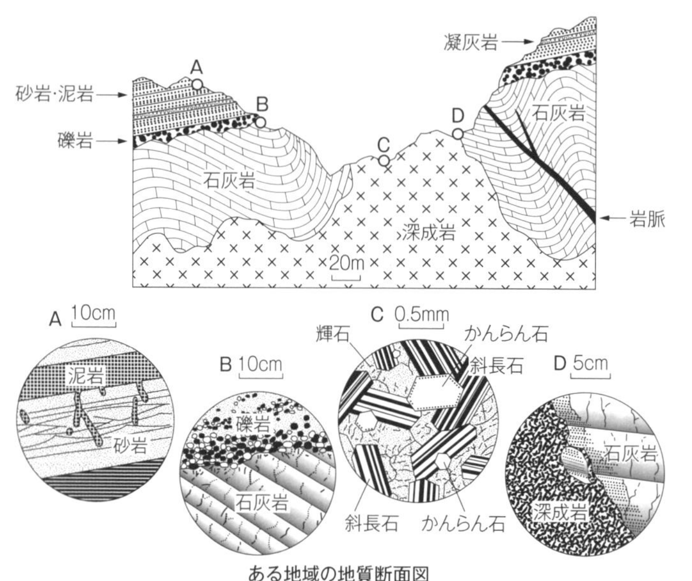

ある地域の地質断面図

下段の円内にはそれぞれの地点で観察された構造・組織を模式的に示している。

ベストフィット

[A] 地層の上下判定に有効。巣穴の入り口がある方が上位。

[B] 上下に時代間隔が存在する。地層の上下判定にも有効。地層を切っている側，または基底礫が存在する側が上位。

[C] 両者の接し方には貫入，断層，不整合などが考えられるが，図より貫入関係と推測される。このとき，石灰岩は接触変成作用を受け，結晶質石灰岩になっている。

問1 上の文章中の下線部に関連して，地層や鉱物の形成順序について述べた文として**適当でないもの**を，次の①～④のうちから一つ選べ。

① Aでは，泥岩層側から掘られた巣穴が砂岩層の堆積(たいせき)構造を切っているように見えるので，この泥岩層は砂岩層より後に堆積したと考えられる。

② Bでは，凹凸のある不整合面が石灰岩の層理を切って形成されたように見えるので，礫(れき)岩は石灰岩が侵食された後で堆積したと考えられる。

③ Cでは，かんらん石が斜長石や輝石の結晶を切って成長したように見えるので，かんらん石は斜長石や輝石より後に晶出したと考えられる。

④ Dでは，深成岩が石灰岩の構造を切って入りこんできたように見えるので，この深成岩は石灰岩が堆積した後に貫入したと考えられる。

問2 上の図で示した深成岩と岩脈の年代を測定した結果，それぞれ，約2億5000万年前，約6500万年前に形成されたことがわかった。このとき石灰岩層が堆積した可能性のある地質時代として最も適当なものを，次の①～④のうちから一つ選べ。

① 石炭紀　② ジュラ紀　③ 白亜紀　④ 第三紀

（2009センター）

解答・解説

問1.③

①巣穴のある側が上位。正しい。

②石灰岩の褶曲(しゅうきょく)構造を礫岩が切っているので，時代間隔をおいて石灰岩が侵食を受け，礫岩が後から堆積。正しい。

③火成岩においては，本来の結晶形(自形)をもっているものが先に晶出した。誤り。

④正しい。

地質断面図と火成岩の融合問題は珍しくはないが，地層の形成順と鉱物の晶出順は紛らわしい。確実に区別できるようにしたい。

問2.①

このような問題では自分で形成順をたどってみるのが近道。石灰岩の堆積・褶曲→深成岩の貫入(約2億5000万年前)→岩脈の貫入(約6500万年前)。よって，石灰岩の堆積は2億5000万年前より古い。

古生代の始まり(5億4100万年前)，中生代の始まり(2億5200万年前)，新生代の始まり(6600万年前)は知っておく必要がある。

例題 9 地層の対比

地層の時代決定や[A]対比に有用な化石を[B]示準化石という。示準化石の要件としては，種の生存期間が［ア］，地理的分布が［イ］，産出個体数が多い，同定(鑑定)がしやすい，といった特性があげられる。

甲地域と乙地域の地層と化石を調べ，その結果を次の図のようにまとめた。甲地域では，D層とC層とは不整合関係，その他の地層は整合関係である。また，乙地域ではすべて不整合関係にある。甲地域のB層最上部には[C]凝灰岩層が認められるが，乙地域ではそれに対比される凝灰岩層がない。[D]ただし，周辺地域の調査から，乙地域にも火山灰の降下があり，凝灰岩層が形成されていたことがわかっている。

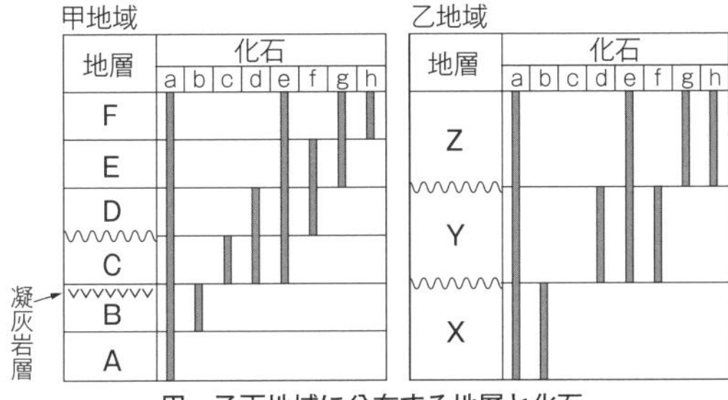

甲・乙両地域に分布する地層と化石
両地域における化石a～hの産出状況を灰色の実線で示す。
波線は地層の不整合関係を示す。

ベストフィット

[A] 離れた場所で，どれが同じ時期に堆積した地層か判別すること。
[B] 示準化石は一種の時計として用いるものである。正確な時代を知るためには，限られた時期にだけ生息していた生物である必要がある。また，世界中に広く分布しているものでなければ，利用しにくい。
[C] 凝灰岩（または火山灰層）は，きわめて短い時間に広範囲に堆積するという意味で，示準化石に類似し，地層の対比に有効。鍵(かぎ)層の一つである。
[D] 乙地域の凝灰岩層は不整合面の形成時に侵食によって失われたということが読み取れる。

問1 上の文章中の［ア］・［イ］に入れる語の組合せとして最も適当なものを，次の①～④のうちから一つ選べ。

	ア	イ		ア	イ
①	長い	広い	②	長い	狭い
③	短い	広い	④	短い	狭い

問2 化石の産出状況から，乙地域のY層，Z層に対比される甲地域の地層の組合せとして最も適当なものを，次の①～④のうちから一つ選べ。

	Y層	Z層		Y層	Z層
①	C層	E層	②	C層	F層
③	D層	E層	④	D層	F層

問3 上の文章中の下線部について，乙地域に凝灰岩層がない理由を説明した文として最も適当なものを，次の①～④のうちから一つ選べ。

① 凝灰岩層が褶曲したため　② 凝灰岩層が続成作用を受けたため
③ 凝灰岩層が侵食作用を受けたため　④ 乙地域が沈降したため

問4 化石bはフズリナ，化石hは貨幣石（ヌンムリテス）であった。このとき，X層ならびにZ層の地質時代の組合せとして最も適当なものを，次の①～④のうちから一つ選べ。

	X層	Z層
①	ペルム紀(二畳(にじょう)紀)	古第三紀
②	ペルム紀(二畳紀)	第四紀
③	ジュラ紀	古第三紀
④	ジュラ紀	第四紀

(2010センター)

解答・解説

問1. ③
示準化石の条件を確認（上の記述[B]参照）
問2. ④
共通の化石を含む地層を探す。Y層は化石dとfを含むことからD層に，Z層は化石gとhを含むことからF層にそれぞれ対比される。なお，化石aやeは多くの地層（長い時代）にまたがって含まれており，示準化石としては役に立たない。
問3. ③
D層がY層，B層がX層に対比されることから凝灰岩層はX層とY層の間の不整合面の形成時に侵食により消失したと考えられる。
問4. ①
示準化石の時代をダイレクトに問う問題。この問題ではフズリナに関しては古生代までわかれば解答可能であるが，有名な示準化石は「○○代○○紀」まで答えられるようにしておくほうがよい。

演習問題

105 ［海岸段丘］ 海洋プレートの沈み込みに伴い，海岸付近の地形はたえず変化している。次の図はある岬の地形断面図である。この岬は，地震時には急激に大きく隆起し，次の地震までには1mm/年で徐々に沈降している。岬付近の地形を調べたところ，3段の海岸段丘が見られた。段丘a，段丘b，段丘cはそれぞれ今から200年前，600年前，1000年前に起こった地震で形成された。過去1200年にわたって地点Pの海面からの高さはどのように変化したか。最も適当なものを，次の①～④のうちから一つ選べ。ただし，この1200年間において気候変動による海水準変動はなかったとする。また，地点Pでは侵食や風化の影響はないとする。

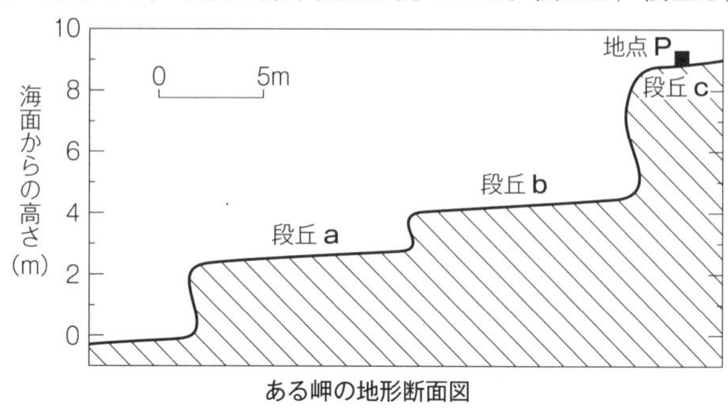

ある岬の地形断面図

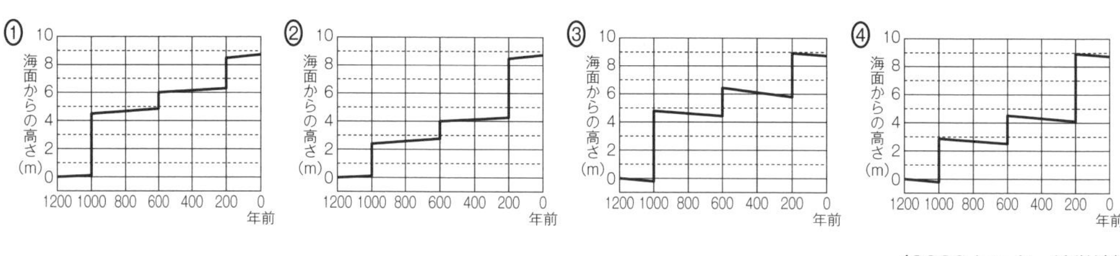

（2020センター地学追）

106 ［地球環境の変遷］ 約46億年前に太陽系が誕生し，その中で地球においては，二酸化炭素，水蒸気，窒素などを主体とする原始の大気が形成されたが，その後，化学的な作用や生物の活動によってその組成が大きく変化した。気温はしだいに低下し，大気中の二酸化炭素は大幅に減少した。約［ア］億年前の地層からは，最古の生物の化石と考えられている微生物の化石が発見されている。最初の大型多細胞生物の化石は先カンブリア時代末期の地層から発見されているが，それらにはまだ明確な骨格はなかった。約［イ］億年前にカンブリア紀になると生物の多様性は急激に増加し，二酸化ケイ素，炭酸カルシウムなどの骨格をもつものが増加した。シルル紀になると，陸上に最初の維管束植物が登場して大気の酸素濃度はさらに上昇し，その後，節足動物や脊椎(せきつい)動物などが陸上に進出した。古生代後期には現在と同様の窒素と酸素を主体とする大気になった。

問1 上の文章中の［ア］・［イ］に入れるのに最も適当な数値を，次の①～⑥のうちから一つずつ選べ。

① 45　② 35　③ 25　④ 16　⑤ 11　⑥ 5.4

問2 前の文章中の下線部に関連して，当時の大気の二酸化炭素が減少した理由について述べた文として最も適当なものを，次の①～④のうちから一つ選べ。

① 二酸化炭素は水素によって還元され，有機物が生成した。
② 二酸化炭素は熱によって炭素と酸素とに分解された。
③ 二酸化炭素は海洋に吸収され，石灰岩などとして堆積(たいせき)した。
④ 二酸化炭素はドライアイスとして地殻に固定された。

問3 先カンブリア時代の生物の活動と地球環境について述べた文として最も適当なものを，次の①～④のうちから一つ選べ。

① ストロマトライト(コレニア)は，主にサンゴによってつくられた。
② 海水の量はしだいに減少して，生物の多様性が減少した。
③ 呼吸や発酵によって海洋の酸素濃度が上昇し，大量の石油が形成された。
④ 光合成によって海洋の酸素濃度が上昇し，縞(しま)状鉄鉱層が形成された。

問4 生物起源の堆積物について述べた文として最も適当なものを，次の①～④のうちから一つ選べ。

① 浅海で堆積した石灰岩は，主に放散虫やカイメンなどの二酸化ケイ素の骨格からなる。
② サンゴ，フズリナ(紡錘虫(ぼうすいちゅう))，三葉虫などの骨格が集まって，チャートがつくられた。
③ 生物起源の有機物が集積して，石油や石炭の材料となった。
④ 砂岩の石英粒子は貝や有孔虫の殻が集積したものである。

問5 地球環境を考える上で重要な氷床について述べた文として**誤っているもの**を，次の①～④のうちから一つ選べ。

① 先カンブリア時代は一般に温暖な時代であったが，その末期に氷床が発達した。
② 古生代では石炭紀やペルム紀に氷床が発達した。
③ 中生代は寒冷な時代で，全時代を通して氷床が発達した。
④ 第四紀における氷床の形成と消滅によって，海面の高さが数十～百メートルほど変化した。

(2001センター追改)

107 [地質調査] ジオくんは，図の(a)に示したある地域の道路沿いの露頭**X**から露頭**Z**までの地質を調べた。露頭**X**では花こう岩と結晶質石灰岩を観察し，露頭**Y**では図の(b)のスケッチを作成した。露頭**X**の結晶質石灰岩は，露頭**Y**と同じ石灰岩が変成した岩石である。また，露頭**Z**では露頭**Y**と同じ泥岩が露出していた。

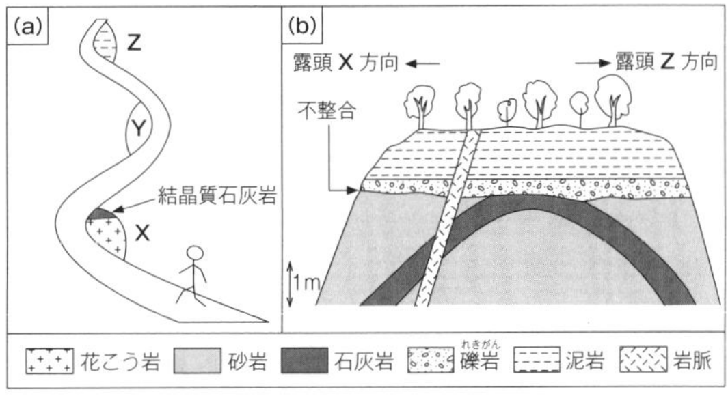

(a)露頭Xと露頭Y，露頭Zの位置を示す図
(b)露頭Yのスケッチ(露頭面は平面とする)

問1 上の図(b)に示した露頭**Y**で観察された岩脈，不整合，褶曲(しゅうきょく)が形成された順序として最も適当なものを，次の①～④のうちから一つ選べ。

① 褶　曲 → 不整合 → 岩　脈　　② 褶　曲 → 岩　脈 → 不整合
③ 不整合 → 褶　曲 → 岩　脈　　④ 不整合 → 岩　脈 → 褶　曲

問2 露頭**Y**で見られた不整合面上の礫(れき)岩には，露頭**X**の花こう岩が礫として含まれていた。また，露頭**X**の花こう岩は白亜紀に形成されたことがわかっている。露頭**Y**の石灰岩と露頭**Z**の泥岩から産出する可能性のある化石の組合せとして最も適当なものを，次の①～④のうちから一つ選べ。

	露頭Yの石灰岩	露頭Zの泥岩		露頭Yの石灰岩	露頭Zの泥岩
①	ビカリア	リンボク	②	ビカリア	モノチス
③	三葉虫	クックソニア	④	三葉虫	デスモスチルス

(2018センター)

108 ［地質断面図］　右図に示すのは，ある地域の地表および地下のようすである。地層**X**からは三角貝（トリゴニア）の化石が，地層**Y**からは三葉虫の化石が産出した。また，地層**Z**からは，デスモスチルスの化石が産出した。地表近くにある水平な地層**Z**は，傾いた地層を不整合におおっている。また，直立した横ずれ断層が，傾いた地層と岩体㋑を切っている。それらのずれのようすから，この断層は［ア］横ずれ断層と判断される。岩体㋐，㋑，㋒は，マグマが地下で冷えて固まったものである。岩体㋐と㋑のように地層を切って貫入した板状の岩体を［イ］とよぶ。

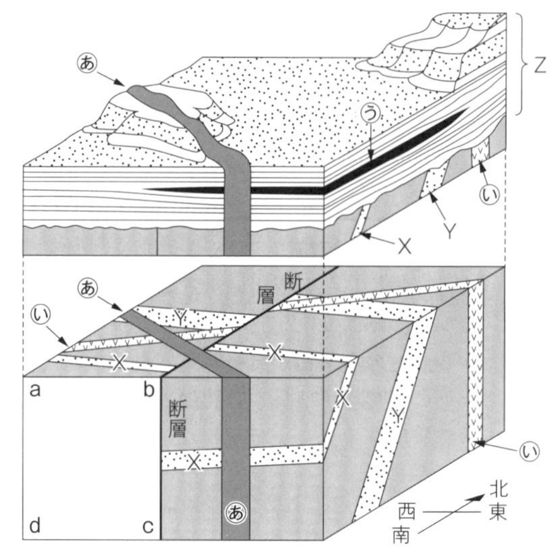

南北方向と東西方向の鉛直断面図および水平断面図
ただし，鉛直断面図は，水平断面図を境に上下に切り離されて描かれている。東西断面図の四角形abcdの部分は描かれていない。

問1　上の文章中の［ア］・［イ］に入れる語の組合せとして最も適当なものを，次の①～④のうちから一つ選べ。

	ア	イ
①	右	岩脈
②	右	岩床
③	左	岩脈
④	左	岩床

問2　上の図中の地層**X**，**Y**，**Z**が堆積(たいせき)した時代の組合せとして最も適当なものを，次の①～④のうちから一つ選べ。

	地層**X**	地層**Y**	地層**Z**
①	新生代	古生代	中生代
②	古生代	中生代	新生代
③	中生代	古生代	新生代
④	中生代	新生代	古生代

問3　上の図に示された事象の前後関係について述べた文として正しいものを，次の①～⑥のうちから二つ選べ。ただし，解答の順序は問わない。

① 断層が動いた後，地層**X**が堆積した。
② 地層**Y**が堆積した後，火成岩㋑が貫入した。
③ 火成岩㋒が貫入した後，火成岩㋑が貫入した。
④ 火成岩㋒が貫入した後，火成岩㋐が貫入した。
⑤ 火成岩㋐が貫入した後，断層が動いた。
⑥ 火成岩㋒が貫入した後，地層**Z**が堆積した。

問4　上の図の地層**X**は，四角形abcdの範囲にも存在する。断層の両側で地層の傾斜が変わらないとして，手前側の鉛直断面図として最も適当なものを，次の①～④のうちから一つ選べ。

（2003センター）

①　a　b　d　c

②　a　b　d　c

③　a　b　d　c

④

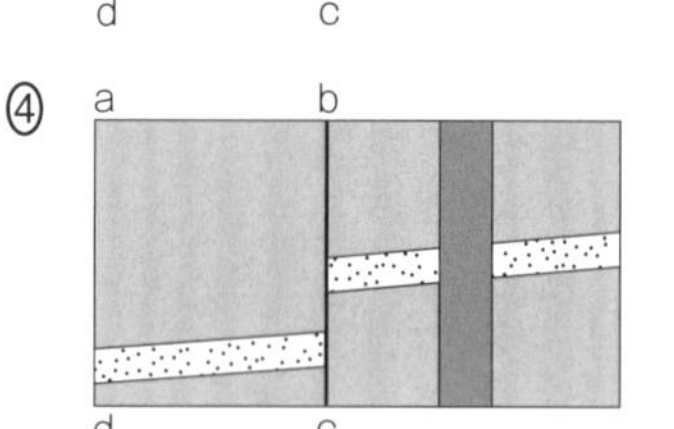

109 **[地質柱状図と古環境の推定]** さまざまな原因によってつくられた湖は，周辺から流入する砕屑物(さいせつ)などが，連続的に堆積してしだいに浅くなり，沼そして湿地へと変化していく。湖底の堆積物には，当時の湖周辺に生育していた植物群の花粉・胞子の化石や生息していた動物の化石，飛来した火山灰などが含まれていることがあり，湖周辺の古環境の復元や堆積物の年代決定に重要な役割を果たしている。

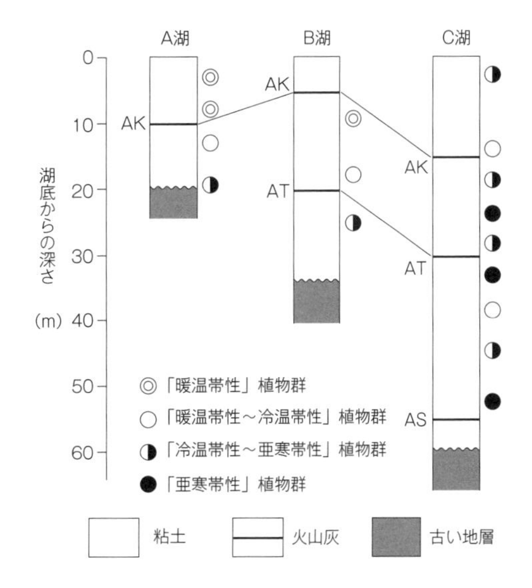

右の図は，日本にある三つの湖A湖，B湖，およびC湖について，堆積物の柱状図と堆積物中の植物群の移り変わりのあらましを示したものである。火山灰は，上位からAK層(6000年前)，AT層(25000年前)，AS層(70000年前)であり，三つの湖の湖面はほぼ同じ標高にある。

問1 湖のできる原因は，いろいろある。三日月湖のできかたについて述べた文として最も適当なものはどれか。次の①～④のうちから一つ選べ。

① 石灰岩地域のドリーネに水がたまった。
② 陸地の一部が断層で陥没して，水がたまった。
③ 蛇行河川の流路の一部分が残された。
④ 海岸部の入り江が，砂州で外海との連絡を断たれた。

問2 火山灰層は，たがいに遠く離れた堆積物の同時面を知る手がかりとして重要であり，このような同時面の目印になる地層を鍵層(かぎそう)という。次の①～④のうちから鍵層の条件として**誤っているもの**を一つ選べ。

① 長い期間にわたって堆積した。　② 広い範囲に堆積した。
③ 含まれる鉱物に特徴がある。　④ 色が他の層と区別しやすい。

問3 火山灰層などの鍵層を利用して，遠く離れた地域に分布する地層の同時性を調べることをどういうか。次の①～④のうちから最も適当なものを一つ選べ。

① 測　定　② 探　査　③ 対　比　④ 鑑　定

問4 上の図のA湖，B湖，およびC湖の三つの湖の堆積物中の，植物化石群から推定された古気候の変化について述べた文として，**誤っているもの**はどれか。次の①～④のうちから一つ選べ。

① A湖の周辺地域は，次第に暖かくなってきている。
② B湖の周辺地域は，25000年前ごろ最も暖かかった。
③ A湖，B湖，およびC湖のうち，最も北に位置するのはC湖である。
④ C湖では，「亜寒帯」から「暖温帯～冷温帯」への気候がくり返されている。

問5 上の図のA湖，B湖，およびC湖の堆積物の厚さはそれぞれ異なるが，最近の6000年間における平均堆積量の最も小さい湖とその値はいくらか。次の①～⑥のうちから最も適当なものを一つ選べ。

① A湖の0.8mm/年である。　② A湖の0.1mm/年である。
③ B湖の0.8mm/年である。　④ B湖の0.1mm/年である。
⑤ C湖の0.8mm/年である。　⑥ C湖の0.1mm/年である。

(1996センター追改)

110 ［柱状図の推定］ 右の図1は，ある地点Pでの工事中の道路の壁面と道路面に見られる固結した地層のスケッチである。この場所では，岩盤を切り通したために，道路と両側の崖(がけ)に地層が露出している。道路は水平で一定の幅をもち，南北方向に伸びている。道路の両側の崖は鉛直に切り立っている。西側の崖には，級化層理が見られる地層が露出している。なお，この地点Pを含む周辺地域では，断層も褶曲(しゅうきょく)も不整合もなく，地層の厚さも一定である。地点Pで見られる地層について，その重なりの順序(層序)と地層の厚さの比率を表した柱状図として最も適当なものを，次の①～⑥のうちから一つ選べ。

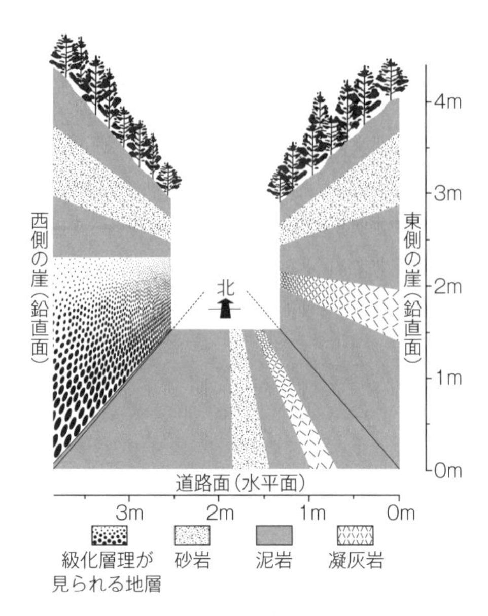

図1　地点Pでの工事中の道路の壁面と道路面に見られる地層のスケッチ
級化層理が見られる地層の黒丸の大きさの違いは，粒径の変化を表している。

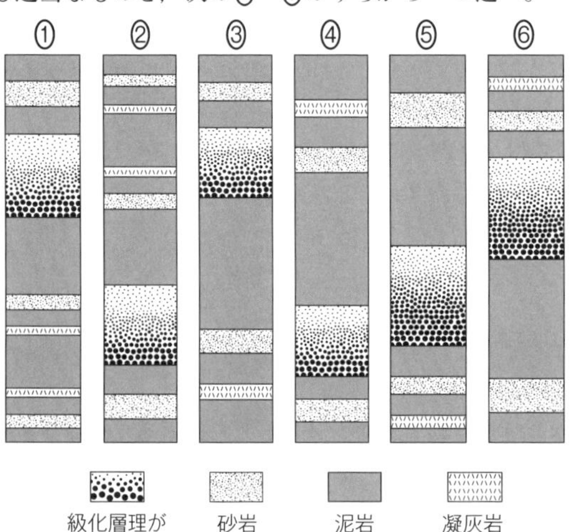

(2014センター改)

111 ［地層と化石］ 図1は地質時代Ⅰ～Ⅴにおける生物1～4の生存期間を示している。また，図2はある地域の2地点(**ア・イ**)に分布する地層の柱状図と生物1～4の化石の産出状況を示している。この2地点には同じ凝灰岩(**t**層)が堆積(たいせき)している。地層間の関係や堆積した時代について述べた文として最も適当なものを，次ページの①～④のうちから一つ選べ。

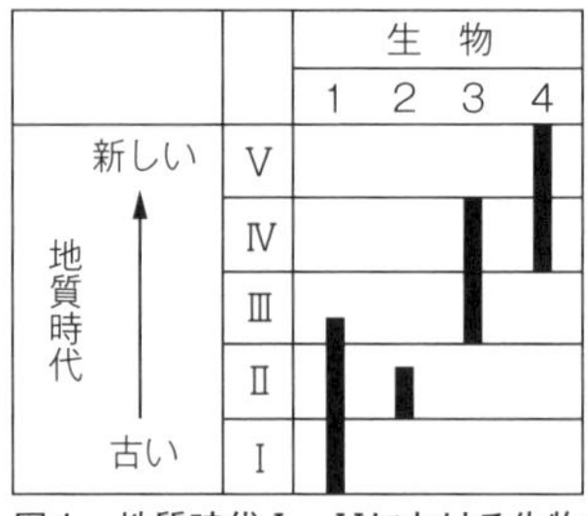

図1　地質時代Ⅰ～Ⅴにおける生物1～4の生存期間

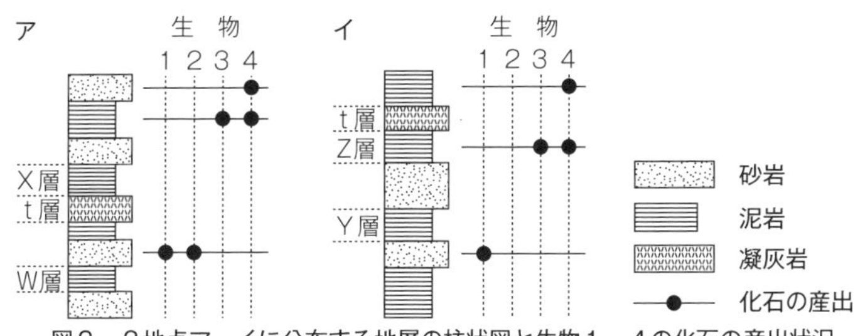

図2　2地点ア・イに分布する地層の柱状図と生物1～4の化石の産出状況

① **X**層は，生物1の生存期間中に堆積した可能性がある。
② **Y**層は，地質時代Ⅱに堆積した可能性がある。
③ **W**層と**Z**層は，同時に堆積した可能性がある。
④ **t**層は，地質時代Ⅲに堆積した可能性がある。

（2014センター改）

112［地殻変動と柱状図］　図1は，ある地域の地下断面図である。この地域は全体的に沈降しており，中生代に形成された花こう岩の上に第四紀の堆積物が堆積している。花こう岩の上面の深さが場所により異なっているのは，くり返す断層の活動により断層の両側の平均沈降速度が異なり，沈降量に違いが生じたためである。図2は，図1の地点**X**と地点**Y**から地下に向かって鉛直方向に掘削する調査（ボーリング調査）によって得られた柱状図である。第四紀の堆積物はすべて水深約10mの浅海に堆積したものであり，現在も水平である。なお，堆積物が堆積していた期間の海面の高さは一定であり，また断層**F**の運動には水平方向のずれはなかったものとする。

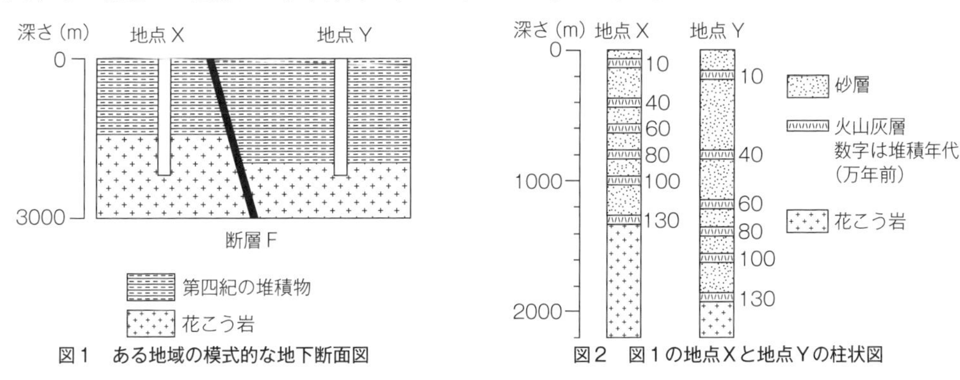

図1　ある地域の模式的な地下断面図
図2　図1の地点Xと地点Yの柱状図

問1　断層**F**が活動を開始した時期として最も適当なものを，次の①～④のうちから一つ選べ。
① 40万年前　② 60万年前　③ 80万年前　④ 100万年前

問2　断層**F**が活動を開始して以降の断層両側の平均沈降速度の差として最も適当なものを，次の①～④のうちから一つ選べ。
① 5m／万年　② 10m／万年　③ 15m／万年　④ 20m／万年

（2014センター追改）

4章 古生物の変遷と地球環境の変化

中学理科Check 5章 地球の環境

	問題	解答
□ 1	日本に火山や地震が多く発生する理由は，日本列島が（　　　）の境界付近に立地しているためである。	1. プレート
□ 2	2007年から，初期微動が始まってから主要動が来るまでのわずかな時間を利用して地震の警報を行う（　　　）が始まった。	2. 緊急地震速報
□ 3	海溝付近などの海底に震源をもつ大地震では（　　　）が発生し，大きな被害をもたらすことがある。	3. 津波
□ 4	地球温暖化の原因の一つとして，（　ア　）の大量消費によって，温室効果ガスである（　イ　）の濃度が上昇していることが指摘されている。	4. ア 化石燃料 イ 二酸化炭素
□ 5	上空に存在し，紫外線を吸収する（　ア　）が人間活動によって放出された（　イ　）によって破壊され，問題となっている。	5. ア オゾン層 イ フロン
□ 6	化石燃料の燃焼により窒素酸化物や硫黄酸化物が雨滴にとけ込むと，（　　　）とよばれる雨となり，大きな環境問題となっている。	6. 酸性雨
□ 7	台風の進路では，強風と気圧の低下により海水面が異常に高くなる（　　　）とよばれる現象が発生し，被害を及ぼすことがある。	7. 高潮
□ 8	豪雨により土砂が水とともに流れ下る現象を（　　　）という。	8. 土石流
□ 9	ある地域に生息するすべての生物と，生物以外のその他の環境を総合的にとらえたものを（　　　）という。	9. 生態系

要点Check 1節 日本の自然環境

▶1 日本列島がつくる自然の特徴

(1)日本列島の特徴

(a)地形的特徴

日本列島は4つのプレートがせめぎ合う変動帯に位置する**島弧**である。

- ・**北アメリカプレート**に**太平洋プレート**が沈み込む ➡ 東北日本島弧の形成
- ・**フィリピン海プレート**に**太平洋プレート**が沈み込む ➡ 伊豆小笠原島弧の形成
- ・**ユーラシアプレート**に**フィリピン海プレート**が沈み込む ➡ 西南日本島弧の形成
- ・プレートの沈み込みに伴い**火山活動**と**地震活動**が頻発。日本列島全体が地震を引き起こす**活断層**の巣となっている。

(b)日本列島の形成

地球の歴史においては比較的新しい島弧である。

- ・新第三紀頃にユーラシア大陸東部に日本海が形成され，**本州島弧**が形成。
- ・本州島弧形成以降，**造山運動**により**隆起**し，**山脈**や**山地**を形成。
- ・沿岸部は陸地の**沈降**により**平野**を形成。
- ・第四紀は**氷期**と**間氷期**をくり返す氷河時代。**約2万年前の最終氷期**には，海面低下により**陸橋**が形成。ロシア方面から哺乳類（ほにゅう）や寒冷植物などが日本列島へ移動。

▶2 自然がもたらす災害と恩恵

(1)地震災害

(a)地震動による災害

複雑な地質構造，表層の第四紀堆積物(たいせき)や埋立地などの軟弱地盤による地震動の増幅。

➡ 建物の倒壊，山崩れ，地すべり

(b)液状化現象

水を多量に含む砂層に地震動が及ぶと，砂粒子が水中に浮遊し，液体のような状態になる。第四紀堆積物や埋立地などの軟弱地盤で起きやすい。

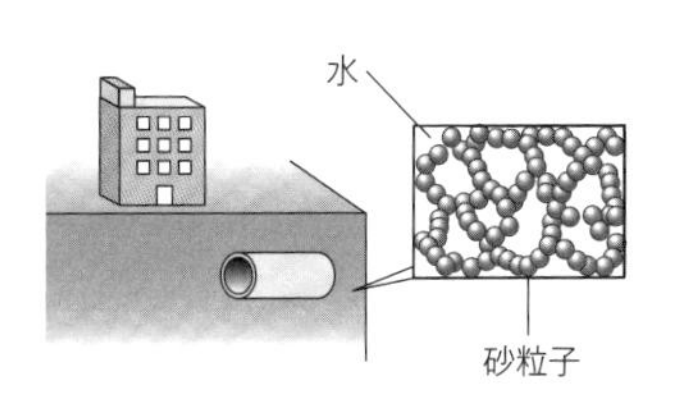

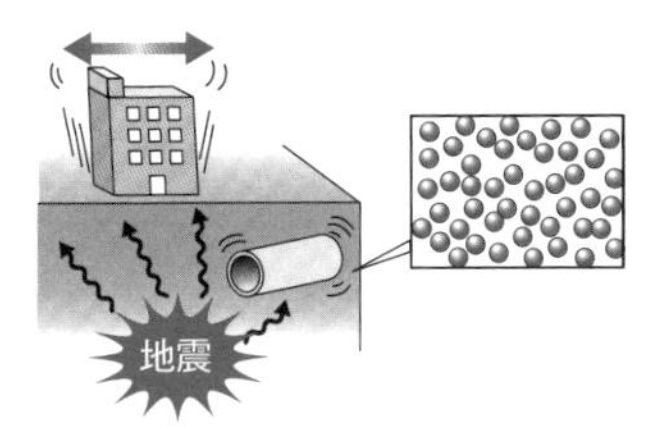

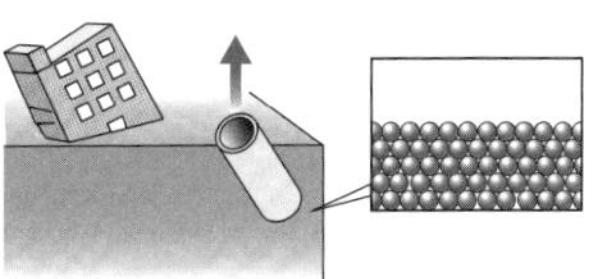

液状化現象が発生すると重い建物は傾き，地中の土管などは地面に浮上する。

(c)津波

海底付近で発生する地震による海底の隆起，沈降に伴い発生する高波。陸に近づき，海の深さが浅くなると，速度は小さくなるが，津波の高さは高くなる。

(d)緊急地震速報

2007年に気象庁が運用を始めた。最初に到達するＰ波を検知し，後から到達する大きな揺れのＳ波の到達時刻や予測震度を警報するシステム。

(2)火山災害

(a)火砕流……火山砕屑(さいせつ)物と高温の火山ガスが混ざり，高速で斜面を流下する現象。

(b)水蒸気爆発……マグマが地下水などにふれ，水蒸気を発生し，急激に体積が増大することで爆発を引き起こす。

(c)その他……溶岩流，火山灰の降灰，火山ガスによる被害。

(3)気象災害

台風(暴風，吸い上げによる高潮，大雨による浸水など)，梅雨や夏の時期の集中豪雨。

(4)自然の恩恵

(a)水資源

・豊富な降水量(世界有数の多雨地域) ➡ 農業用水，工業用水，水力発電などに利用

・雨水は地下に浸透し，栄養塩(ミネラル)を含んだ良質な地下水として湧出。

(b)火山……噴火などの災害をもたらす一方で，さまざまな恩恵をもたらす。

・多くの温泉が湧出，山体そのものが良好な水源かん養地帯。

・多様な景観 ➡ 日本国内に34か所の国立公園が設定

(c)地下資源

・火成活動に伴い有用鉱物(鉱石)が生成 ➡ 鉱石が濃集した鉱床を採掘
　金，銀，銅のほか，セメントの原料として重要な石灰岩も豊富に産出。

・化石燃料･･･石油，天然ガス，石炭
　日本に分布する油田・炭田の形成年代は比較的新しく，多くが新生代古第三紀～新第三紀。

正誤Check

次の各文のそれぞれの下線部について，正しい場合は○を，誤っている場合には正しい語句を記せ。

	問題	解答
1	日本列島はプレートのア拡大に伴う火山活動によって成長したイ島弧とよばれる弧状列島の一つである。	1 ア×→沈み込み　イ○
2	日本列島が形成され始めたのは中生代三畳紀（さんじょうき）である。	2 ×→新生代新第三紀
3	第四紀は氷河時代とよばれ，氷期と間氷期をくり返している。	3 ○
4	今から約ア2000年前に訪れた氷期を最終氷期といい，この時期は海水面が現在よりも約100m以上もイ高い時代であった。【03センター追】	4 ア×→20000　イ×→低い
5	地震動により水を含む砂質地盤が液体のようになる現象を地割れという。【00センター，ほか出題多数】	5 ×→液状化現象
6	海底地震などによる高波が広範囲に伝わる現象を潮汐という。【06センター追，ほか出題多数】	6 ×→津波
7	海岸に近づくほど，津波の伝わる速度はア速く，波の高さはイ低くなる。【00センター追】	7 ア×→遅く　イ×→高く
8	地方自治体では，自然災害による被害を最小限に抑えるため，フィールドマップの作成を進めている。	8 ×→ハザードマップ
9	集中豪雨による災害は，日本では夏季よりも冬季に多く発生する。【11センター改】	9 ×→冬季よりも夏季
10	有用な金属などを含む鉱物をア鉱石といい，それらが濃集したものをイ岩床という。	10 ア○　イ×→鉱床
11	日本で豊富に産出される石灰岩はセメントの原料として重要である。	11 ○

標準問題

113 ［日本付近の地震］ 次の文章を読み，下の問いに答えよ。

日本の太平洋沿岸沖合では，海洋プレートがそれに接する大陸プレートを引きずるように沈み込み，ひずみが限界に達すると，その境界に断層を生じて大陸側が跳ね上がり，ひずみエネルギーの一部が地震波として放出される。1970年代初め，余震域を過去にさかのぼって順に地図上に描いたところ，それらは右の図のように互いにほとんど重なることなく並び，長い間ひずみの解放されていない地震空白域が浮かび上がった。この地震空白域には，その後1973年に根室半島沖地震が発生した。これらのことから，海洋プレートの沈み込みに伴う大地震❶は，それまでの地震空白域を埋めるように発生することがわかってきた。北海道から西南日本にいたる太平洋岸は，地域ごとにそれぞれ数十

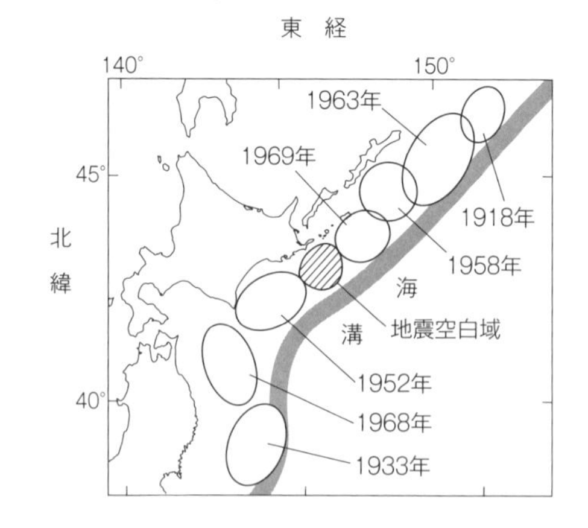

❶p.116
要点Check▶1

年～百数十年の間隔で，長期にわたりくり返しこのような大地震の被害を受けてきている。

(1) 文章中の下線部のような生じ方をする断層は，一般に何とよばれるか。最も適当なものを，次の①～④のうちから一つ選べ。

① 正断層　② 逆断層　③ 横ずれ断層　④ トランスフォーム断層

(2) 東海地方から四国にいたる地域の沖合においても，大地震の周期的な発生が見られる。その地震にかかわる海洋プレートと大陸プレートの名称をそれぞれ一つずつ答えよ。

(1999センター改)

114 [液状化現象] 液状化現象❶について述べた文として最も適当なものを，次の①～④のうちから一つ選べ。

❶p.117 要点Check▶2 p.118 正誤Check 5

① 都市域以外では液状化現象は起こらない。
② 液状化現象は地下水位の高い埋立地で起こりやすい。
③ 液状化現象が起こるのはマグニチュード8以上の地震である。
④ 液状化現象は砂地でないと起こらない。

(2004センター追)

115 [津波] 津波❶について述べた文として**適当でないもの**を，次の①～④のうちから一つ選べ。

❶p.117 要点Check▶2 p.118 正誤Check 6, 7

① 直線状の海岸線でも津波の被害が発生することがある。
② 日本海で発生する地震でも津波が発生することがある。
③ 津波は500km以上離れたところまで到達することがある。
④ 台風によって津波が発生することがある。

(2004センター追)

116 [気象災害] 気圧配置❶と気象災害❷の関係について説明した文として最も適当なものを，次の①～④のうちから一つ選べ。

❶p.59 要点Check▶2 p.60 正誤Check 2, 5
❷p.117 要点Check▶2

① 中緯度では気圧配置が日々大きく変化するので，平年より低温の状態は1週間以上続かない。
② 日本付近で等圧線の間隔が特に狭いときに，晩霜害が起こる可能性が高い。
③ 冬の季節風が著しく強まって日本海側に大雪が降るのは，シベリアで高気圧が発達し，日本の東方で低気圧が発達するときである。
④ 梅雨前線に台風が近づいたときには，水蒸気が台風に集中するため，梅雨前線付近の降水は弱まる。

(2006センター)

117 [火山の恩恵] 火山は噴火すると周辺に被害を与えることがある一方で，人間の役に立つことも多い❶。次の文①～④について，火山が人間の役に立つことを述べた文として正しいものをすべて選べ。

❶p.117 要点Check▶2

① 火山灰でおおわれた台地は，扇状地よりも水稲栽培に適している。
② 火山地帯には，地熱発電に利用できる場所がある。
③ 火山の周辺には，観光資源となりうる独特の景観が広がっていることが多い。
④ 火山灰の地層には，石油が含まれていることが多い。

(2013センター改)

2節 地球環境の科学

▶1 異常気象と気候変動

(1)異常気象とエルニーニョ

(a)異常気象

30年に1度程度のまれにしか起こらない気象現象。異常な暖冬，寒冬，冷夏，猛暑，集中豪雨，干ばつなど。

(b)エルニーニョ現象

3～5年に1度，赤道付近の南米ペルー沖の海面水温が上昇する現象。

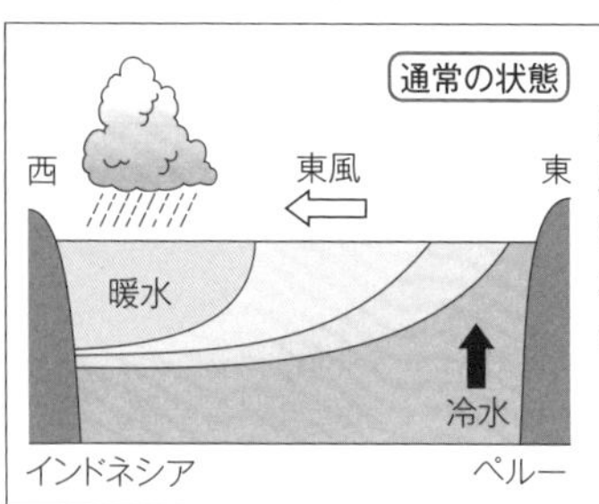

赤道付近の表層の海水は貿易風により，西側に移動。南米ペルー沖は湧昇流（ゆうしょう）により低温。

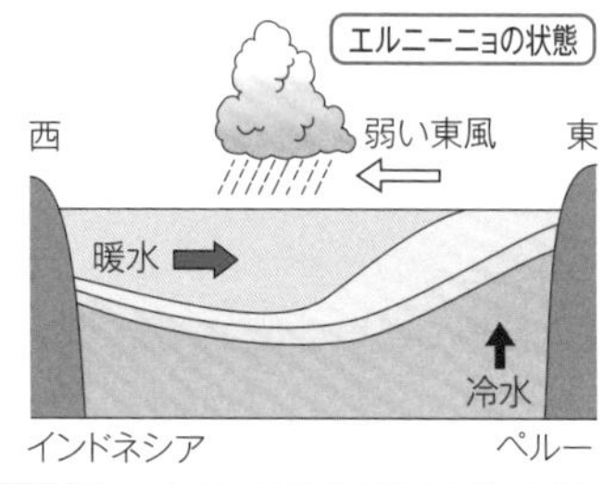

何らかの原因で貿易風が弱まり，西側の暖水が東に移動。ペルー沖では湧昇流が弱まり，通常よりも海面水温が上昇する。

エルニーニョ現象が発生すると，ペルー沖の栄養豊富な湧昇流が弱まり，イワシなどの漁獲量減少。インドネシアやオーストラリアで干ばつ。日本では**暖冬**，**冷夏**，**台風発生数の減少**などの影響。エルニーニョ現象に伴い世界各地で多くの異常気象が発生。

※エルニーニョ現象とは逆に，赤道東部太平洋の海面水温が通常よりも低くなる現象を**ラニーニャ現象**という。

(2)気候変動と地球温暖化

(a)気候変動

気候値（30年間の季節変化の平均値）が長年の間に変動する現象。

(b)地球温暖化

地球の平均気温はこの100年間で約0.7℃上昇。原因の一つとして，**化石燃料の消費に伴う二酸化炭素の増加**による**温室効果**が指摘されている。

(c)海洋酸性化

大気中への人為的な二酸化炭素の放出により，もともと弱アルカリ性である海水に二酸化炭素がとけ，**海水の酸性化**が進行。炭酸カルシウムの骨格や殻をもつサンゴ，貝類などの生育を妨げるなど，海洋生態系に深刻な影響。

(3)その他の環境問題

(a)オゾン層破壊

工業的利用に伴い放出された**フロン**により，成層圏のオゾン層が破壊。南極上空で極端にオゾンが少ない領域（**オゾンホール**）を観測。

(b)酸性雨

工場や自動車の排ガスから放出された硫黄酸化物（SOx）や窒素酸化物（NOx）が雨水にとけることにより，通常より強い酸性度をもつ雨が降る。石造建築物の溶解，森林や農作物の枯死などの影響。

(c)砂漠化

人口増加に伴う過度の放牧，農地化のため熱帯林の大量伐採により乾燥地の拡大が進み，**砂漠化**が深刻な問題となっている。また，砂漠化に伴い**黄砂**が多発し，日本にも大きな影響をもたらす。

▶2 地球規模の物質循環

(1)地球環境と物質循環

地球環境は，**地圏**(固体領域)，**大気圏**(気体領域)，**水圏**(液体領域)，**生物圏**(生物生存領域)などからなる。各圏内での比較的小さな物質循環だけでなく，各圏を越えた大きな物質循環が存在。

(2)炭素循環

地球上で最も重要な物質循環の一つ。大気圏，水圏，地圏，生物圏を循環。
海洋は大気中の50倍もの二酸化炭素をとかし，炭素の巨大貯蔵庫となっている。

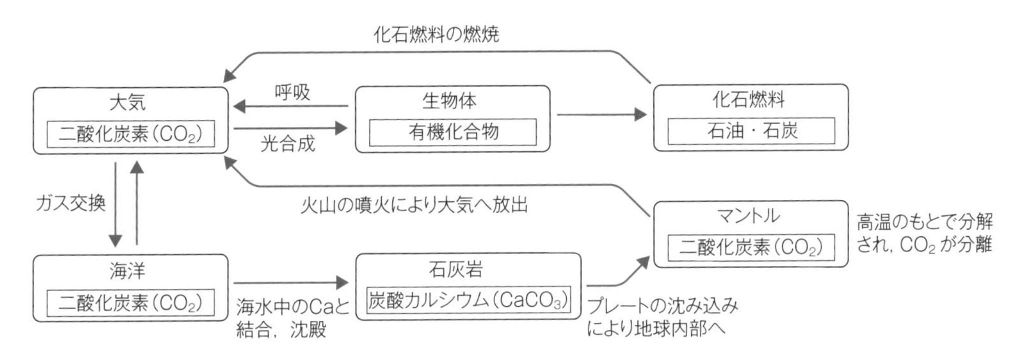

正誤Check

次の各文のそれぞれの下線部について，正しい場合は○を，誤っている場合には正しい語句を記せ。

1 3年に1度程度のまれにしか起こらない気象現象を異常気象という。
　1 ×→30年

2 赤道域東部の海面水温が2～5度上昇する現象を$_{ア}$ラニーニャ現象といい，$_{イ}$数十年に1度の割合で発生する。【00センター】
　2 ア×→エルニーニョ　イ×→3～5年

3 エルニーニョが発生すると，日本では，$_{ア}$暖冬や$_{イ}$暑夏になることが多い。【98センター追改】
　3 ア○　イ×→冷夏

4 雨水は通常，弱い$_{ア}$アルカリ性であるが，工場や自動車の排気ガス中の$_{イ}$塩素酸化物や$_{ウ}$硫黄酸化物が雨水にとけて強い$_{エ}$酸性の雨となり，建築物をとかすなどの問題が発生している。【05センター，ほか出題多数】
　4 ア×→酸性　イ×→窒素酸化物　ウ○　エ○

5 地球の平均気温はこの100年で0.7℃程度$_{ア}$上昇しており，化石燃料の消費によって放出された$_{イ}$水蒸気の影響が指摘されている。【04センター，ほか出題多数】
　5 ア○　イ×→二酸化炭素

6 上空のオゾン濃度が特に$_{ア}$高くなっている領域をオゾンホールといい，$_{イ}$都市部の上空で顕著に観測されている。【05センター】
　6 ア×→低く　イ×→南極

7 オゾン層を破壊する主な物質は，二酸化炭素であると考えられている。【01センター追改】
　7 ×→フロン

8 砂漠化が進行すると，裸地が広がって太陽放射の反射率は$_{ア}$減少し，地表付近の夜間の気温は$_{イ}$上昇する。【99センター改】
　8 ア×→増加　イ×→低下

標準問題

118 [エルニーニョ現象] 次の文章を読み，下の問いに答えよ。

太平洋では，数年に1度，赤道域東部の海面水温が平均値より2～5℃程度上昇するエルニーニョ現象❶が起こる。エルニーニョ現象が起こっていないときには，赤道太平洋上では強い東風が吹いているため，暖かい海水の層は[ア]部ほど厚く，[イ]部では冷たい海水の湧昇(ゆうしょう)が起こっている。この東風が弱まると，[ウ]部に集められていた暖かい海水は[エ]の方に広がり，湧昇も弱まる。その結果，東部の海面水温が上昇する。

このようにして生じる海面水温分布の変化は風にも影響を与える。海陸風の成因からも推察されるように，海面水温の高いところでは，気圧が[オ]なる傾向があるので，東部での海面水温の上昇は，気圧傾度力の変化を通じて，東風を[カ]する。このように，赤道域の大気と海洋の変動では，大気の海洋への影響と，海洋の大気への影響の両方が重要であると考えられている。

❶p.120 要点Check▶1 p.121 正誤Check[2]

(1) 上の文章中の[ア]～[エ]に適する方位として適当なものを，北・西・東・南からそれぞれ選べ。

(2) 上の文章中の[オ]・[カ]に入れる語句をそれぞれ答えよ。

(3) 気象や気候に大きな影響を及ぼす海洋の特徴を述べた文として**誤っているもの**を，次の①～④のうちから一つ選べ。

① 海洋は水蒸気の供給源である。
② 海洋は陸地に比べて温度変化が大きい。
③ 海洋は熱を南北方向に輸送する。
④ 海洋は二酸化炭素を吸収・放出する。

(2000センター改)

119 [大気汚染と環境問題] 次の文章を読み，下の問いに答えよ。

18世紀の産業革命以降，多量の資源消費と不用物投棄のために，自然の物質循環システムのゆがみが進み，大気や海洋の汚染などの環境問題が深刻化してきた。また，国境を越えた広い地域での$_{ア}$酸性雨❶による被害や地球規模の$_{イ}$オゾン層破壊❷なども明らかになってきた。

(1) 上の文章中の下線部**ア**の原因を簡潔に説明せよ。

(2) 上の文章中の下線部**イ**の原因となった化学物質は何か。

(3) 上の文章中の下線部**イ**が上空で特に顕著に観測されている領域を何というか。

(4) 上の(3)が地球上で最初に確認された地域はどこか。また，この現象が観測される季節はいつか。

(2001センター追改)

❶p.120 要点Check▶1 p.121 正誤Check[4]
❷p.120 要点Check▶1 p.121 正誤Check[6]

120 [二酸化炭素濃度の増加] 次の3人の会話を読み，下の問いに答えよ。

ヒコ：二酸化炭素が温室効果ガス❶であることは，天体の観測からもわかったと聞いたけど，何を調べたの？

サクラ：(a)いろんな惑星の大気の温度と組成を調べてわかったのよ。惑星は太陽から受けた熱エネルギーで暖められているのだけど，それだけでは温度が決まらないの。

ジオ：地球では，(b)二酸化炭素のような温室効果ガスが地表を適度に暖めて，人間が存在しやすい環境になっているね。

ヒコ：ただ，(c)二酸化炭素の濃度が，石油などの化石燃料の消費とともに高くなって，

❶p.48 要点Check▶1 p.120 要点Check▶1

温室効果が強まってきているよね。

ジオ：二酸化炭素の濃度が高くて温暖だった［ア］には，海洋生物由来の有機物が大量に海底にたまって，石油のもとになったようだよ。

サクラ：このまま二酸化炭素が増え続けたら，地球は今とは違う姿になるかもね。

(1) 会話文中の［ア］に入れる最も適当なものを，次の①～④のうちから一つ選べ。

① 第四紀　② 新第三紀　③ 白亜紀　④ ペルム紀

(2) 会話文中の下線部(a)に関連して，次の(i)～(iii)の説明はそれぞれどの惑星について説明したものか答えよ。

(i) 太陽から単位面積に受ける熱エネルギーは地球の２倍程度であり，厚い大気による温室効果のために表面温度は460℃に達する。

(ii) 太陽から単位面積に受ける熱エネルギーは地球よりかなり大きいが，大気がほとんどなく，夜側の表面温度は－100℃以下になる。

(iii) 太陽から単位面積に受ける熱エネルギーは地球の0.4倍程度で，大気が希薄なために，地表面の平均温度は地球に比べてかなり低い。

(3) 会話文中の下線部(b)に関連して，以下の問いに答えよ。

(i) 二酸化炭素のような温室効果ガスの特徴について述べた文として最も適当なものを，次の①～④のうちから一つ選べ。

① 可視光線は通すが，赤外線は吸収する。　② 紫外線も赤外線も通す。

③ 赤外線は通すが，紫外線は吸収する。　④ 可視光線も紫外線も吸収する。

(ii) 二酸化炭素以外の温室効果ガスの組合せとして正しいものを，次の①～④のうちから一つ選べ。

① N_2とO_2　② O_2とメタン　③ メタンとフロン　④ フロンとN_2

(4) 会話文中の下線部(c)に関連して，次の図は沖縄県の与那国島における大気中の二酸化炭素濃度の変化を表したものである。

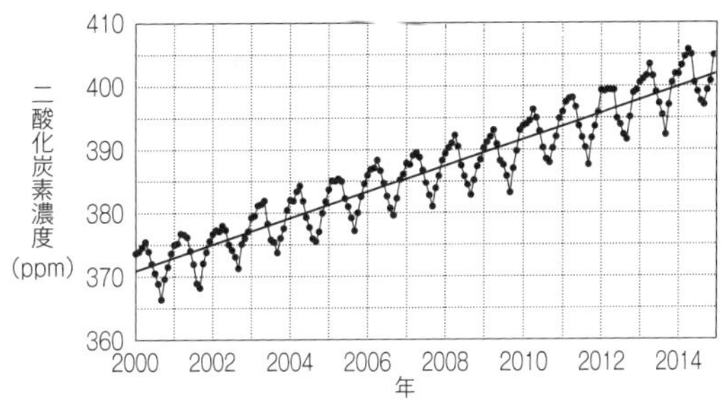

与那国島における2000年1月から20014年12月までの大気中の二酸化炭素濃度の変化
図中の黒点は月平均値，直線は15年間の変化傾向を表す。

(i) 図において，二酸化炭素の濃度変化には，春に高く，秋に低いという季節変化が見られる。濃度が小さくなっている季節には，減少した分の二酸化炭素を構成する炭素はおもにどこに存在していると考えられるか。

(ii) この15年間の変化傾向のまま二酸化炭素濃度が増加し続けるとすると，2100年の平均濃度は何ppmになるか。有効数字２桁で答えよ。

(5) 二酸化炭素濃度の増加によって，温室効果が強められる。そのときに起こると予想される現象について述べた文として**誤っているものを**，次の①～④のうちから一つ選べ。ただし，地球の太陽放射に対する反射率には変化がないものとする。

① 地球温暖化が進行し，地球の平均地上気温が上昇する。

② 氷河の融解や海水の膨張によって，海面が上昇する。

③ 地球から宇宙への赤外放射が減少する。

④ 地表面が受ける赤外放射が増加する。　(1997センター追，2020センター追改)

演習例題

例題 10 大気と海洋の相互作用

赤道域では海面付近の水温や気温が高く保たれている。次の図1に示すように，混合層内に周囲よりさらに暖かい海水があると，その上方の空気はより暖められ，周囲の空気との間に温度差を生じる。Aこの温度差によって吹く風は海水の流れを引き起こし，その流れは暖かい混合層水を蓄えるようにはたらく。B海水の蒸発や水蒸気の凝結なども加わって，図1に示される大気と海洋の状態はその後も維持される。

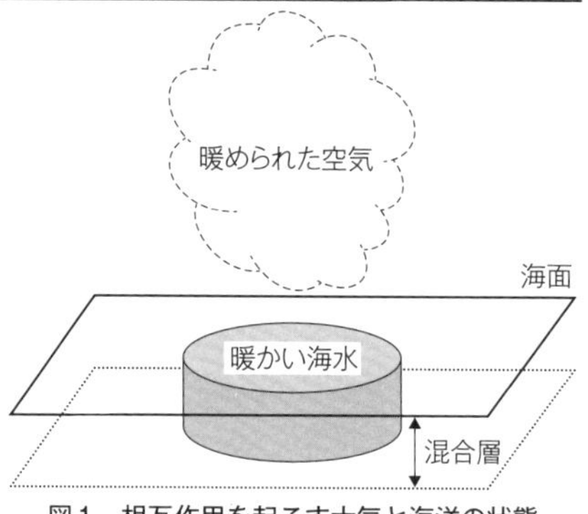

図1 相互作用を起こす大気と海洋の状態

大気と海洋の相互作用を代表する現象として［ア］がある。この現象は［イ］に一度発生して地球規模でのC異常気象を引き起こすと考えられている。

問1 上の文章中の［ア］・［イ］に入れる語の組合せとして最も適当なものを，次の①～④のうちから一つ選べ。

	ア	イ		ア	イ
①	エルニーニョ現象	数十年	②	エルニーニョ現象	数年
③	台風	数か月	④	台風	数日

問2 上の文章中の下線部に述べられた大気中の風と海水の流れのようすを図1に加えるとどのようになるか。最も適当なものを，次の①～④のうちから一つ選べ。実線の矢印（──►）は風の向きを，破線の矢印（------►）は海水の流れの向きを表す。また，風や海水の流れにコリオリの力（転向力）は影響を与えないものとする。

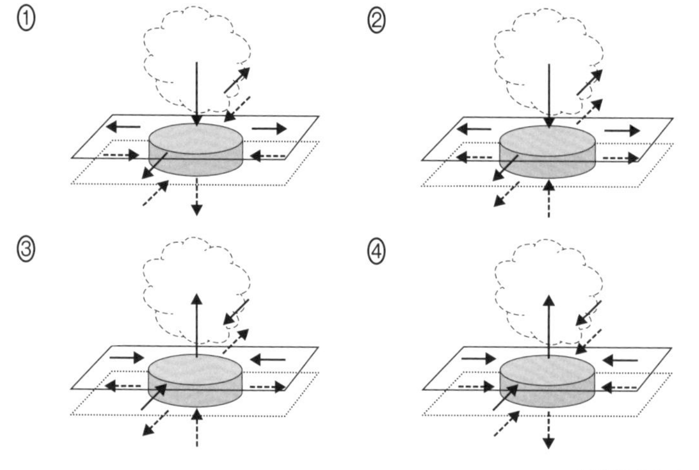

（2008センター）

ベストフィット

A 暖かい海水域に接する大気は低圧部となり，上昇気流が生じる。この結果，大気はこの海域に向かって流れることになり，表層の暖水塊が供給され続ける。

B 海水の蒸発により海水表層の熱が奪われ，水蒸気の凝結によって大気中に熱として再び放出され大気を暖める。このような熱の移動を潜熱輸送という。

C 30年間の季節変化は気候値（平年値）として定義され，30年に1度程度のきわめてまれにしか起こらない気象現象を異常気象という。

解答・解説

問1. ②
エルニーニョ現象そのものは3～5年に1度程度の頻度でくり返し現れる現象であるが，エルニーニョ現象が発生すると世界各地で異常気象が観測される。

問2. ④
まずは，文章中下線部の説明にしたがって，大気の動きを考える。暖水塊に接する空気は暖められ，低圧部となり，上昇気流を生じる。その結果，この部分にはまわりから空気が流れ込む。したがって，まずは③と④にしぼられる。そして，この大気の流れに引きずられ，表層の海水が周囲から供給され続けるので，④が正解となる。なお，大気に熱を供給した水塊は冷却され，下降して対流を形成する。

例題 11 大気汚染と酸性雨

次の図には，北アメリカからヨーロッパにかけての地域で1990年ころに観測された降水の[A]pH値の分布が，2種類の等値線で示されている。pHは酸性やアルカリ性の強さを表す数値である。細線で囲まれた二つの地域では降水の酸性度が高く，[B]太線で囲まれた地域では酸性度が特に高い。

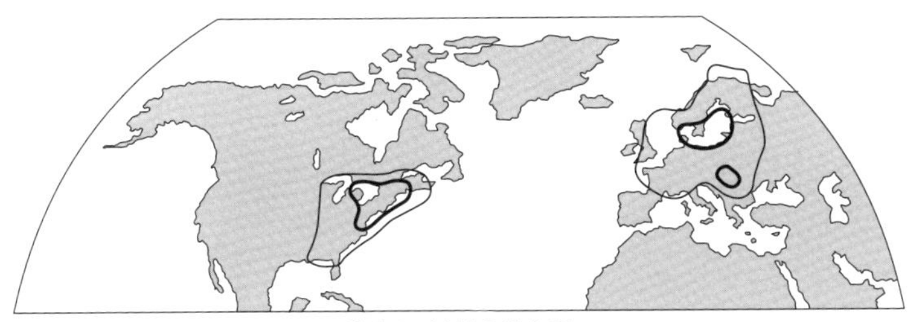

降水のpH値の分布図

ベストフィット

A pHは7を中性とし，値が小さいほど酸性が強く，大きいほどアルカリ性が強い。雨水には二酸化炭素がとけているため通常弱い酸性であるが，pHが5.6以下になると酸性雨とよばれる。

B 太線で囲まれた部分はいずれも都市部であることに注目。

問1 上の図において，細線で囲まれた二つの地域で降水の酸性度が高い理由として最も適当なものを，次の①～④のうちから一つ選べ。

① これらの地域で，降水量が特に多いから
② これらの地域で，森林火災が特に多発しているから
③ これらの地域で，メタンの排出量が特に多いから
④ これらの地域で，化石燃料の消費が特に多いから

問2 次の表は，ある工業都市において，ある年の12月中旬の早朝に観測された地上風速，地上気温，ならびに上空300mにおける気温について，日々の変化を記録したものである。この期間において，地表付近の大気汚染物質の濃度が最も高くなりやすい気象条件の日はどれか。最も適当な日を，以下の①～④のうちから一つ選べ。

	11日	12日	13日	14日
地上風速(m/s)	0.2	0.2	4.8	8.7
地上気温(℃)	－0.6	3.4	6.5	－1.1
上空300mの気温(℃)	2.3	2.5	4.3	－3.3

① 11日　② 12日　③ 13日　④ 14日

(2006センター)

解答・解説

問1．④
酸性雨は，化石燃料の消費によって生じる窒素酸化物や硫黄酸化物が硝酸や硫酸となって雨水にとけるために強酸性となったものである。

問2．①
大気汚染物質が地表付近にとどまるためには，対流が起きにくく，風が弱い大気として安定であることが重要である。特に，上空に比べて地表の気温が低い(逆転層)とき，大気はきわめて安定となる。
表において，11日のみ地表付近に逆転層が見られ，地表付近の風速も小さい。なお，放射冷却などにより逆転層が形成されると，工場や自動車の排煙が地表に滞留し，これらを凝結核とした濃い霧が発生することがある。このようにしてできる霧をスモッグという。

■ 演習問題

121 **[日本付近の火山活動]**　地球上の火山は，それぞれの分布域ごとに，噴火の様式や火山噴出物の種類に特徴があり，火山災害にも違いが認められる。日本のような，[ア]では[イ]質の噴出物が多く，マグマの粘り気が強いので，火砕流などの爆発的な噴火活動による大きな災害を受ける危険性がある。アイスランドやハワイのような地域の火山では，比較的粘り気が弱い[ウ]質のマグマがくり返し噴出している。これらの地域では大量の溶岩流による火山災害が知られている。

問1　上の文章中の[ア]に入れる語句として最も適当なものを，次の①～④のうちから一つ選べ。

①　プレートが造られる海嶺(かいれい)沿い
②　プレートが沈み込む海溝付近
③　大陸プレートの中央部付近
④　海洋プレートの中央部付近

問2　上の文章中の[イ]・[ウ]に入れる語句の組合せとして最も適当なものを，次の①～④のうちから一つ選べ。

	イ	ウ		イ	ウ
①	玄武岩	流紋岩	②	玄武岩	安山岩
③	安山岩	流紋岩	④	安山岩	玄武岩

（1998センター）

122 **[地震と地震災害]**　地震に関する次の問いに答えよ。

問1　地震の揺れについて述べた文として最も適当なものを，次の①～④のうちから一つ選べ。

①　浅い地震では，震源に近いほど震度が大きくなる傾向は見られない。
②　大きな地震動で砂の層に液状化が起こることがある。
③　ある地点の震度は，地震のマグニチュードによって決められる。
④　地盤の性質が違っても，地震による揺れの大きさは同じである。

問2　地震の源となる断層について述べた文として**誤っているもの**を，次の①～④のうちから一つ選べ。

①　活断層は何回もくり返して動く性質がある。
②　海溝やトラフで起こる地震は小規模であり，断層のずれも小さい。
③　地震断層とは，震源となった断層の一部が地表に現れたものである。
④　震源の断層面が広いほど，地震の規模が大きい傾向がある。

（1998センター）

123 **[地盤災害]**　日本列島には急傾斜の山地が多く，人々がその周辺で生活しているため，土石の移動による災害を頻繁にこうむってきた。このような災害には山崩れ，岩なだれ，地すべり，土石流などによるものがあり，地形と深く関連して起こっている。

たとえば，急斜面では落石・山崩れが発生する可能性がある。傾斜の緩い山地や丘陵地帯でも，内部にすべりやすい部分や多量の地下水があると，ア<u>地すべり</u>が起こる危険がある。一方，平坦(へいたん)な場所であっても谷の出口付近では，山崩れなどに伴って発生するイ<u>土石流</u>に対する注意が必要である。これらの災害は集中豪雨，地震や火山の噴火によって引き起こされることが多い。

危険の想定される地域では，どの地点でどのような災害が起こるかを予想したウ<u>ハザードマップ(防災図・災害予測図)</u>を作成し，注意をよびかけることが望ましい。

問1　上の文章中の下線部**ア**について述べた文として**誤っているもの**を，次の①～④のうちから一つ選べ。

① 地すべりによる土塊の移動速度は遅いが，人命・財産に被害が及ぶことがある。
② 地すべりの発生は，地質条件と地下水の分布に深く関連する。
③ 粘土層が分布する地域では，地すべりが発生しにくい。
④ 地すべりの発生を抑止するために，地下水の抜き取りが効果的である。

問2 上の文章中の下線部**イ**について述べた文として最も適当なものを，次の①〜④のうちから一つ選べ。

① 集中豪雨で発生した土石流は，地盤の液状化のおもな原因となる。
② 土石流は岩片・土砂・空気からなり，高速で山の斜面を流れ下る。
③ 土石流は，土塊があまり乱されずに，ゆっくりと移動する現象である。
④ 土石流は，発生源から数キロメートル離れた地点まで到達することがある。

問3 上の文章中の下線部**ウ**について述べた文として最も適当なものを，次の①〜④のうちから一つ選べ。

① ハザードマップは地形図の上に地層の分布を示したものである。
② ハザードマップは，地形・地質と過去の災害例を基に作成されている。
③ 火砕流の危険地域を知るためにハザードマップを利用するのは不適切である。
④ 地盤沈下の速さを判断するためには，ハザードマップが有効である。　（2001センター追）

124 **［火山と気象］** 地球の気候は，人間の活動による影響を受けるようになる以前から，さまざまな要因によって変化してきた。比較的短期間（数年）の気候変化としては，大規模な火山噴火が原因のものがある。成層圏まで吹き上げられた噴煙中に含まれる二酸化硫黄が変質した［ア］の微小な液滴は，2〜3年間成層圏を浮遊し，気候に影響を及ぼす。1991年のピナツボ火山噴火の後，地表の平均気温が明らかに低下したことが報告されている。

問1 火山活動に伴う現象について述べた文として**適当でないもの**を，次の①〜④のうちから一つ選べ。

① マグマから放出される火山ガスの大部分は，二酸化硫黄や硫化水素である。
② マグマに加熱されて高圧になった水蒸気が周囲の岩石を破壊して起こる爆発を，水蒸気爆発という。
③ 堆積(たいせき)した多量の火山砕屑(さいせつ)物などが，大雨で一気に流されて土石流が発生することがある。
④ 火山噴火により山体崩壊が起こると，多量の崩壊物が谷や斜面を流れ下ることがある。

問2 文章中の［ア］に入れる物質として最も適当なものを，次の①〜④のうちから一つ選べ。

① 硫酸　② 塩酸　③ アンモニア　④ エタノール

問3 火山噴火に伴って生成され，成層圏を浮遊する微粒子が，地上気温の低下をもたらす理由として最も適当なものを，次の①〜④のうちから一つ選べ。

① 微粒子が日射の一部を反射するから。
② 微粒子が温室効果気体の水蒸気を減らすから。
③ 微粒子から生成される水素がオゾン層をより厚くするから。
④ 微粒子が生成される際に熱を吸収するから。

問4 赤道付近に位置する火山の噴火に伴って，成層圏まで吹き上げられた噴煙が，1時間に約40km真東に移動しているのが観測された。この緯度帯の成層圏では，一様な西風が吹いていると仮定すると，噴煙が地球を一周するのにかかる時間はおよそどれくらいか。最も適当なものを，次の①〜④のうちから一つ選べ。

① 1〜2日　② 1〜2週間　③ 1〜2か月　④ 1〜2年

（2011センター・2005センター追）

125 ［地球環境に関わる問題］ 大気や海洋に関する次の問いに答えよ。

問1 オゾンやオゾンホールに関して述べた文として最も適当なものを，次の①～④のうちから一つ選べ。

① オゾンは，冷蔵庫やエアコンなどの冷媒として使用される気体である。

② オゾンは，太陽からの紫外線を吸収して地表付近の大気を暖めるので，温室効果ガスの一つとみなされている。

③ フロンがほとんど排出されなくなったことによって，オゾンホールの面積は近年急激に減少している。

④ オゾン層は，太陽からの紫外線の作用によるフロンの分解で生じた塩素原子によって破壊される。

問2 近年，地球規模での気温の上昇（地球温暖化）が起こっており，地球の平均気温は最近100年間で約0.7℃上昇したとみられる。地球温暖化に関して述べた，次の文a・bの正誤の組合せとして最も適当なものを，次の①～④のうちから一つ選べ。

a 水蒸気は温室効果ガスの一つである。

b 最近100年間の上昇率のまま気温が上昇した場合，現在から100年後の地球の平均気温は古生代以降で最も高くなる。

	a	b
①	正	正
②	正	誤
③	誤	正
④	誤	誤

問3 気象現象や気候変動は，しばしば地球上の生命や人間の活動に大きな影響を及ぼす。この気象現象や気候変動に関して述べた文として最も適当なものを，次の①～④のうちから一つ選べ。

① 台風のエネルギー源は，暖かい海から蒸発した大量の水蒸気が凝結して雲となるときに放出される潜熱である。

② エルニーニョ（エルニーニョ現象）は，大西洋の赤道域で発生する。

③ 海洋の平均水温と平均水位は，地球温暖化にもかかわらず，最近数十年間で低下し続けている。

④ 第四紀の氷期は，地球の歴史のなかで最も寒冷であると考えられている。

（2019センター追）

126 ［エルニーニョ現象］ 次の図1は，太平洋低緯度域の地図である。赤道域では，海面水温が高い海域ほど相対的に海面気圧が低くなる傾向があり，東西の水温差が大きいほど海上で［ア］に向かう風が吹きやすい。

図1中の太枠で示した海域の海面水温の分布を次ページの図2に示す。図2a，bのうち，［イ］は貿易風の強さが変化して顕著なエルニーニョ現象が発生したときの図，他方は平年（通常年）の図である。どちらの図でも$_{ウ}$<u>海面水温は西部より東部の方が低い</u>が，東西の水温差は異なる。

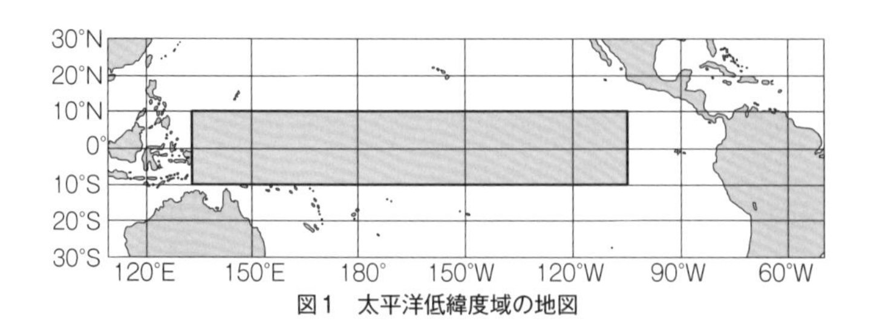

図1 太平洋低緯度域の地図

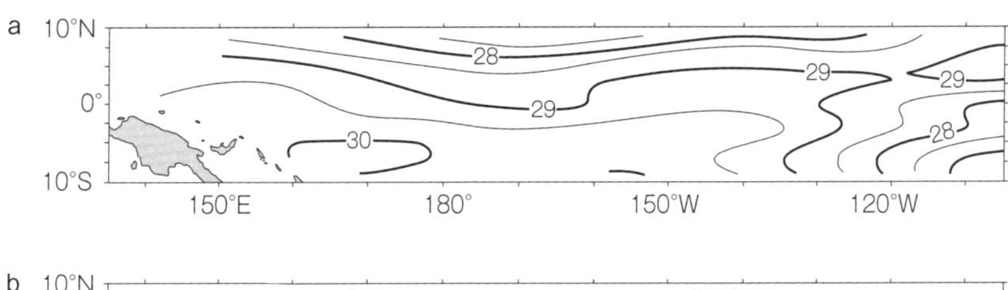

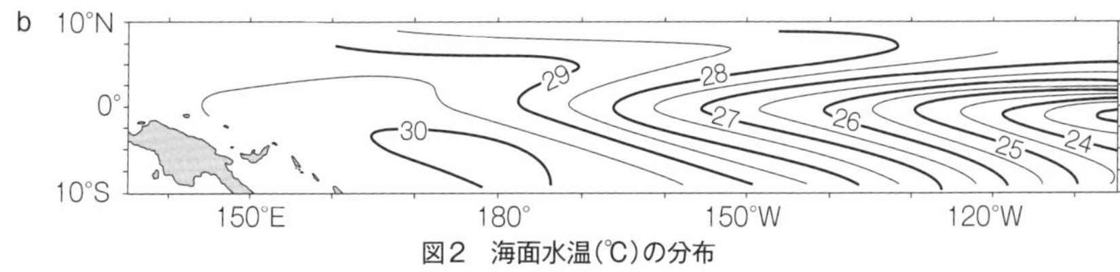

図2　海面水温(℃)の分布

問1　前ページの文章中の ア ・ イ に入れる語句と記号の組合せとして最も適当なものを，次の①～④のうちから一つ選べ。

	ア	イ		ア	イ
①	低温域から高温域	a	②	低温域から高温域	b
③	高温域から低温域	a	④	高温域から低温域	b

問2　前ページの文章中の下線部**ウ**について，太平洋赤道域東部の海面水温が西部より低いのはなぜか。その理由として最も適当なものを，次の①～④のうちから一つ選べ。

① 厚い雲によって太陽光が遮断されやすいから
② 急峻(きゅうしゅん)な山岳地帯から冷たい河川水が流入するから
③ 下層から冷たい海水がわき上がるから
④ 海水が蒸発する際に気化熱を奪うから

問3　エルニーニョ現象が発生しているときには，貿易風の強さと太平洋赤道域西部の表層の暖かい水の厚さが平年より変化している。この変化について述べた文として最も適当なものを，次の①～④のうちから一つ選べ。

① 貿易風は強く，暖かい水の厚さは薄くなっている。
② 貿易風は強く，暖かい水の厚さは厚くなっている。
③ 貿易風は弱く，暖かい水の厚さは薄くなっている。
④ 貿易風は弱く，暖かい水の厚さは厚くなっている。

(2011センター)

127 ［炭素の循環］　炭素は，いろいろと姿を変えながら，気圏，水圏，生物圏，および岩石圏を循環する。例えば，地質時代には大気中の二酸化炭素が生物活動や水循環を通して固定され，セメント原料として重要な非金属鉱床が形成された。下線部のこの鉱床を構成する岩石の説明文の組合せとして最も適当なものを，次の①～⑥のうちから一つ選べ。

a　ハンマーでたたくと火花が出るほどにかたい。
b　地下水にとけやすく特異な地形をつくる。
c　接触変成岩の大理石と化学成分が同じである。
d　放散虫化石が特徴的に多く含まれ，日本列島に多い。

① a・b　② b・c　③ c・d
④ a・c　⑤ b・d　⑥ a・d

(2002センター改)

5章　地球の環境

大学入学共通テスト特別演習

大学入試センター試験にかわり，2020年度より大学入学共通テストが導入されました。この共通テストでは，知識の理解の質を問う問題や，思考力，判断力，表現力を発揮して解くことが求められる問題を重視した出題が想定されています。これらの問題の対策として，大学入学共通テスト特別演習を設けましたので，ぜひ取り組んでみてください。

Challenge

128［走時曲線］ 走時曲線は，地震波が伝わる時間と震央距離の関係を表したものである。図1は，地表付近で発生したある地震のP波とS波の走時曲線を示す。直線Aは ア の，直線Bは イ の走時曲線である。また，図1は地震の震央距離(km)が，初期微動継続時間(s)に比例していることを示しており，その比例定数は，図1から ウ (km/s)と求まる。

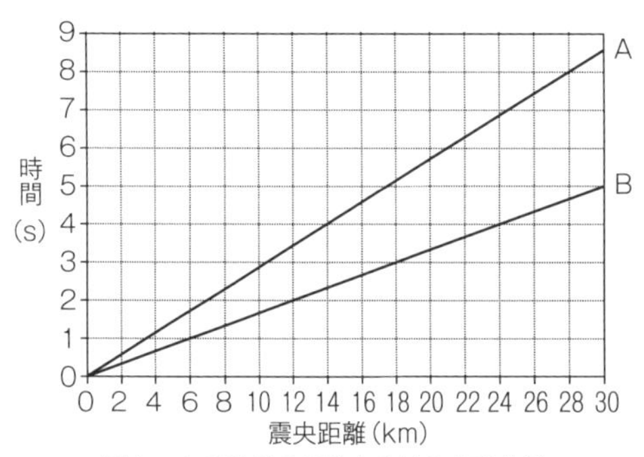

図1　ある地震のP波とS波の走時曲線

問1　上の文章中の ア ～ ウ に入れる語と数値の組合せとして最も適当なものを，次の①～⑥のうちから一つ選べ。

	ア	イ	ウ		ア	イ	ウ
①	P波	S波	3.5	②	P波	S波	6.0
③	P波	S波	8.4	④	S波	P波	3.5
⑤	S波	P波	6.0	⑥	S波	P波	8.4

問2　走時曲線は震源の深さによって異なる。地表付近で地震が発生したときのP波の走時曲線と，深い場所で地震が発生したときのP波の走時曲線とを比較した図として最も適当なものを，次の①～⑥のうちから一つ選べ。ただし，破線は地表付近で地震が発生したときの走時曲線を，実線は深い場所で地震が発生したときの走時曲線を示す。

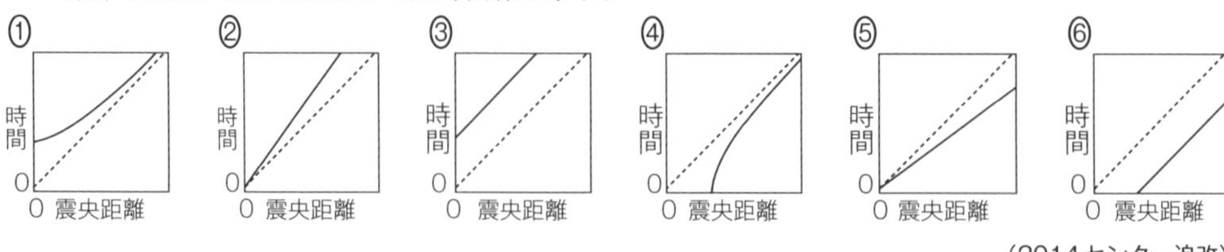

(2014センター追改)

129 [地球の内部構造] 地球のマントルは岩石でできているが，高温であるため流動性がある。一方，核は液体の外核と固体の内核の２層にわかれており，その主成分は，[ア]。(a)内核が外核よりも高温であるにもかかわらず固体の状態であるのは，核の物質の融点が圧力の上昇とともに高くなるからである。そして，地球内部は高温であるが，内部の熱が表面に運ばれるので，地球はその長い歴史を通じて徐々に冷えている。地球の冷却とともに[イ]し，外核と内核は現在の大きさになったと考えられる。

問1 上の文章中の[ア]にあてはまる文として最も適当なものを，次の①～⑨のうちから一つ選べ。

① 外核は金属水素，内核はケイ素である
② 外核はケイ素，内核は金属水素である
③ 外核はケイ素，内核は鉄である
④ 外核は鉄，内核はケイ素である
⑤ 外核は鉄，内核は金属水素である
⑥ 外核は金属水素，内核は鉄である
⑦ 外核も内核も金属水素である
⑧ 外核も内核もケイ素である
⑨ 外核も内核も鉄である

問2 地殻とマントルについて述べた文として適当なものを，次の①～⑤のうちから**すべて**選べ。

① 海洋プレートには，中央海嶺以外に活動的な火山は存在しない。
② プレートは，地殻とマントル最上部を合わせた部分であり，リソスフェアともよばれる。
③ アセノスフェアは，リソスフェアよりも下のマントル全体である。
④ リソスフェアは，アセノスフェアよりもやわらかく流動しやすい。
⑤ 地殻とマントルの境界(モホロビチッチ不連続面)は，海洋地域よりも大陸地域の方が深い。

問3 上の文章中の下線部(a)に関連して，外核と内核の境界付近における温度と融点を表した模式図として最も適当なものを，次の①～⑥のうちから一つ選べ。ただし，図中で実線は温度，破線は融点を示す。

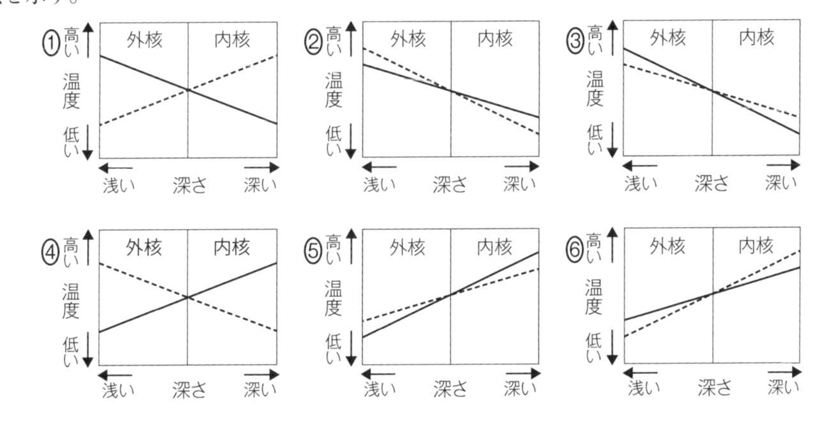

問4 文章中の[イ]にあてはまる文として最も適当なものを，次の①～④のうちから一つ選べ。

① 液体である外核が固化することで，内核が成長
② 固体である内核が液化することで，内核が成長
③ 液体である外核が固化することで，外核が成長
④ 固体である内核が液化することで，外核が成長

(2012センター，2015センター追，2016センター追地学，2018センター改)

130 ［岩石の特徴と性質］ さまざまな岩石に関する次の問いに答えよ。

問1 高校生のSさんは，次の方法a～cを用いて，花こう岩と石灰岩，チャート，斑れい岩の四つの岩石標本を特定する課題に取り組んだ。下の図1は，その手順を模式的に示したものである。図1中の ア ～ ウ に入れる方法a～cの組合せとして最も適当なものを，下の①～⑥のうちから一つ選べ。

<方法>

a 希塩酸をかけて，発泡が見られるかどうかを確認する。

b ルーペを使って，粗粒の長石が観察できるかどうかを確認する。

c 質量と体積を測定して，密度の大きさを比較する。

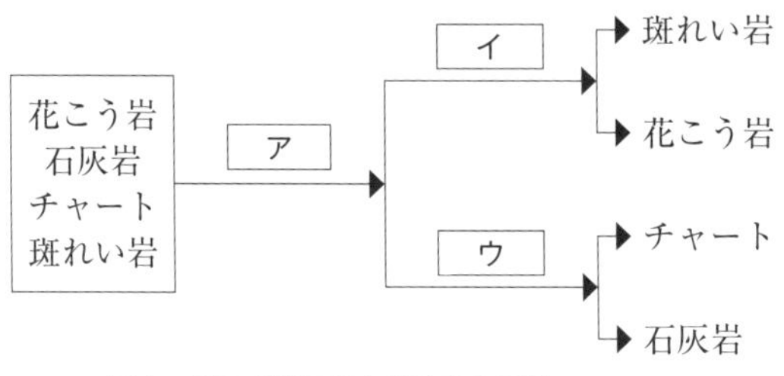

図1 四つの岩石標本の特定の手順

	ア	イ	ウ
①	a	b	c
②	a	c	b
③	b	a	c
④	b	c	a
⑤	c	a	b
⑥	c	b	a

問2 次の文章中の エ ・ オ に入れる語の組合せとして最も適当なものを，下の①～④のうちから一つ選べ。

枕状溶岩は，マグマが水中に噴出すると形成される。次の図2は，積み重なった枕状溶岩の断面が見える露頭をスケッチしたものである。マグマの表面が水に直接触れたため，右の拡大した図中で，表面に近い部分aは，内部の部分bよりも冷却速度が エ と予想できる。冷却速度の違いは，部分aの方が部分bより石基の鉱物が オ ことから確かめられる。

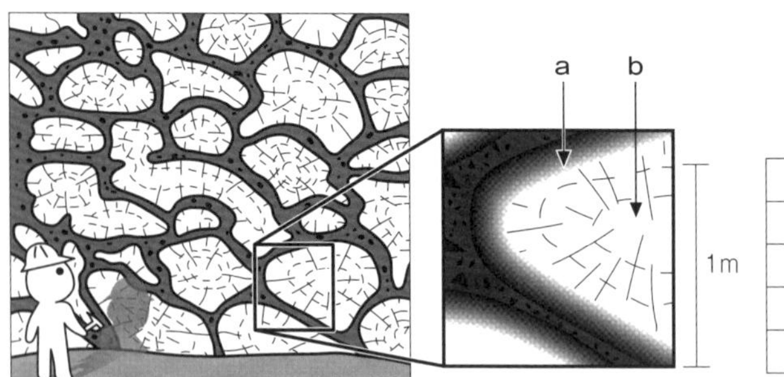

図2 積み重なった枕状溶岩の断面が見える露頭とその一部を拡大したスケッチ

	エ	オ
①	速い	粗い
②	速い	細かい
③	遅い	粗い
④	遅い	細かい

問3 溶岩X～Zの性質(岩質，温度，粘度)について調べたところ，次の表1の結果が得られた。表1中の粘度(Pa･s)の値が大きいほど，溶岩の粘性は高い。この表に基づいて，「**SiO_2含有量が多い溶岩ほど，粘性は高い**」と予想した。この予想をより確かなものにするには，表1の溶岩に加えて，どのような溶岩を調べるとよいか。その溶岩として最も適当なものを，次の①～④のうちから一つ選べ。

表1　溶岩X～Zの性質

	岩　質	温度(℃)	粘度(Pa･s)
溶岩X	玄武岩質	1100	1×10^2
溶岩Y	デイサイト質	1000	1×10^8
溶岩Z	玄武岩質	1000	1×10^5

① 1050℃の玄武岩質の溶岩
② 1000℃の安山岩質の溶岩
③ 950℃の玄武岩質の溶岩
④ 900℃の安山岩質の溶岩

(2021共通1)

131 [大気と海洋による熱輸送]　次の文章を読み，下の問いに答えよ。

太陽から放射される電磁波のエネルギーは［ア］の波長域で最も強い。一方，地球はおもに［イ］の波長域の電磁波を宇宙に向けて放射している。地球が太陽から受け取るエネルギー量と，地球が宇宙に放出するエネルギー量は，地球全体ではつり合っているが，緯度ごとには必ずしもつり合っていない。これは，(a)大気と海洋の循環により熱が南北方向に輸送されていることと関係している。

問1　文章中の［ア］・［イ］に入れる語の組合せとして最も適当なものを，右の①～⑥のうちから一つ選べ。

	ア	イ
①	紫外線	可視光線
②	紫外線	赤外線
③	可視光線	紫外線
④	可視光線	赤外線
⑤	赤外線	紫外線
⑥	赤外線	可視光線

問2　文章中の下線部(a)に関して，次の図1は大気と海洋による南北方向の熱輸送量の緯度分布を，北向きを正として示したものである。海洋による熱輸送量は実線と破線の差で示される。大気と海洋による熱輸送量に関して述べた文として最も適当なものを，次の①～④のうちから一つ選べ。

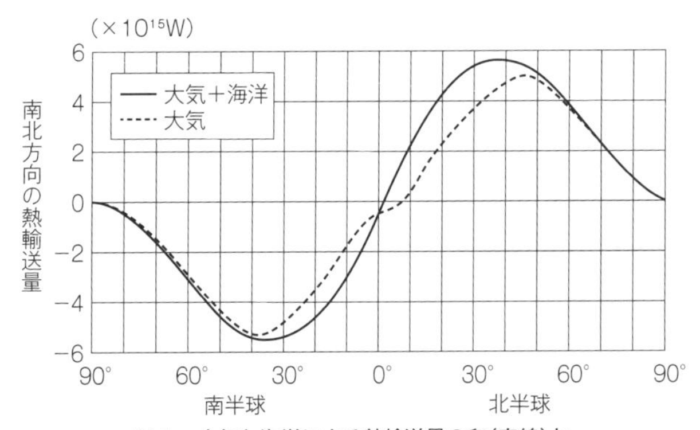

図1　大気と海洋による熱輸送量の和(実線)と大気による熱輸送量(破線)の緯度分布

① 大気と海洋による熱輸送量の和は，北半球では南向き，南半球では北向きである。
② 北緯10°では，海洋による熱輸送量の方が大気による熱輸送量よりも大きい。
③ 海洋による熱輸送量は，北緯45°付近で最大となる。
④ 大気による熱輸送量は，北緯70°よりも北緯30°の方が小さい。

(2021共通2改)

132 ［身近な現象と科学］　次の文章は，科学者の寺田寅彦（とらひこ）による随筆「茶碗（ちゃわん）の湯」（大正11年）からの抜粋である。

ここに茶碗が一つあります。中には熱い湯が一ぱいはいっております。ただそれだけでは何のおもしろみもなく不思議もないようですが，よく気をつけて見ていると，だんだんにいろいろの微細なことが目につき，さまざまの疑問が起こってくるはずです。ただ一ぱいのこの湯でも，自然の現象を観察し研究することの好きな人には，なかなかおもしろい見物（みもの）です。

第一に，湯の面からは白い湯気が立っています。これはいうまでもなく，［ア］です。（中略）

次に，茶碗のお湯がだんだんに冷えるのは，(a)湯の表面や茶碗の周囲から熱がにげるためだと思っていいのです。もし表面にちゃんとふたでもしておけば，冷やされるのはおもにまわりの茶碗にふれた部分だけになります。そうなると，(b)茶碗に接したところでは湯は冷えて重くなり，下の方へ流れて底の方へ向かって動きます。その反対に，茶碗のまんなかの方では逆に上の方へのぼって，表面からは外側に向かって流れる，だいたいそういう風な循環が起こります。（以下略）

問1　文章中の［ア］に入れる語句として最も適当なものを，次の①～④のうちから一つ選べ。

① 熱い水蒸気が冷えて，小さなしずくになったのが無数に群がっているので，ちょうど雲や霧と同じようなもの

② 熱い湯から立ちのぼった気体が光を反射したもの

③ 熱いところと冷たいところとの境で光が曲がるために，光が一様にならずちらちらと目に見える，ちょうどかげろうと同じようなもの

④ 小さな塵（ちり）が群がり粒の大きい塵となったのがちらちらと目に見えたもの

問2　文章中の下線部(a)に関連して，茶碗の湯が表面から冷える過程として最も適当なものを，次の①～④のうちから一つ選べ。

① 可視光線の反射　② 紫外線の放射　③ 二酸化炭素の放出　④ 潜熱の放出

問3　文章中の下線部(b)に関連して，温度差をおもな原因とする鉛直方向の動きが，全体の動きを駆動している現象として適当なものを，次の①～⑤のうちから**すべて**選べ。

① 海洋の深層循環　② 続成作用　③ 粒状斑

④ ハドレー循環　⑤ 液状化現象

問4　著者はこの随筆の別の箇所で，茶碗の湯から湯気が渦を巻きながら立ち上るようすについて記述している。このことに関連して，上向きの流れや渦がもたらす現象や自然災害について述べた文として最も適当なものを，次の①～④のうちから一つ選べ。

① オゾンホールは，渦を伴う上昇気流がオゾン層に穴をあけることで発生することが多い。

② 親潮は，台風の渦による気圧の変化や海水の吹き寄せによって生じる。

③ 火砕流は，火山噴火に伴う火山灰が成層圏まで達するような強い上向きの流れである。

④ 積乱雲は，強い上昇気流を伴い激しいにわか雨や雷雨をもたらすことがある。

（2018センター改）

133 ［台風と高潮］　次の文章を読み，下の問いに答えよ。

台風はしばしば高潮の被害をもたらす。これは，(a)気圧低下によって海水が吸い上げられる効果と，(b)強風によって海水が吹き寄せられる効果とを通じて海面の高さが上昇するからである。次の図1は台風が日本に上陸したある日の18時と21時の地上天気図である。

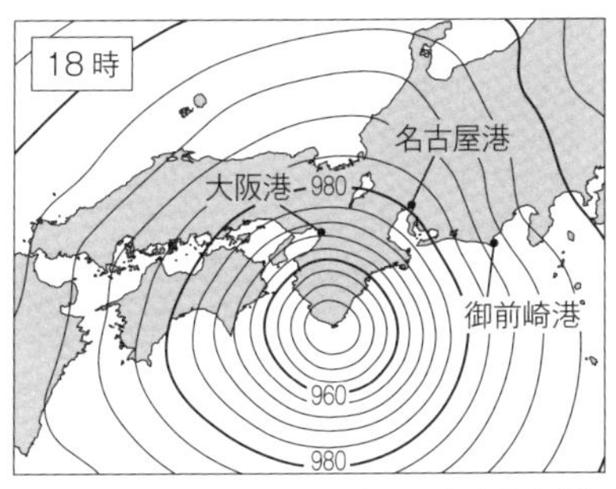

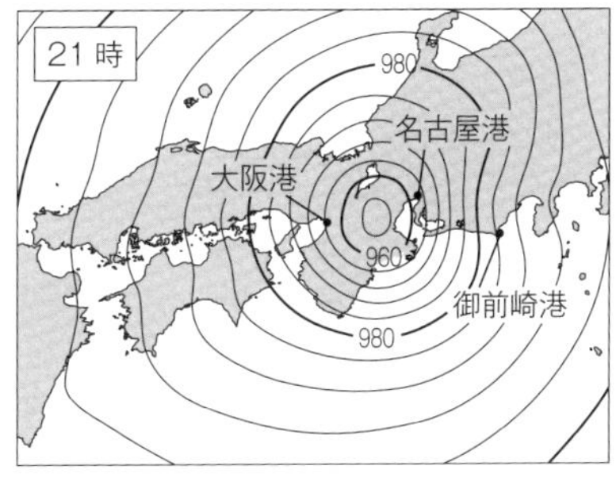

図1　ある日の18時と21時の地上天気図
等圧線の間隔は4hPaである。

問1　図1の台風において**下線部(a)の効果のみ**が作用しているとき，名古屋港における18時から21時にかけての海面の高さの上昇量を推定したものとして最も適当なものを，次の①～④のうちから一つ選べ。なお，気圧が1hPa低下すると海面が1cm上昇するものと仮定する。

①　9cm　　②　18cm　　③　36cm　　④　54cm

問2　次の表1は，図1の台風が上陸した日の18時と21時のそれぞれにおいて，文章中の**下線部(b)の効果のみ**によって生じた海面の高さの平常時からの変化を示す。X，Y，Zは，大阪港，名古屋港，御前崎港のいずれかである。各地点に対応するX～Zの組合せとして最も適当なものを，下の①～⑥のうちから一つ選べ。

表1　下線部(b)の効果による海面の高さの平常時からの変化(cm)。＋は上昇，－は低下を表す。

	18時	21時
X	－66	＋5
Y	＋63	＋215
Z	＋31	＋32

	大阪港	名古屋港	御前崎港
①	X	Y	Z
②	X	Z	Y
③	Y	X	Z
④	Y	Z	X
⑤	Z	X	Y
⑥	Z	Y	X

(2021共通1)

134　**[宇宙と地球の歴史]**　次の文は，宇宙からの光と地球・生命の歴史に関するヒロさんとソラさんの会話である。

ヒロ：夜空に見える星の光は，地球まで届くのにかかる時間だけ昔に放たれた光なんだね。

ソラ：そうなんだよ。［ア］のような天体なら1500年くらい前に放たれた光だから，地球は有史時代でそれほど昔とはいえないけど，われわれの銀河系の中心付近の天体になると，3万年も前に放たれた光を見ていることになるよ。

ヒロ：3万年前というと，地球上では［イ］の時代だね。もっと古い歴史まで調べてみると，表1のように宇宙から届く光が放たれた年代と地球の歴史とを並べて見られるよ。

ソラ：宇宙は広大で深遠なものだと思っていたけれど，地球と生物進化の歴史も奥深いものなんだね。

表1　宇宙からの光と地球・生命の歴史

年　代	光を放った天体など	地球と生命の事象	生息していた生物
約1500年前	［ア］	クラカタウ火山の噴火	
約3万年前	銀河系中心付近の天体	［イ］	マンモス
約200万年前	アンドロメダ銀河	氷床の発達	ホモ・ハビリス
約5000万年前	おとめ座銀河団	インド亜大陸の衝突	貨幣石(ヌンムリテス)
約5億年前	おおぐま座銀河団	生物の爆発的進化	［ウ］
約［エ］年前	3C330銀河団	地球の誕生	
約137億年前	宇宙背景放射		

問1　前ページの会話文中および表1中の［ア］・［イ］に入れる語句の組合せとして最も適当なものを，次の①～④のうちから一つ選べ。

	ア	イ
①	オリオン大星雲(オリオン星雲)	最後の氷期
②	オリオン大星雲(オリオン星雲)	全球凍結
③	大マゼラン雲(大マゼラン銀河)	最後の氷期
④	大マゼラン雲(大マゼラン銀河)	全球凍結

問2　上の表1中の［ウ］・［エ］に入れる語と数値の組合せとして最も適当なものを，次の①～④のうちから一つ選べ。

	ウ	エ		ウ	エ
①	デスモスチルス	38億	②	デスモスチルス	46億
③	三葉虫	38億	④	三葉虫	46億

問3　前ページの会話文中の下線部に関連して，次の図1に，地球のある地点における地質断面を示す。泥岩からは恐竜の化石が，砂岩からはビカリアの化石がそれぞれ産出している。断層の種類と不整合の形成時期の組合せとして最も適当なものを，次の①～④のうちから一つ選べ。ただし，断層は横ずれ断層ではなく上下方向にのみ動いたものとする。

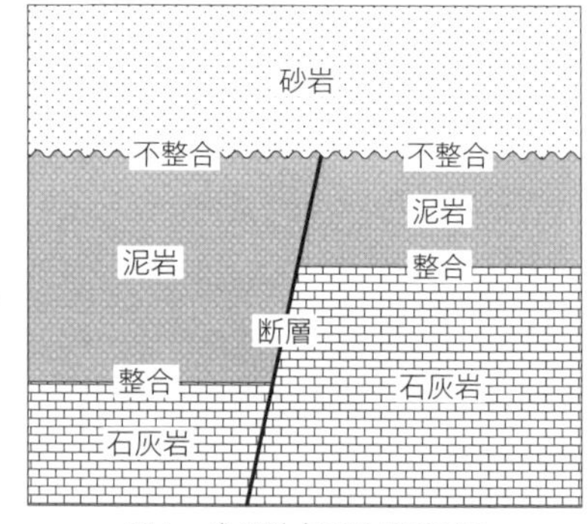

図1　ある地点の地質断面図

	断層の種類	不整合の形成時期
①	正断層	新第三紀
②	正断層	石炭紀
③	逆断層	新第三紀
④	逆断層	石炭紀

(2017センター)

135［火山災害］　自然災害に関する次の文章を読み，下の問いに答えよ。

日本列島には多様な自然環境が存在する。それは多くの恵みを私たちに与えてくれる一方で，(a)さまざまな自然災害をもたらす。自然災害に備えるために(b)ハザードマップがつくられている。ハザードマップで示された自然災害の範囲の予測は，状況によって変化する場合があるため，それを理解して利用することが重要である。(c)自然災害によっては発生直後に被害の予測が行われるものもある。

問1　文章中の下線部(a)に関連して，自然災害を引き起こす現象について述べた次の文a・bの正誤の組合せとして最も適当なものを，下の①～④のうちから一つ選べ。

a　地盤がかたい場所ほど地震による揺れ(地震動)が増幅されやすい。

b　津波が沖合から海岸に近づくと，津波の高さは高くなる。

	a	b
①	正	正
②	正	誤
③	誤	正
④	誤	誤

問2　文章中の下線部(b)に関連して，火山噴火と自然災害に関する次の問いに答えよ。

次の図1は，成層火山である**X**岳が，現在の火口から噴火したことを想定したハザードマップである。図1には，火砕流や溶岩流の流下，火山岩塊の落下，厚さ100cm以上の火山灰の堆積が予想される範囲が重ねて示してある。この火山が想定どおりの噴火をしたときに，地点**ア**～**エ**で起きる現象の可能性について述べた文として最も適当なものを，次の①～④のうちから一つ選べ。

① 地点**ア**は火口から離れているため，噴火してから数時間経って火砕流が到達する可能性が高い。

② 地点**イ**には，火砕流や溶岩流の流下だけでなく，火山灰の降下の可能性も高い。

③ 地点**ウ**が火口に対して風上側にある場合には，そこに火山岩塊が落下してくる可能性は低い。

④ 地点**エ**は，火砕流や溶岩流の流下，火山岩塊の落下や火山灰の降下のいずれも可能性が低い。

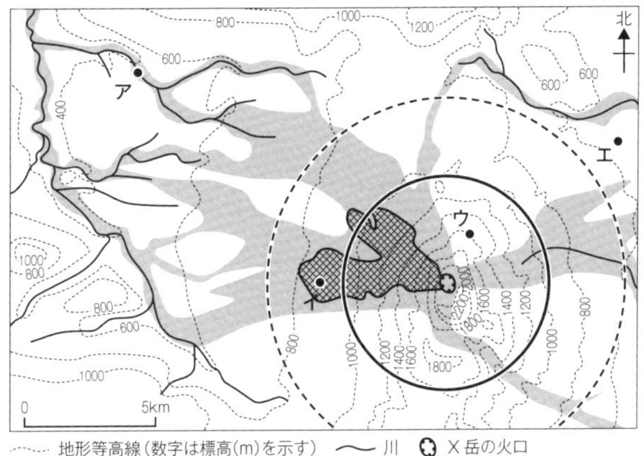

図1　X岳のハザードマップ

問3　文章中の下線部(c)に関連して，火山噴火による降灰分布予測に関する次の文章を読み，［ア］・［イ］に入れる語と数値の組合せとして最も適当なものを，次の①～④のうちから一つ選べ。

次の図2は，火山**A**が噴火した直後に発表された12時間後までの降灰分布予測である。この地域では，噴火時刻の12時間後まで［ア］の風が吹くと予測されている。この風の風速が10m/sであるとすると，**B**市で火山灰が降り始めるのは噴火時刻のおよそ［イ］時間後と予測できる。

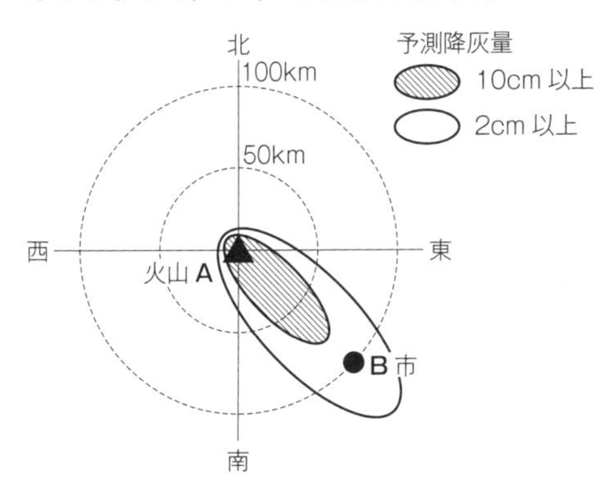

図2　火山Aが噴火した直後に発表された降灰分布予測図
図中の同心円は火山Aの火口から50km,100kmの等距離線を示す。

(2020センター)

	ア	イ
①	南東	3
②	南東	10
③	北西	3
④	北西	10

重要用語Check

高等学校「地学基礎」で扱われる重要用語を
あいうえお順に並べ，解説文を記載しました。
本書の参照ページも付記しておりますので，
さくいんとしても利用できます。

あ

アセノスフェア
→p.10
地下約100kmから数100kmまでのやわらかくて流動的な領域。マントル上部に相当し，地温が構成岩石の融点に近く，溶融寸前の状態。

亜熱帯環流
→p.55
亜熱帯地域の大洋を流れる海流によって形成される，巨大な環状の流れ。北半球では時計回り，南半球では反時計回りとなる。

亜熱帯高圧帯
→p.49
両半球の緯度30°付近にある気圧の高い領域。赤道から高緯度に向かう高層の大気の流れは，この付近で下降気流となる。

暗黒星雲
→p.79
銀河円盤部などに存在する星間雲のうち，背景にある恒星や星雲の光をさえぎることで暗く見えるもの。

い

異常気象
→p.120
統計的に30年に1度程度のまれにしか起こらない気象現象。

移動性高気圧
→p.59
中・高緯度付近に発生する高気圧で，温帯低気圧と交互に西から東へ移動する。秋と春に日本付近を通過し，乾燥した晴天をもたらす。

え

S波
→p.18
地震波のうちP波の後に到達する波。地震波の進行方向と振動方向が直交する横波であり，主要動をもたらす。固体中しか伝播しない。

衛星
→p.82
惑星の周りを公転する天体。月は地球の唯一の衛星である。木星型惑星の衛星数は数十個程度と非常に多い。

液状化現象
→p.117
水を多く含む砂層などに地震動が及び，砂粒子が水中に浮遊して液体のような状態になる現象。

エッジワース・カイパーベルト
→p.81
海王星の公転軌道の外側の円盤状に小天体が分布する領域。さらに外側のオールトの雲へと続いている。

エルニーニョ現象
→p.120
数年に一度，東部太平洋赤道域の海面水温が平年よりも上昇する現象。世界規模で異常気象が発生する原因と考えられている。

円盤部
→p.74
銀河において円盤状に恒星が分布している部分。腕とよばれる部分があり，星間物質が豊富で，恒星が新たに生まれている。

お

オールトの雲
→p.81
太陽から数万天文単位の距離にあり，球殻状に無数の小天体が分布する領域。エッジワース・カイパーベルトの外側にあたる。

オーロラ
→p.42
太陽のコロナから放出される荷電粒子（太陽風）が高緯度地域の上空に流入し，大気分子に衝突して発光する現象。

小笠原気団
→p.59
夏季に日本の南方洋上に生じる海洋性熱帯気団。高温で湿潤な大気からなり，日本に蒸し暑い晴天をもたらす。

オゾン層
→p.42,83,103
地球大気のうち，成層圏内の上空約20～30kmにあるオゾンO_3濃度の高い層。太陽放射中の紫外線を吸収する。

オホーツク海気団
→p.59
オホーツク海付近に生じる海洋性寒帯気団。低温で湿潤な大気からなり，梅雨前線や秋雨前線の形成要因となる。

温室効果
→p.48,83,120
大気中の水蒸気や二酸化炭素などが地表からの赤外線を吸収し，地表に再放射することで，大気下層を暖めるはたらき。

温帯低気圧
→p.50,59
暖気と寒気がぶつかる中緯度地域で発生する低気圧。寒冷前線と温暖前線を伴いながら発達し，西から東へ移動する。

温暖前線
→p.50
暖気と寒気の境界面の一つで，暖気が寒気の上にはい上がってできる。前線面の傾斜は緩やかで，乱層雲により広範囲に穏やかな雨が降る。

か

外核
→p.5
地球内部の深さ2900km～5100kmに存在する領域。おもに鉄からなる。地球の内部構造において唯一の液体の領域である。

海洋酸性化
→p.120
人間活動で排出される二酸化炭素が海水にとけ，海水のアルカリ度が下がること。

海陸風循環
→p.49
海洋と陸地の比熱の違いによって生じる風の循環。地表付近では，昼は海から陸へ海風が，夜間は陸から海へ陸風が生じる。

化学的風化作用
→p.95
岩石が，水と大気が関与する化学反応により変質・分解すること。温暖で湿潤な地域で進行しやすい。

核融合反応
→p.78
水素などの軽い原子核が融合してより重い原子核が形成される反応。この時，莫大なエネルギーが放出され，恒星のエネルギー源となる。

火砕流
→p.19,117
マグマの噴出に伴い，火山ガスが分離し，高温のガスと火山灰などの火山噴出物が一体となって高速で山体斜面を流下する現象。

火山岩
→p.20
火成岩のうち，マグマが地表付近で急激に冷却されてできる岩石の総称。斑晶と石基からなる斑状組織で，全体的に細粒な鉱物からなる。

火山砕屑物
→p.19
火山噴出物のうちの固体のもの。大きさや形によって分類される。火山岩塊，火山灰，火山弾，スコリアなど。

火山前線
→p.11
島弧－海溝系において火山が分布している海溝側の境界線。これより海溝側はプレートの沈み込む深さが浅いため，火山が存在しない。

火山噴出物
→p.19
火山の噴火によって噴出したすべての物質を表す。気体の火山ガス，液状の溶岩，固体の火山砕屑物にわけられる。

可視光線
→p.48
電磁波のうち，人の目に光として感知される波長域のもの。可視光線より波長が短いと紫外線になり，長いと赤外線になる。

火成岩
→p.20
マグマが冷却して固化してできる岩石の総称。冷却のされ方により，深成岩と火山岩の大きく2つにわけられる。

活断層
→p.18,116
最近数十万年間に活動をくり返し，今後も活動する可能性がある断層。

寒冷前線
→p.50
暖気と寒気の境界面の一つで，暖気の下に寒気がもぐり込んでできる。前線面の傾斜は急で，積乱雲により狭い範囲に激しい雨が降る。

き

気圧
→p.42
地球の重力により地球に引きつけられている大気が，地表面に及ぼす圧力。その地点よりも上空に存在する大気の重さによって生じる力。

気候変動
→p.120
あらゆる気象要素の30年間の平均値を平年値として気象現象の基準としているが，この平年値そのものが長年の間に変動する現象。

季節風
→p.59
大陸と海洋の比熱の違いから吹く風。風向きは夏と冬で逆になる。夏には海洋から大陸に，冬には大陸から海洋に向かって吹く。

逆断層
→p.12
断層面より上側の地盤が相対的に上方にずれる断層。地盤が重力に逆らう形となり，圧縮力がはたらく場所で形成される。

級化層理
→p.96
下位から上位に，砕屑物の粒径が連続的に小さくなる堆積構造。流速が低下していく際に粗粒なものから順番に堆積するために形成される。

球状星団
→p.74
数万～数百万個の恒星が球状に密集した集団。宇宙の形成初期に生まれた老齢な恒星からなる。

凝結
→p.43
水蒸気などの大気中の気体が，温度の低下によって液体になること。水蒸気は大気中の塵などを凝結核として凝結し，雲を生成。

極循環
→p.49
高緯度地域に存在する子午面内の大気循環。極付近で冷却された大気が下降気流を形成し，緯度60°付近で上昇して再び極付近へ戻る。

極偏東風
→p.49
極地方から高緯度地域の地表付近に吹き出す定常的な東風。

巨大ガス惑星
→p.81
木星型惑星のうち，大部分が水素とヘリウムからなる惑星の総称。木星と土星が該当する。

巨大氷惑星
→p.81
木星型惑星のうち，内部にアンモニアやメタンなどの厚い氷の層をもつ惑星の総称。天王星と海王星が該当する。

銀河
→p.74
1億～1兆個程度の恒星の集団。形状はさまざまであり，渦巻銀河，棒渦巻銀河，楕円銀河，不規則銀河などに分類される。

銀河系
→p.74
太陽系を含む銀河。およそ2000億個の恒星からなる典型的な渦巻銀河である。地球からは円盤部が天の川として観測される。

緊急地震速報
→p.117
地震発生時，最初に到達するP波から震源や地震の規模を自動計算し，S波の到達前に各地に伝える防災システム。

け

ケイ酸塩鉱物
→p.20
ケイ素原子と酸素原子が結合してできるSiO_4四面体が連結し，結晶の骨格を形成している鉱物の総称。造岩鉱物の大部分が該当する。

原始海洋
→p.83
地球の表面の冷却とともに大気中の水蒸気が凝結し，高温の雨となって地表に大量に降り注いで形成された初期の海洋。

原始星
→p.79
星間雲が自らの重力により収縮してできる天体。収縮により内部の温度は上昇する。赤外線によって観測される。

原始生命
→p.83
地球に最初に現れたと考えられる細菌などの原核生物。海底の熱水噴出孔で，熱水の熱エネルギーにより複雑な有機物が合成されて誕生。

原始大気
→p.83
微惑星の衝突により原始地球が形成された当時の大気。原始惑星内部のガス成分が抜け出たもので，二酸化炭素と水蒸気が主成分。

原始太陽 →p.83
太陽系形成の初期に形成された原始的な太陽。水素とヘリウムが集まり，中心部の温度が上昇。核融合反応が始まる前の原始星の状態。

原始太陽系円盤 →p.83
原始太陽の周りをガスが回転して薄い円盤状の形を呈したもの。原始太陽系星雲の中から，原始惑星が誕生したと考えられる。

原始惑星 →p.83
原始太陽系円盤の中で塵が集まり微惑星となり，その微惑星が衝突と合体をくり返してできた初期の惑星。

顕熱 →p.43
物質が固体，液体，気体などの状態変化をせずに，物質の温度変化のために費やされる熱量。

こ

広域変成作用 →p.12
プレートの沈み込み帯などで，圧力と温度の影響により広範囲で進行する変成作用。低温高圧型は片岩を，高温低圧型は片麻岩を形成。

光球 →p.78
可視光線を放ち，肉眼で明るく輝いて見える太陽の表面。温度は約5800K。

黄砂 →p.120
中国大陸内部のゴビ砂漠などの砂塵が上空の風で運ばれ，徐々に降下する現象。日本には大陸砂漠の砂嵐の盛んな春に多く飛来する。

恒星 →p.81
自ら光(可視光線)を発する天体。おもに水素とヘリウムからなり，水素などの核融合反応によりエネルギーを生成し，可視光線を放射する。

黒点 →p.78
光球面上で周囲より温度が低いために暗く，黒いしみのように見える部分。出現と消滅をくり返し，出現数も約11年周期で増減をくり返す。

コロナ →p.78
光球の外側に広がる，きわめて希薄な大気層。100万Kを超える高温で，水素原子が原子核と電子に電離したプラズマ状態となっている。

さ

砕屑物 →p.95
岩石が風化を受け，侵食されて細かくなった岩石片。粒径により泥，砂，礫に区分される。

彩層 →p.78
光球の外側の希薄なガス層。コロナに向けて高温のガスがジェット状に噴出するスピキュールとよばれる現象が見られる。

砂漠化 →p.120
気候変動や人間活動によって乾燥地域が拡大し，砂漠が拡大すること。人為的な要因としては，耕作地の拡大，過放牧，森林の伐採など。

散開星団 →p.74
数十～数百個の恒星が不規則に集まったもの。誕生して間もない若い恒星からなる。初期に誕生した恒星の残骸を含む星間物質も分布。

散光星雲 →p.79
銀河円盤部などに存在する星間雲のうち，手前にある恒星の光に照らされ明るく輝いて見えるもの。星間雲自体は低温で光を発していない。

酸性雨 →p.120
化石燃料の燃焼などにより生じた窒素酸化物や硫黄酸化物が雨に溶解することにより生じる，通常の雨よりも強い酸性度をもった雨。

し

ジェット気流 →p.49
中緯度の上空に見られる風速の非常に大きい東向きの大気の流れ。偏西風の一部であり，風速は100m/sにも達する。

示準化石 →p.101
地層の堆積した時代を特定できる化石。種としての生息期間が短く，地理的分布が広く，産出個体数が多い生物であることが条件。

地震 →p.18
地殻に生じたひずみエネルギーが，岩石が破壊されて断層を生じることにより波として伝わる現象。

示相化石 →p.101
地層の堆積当時の環境を推定できる化石。環境の変化に敏感で，特定の環境の下でしか生息できない生物であることが条件。

湿度 →p.43
その温度における飽和水蒸気圧に対して，実際に空気に含まれる水蒸気の圧力の割合を百分率(%)で表したもの。相対湿度。

シベリア気団 →p.59
冬季にシベリア地域に生じる大陸性寒帯気団。低温で乾燥した大気からなり，日本に北西の季節風をもたらす。

縞状鉄鉱層 →p.103
約25億年前に世界中の海底で堆積した酸化鉄の地層。光合成生物により海中の酸素濃度が急増し，海中の鉄イオンが酸化鉄として沈殿した。

斜交葉理 →p.96
流水の向きや速さが変化する環境でできる堆積構造。単層内に層理面と斜交するような筋模様(葉理)が見られる。

褶曲 →p.12
水平に堆積している地層が，圧縮力を受けて破壊されずに波状に曲がってできる構造。上に凸の部分が背斜，下に凸の部分が向斜。

集中豪雨 →p.117,120
梅雨前線や台風などが接近する際に，狭い範囲に数時間にわたり強く降り，100mmから数百mmの雨量をもたらす雨。

主系列星 →p.79
星間雲から誕生した原始星がさらに収縮し，中心部が高温となり核融合反応を開始して光を放つようになった状態。

主要動 →p.18
地震が発生した際に初期微動に続いて起こる地震動。S波によってもたらされるもので，振幅が大きいためユサユサと揺れる。

小惑星 →p.81,82
太陽系を公転する不規則形の小天体の総称。大部分が火星と木星の間の軌道に存在し，惑星を形成した起源物質の断片と考えられている。

初期微動 →p.18
地震が発生した際に最初に起こる地震動。P波によってもたらされるもので，振幅が小さく，周期が短いため，小刻みな揺れとなる。

初期微動継続時間 →p.18
地震発生時，初期微動が継続する時間。P波とS波の到達時刻の差に相当し，震源距離に比例して時間が長くなる。

震央
→p.18
震源の真上の地表に当たる地点。震央と震源の距離が震源の深さに相当する。

震源
→p.18
ある地震において，岩盤の破壊が最初に起こった地点。

震源断層
→p.18
ある地震において，地震動の発生の原因となった断層。

深成岩
→p.20
火成岩のうち，マグマが地下深部でゆっくり冷却されてできる岩石の総称。粗粒で粒径のそろった鉱物からなる等粒状組織を呈す。

深層
→p.55
海水の鉛直構造のうち，深さがおよそ1000mより深い領域。水温は緩やかに低下し，2000m以深では温度は約2℃で一定。

震度
→p.18
気象庁により定められた地震の揺れの強さを表す尺度。0～7までの数値で表し，5と6は弱と強にわけられ，全部で10段階に区分。

深発地震
→p.11
震源の深さが概ね100kmを超える地震。深発地震は地球上で島弧－海溝系のみで発生する。

す

水温躍層
→p.55
海水の鉛直構造のうち，表層混合層の下に相当する領域。太陽光や風による混合の影響が及ばず，深さと共に水温が急激に低下。

彗星
→p.82
揮発成分からなる氷の核をもち，太陽に接近すると気化して尾を作る天体。オールトの雲やカイパーベルトを起源とすると考えられている。

数値年代（絶対年代）
→p.101
地質時代の時代区分やさまざまな出来事が起きた時点を，現在からの具体的な年数で示す年代の表し方。「○○年前」のような表記。

せ

星間雲
→p.79,83
宇宙空間をただよう星間物質が濃集し，雲のようになった状態。星間雲の特に密度の高い領域で恒星が誕生すると考えられている。

星間物質
→p.79
宇宙空間に存在する非常に希薄な物質。水素とヘリウムを主とした気体成分である星間ガスと，固体微粒子である星間塵からなる。

整合
→p.97
時間的な隔たりや堆積環境の大きな変化がなく，連続的に堆積してできた地層における単層同士の関係。層理面は滑らかな平面。

西高東低
→p.59
日本付近の冬季の典型的な気圧配置を示す用語。ユーラシア大陸にシベリア高気圧が発達することで形成。強い北西の季節風をもたらす。

生痕
→p.97
巣穴や足跡など，地層堆積時の生物の生活の痕跡が残ったもの。

成層圏
→p.42
対流圏界面から高度約50kmまでの大気層。オゾンが紫外線を吸収することにより，上層が暖められている。

正断層
→p.12
断層面より上側の地盤が相対的に下方にずれる断層。地盤が重力にしたがってずり落ちる形となり，張力がはたらく場所で形成される。

赤外線
→p.48
電磁波の一種。可視光線の赤い光より波長が長いもの。物質に温度変化を与える性質をもち，温室効果の要因にもなっている。

赤外放射
→p.48
赤外線による放射。地球表層や人体など，比較的低温の物質からの放射はおもに赤外放射によるものである。

接触変成作用
→p.12
高温のマグマの貫入に伴ってマグマと接している既存の岩石に進行する変成作用。熱の影響により鉱物は粗粒化し，モザイク組織が発達。

潜熱
→p.43
物質が固体，液体，気体などの状態変化をする際に出入りする熱量。蒸発熱，融解熱，昇華熱など。

そ

造山帯
→p.10
プレートの沈み込みや衝突により，大規模に山脈が形成される造山運動が進行している場所。

相対年代
→p.101
地質時代を生物の出現，繁栄，絶滅などを基準に区分した年代。「○○代」・「○○紀」・「○○世」など。

続成作用
→p.96
堆積物が，圧縮・脱水されて固結する作用や，水中溶解物の沈殿や再結晶により固結する作用。続成作用により堆積岩が形成される。

た

堆積岩
→p.20,96
さまざまな砕屑物が堆積し，続成作用により固結してできる岩石の総称。砕屑岩，火山砕屑岩，生物岩，化学岩に区分される。

大赤斑
→p.82
木星の南半球中緯度あたりに見られる巨大な赤い斑点状の模様。大気の巨大な渦であり，地球の約3倍の大きさがある。

台風
→p.50,117
北太平洋西部で発生した熱帯低気圧のうち，最大風速が17.2m/s以上に発達したもの。夏から秋には太平洋高気圧の西縁に沿って北上。

太陽系
→p.81
太陽の引力により公転する天体と，それに付随するすべての天体を合わせたもの。惑星，衛星，小惑星，太陽系外縁天体，彗星などを含む。

太陽系外縁天体
→p.81,82
海王星の外側の軌道を公転する小天体の総称。冥王星など，比較的大きなものを冥王星型天体という。

太陽定数
→p.48
地球大気の上端で，太陽光に垂直な1 m^2 の面積に1秒間に入射する太陽放射エネルギーの大きさ。単位は W/m^2

太陽風
→p.78
太陽のコロナから放射される陽子や電子などの荷電粒子の流れ。地球大気に到達し，オーロラや磁気嵐を引き起こす。

太陽放射
→p.48
太陽から宇宙空間に向けて行われている放射。エネルギーの大部分は可視光線であるが，X線，紫外線，赤外線なども含む。

対流圏
→p.42
地表から高度約11kmまでの大気層。地球からの赤外放射により下層が暖められている。平均0.65℃/100mの割合で気温が低下。

大量絶滅
→p.101,103
地球の歴史の中で短期間に多くの生物種が絶滅した出来事。5回の大量絶滅が確認され，古生代末の絶滅が史上最大規模。

高潮
→p.117
台風などに伴う気圧の低下による海面の吸い上げや，強風による沖から海岸への海水の吹き寄せによって海面が上昇する現象。

断層
→p.12,18
プレート運動などにより力が加わり，地殻内部で地層や岩石が破壊されてできる切断面。縦ずれ断層と横ずれ断層にわけられる。

断熱膨張
→p.44
気体が外部との熱の出入りを伴わずに体積を膨張させること。空気塊の上昇により気圧が低下することで起こる。

ち

地殻
→p.5,83
固体地球の最も外側にあたる領域。密度の小さい岩石で構成され，厚さは大陸地域で30〜50km，海洋地域では5〜10km程度である。

地球温暖化
→p.120
地球の平均気温が長期的に上昇していく現象。人間活動による温室効果ガス(二酸化炭素など)の排出がおもな要因と考えられている。

地球型惑星
→p.81,83
木星よりも内側に公転軌道をもつ惑星の総称。中心部に鉄などからなる金属核をもち，核より外側は岩石の層からなる。

地球放射
→p.48
地球から宇宙空間へ行われている放射。主に赤外線によるものであり，赤外放射ともよばれる。

地層
→p.96
主として流水の作用により運搬された砕屑物が堆積し，層状に重なったもの。

地層の上下判定
→p.96
一連の地層が逆転していないかどうかを判断するため，堆積時の上位がどちらかを判定すること。級化層理や斜交葉理を利用する。

地層累重の法則
→p.96
一連の地層は逆転していない限り，上位のものより下位のものの方が古いという原則。地層から地史を読み解く際の最も基本的な考え方。

中間圏
→p.42
高度約50kmから約80〜90kmまでの大気層。気温は高度とともに低下。地表付近から中間圏までは大気組成がほぼ一定。

つ

津波
→p.117
地震などにより海底地形の急激な変動が起こることで発生する波が周囲に広がる現象。湾の奥では海水が集積し波高が著しく大きくなる。

梅雨
→p.59
晩春から初夏にかけて，オホーツク海高気圧の発達により小笠原気団との間に停滞前線(梅雨前線)が形成され，長雨をもたらす現象。

て

転向力(コリオリの力)
→p.50,55
自転により地球上を運動する物体に作用する見かけ上の力。北半球では進行方向に対して直角右向きに，南半球では直角左向きにはたらく。

と

島弧
→p.11,116
プレートの沈み込み帯で，沈み込んだプレートの作用による火山活動で形成された火山列島。海溝と平行な弧状列島となる。

等粒状組織
→p.20
深成岩に見られる組織。マグマがゆっくり冷却されることで結晶が十分に成長し，粒径の大きい，粒のそろった鉱物からなる。

トランスフォーム断層
→p.10,11
中央海嶺を横切る形で形成され，プレートが互いにすれ違うようにして移動している断層。震源の深さの浅い地震が頻発する。

な

内核
→p.5
地球内部の深さ5100km以深に存在する領域。おもに鉄からなる。内核は固体であり，この点において液体の外核と区別される。

南高北低
→p.59
日本付近の夏季の典型的な気圧配置を示す用語。南東の海上に太平洋高気圧が発達することで形成。南寄りの季節風をもたらす。

ね

熱圏
→p.42
高度約80〜90kmから約500〜700kmまでの大気層。太陽からの紫外線やX線を吸収し，上層ほど高温。電離層を形成。

熱帯収束帯
→p.49
亜熱帯高圧帯から地表を移動してきた大気が赤道付近で収束し，暖められて上昇気流となっている場所。

熱帯低気圧
→p.50
緯度5〜20°あたりの熱帯海洋上に発生する低気圧。上昇気流により水蒸気が凝結する際に放出される潜熱をエネルギー源として発達。

は

梅雨前線 →p.59
初夏にかけて日本付近に形成される停滞前線。オホーツク海気団と小笠原気団の境目に形成され，太平洋高気圧の発達と共に北上して消滅。

白斑 →p.78
太陽の光球面に見られる白い斑点。光球より数100Kほど温度が高いため輝いて見えるが，太陽の縁のあたりでなければ観測できない。

ハドレー循環 →p.49
低緯度地域に形成される大気の子午面方向の南北循環。赤道付近で暖められた大気が上昇し，亜熱帯高圧帯で下降して赤道に戻る。

バルジ →p.74
銀河円盤部の中心のふくらんだ部分に見られる恒星が密集した領域。老齢な恒星が多い。天の川のいて座の方向に観測できる。

ハロー →p.74
銀河の円盤部を球状に包む領域。老齢な恒星からなる球状星団が分布している。

斑状組織 →p.20
火山岩に見られる組織。比較的早期に晶出・成長した斑晶と，急冷されて固化した石基からなる。石基は微細結晶とガラス質からなる。

ひ

P波 →p.18
地震波のうち最も早く到達する波。地震波の進行方向と振動方向が平行な縦波であり，初期微動をもたらす。

ビッグバン →p.74
宇宙誕生初期の超高温・超高密度の状態と，その状態からの大爆発。これにより宇宙は現在も膨張を続けている。

氷期 →p.104,116
氷河時代である第四紀において，気候が寒冷化し氷河が発達・拡大した時期。第四紀には寒冷な氷期と温暖な間氷期がくり返されている。

表層混合層 →p.55
海水の鉛直構造のうち，海面から100m程度の深さまでの，風や波により海水が混合されて水温がほぼ一定となっている領域。

微惑星 →p.83
原始太陽系円盤の中で塵が集まり形成された直径10km程度の小天体。衝突・成長して原始惑星となり，残骸は現在，小惑星として存在。

ふ

フェレル循環 →p.49
中緯度地域では南北に蛇行する偏西風波動により熱輸送が行われ，この動きを子午面内の成分で表したもの。東向きに見て時計回りの循環。

不整合 →p.97
堆積していた地層が一時的に侵食され，時間間隔をおいて再び堆積した際の侵食面をはさんだ上下の地層の関係。

物理的風化作用 →p.95
岩石が，気温の変化や割れ目にしみこんだ水の凍結膨張などで物理的に破壊されること。寒冷地域や乾燥地域で進行しやすい。

プレート →p.10
地球表面をおおう十数枚のかたい岩盤。地殻とマントル最上部からなり，厚さは数10～100km。リソスフェアとよばれる領域に相当。

プレートテクトニクス →p.10
地表をおおい，固有の速さと向きで移動するプレートの運動によって，地震，火山など地球上のさまざまな地学現象を説明しようとする考え方。

プロミネンス →p.78
彩層から吹き上げられるように見える巨大な炎。実体は太陽の磁場の影響でコロナ中に浮かぶガス雲である。

分子雲 →p.79
密度の高い星間雲で，主として水素分子からなり，一酸化炭素分子なども含まれる。分子が発する特定の電波により観測される。

へ

変成岩 →p.12,20
変成作用により形成された岩石。温度の影響が強いと構成鉱物が成長して粗粒化し，圧力の影響が強いと鉱物の定向配列(片理)が発達。

変成作用 →p.12
高い温度や圧力の影響により，既存の岩石において固体のまま鉱物の再結晶が進行し，組織や鉱物組成が変化する作用。

偏西風 →p.49
中緯度に定常的に吹く西寄りの風。南北に蛇行しながら，低緯度から高緯度への熱輸送を行う。

片理 →p.12
変成作用において，圧力の影響により鉱物が一定の方向に配列する構造。鉱物の配列方向に面状に割れやすい。

ほ

貿易風 →p.49
亜熱帯高圧帯から熱帯収束帯へ向かう対流圏下層の東寄りの風。転向力により北半球では北東風，南半球では南東風となる。

放射冷却 →p.48
地表面が赤外放射により冷却される現象。高気圧におおわれてよく晴れ，大気中の水蒸気が少ない日の夜間に起こりやすい。

飽和水蒸気圧 →p.43
ある温度で空気が含むことのできる最大の水蒸気量を，水蒸気の及ぼす圧力で表したもの。気温が高いほど値は大きい。

ホットスポット →p.11
マントル深部から高温の物質が上昇し，マグマが供給されて火山活動が生じる場所。プレート運動と無関係にマグマを供給し続ける。

ま

マグニチュード →p.18
地震によって放出されるエネルギーの大きさ(地震の規模)を表す数値。震源から送り出される地震波の強さなどから計算される。

マグマ →p.19
地殻やマントル上部で岩石物質がとけてどろどろになったもの。マグマが地表に噴出するとガス成分が離脱し溶岩となる。

マントル
→p.5,83

地球内部の地殻の下にあたる領域。地殻よりも密度の大きい岩石で構成される。深さ2900kmまで及び，上部と下部にわけられる。

む

無色鉱物
→p.20

造岩鉱物のうち，白っぽい色をした鉱物。有色鉱物と異なり鉄やマグネシウムをあまり含まず，密度は小さい。珪長質鉱物ともよばれる。

も

木星型惑星
→p.81,83

火星よりも外側に公転軌道をもつ惑星の総称。大部分が水素，ヘリウムなどの気体成分と氷からなり，中心におもに岩石からなる核をもつ。

モホロビチッチ不連続面
→p.5

地殻とマントルの境界面。構成物質が変化するため，不連続面より下のマントルでは地震波の速度が不連続的に急激に大きくなる。

ゆ

有色鉱物
→p.20

造岩鉱物のうち，黒っぽい色をした鉱物。鉄やマグネシウムを多く含み，密度が大きい。苦鉄質鉱物ともよばれる。

よ

溶岩流
→p.19,117

地下から噴出したマグマが溶融状態のまま流れ動いているもの。火山噴出物のひとつ。

横ずれ断層
→p.12

ずれの成分が水平方向である断層。断層面をはさんだ向かい側の地盤が相対的に左にずれる左横ずれ断層，右にずれる右横ずれ断層がある。

余震
→p.18

本震が発生した後，震源断層面沿いの部分的なひずみを解消するために発生する地震。余震の発生は本震の直後に集中し，時間と共に急減。

ら

ラニーニャ現象
→p.120

エルニーニョ現象とは逆で，東部太平洋赤道域の海面水温が平年より低下する現象。世界規模で異常気象が発生する原因と考えられている。

り

リソスフェア
→p.10

地表から深さ数10～100kmまでのかたい岩盤となっている領域。十数枚の板状にわかれて地表をおおっており，一枚一枚をプレートとよぶ。

リップルマーク
→p.96

水底に堆積した砂の表面に水の流れによって形成される規則的な模様。上方にとがった形状となるため，地層の上下判定にも利用される。

粒状斑
→p.78

太陽の光球上に見られる粒状の明るい斑点。対流層で高温のガスが湧き上がる部分が明るく輝いて見えるために粒状に見える。

ろ

露点温度
→p.43

水蒸気を含む空気を冷却していき，水蒸気が凝結して水滴を生じ始める温度。露点温度での空気の相対湿度は100%となる。

わ

惑星
→p.81

恒星の引力の影響により恒星の周りを公転する天体。地球から長期間観測すると天球上で複雑な動きを見せることから惑星と名づけられた。

惑星間塵
→p.82

惑星空間に漂う固体微粒子。1mmに満たない小さなものであり，分布は惑星の公転軌道面に集中。地球大気に突入して発光すると流星。

ベストフィット地学基礎

表紙・後見返し・本文デザイン：難波邦夫
前見返し：株式会社ウエイド
写　　真：Fotolia,PIXTA
撮影協力：株式会社クリスタル・ワールド

●編　者——実教出版編修部
●発行者——小田　良次
●印刷所——大日本印刷株式会社

●発行所——実教出版株式会社

〒102-8377
東京都千代田区五番町5
電話〈営業〉(03)3238-7777
　　〈編修〉(03)3238-7781
　　〈総務〉(03)3238-7700
https://www.jikkyo.co.jp/

002402022　　ISBN 978-4-407-35232-0

いろいろな鉱物

various Minerals

岩石を構成する鉱物には
いろいろな種類が存在し，
主に化学組成によって分類される。

●化学組成　▶利用

元素鉱物 Native Elements

自然硫黄 ［ボリビア産］

火山の噴気孔の近くなどで見られる。非常にもろい。
●S　▶硫酸

自然銅 ［アメリカ(ミシガン州)産］

銅が他のどの元素とも化合することなく単体で産出する。
●Cu　▶コイン，電線

ハロゲン化鉱物 Halides

蛍石 ［ペルー産］

紫外線を当てると蛍光を発する。
●CaF_2　▶望遠鏡やカメラのレンズ，融剤

岩塩 ［パキスタン産］

三方向に完全なへき開があり，直角に割れる。
●$NaCl$　▶食塩

炭酸塩鉱物 Carbonates

方解石 ［マダガスカル産］

透明な結晶を通して文字を見ると，複屈折によって文字が二重に見える。
●$CaCO_3$
▶大理石，偏光プリズム

孔雀石 ［コンゴ産］

斜めから光を反射させると孔雀の羽のように見えることからこの名がついた。
●$Cu_2(CO_3)(OH)_2$
▶緑色の顔料

リン酸塩鉱物 Phosphates

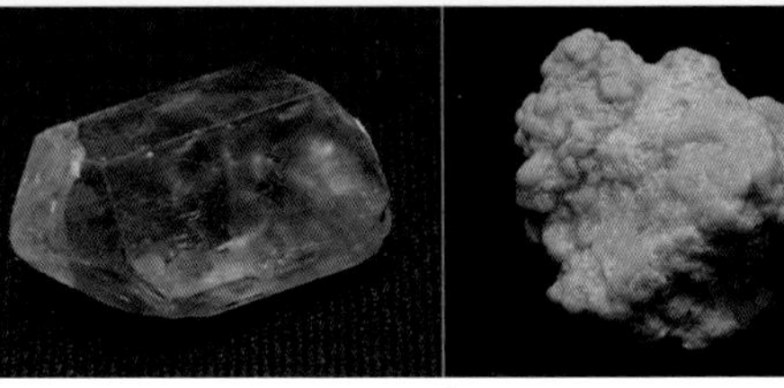

弗素燐灰石 ［メキシコ産］

リン酸塩鉱物の代表であり，フッ素の他，塩素や炭素を含むものもある。
●$Ca_5(PO_4)_3F$
▶肥料など

トルコ石 ［アメリカ(アリゾナ州)産］

濃い青色で不透明な鉱物。
12月の誕生石。
●$CuAl_6(PO_4)_4(OH)_8 \cdot 4H_2O$
▶宝石

硫化鉱物 Sulfides

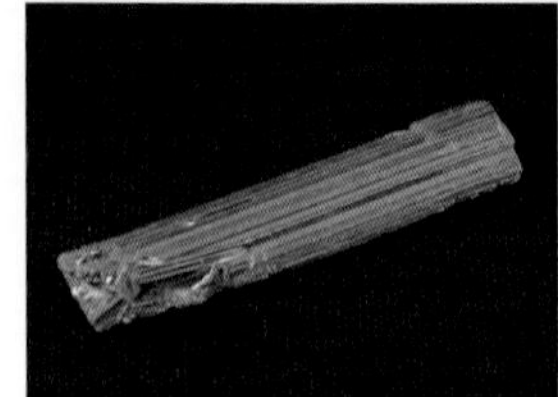

輝安鉱 ［中国産］

美しい柱状に結晶する。軟らかくロウソクの火でもとける。
●Sb_2S_3
▶アンチモンの鉱石，飾り石

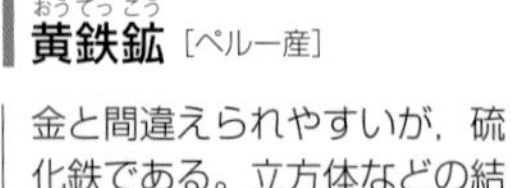

黄鉄鉱 ［ペルー産］

金と間違えられやすいが，硫化鉄である。立方体などの結晶が見られる。
●FeS_2　▶硫酸の原料

閃亜鉛鉱 ［アメリカ(テネシー州)産］

鉄の含有量が増えるほど，飴色から黒色になる。
●ZnS
▶亜鉛

辰砂 ［スペイン産］

水銀としての用途以外にも赤色の顔料として昔から利用されている。
●HgS　▶水銀，朱色の顔料

ベストフィット 地学基礎　解答編

1章 | 地球の構成と運動

1 節 地球の構造　標準問題

1 [地球の大きさ] (p.7)

解答

(1) エラトステネス

(2) 40050km

ベストフィット 「経線弧の長さの比＝中心角の比」。円周は中心角360°の弧の長さと考える。

解説

(1)　エラトステネスは古代ギリシアの学者で，地理学をはじめ数学や天文学など多岐にわたり多くの業績を残した。紀元前235年に，当時最大の都市であったアレクサンドリアの図書館長となった。著書「地理学」の中で地球の全周を科学的に測定し，測地学の開祖とよばれる。エラトステネスが求めた地球の全周は，現在知られている正確な全周と比較すると，15%ほど大きな値であり，当時としては驚くべき精度といえる。

(2)　扇形の弧の長さの比は，中心角の比に等しいので，地球の円周をL（km)とすると，

$356 : L = 3.2 : 360 \qquad \therefore L = 40050$ (km)

円周を，中心角360°に相当する弧の長さと考えればよい。

なお,エラトステネスが用いた距離の単位は「スタジア」であり，1スタジア≒185mである。現在,我々が用いているメートルは，もともとは，北極点から赤道の間の子午線弧長(つまり地球の全周の4分の1)の1000万分の1を1mとしたものである(現在では,光速度をもとに定義されている)。したがって，地球の全周はおよそ4000万m＝40000kmとなる。この数値は覚えておくべきである。

2 [恒星の高度と緯度差] (p.7)

解答

(1) 地点Y

(2) ①

ベストフィット 同一子午線上の地点では，「恒星の高度差＝緯度差」となる。

解説

(1)　北極星は地軸の北側のほぼ延長上(天の北極)に位置する恒星である。下の図に示したように，高緯度ほどその高度は大きくなり，北極では高度90°，すなわち天頂に位置する。北半球から見て南方に見える太陽についての高度と緯度との関係とは逆になるので注意が必要である。

(2)　この問題を解くには，以下の2つの知識が必要となる。

(i)同一子午線上の2点では，「恒星の高度差＝緯度差」となる。

(ii)地球の円周はおよそ40000kmである。

(i)に関しては，右のような図が描ければその関係に気付けるが，(ii)の地球の円周の値に関してはどこにも記載されてお

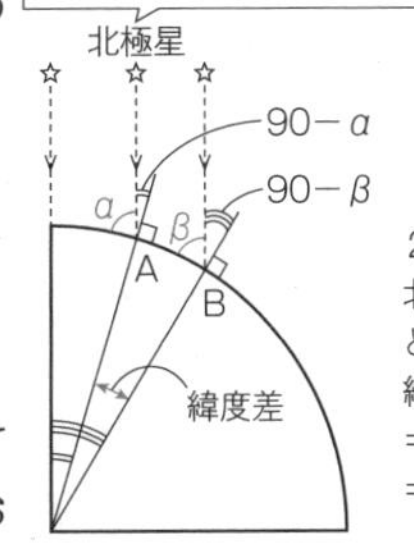

らず，記憶しておかなければならない値である。なお，北極星の高度はその地点の緯度と等しい。前ページの図から考えてみるとよい。

北極星の高度から，地点**X**,**Y**の緯度差は41° − 32° = 9°である。地点**X**,**Y**間の距離をx（km）とすると，緯度差の比と経線弧の長さの比が等しいことから，

$$9° : 360° = x\ (\mathrm{km}) : 40000\ (\mathrm{km}) \qquad \therefore\ x = 1000\ (\mathrm{km})$$

3 ［地球の形］（p.8）

解答

(1) ア―赤道　イ―極　ウ―自転　エ―遠心力

(2) ②

ベストフィット 地球の緯度差1°あたりの経線弧の長さは高緯度ほど長い。

解説

(1) 地球は地球自身の自転による遠心力のために赤道方向にふくらんだ回転楕円体（だえんたい）となっている。赤道付近で振子時計の進み方が遅い(つまり重力が小さい)ことから，地球が赤道方向にふくらんだ回転楕円体であることを指摘したのはイギリスの物理学者であるニュートンである。そもそも重力は遠心力と万有引力との合力であるために，赤道上での重力は理論上地球上で最小になるが，そこから計算される重力よりもさらに赤道上の重力の値は小さくなることにニュートンは気づいた。そこで，地球は，地球自身の自転による遠心力のために赤道方向にふくらんだ回転楕円体であると考えた。つまり，両極よりも地球の中心から遠い赤道表面では，万有引力そのものが小さくなっているということである。ニュートンの主張は，地球が両極方向にふくらんでいると主張したフランスのカッシーニ父子と対立したが，後にフランスの学士院の測定により，その考えが正しいことが実証された。

(2) 地球が赤道方向にふくらんだ回転楕円体であれば，低緯度における緯度差1°あたりの弧の長さは，赤道付近の地表面に内接する円の中心角1°あたりの弧の長さに相当する。一方，高緯度における緯度差1°あたりの弧の長さは北極付近の地表面に外接する円の中心角1°あたりの弧の長さに相当すると考えられる。後者のほうが大きな円になることから，高緯度のほうが緯度差1°あたりの経線弧の長さは長い。ちなみに，経度差1°あたりの弧の長さは，球体であろうが回転楕円体（だえんたい）であろうが，高緯度ほど短くなる。

4 ［地球楕円体］（p.8）

解答

(1) 地球楕円体

(2) $(a - b)/a$

(3) 6357km

ベストフィット 地球の極半径は赤道半径より約21km短い。

解説

(1) 当然のことながら，実際の地球には起伏があるため，完全な回転楕円体ではない。そこで，実際の地球の形状に最もよく適合する回転楕円体を地球楕円体としている。

(2) 偏平率は，赤道半径に対する，赤道半径と極半径の差の比である。楕円体のつぶれ具合が大きければ偏平率の値は大きくなり，完全な球体であれば，偏平率は0（ゼロ）となる。

(3) 地球の極半径をb（km）とすると，

$$\frac{6378 - b}{6378} = \frac{1}{298}$$

$\therefore b \fallingdotseq 6356.6$

地球の場合，赤道半径と極半径の差はわずか約21kmである。共通テストのようなマーク式問題の場合，この数値を頭に入れておけば，計算を省略でき，計算結果の妥当性が確認できる。覚えておくべき値である。

5 ［地球表面の高度分布］(p.8)

解答

(1) ア―大陸　イ―海洋　ウ―小さい

(2) ②

ベストフィット 地表の高度・深度分布に2つのピークが存在するのが地球の大きな特徴である。

解説

(1) 地球の高度・深度ごとの面積分布をグラフにすると2つのピークが見られる。これは，他の地球型惑星と比べた際の地球の大きな特徴である。このように2つの明確なピークをもつ理由は，地球の表面が密度の大きな玄武岩からなる海洋地殻と，密度の小さな花こう岩からなる大陸地殻からなるためである。密度の小さな花こう岩でできた地殻は浮力をもつため，玄武岩からなる地殻に比べて高い地形を形成する。これが大陸である。逆に密度の大きな玄武岩でできた地殻は，低い地形を形成する。この部分に水がたまったものが海洋である。特に，大陸地殻を構成する花こう岩質岩類は，地球表層のプレート運動の結果として生成されたものであり，太陽系で唯一プレート運動が機能している地球を特徴づける岩石である。

(2) 陸域のうち，最も大きな面積を占めるのは海抜0～1000m（0～1km）の地域である。また，海域で最も大きな面積を占めるのは深度4000～5000m（4～5km）の海域である。

6 ［地球の構成］(p.9)

解答

(1) ①

(2) ③

(3) ③

ベストフィット 地球は内核・外核・マントル・地殻の4層構造。外核のみが液体である。

解説

(1) 地球は，構成している物質の違いから，核，マントル，地殻に区分できる。マントルと地殻は岩石質であり，核は金属質である。マントル上部はかんらん岩質で構成され，下部では圧力の増加に伴い，高密度の鉱物に結晶構造を変化させている。また，地殻は，大陸上部地殻が花こう岩質，大陸下部地殻が玄武岩質，海洋地殻が玄武岩質であり，いずれも，マントルよりも低密度の火成岩からなる。核は鉄を主体とするが，少量のニッケルを含む合金である。外核と内核の区別は，物質の状態によるものであり，外核は液体，内核は固体となっている。まず，地震波の解析から地球の中心部に液体の核が存在することがわかり，後に，中心部が固体であることが指摘され，現在のような固体の内核と液体の外核とに区別された。なお，地球の冷却とともに外核は内側から次第に固化し，内核が成長していっている。

(2)　①誤り。大陸地殻の上部は花こう岩質，下部は海洋地殻と同じ玄武岩質(実際には斑れい岩)である。②誤り。ハワイ島など，いわゆるホットスポットの火山活動はかんらん岩の部分融解によって生じる玄武岩質マグマである。③正しい。中央海嶺(かいれい)はホットスポットと同じようにかんらん岩質の部分溶融によって玄武岩質の地殻が生成されているプレート境界である。④誤り。片岩は，広域変成岩の代表例である。

(3)　①正しい。堆積(たいせき)岩の一つである砕屑(さいせつ)岩は粒径により細かく区分されている。②正しい。火山砕屑物のうち，火山灰が固結したものが凝灰岩。火山礫(れき)と火山灰が固結したものが凝灰角礫岩である。③誤り。チャートはSiO_2の殻をもった放散虫などの遺骸(いがい)が堆積して固結したものである。なお，$CaCO_3$の殻をもつ有孔虫や貝の遺骸からなるのは石灰岩である。④正しい。海水や湖水の蒸発や，溶解物の沈殿によってできる堆積岩を化学岩といい，岩塩，チャート，石灰岩，石こうなどがその代表例である。

7 ［核の大きさ］(p.9)

解答

③

ベストフィット　核の半径は地球半径のおよそ半分。

解説

マントル－外核境界が深さ約2900km，外核―内核境界が深さ約5100km。この程度の概数値を知っていれば十分解答可能である。核の半径は地球半径の約半分(0.54倍)である。なお，体積で考えると，核の占める割合は地球全体の約16%にすぎず，約83%をマントルが占めている(地殻は１%以下)。

8 ［地球内部の物理量］(p.9)

解答

A―④　B―③

ベストフィット　深さとともに圧力は連続的に増加，密度は２か所で不連続に増加。

解説

Aは深さとともに連続的に増加していくことから，圧力であることが推測できる。なお，温度も地球の中心に向けて増加するが，地表付近の増温率が極端に大きくなる点が圧力と異なる。Bは２か所で不連続的に増加しているので密度と考えられる。深さ2900km付近では物質が変わるために密度が不連続に増加する。また，5100km付近では，物質の状態が液体から固体に変わるため密度が不連続に増加する。なお，状態が変わるよりも物質が変わる方が密度の違いは大きい。

2節 プレートの運動

標準問題

9 ［プレート境界］(p.14)

解答

(1) A：中央海嶺　B：トランスフォーム断層　C：海溝

(2) A：③　B：①　C：④

(3) A

(4) C

ベストフィット プレート境界には中央海嶺，海溝，トランスフォーム断層の３つのタイプがある。

解説

A：中央海嶺は上部マントルから上昇してきた玄武岩質マグマにより新しい海洋プレートが生成され，海洋底の拡大軸となっている場所である。盛んな海底火山活動が行われているのはもちろん，両側に移動するプレートに引っ張られ，正断層を伴う浅発地震が多発する。

B：中央海嶺軸は，直交する断裂構造によって細かく切られている。この海嶺軸と海嶺軸をつなぐ断裂構造がトランスフォーム断層である。右にB付近を真上から見た図を示した。図のように海嶺軸は固定されており，その両側にプレートが拡大，移動しているため，図のBの場所では右横ずれ断層となっている。もともと１本だった海嶺軸が断層によってずれているわけではないことに注意してほしい。トランスフォーム断層では，浅発地震が多発する。このようなトランスフォーム断層が地上に現れている場所が米国サンフランシスコ付近にあるサンアンドレアス断層である。

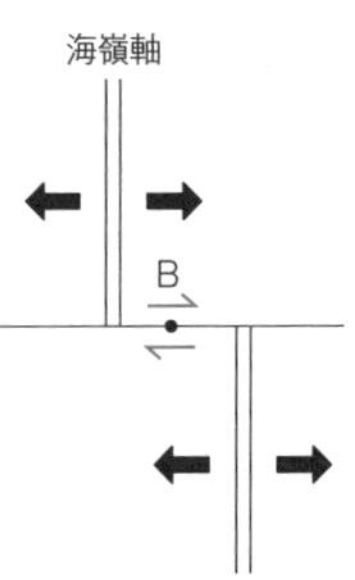

C：中央海嶺で生成された海洋プレートは，年間数cmほどの速度で移動し，いずれ，別のプレートの下に沈み込み，地球内部にもどっていく。この部分に見られる溝状の地形が海溝である。海溝付近では，沈み込むプレートに引きずり込まれたプレートが一定の周期で跳ね上がることで逆断層を伴う海溝型地震が発生する。海溝型地震はM 8を超えるような巨大地震となることも多い。2011年に起きた東北地方太平洋沖地震(M 9.0)もこのタイプの地震である。

10 ［地震の分布］(p.15)

解答

(1) ③

(2) ③

ベストフィット 震源の深さが100kmを超えるような深発地震が発生するのは島弧―海溝系のみ。

解説

(1)　①誤り。ホットスポットは，プレート境界に関係なく，ハワイ島など限られた場所のみである。②誤り。ハワイ島に・印があることなどから，ホットスポットも含まれていると考えられる。③正しい。震源の深さが100kmより浅い地震は，海嶺(かいれい)や海溝などに多く分布。なお，ハワイ島に見られるのはホットスポットによる火山性の地震と考えられる。④誤り。震源の深さが100kmより深い深発地震は島弧―海溝系のみで発生。海嶺などでは発生しない。

(2)　①正しい。Aはアルプス山脈であり，造山運動によってできた山脈である。褶曲(しゅうきょく)や断層を伴い複雑な地質構造となっている。②正しい。Bはヒマラヤ山脈である。ユーラシアプレートに，かつて独立した大陸であったインドが衝突してできた山脈である。③誤り。Cはサンアンドレアス断層である。プレートがすれ違うトランスフォーム断層が地表に現れたものである。プレートが生成されている海嶺ではない。④正しい。Dのようなプレート境界から離れた大陸中央部は盾状地または安定地塊とよばれ，現在では造山運動は起こっていない。

11 [海嶺と島弧—海溝系] (p.15)

解答

(1) ④

(2) ②

(3) ④

ベストフィット 日本のような島弧の下では沈み込むプレートのはたらきによりマグマが発生している。

解説

(1) マントル対流によりアセノスフェアの物質が上昇し，まわりの圧力が小さくなると，アセノスフェアの一部は溶融し，マグマを生成する。このマグマの活動により海洋プレートが生成している場所が中央海嶺である。

(2) cは中央海嶺であり，(1)で解説した通り，マグマの発生場所である。一方，aは島弧の地下のアセノスフェアの部分である。ここでは，沈み込む海洋プレートから水が供給され，物質の融点が下がることにより，溶融が起こってマグマが発生している。このようなしくみで発生したマグマによる火山活動によって，地殻が成長して，島弧とよばれる弧状列島を形成している。

(3) 年間5cmの速さで1000km移動するのに要する時間を計算すればよい。$1000\text{km} = 10^8\text{cm}$であるので，$\frac{10^8}{5} = 2 \times 10^7$ (2000万)年となる。

12 [ホットスポット] (p.16)

解答

(1) ③

(2) ②

(3) ②

ベストフィット ホットスポットでは，プレートの移動方向に火山列が形成される。ホットスポットから離れるほど火山の形成年代は古い。

解説

(1) 図2から数値を読み取れば計算できる。例えば，ホットスポットの位置である活動中の火山から，2000km離れた場所にある火山は2000万年前にできたことがわかる。つまり，この火山は2000万年かけて2000km移動したことになる。$2000\text{km} = 2000 \times 10^5\text{cm}$なので，$\frac{2000 \times 10^5}{2000 \times 10^4} = 10\text{cm/年}$となる。

なお，プレートの移動速度は数cm～10cm/年であるので，これを知っていれば，解答はある程度しぼられる。プレートの移動速度のおおよその値はぜひ覚えておこう。

(2) ②のハワイ諸島はホットスポットにより形成された火山列の好例である。なお，①は日本列島と同じ島弧である。③は沈み込むプレートによる火山活動によってできたという意味では島弧と同じであるが，島の形態を取っていないので陸弧とよばれる。また，④は衝突帯でできた褶曲(しゅうきょく)山脈であり，①，③，④はいずれもホットスポットではない。

(3) ホットスポットが形成した火山列の方向は，プレートの移動方向を示している。ここで，地点Xより西側の火山の方が形成年代が古いことに注意しよう。地点Xでは北西に火山列が延びているが，それより東側ではホットスポットから西に火山列が延びている。つまり，地点Xがホットスポット上にあった約4000万年前を境に，プレートの移動方向が，北西方向から西向きに変化したことがわかる。

13 ［断層と褶曲］（p.17）

解答

(1) (A)：正断層　(B)：逆断層　(C)：左横ずれ断層
(2) 背斜
(3) (i)(A)　(ii)(B)，(C)，(D)　(iii)(A)　(iv)(C)

ベストフィット 正断層は水平方向に伸張，逆断層は水平方向から圧縮。

解説

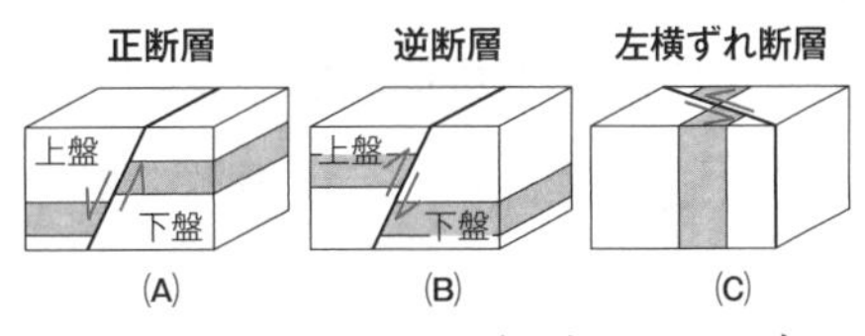

(1)，(3)　まずは，断層を地盤の動きから，分類できるようにしよう（右図）。まず，(A)，(B)は鉛直方向にずれの成分があるので縦ずれ断層となる。このうち，(A)は上盤が下方にずれる正断層，(B)は上盤が上方にずれる逆断層である。また，(C)は水平方向にずれの成分があるため横ずれ断層であり，さらに，断層をはさんで向こう側の地盤が左にずれるように見えるので左横ずれ断層となる。もちろん，向こう側の地盤が右にずれる場合は右横ずれ断層となる。

さて，断層の分類は慣れれば容易であるが，この断層を生じさせた力の向きとなると，少し難解である。そもそも，断層をはさんで真逆の向きに力がはたらくということはあり得ない。上図で示した地盤の動きは，いくつかの力が作用した結果と考えるのが正しい。基本的に地下にある岩盤には，あらゆる方向から圧縮力が作用している。そこで，鉛直（上下）方向に1軸，水平方向に直交する2軸の合計3つの軸を考え，どのような力が作用したか考えてみよう。なお，図(A)～(C)の場合，水平方向の2つの軸は東－西方向と南－北方向となる。

(A)：最大の圧縮力が上下方向で，最小の圧縮力（または張力）が東西方向の場合，相対的に地盤は東西に伸張するようにずれる。この時，上下方向の圧縮力は重力によるものであり，重力に従って上盤がずり下がる正断層となる。

(B)：プレートの沈み込みなどにより，東西方向に最大の圧縮力が加わり，南北方向にもある程度の圧縮力が作用している場合，結果的に最小の圧縮力となる上下方向に岩盤は伸張することとなり，重力に逆らう形で上盤がずり上がる逆断層が生じる。

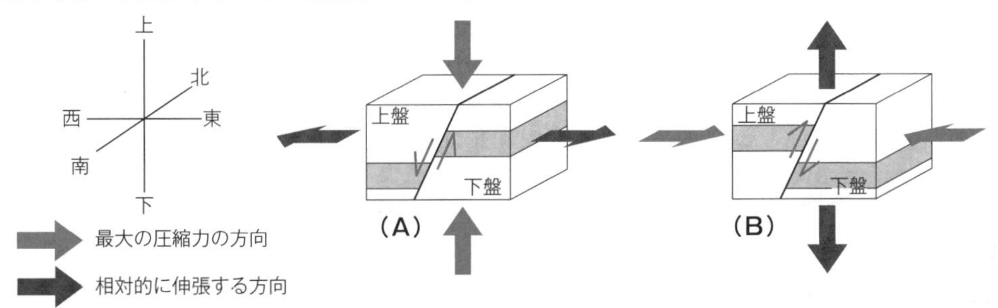

以上のように，最大の圧縮力の方向と，最小の圧縮力の方向のいずれかが，鉛直方向にある場合は，縦ずれ断層となる。一方，最大の圧縮力の方向と，最小の圧縮力の方向がともに水平面内にある場合は(C)のような横ずれ断層となる。

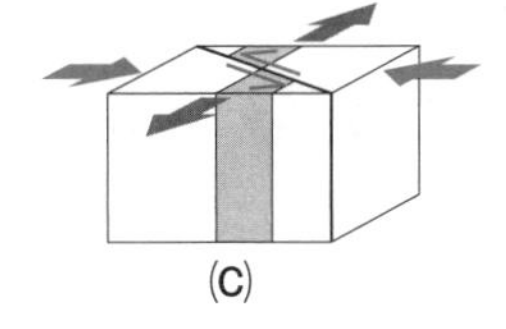

(C)：東西方向に最大の圧縮力が作用しており，南北方向の圧縮力が小さい（または張力がはたらく）場合は，相対的に南北方向に伸縮す

る方向に地盤がずれる。なお，この図の場合，断層が北西−南東方向に生じているため左横ずれ断層となっているが，もし，断層が北東−南西方向に生じれば，右横ずれ断層となる。
(2) 水平方向に大きな圧縮力がはたらき，地盤が破壊されずに延性的に変形する場合は，地層などが波状に変形し，褶曲(しゅうきょく)ができる。褶曲がつくる波形において，山の部分を背斜，谷の部分を向斜という。

14 ［変成岩］(p.17)

解答

(1) 接触変成岩：(B)，(C)　広域変成岩：(A)，(D)
(2) (A)片岩　(B)結晶質石灰岩(大理石)　(C)ホルンフェルス　(D)片麻岩
(3) 片理
(4) 酸に弱く，長期間雨水にさらされることにより溶解する可能性があるため。

ベストフィット 変成岩は，接触変成岩2種類，広域変成岩2種類についてそれぞれの特徴を整理しておく。

解説

(1)，(2)，(3) 変成作用には，狭い範囲でマグマの熱によって進行する接触変成作用と，造山運動(プレート運動)に伴う熱と圧力によって広範囲で進行する広域変成作用の２つの作用がある。接触変成作用によってできる接触変成岩はどんな岩石が変成作用を受けたかによって分類される。(B)は石灰岩が接触変成作用を受けてできた結晶質石灰岩(大理石)の説明である。これは，粗粒な方解石($CaCO_3$)が集まったものであり，多くは白っぽい色を呈する。(C)は泥岩や砂岩が接触変成作用を受けてできるホルンフェルスの説明である。ホルンフェルスは，黒雲母を多く含み，全体に黒っぽく，緻密でかたい。一方，広域変成作用によってできる広域変成岩は変成条件により分類される。(A)は，高圧下で広域変成作用を受けてできる片岩の説明である。片岩は，高い圧力の影響で，鉱物が一方向に配列した片理とよばれる組織をもち，面状に剝離(はくり)しやすい。(D)は高温下で広域変成作用を受けてできる片麻岩の説明である。片麻岩は，無色鉱物(石英，長石類など)の部分と有色鉱物(角閃石，黒雲母など)の部分からなる白と黒の縞(しま)模様状の構造が特徴的である。
(4) 結晶質石灰岩は，「大理石」として，古くから建築材や彫刻用の石材に用いられてきた。なお，「大理石」は一般的には，非変成の石灰岩も含めて用いられることが多いが，学術的な定義としては，石灰岩が接触変成作用を受けた結晶質石灰岩のことである。結晶質石灰岩の成分は，石灰岩と同じ炭酸カルシウム($CaCO_3$)であるため酸に弱く，薄い塩酸を加えると激しく反応し，二酸化炭素を発生させる。雨水など自然界の水は二酸化炭素が溶けた弱い酸性であるが，長い年月をかけて炭酸カルシウムを溶解していく。ましてや，やや強い酸性を示す酸性雨であれば，その影響を強く受けることになる。以上のような理由から，大理石は屋外の建築材としては好ましくない。

3節 地震と火山

標準問題

15 ［本震と余震］(p.23)

解答

(1) ③
(2) ⑥

ベストフィット 余震は本震の後，震源断層に沿った地域で起こる。

解説

(1) 余震は，本震の後に震源断層にたまった局所的なひずみを解消するために起こる地震である。したがって，余震の分布域は震源断層の存在している位置を示していることになる。

(2) 余震には，本震の直後に集中し，時間とともに急激に発生回数が減少する，規模の大きな地震ほど余震の規模は大きく，回数が多いなどの特徴がある。選択肢の①，②，④，⑤は本震の発生前に地震が発生しているため誤りである。余震は，本震の直後に急激に発生数が減少するため，③のような直線的なグラフにはならない。したがって，⑥のグラフが適当である。

16 ［地震計の記録］（p.24）

解答

③

ベストフィット 初期微動継続時間の長さは，震源距離に比例する。

解説

地震発生時，伝播速度の大きいP波が最初に到達し，初期微動をもたらし，遅れて到達するS波が主要動を引き起こす。両者の到達時刻の差が初期微動継続時間であり，震源距離に比例して初期微動継続時間は長くなる。これを発見したのは日本の地震学者である大森房吉であり，震源距離を d（km），初期微動継続時間を t（秒），比例定数を k とすると，$d = k \times t$（大森公式）という式で表される。

17 ［初期微動継続時間と震源距離］（p.24）

解答

(1) ア：34　イ：38

(2) 初期微動継続時間

(3) 30km

ベストフィット 初期微動継続時間 ＝ S波の到達に要する時間 － P波の到達に要する時間

解説

(1) 横軸の数値から1目盛り2（s）であることがわかる。最初の振幅の小さな揺れ（初期微動）が開始した時刻がP波の到達時刻，振幅の大きな揺れ（主要動）が開始した時刻がS波の到達時刻となる。

(2) P波の到達からS波の到達までの間，振幅の小さな揺れが続く。この時間を初期微動継続時間といい，初期微動継続時間の長さは震源からの距離に比例する（大森公式）。

(3) この観測地点での初期微動継続時間は，$38 - 34 = 4$s である。そして，この地点の震源距離を d（km）とすると，観測地点にP波，S波が到達するのに要する時間は，それぞれ，$d/5$（s），$d/3$（s）となる（$d/5 < d/3$）。この差が初期微動継続時間となるので，$4 = d/3 - d/5$

$\therefore d = 30$（km）となる。

なお，「初期微動継続時間＝S波の到達に要する時間－P波の到達に要する時間」を式変形することで，震源距離が初期微動継続時間に比例することを表す大森公式を導くことができる。

18 ［大森公式］（p.24）

解答

(1) ③

(2) ②

ベストフィット 大森公式は，初期微動継続時間を求める式を変形して導き出すことができる。

解説

(1) 初期微動継続時間は，S波が到達するのに要する時間から，P波が到達するのに要する時間を引いたものであるので，$t = \frac{L}{3.0} - \frac{L}{5.0}$となる。この式を変形すると，$L = 7.5t$となる。この「$L = 7.5t$」を大森公式，「7.5」を大森定数という。大森定数は，地盤の性質の違いなどから場所による違いはあるものの，概ね6～8程度になる。大森定数を知っていれば，地震が発生した際に，初期微動継続時間から震源距離がすぐに算出できて便利である。およその値を覚えておいても損はないであろう。

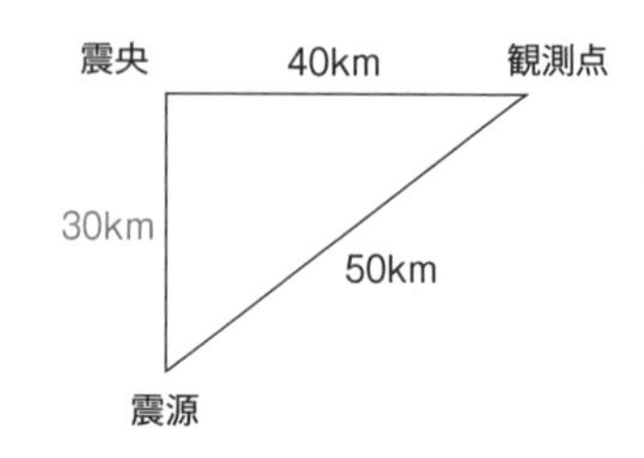

(2) 右の図のような断面図を考えればよい。辺の比が5：4：3の直角三角形になるので，震源の深さは30kmである。

19 ［震央と震源の決定］(p.25)

解答

(1) 図1(実線および点H)参照

(2) ②

ベストフィット 3地点の震源距離がわかれば震央と震源の位置が特定できる。

解説

(1) 大森公式を用いると，初期微動継続時間から震源距離を求めることができるが，ある地点の震源距離がわかっても，震源がどこにあるかはわからない。しかし，任意の3地点の震源距離がわかれば，震央と震源の深さを求めることができる。震央と震源の深さが求められるということは，震源の空間的な位置が特定できるということである。

まず，震央の位置は以下のような手順で特定することができる。(図1を参照)

① 地図上の任意の3地点において，観測地点を中心とし，各地点の震源距離を半径とする円を描く。

② 3つの円のそれぞれの組合せについて共通弦を描く。つまり，各円の交点を結ぶ直線を合計3本引く。(図1の赤実線)

③ 共通弦は必ず1点で交わる。この点が震央Hである。(図1の点H)

1マスの間隔は20km

図1

震央が特定できる原理を簡単に説明してみる。まず，観測点を中心とし震源距離を半径として描いた球面上のどこかに震源がある。図1で描いた円は，この球面が地表と交わった部分である。2つの円の共通弦は，2つの観測地点から描いた球面の交線を真上から見たものであり，この交線のどこかに震源は存在する。したがって，3つのすべての球面の交線が交わる点，つまりは3本の共通弦の交点の地下に震源があることになり，この交点が震央に相当する。

原理は難解であるが，作図の方法は頭に入れておこう。

(2)　震央が求まれば，以下のような手順で震源の深さを求めることができる。(図１の点線を参照)

①　任意の観測地点と，震央**H**を直線で結ぶ。

②　震央**H**を通り，①の直線と直交する線分を引き，その線分が観測地点から描いた円弧と交わる点を**I**とする。

③　線分**HI**の距離が震源の深さになる。

図１の点線は，観測点**A**を用いて上の手順で震源の深さを求めたものである。図より，震源の深さ(線分**HI**)は２マスより大きく３マスより小さい(つまり，40～60km)の間であるので，②が適当であるとわかる。選択肢から選ぶ問題であるので，この程度の概数値がわかれば十分であるが，正確な数値を求めるのであれば，次のようになる。

まず，線分**AH**の長さ(震央距離)は，直交する２辺が40kmと60kmの直角三角形の斜辺に相当するので，$\sqrt{40^2+60^2}=\sqrt{13}\times 20$ kmである。また，線分**AI**は震源距離であるので85kmである。したがって，三平方の定理より，

$HI^2 + (\sqrt{13}\times 20)^2 = 85^2$

$HI^2 = 2025$

$HI = 45$kmとなる。

なお，線分**HI**が震源の深さに相当することは，直角三角形**AHI**を取り出してみることで理解できる。図２で示したように，震源距離**AI**を斜辺とする直角三角形の直交する２辺のうち１辺が震央距離**AH**であるので，残りの辺**HI**が震源の深さと一致する。

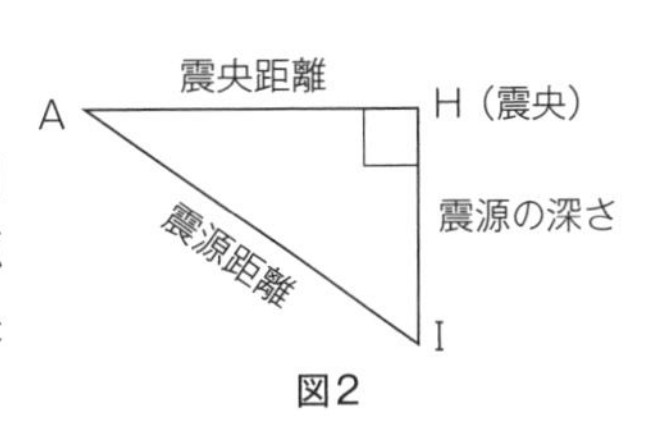

図2

20 [緊急地震速報] (p.25)

解答

(1) **ア**―P波　**イ**―震源　**ウ**―マグニチュード　**エ**―S波　**オ**―震度

(2) 12秒後

ベストフィット　緊急地震速報では，最初に到達するP波から各地の震度などを予測している。

解説

(1)　緊急地震速報は，いち早く到達するP波から，震源，マグニチュード，各地へのS波の到達時刻，各地の震度などを瞬時に計算し，情報を流す防災システムである。

(2)　震源距離35kmの距離にある観測地点**A**にP波が到達するのに要する時間は$\frac{35}{7.0}=5$秒である。この後，地震波の解析等に0.5秒を費やした後に緊急地震速報が発表されるので，緊急地震速報の発表は，地震発生から$5+0.5=5.5$秒後となる。一方，震源距離70kmの地点**B**にS波が到達するのに要する時間は$\frac{70}{4.0}=17.5$秒である。したがって，地点**B**で緊急地震速報を受信してからS波が到達するまでの時間は$17.5-5.5=12$秒となる。このように，緊急地震速報からS波による強い揺れが到達するまでの時間はわずかしかないので，緊急地震速報を受信した際に，最低限の安全確保を図れるように日頃からの備えが重要である。また，震源に近い場所では，原理的に緊急地震速報の発表が不可能な場合がある。

21 [活断層] (p.25)

解答

②

ベストフィット　活断層とは，最近数十万年間にくり返し活動し，今後も活動の可能性がある断層。

解説

①誤り。「最近数十万年間に」と直すと活断層の正しい説明となる。②正しい。日本付近の海底にも活断層は無数に存在している。③誤り。日本列島には無数の活断層が確認されており，次々に新しい活断層も見つかっている。④誤り。都市直下の活断層が動くと大きな被害が出て注目されるが，活断層の分布と，都市の分布は無関係である。

22 ［火山地形］(p.26)

解答

(1) ア：c　イ：b　ウ：a

(2) a：溶岩ドーム(溶岩円頂丘)　b：成層火山　c：盾状火山

(3) 玄武岩質マグマは，粘性が低く，含まれる揮発成分の割合が少ないため，短い周期で穏やかな噴火をくり返す。

ベストフィット　火山の形態はマグマの粘性や噴出量で決まる。

解説

(1)(2)　火山は噴出するマグマの粘性や噴出量によりさまざまな形態がある。二酸化ケイ素の含有量が少ない玄武岩質マグマは粘性が低く，図cのような傾斜の緩やかな盾状火山を形成する(例：マウナロア，キラウェア(ハワイ島))。また，玄武岩質マグマが大量に噴出すると，溶岩台地を形成する(例：デカン高原(インド))。また，安山岩質マグマは，図bのような溶岩流が何層にも積み重なった円錐状の成層火山を形成する(例：浅間山)。また，二酸化ケイ素の含有量が多い流紋岩質マグマは粘性が高く，図aのようなドーム状に突き出た溶岩ドーム(溶岩円頂丘)を形成する(例：昭和新山)。

(3)　火山の噴火の様式は，マグマの粘性と，含まれる揮発成分の割合の大小によって変わる。一般に，二酸化ケイ素の含有量の少ない玄武岩質(苦鉄質)マグマは，粘性が低いことと揮発成分に乏しいことから，圧力があまり蓄積しないうちに短い間隔で穏やかな噴火をくり返す。一方，流紋岩質(珪(けい)長質)マグマは，粘性が高く，揮発成分に富むため，長い時間圧力を蓄積して爆発的な噴火を起こす。

23 ［火山噴火］(p.26)

解答

(1) 水蒸気

(2) ①

ベストフィット　マグマ中に含まれる揮発成分(火山ガス)は大部分が水蒸気である。

解説

(1)　マグマに含まれる揮発成分は圧倒的に水蒸気が多く，その他，二酸化硫黄や二酸化炭素などが含まれる。

(2)　①誤り。大規模な噴火であれば，火山灰は成層圏にまで達し，偏西風などにのって地球全体に広がることもあり，地球規模での異常気象の原因となることもある。②正しい。火山ガスと溶岩が同時に噴出するのが通常の噴火活動である。③正しい。SiO_2量の多い珪(けい)長質マグマほどガス成分の割合は高く，爆発的な噴火を引き起こす。④正しい。発泡したマグマ(つまり，火砕物と火山ガスの混合物)は流動性が高く，時には時速100kmを超える速度で斜面を流下する。このような現象を火砕流という。

火砕流は，粘性が高く揮発成分を多く含む珪長質マグマで生じることが多い。

24 [日本付近のプレート] (p.26)

解答

(1) ア―太平洋　イ―フィリピン海

(2) 海溝から西側にいくほど震源の深さがだんだん深くなる。

ベストフィット 島弧―海溝系では海溝から離れるほど震源の深さは深くなる。

解説

(1) 日本列島はユーラシアプレート，北米プレート，太平洋プレート，フィリピン海プレートの４枚のプレートがせめぎ合う場所に位置している。日本付近のプレート構成は地図でよく確認しておく必要がある。なお，プレートの沈み込む場所には海溝が形成されるが，海溝よりも浅く，傾斜も緩やかな地形をトラフとよんでいる。図に示されているのは南海トラフであり，現在，巨大地震の発生が最も懸念されている場所の１つである。

(2) プレートの沈み込み帯に位置する島弧―海溝系では，沈み込むプレートの上面に沿って深発地震の震源が分布する。このため，震源の深さは海溝から島弧側に向けてだんだん深くなる。このような沈み込むプレート上の震源の分布域を，提唱者の２人の名前をとって和達(わだち)―ベニオフ帯とよんでいる。

25 [日本付近の火山分布] (p.27)

解答

(1) 火山前線(火山フロント)

(2) ①

ベストフィット 島弧では，火山前線より海溝側には火山は存在しない。

解説

(1) 島弧の地下では，沈み込むプレートからマントルに水が供給されることでマグマが発生している。このようにしてマグマが発生するためには，高温高圧下で，マントルが融点に近くなっている領域，いわゆるアセノスフェアの深さまでプレートが沈み込まなければならない。その深さは約100kmであり，沈み込むプレートの上面が深さ約100kmに到達する場所を地図上に線で表したものが火山前線となる。すなわち，火山前線よりも海溝側では，プレートの沈み込みが浅いため，マグマは発生せず，当然，地表に火山は見られない。

(2) ４つの図のうち，火山前線より海溝側に火山が存在せず，かつ，プレートの上面が深さ100km程度まで沈み込んでいる部分の直上に火山前線が存在する図を選ぶと①が正解となる。

26 [火成岩の観察] (p.27)

解答

(1) ④

(2) 玄武岩

ベストフィット 火成岩の種類は，組織の違いと鉱物組合せの２つの要素で決まる。

解説

(1) ①誤り。色指数は有色鉱物の割合(体積％)を表す。花こう岩のような珪(けい)長質岩類はおおむね10以下であり，全体に白っぽい。②誤り。花こう岩に含まれる有色鉱物は角閃石(かくせんせき)，黒雲母(うんも)などであるが，花こう岩は等粒状組織を示す深成岩であり，火山岩の組織のような斑晶(はんしょう)や石基などは見られない。③誤り。急冷によってガラス質(石基)の部分をもつのは火山岩である。④正しい。花こう岩は等粒状組織を示す深成岩であり，無色鉱物として石英やカリ長石を含む。
(2)　大きな結晶(斑晶)と微細結晶ないしはガラス質(石基)からなる斑状組織を示し，火山岩であることがわかる。さらに，かんらん石，輝石などの有色鉱物から苦鉄質岩であることがわかり，玄武岩と特定される。

27 ［造岩鉱物の結晶構造］(p.28)

解答

(1) ア―酸素　　イ―ケイ素
(2) ケイ酸塩鉱物
(3) ①　かんらん石　　②　輝石　　③　黒雲母
(4) マグネシウム，鉄

ベストフィット おもな造岩鉱物はSiO_4四面体が連結した結晶構造をもつケイ酸塩鉱物である。

解説

(1)・(2)　地殻の大部分は火成岩から構成され，火成岩はいくつかの鉱物(造岩鉱物)の集合体である。これら造岩鉱物は，1個のケイ素を中心とする正四面体の頂点方向に4つの酸素が結合したSiO_4四面体が連結して結晶を形づくっており，このような鉱物をケイ酸塩鉱物という。ケイ酸塩鉱物は，SiO_4四面体の連結形態と，それらのすき間を埋める金属イオンの種類によってさまざまな鉱物に分類される。このように，地殻の大部分がケイ酸塩鉱物から構成されているため，地殻の組成は最も多い元素が酸素(約47重量％)，次に多い元素がケイ素(約28重量％)となっている。
(3)　造岩鉱物は，その鉱物の種類によってSiO_4四面体の連結のしかたが決まっている。①のようにSiO_4四面体が連結せず，独立しているのはかんらん石である。また，②のように，SiO_4四面体の2つの酸素が隣り合う四面体と共有されることで一本の鎖状の構造を形成しているのが輝石であり，この鎖状の構造がさらに結合して二本の鎖状の構造を形成しているのが角閃石である。さらに，③の説明にあるように，SiO_4四面体の3つの酸素が結合して，平面的な網目状の構造をつくっているのが黒雲母である。黒雲母はこのような網目状の構造が積み重なるようにしてできた層状の結晶構造を形成しているため，層状に剥離(はくり)しやすい性質をもつ。
　なお，有色鉱物は，マグマの温度が低下するとともに，かんらん石→輝石→角閃石→黒雲母の順に晶出してくるが，上で説明したように，後で晶出する鉱物ほど，SiO_4四面体の連結のしかたはだんだん複雑になっていく。
　また，石英をはじめとする無色鉱物は，SiO_4四面体の4つの酸素すべてを隣り合う四面体と共有することで立体的な網目状の構造を形成する。
(4)　SiO_4四面体からなる骨格を埋める金属元素の種類は鉱物によってさまざまであるが，有色鉱物には共通してマグネシウム(Mg)，鉄(Fe)の2つの元素が含まれる。なお，これらの金属元素は実際にはイオンの形で結晶のすき間を埋めている。

28 ［火成岩と造岩鉱物］(p.28)

解答

(1) A－かんらん石　　B－輝石　　C－角閃石

(2) 苦鉄質岩に含まれる斜長石はカルシウムに富むが，ケイ長質岩に含まれるものはナトリウムに富む。
(3) 石英
(4) 10

ベストフィット 火成岩はSiO_2の割合で区分される。それぞれで鉱物の組み合わせが異なる。

解説

(1) マグマの温度が低下していくにつれ，固結してできる火成岩は，苦鉄質岩(塩基性岩)からケイ長質岩(酸性岩)へと変化する。これは，マグマの温度が低下していく際に，温度によって晶出する鉱物が異なるため，それぞれの温度で特徴的な鉱物組合せ(化学組成)の火成岩が生成するためである。具体的には，有色鉱物は，温度の低下に伴い，かんらん石→輝石→角閃石→黒雲母と変化する。一方，無色鉱物については斜長石があらゆる火成岩に見られる。また，石英，カリ長石はおもにケイ長質岩に含まれる鉱物である。

(2) 斜長石の化学組成は火成岩により異なる。苦鉄質岩にはCaが多く含まれ，ケイ長質岩になるにつれて，Naが多いものへと連続的に変化する。

(3) 主要な造岩鉱物のうち，石英だけは金属元素を含まない。石英は純粋な二酸化ケイ素SiO_2の結晶であり，かたくて風化にも強い。

(4) 色指数とは，火成岩全体を100として，そこに含まれる有色鉱物の割合を示したものである。まず，図において石英の体積が20%となっているところを見つける。図より，この部分の火成岩に含まれる有色鉱物は黒雲母しかないので，黒雲母の体積%がそのまま色指数となる。よって色指数は10である。

29 [深成岩の色指数] (p.29)

解答

(1) 32
(2) 等粒状組織
(3) 閃緑岩

ベストフィット 色指数とは，岩石全体に占める有色鉱物の割合。

解説

(1) 色指数は，対象となる岩石中のすべての鉱物のうち有色鉱物の占める割合(体積%)を表したものである。しかし，鉱物ごとにその体積を計測するのは現実的には不可能である。そこで，通常は，任意の断面を研磨し，この面における有色鉱物の割合(面積%)を計算して色指数とする。実際の手順としては，岩石の断面に一定間隔の格子を想定し，すべての格子点のうち，有色鉱物が存在する格子点の割合を求める。したがって，色指数は，以下の式から求めることができる。

$$色指数=\frac{有色鉱物が位置する格子点の数}{格子点の総数}\times 100\ (\%)$$

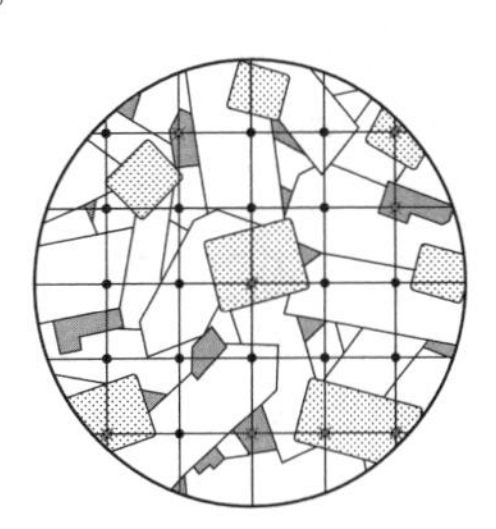

図では，格子点の総数が25であり，そのうち，有色鉱物(輝石と角閃石(かくせん))が位置している格子点(図中の×)は8であるから，上の式にあてはめると，色指数は　8／25 × 100 = 32となる。

なお，実際にはこのような操作は顕微鏡の下で行われ，膨大な数の格子点をカウントすることで正確な値を求めるたいへん根気のいる作業となる。

(2)　深成岩は，マグマが地下深部でゆっくりと冷却，固結することでできる火成岩である。結晶が時間をかけて十分に成長するため，粒のそろった粗粒な鉱物からなる等粒状組織をもつ。

(3)　輝石と角閃石という鉱物の組み合わせから中間質岩に分類される深成岩であると推測できるので，閃緑岩とわかる。なお，斜長石はほとんどの火成岩に見られるため，分類のヒントとはならない。

演習問題

30 ［ケイ酸塩鉱物］(p.32)

解答

問1．④　問2．②

正誤Check

岩石はおもにケイ酸塩鉱物で構成されている。ケイ酸塩鉱物の結晶構造は，下の図1に示すSiO_4四面体を基本としている。下の図2はある鉱物のSiO_4四面体のつながり方を示したものである。

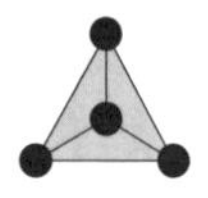

四面体の頂点から底面に向かって見た図であり，酸素原子を黒丸(●)で表している。

図1

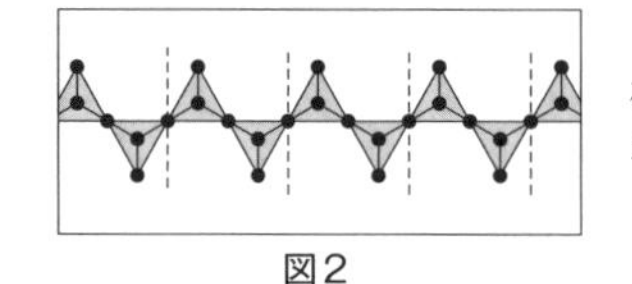

破線は構造がくり返される最小単位の境界を示す。

図2

問1　上の図2で示された結晶構造をもつ鉱物として最も適当なものを，次の①～⑤のうちから一つ選べ。

①　石英　②　黒雲母(うんも)　③　かんらん石　④　輝石　⑤　角閃石(かくせん)

主要造岩鉱物はSiO_4四面体を基本骨格とするケイ酸塩鉱物である。SiO_4四面体の連結の仕方は鉱物によって違いがある。石英や長石類などの無色鉱物はSiO_4四面体が立体的な網目状に連結している。一方，有色鉱物は，かんらん石は独立構造，輝石は一本鎖状，角閃石は二本鎖状，黒雲母は平面網目状という具合に，晶出順が遅い鉱物ほど複雑な連結形式をとる。

問2　上の図2の鉱物におけるケイ素原子と酸素原子の数の比(Si：O)として最も適当なものを，次の①～④のうちから一つ選べ。

①　2：5　②　2：6　③　2：7　④　2：8

上の図2の説明にあるように，破線ではさまれた部分が輝石の結晶構造の最小単位である。まず，この中には2つのSiO_4四面体が含まれることから，ケイ素原子は2個含まれる。一方，酸素原子は7個含まれるように見えるが，両端の酸素原子は，隣のSiO_4四面体と共有しており，それぞれ$\frac{1}{2}$個分が含まれると考えることができる。つまり，破線ではさまれた最小単位に含まれる酸素原子は，$5+\frac{1}{2}\times 2=6$(個)ということになる。したがって，原子数の比はSi：O＝2：6となる。

31 ［マグマの化学組成］(p.32)

解答

②

正誤Check

地下深部から上昇するマグマは，右の図の(**ア**)に示すように，火山の下にマグマ溜(だま)りをつくることが多い。図(**イ**)に示すように，そこでのマグマは結晶と液体の混合物であり，共存する結晶と液体とは化学組成が異なるのが普通である。いま，結晶と液体が，マグマ中で図(**イ**)に示すように共存している。このマグマ中での結晶と液体の割合は，それぞれ20重量%と80重量%である。マグマ全体でのMgOの重量%として最も適当な数値を，次の①～④のうちから一つ選べ。

① 5重量%　　② 8重量%　　③ 17重量%　　④ 25重量%

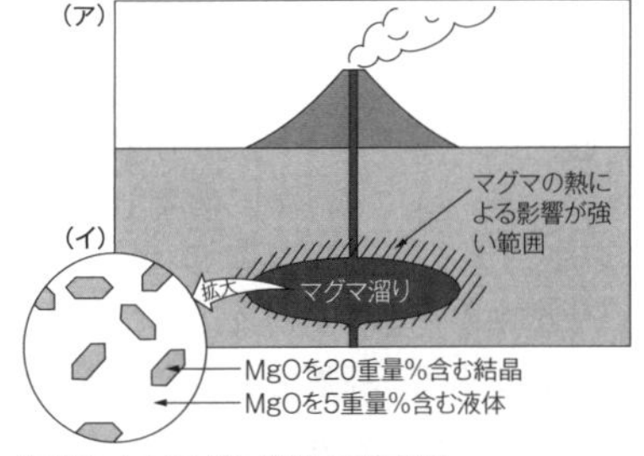

(ア)火山とマグマ溜りの模式図
(イ)マグマ中で共存する結晶と液体の模式図

わかりやすくするために，マグマ100gあたりで考えてみよう。問題文から，この中には結晶が20g，液体が80gあることになる。図の説明を見ると，結晶部分には20重量%のMgOを含むので，結晶20g中には$20 \times 0.20 = 4$ (g)のMgOを含むことになる。同様に，液体部分には5重量%のMgOを含むので，液体80g中には$80 \times 0.05 = 4$ (g)のMgOを含むことになる。したがって，100gのマグマに含まれるMgOは合わせて，$4 + 4 = 8$ (g)となり，その割合は8重量%となる。この問題のように，割合だけが示してある場合，全体の量を100として具体的な量を考えると解答しやすい場合がある。

32 [地震・火山・プレート] (p.32)

解答

問1. ③　問2. ②　問3. ①　問4. ③　問5. ③

リード文 Check

右の図は，A東北日本(東北地方)の東西断面の模式図である。地震の震源，火山の分布および沈み込む海洋プレート(海のプレート)の位置を表している。太平洋の[ア]で生成された海洋プレートは，図の矢印Aで示される[イ]で大陸プレートの下に沈み込む。東北日本のB地震やC火山の活動は，海洋プレートの沈み込みと密接に関連している。

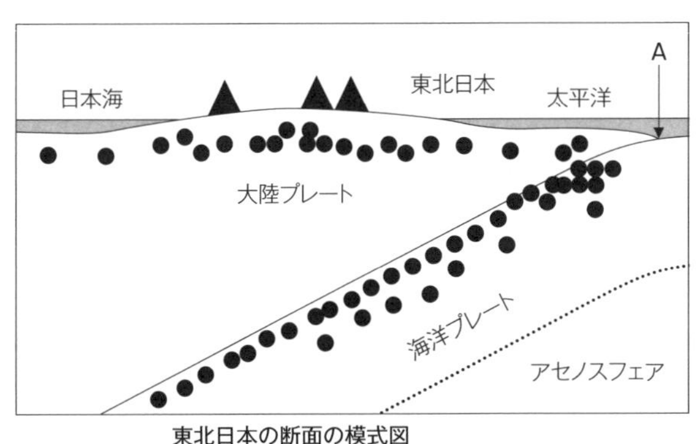

東北日本の断面の模式図
▲は火山を，●は地震の震源を示す。

ベストフィット

A 東北日本では，大陸プレートである北米プレートに，海洋プレートである太平洋プレートが沈み込んでいる。
B プレートの沈み込み帯では，海溝型地震，和達(わだち)―ベニオフ帯に沿った深発地震，プレート内活断層に伴う浅発地震などが発生し，地震の巣となっている。
C プレートの沈み込みは，マグマの発生も引き起こす。沈み込むプレートの深さが約100kmを超えると，アセノスフェアに対して水が供給され，融点が降下することによりマグマが発生し，地表では火山活動が見られることになる。

正誤 Check

問1 前ページの文章中の[ア]・[イ]に入れる語の組合せとして最も適当なものを，次の①～④のうちから一つ選べ。

	ア	イ
①	中央海嶺(かいれい)	トランスフォーム断層

② ホットスポット　　海溝
③ 中央海嶺　　　　　海溝
④ ホットスポット　　トランスフォーム断層

プレートは中央海嶺で生成され，海溝で沈み込んで地球内部に再び戻る。地球内部のマントル対流(ホットプルーム)によって中央海嶺が形成されるが，この際，中央海嶺軸は１本ではなく，多くの短い海嶺軸が途切れ途切れにつながった状態となる。この海嶺軸をつなぐのがトランスフォーム断層と呼ばれる横ずれ断層である。トランスフォーム断層では，断層面をはさんで，海嶺で生成され拡大していくプレートが互いにすれ違うように移動しているため，地震が発生する。また，ホットスポットはプレートと無関係にマントル深部からマグマが供給されている場所である。代表的な例としてハワイ島があげられる。

問2　東北日本の太平洋沖では，大陸プレートと沈み込む海洋プレートとの境界でマグニチュード７以上の大地震が発生する。このことに関して述べた文として最も適当なものを，次の①～④のうちから一つ選べ。

① このような大地震の発生のくり返し間隔は[誤]数千年である。
[正]およそ100 ～ 200年
② このような大地震は，大陸プレートがはね上がることによって起こる。
③ 海洋プレートの沈み込みに伴う大地震は[誤]日本特有の現象である。
[正]日本だけでなく，インドネシアやアリューシャン諸島などでも見られる。
④ [誤]大地震に伴うマグマの発生が火山形成の原因である。
[正]沈み込むプレートからアセノスフェアに水が供給されることによるマグマの発生

問3　深さ17kmで発生した地震の揺れが，震源のほぼ真上の地震計で記録された。上下方向と，水平のある一方向の揺れのそれぞれの記録として最も適当なものを，次の①～④のうちから一つ選べ。なお，それぞれの図には，P波とS波が到着した時間を破線で示してある。

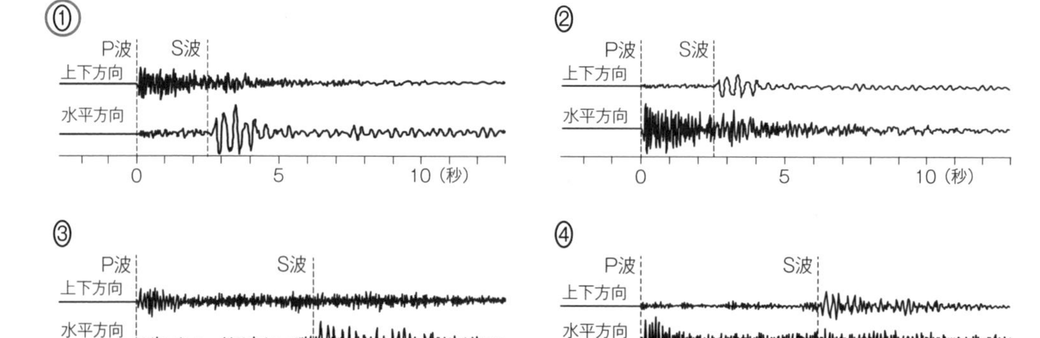

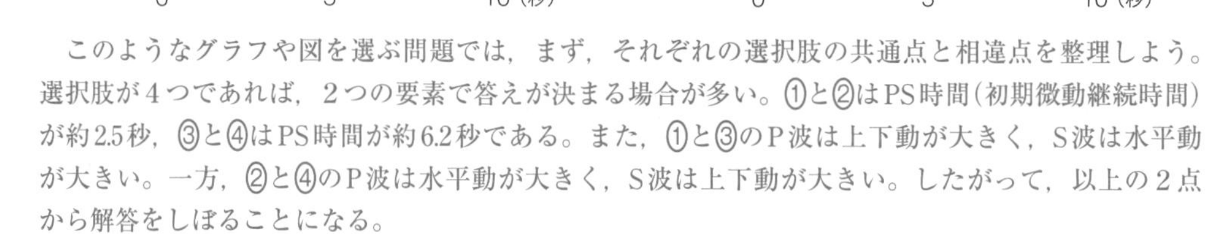

このようなグラフや図を選ぶ問題では，まず，それぞれの選択肢の共通点と相違点を整理しよう。選択肢が４つであれば，２つの要素で答えが決まる場合が多い。①と②はPS時間(初期微動継続時間)が約2.5秒，③と④はPS時間が約6.2秒である。また，①と③のP波は上下動が大きく，S波は水平動が大きい。一方，②と④のP波は水平動が大きく，S波は上下動が大きい。したがって，以上の２点から解答をしぼることになる。

まず，大森公式からPS時間のおおよその時間は推定できる。大森公式は$d = kt$（d：震源距離，t：PS時間）で表され，定数kの値はおよそ７程度である。震源距離17kmであれば，$17 = 7 \times t$　となり，

$t \fallingdotseq 2.4$（秒）となる。したがって，選択肢③，④は誤りである。
次に，上下動と水平動について考えてみる。この問題では，観測点は「震源のほぼ真上」にあると明記されている。つまり，地震はほぼ鉛直上向き方向に伝播してくる（図１）。P波は進行方向に対して平行な方向に振動する縦波であるので（図２），P波の振動は上下方向に現れると考えられる（図１）。また，S波は進行方向と直交する方向に振動する横波であるので（図２），振動は水平方向に現れると予想される（図１）。
以上の点から解答は①である。

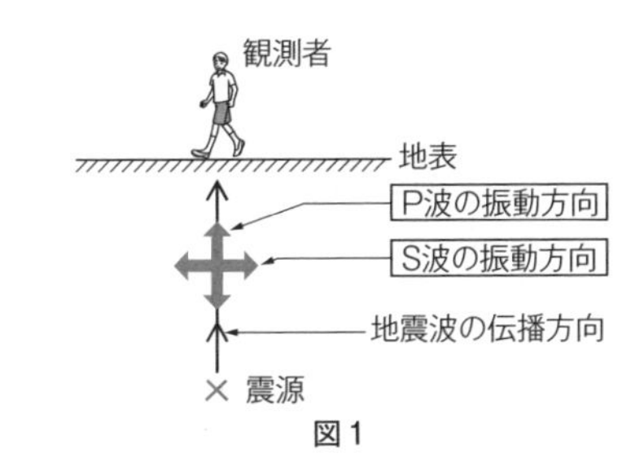

図１

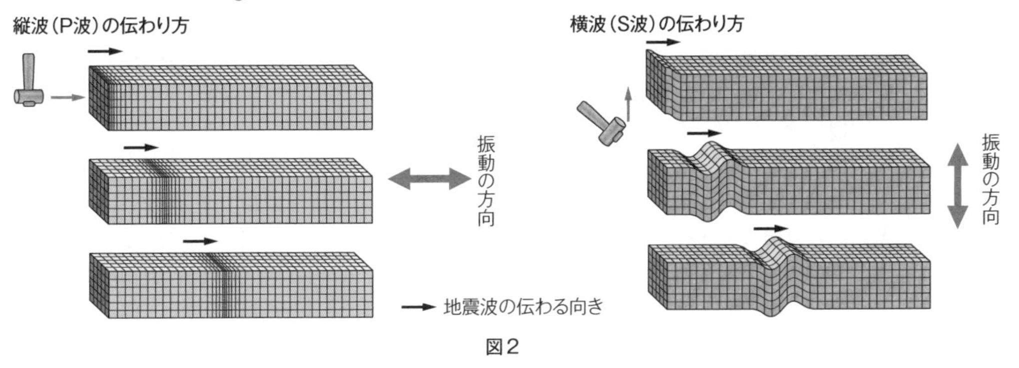

図２

問４　前ページの図で示した東北日本の火山の分布の特徴として最も適当なものを，次の①～④のうちから一つ選べ。
① 東北日本の中央部に火山は密集し，東西に行くにつれて火山の数は減少する。
② 東北日本の中央部に火山はなく，東西に行くにつれて火山の数は増加する。
◎③ 東北日本のある地域より西側にしか火山は存在しない。
④ 東北日本のある地域より東側にしか火山は存在しない。
プレートの沈み込み帯（島弧—海溝系）では，プレートが深さ約100kmまで沈み込むと，脱水が生じ，マグマが発生すると考えられている。したがって，一定の線より海溝側ではプレートの沈み込みが浅く，マグマが発生せず，火山が見られない。このようにして形成される，島弧における火山分布域の海溝側の境界線を火山前線という。

問５　海洋プレートの下にはアセノスフェアが存在する。海洋プレートやアセノスフェアについて述べた文として最も適当なものを，次の①～④のうちから一つ選べ。
① 誤海洋プレートとアセノスフェアの境界は，モホロビチッチ不連続面とよばれる。
正地殻とマントルの境界
② 海洋プレートの厚さは，誤約2900kmである。
正約70km
◎③ アセノスフェアの上部は，やわらかく流動しやすい状態になっている。
④ アセノスフェアは，誤玄武岩質の岩石でできている。
正かんらん岩
アセノスフェアは上部マントルの一部である。

33 ［震央の推定と震源距離］（p.34）

解答
問1．②　問2．④

正誤 Check

ある観測点で地震による揺れを観測した。次の図は，震源，震央，観測点を示した模式図である。

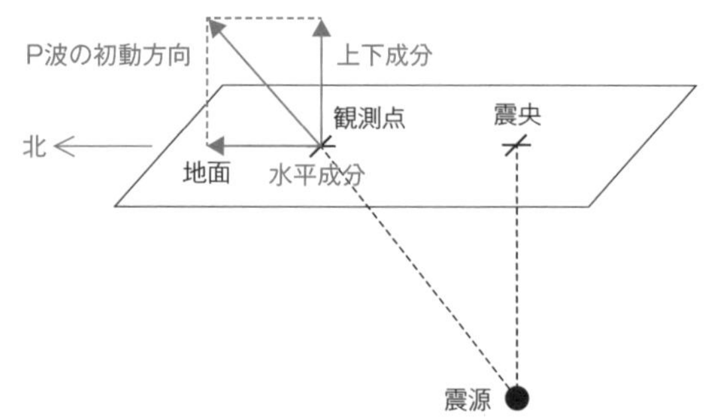

震源，震央，観測点を示した模式図

問1　P波による地面の最初の動き（P波の初動）を調べたところ，この観測点の地面は，水平方向では北に，上下方向では上に動いたことがわかった。観測点から見て，震央はどの方位にあると考えられるか。最も適当なものを，次の①～④のうちから一つ選べ。

①　北　　②　南
③　東　　④　西

地震は地下で発生するので，どんな地震であっても観測点に対して震源は必ず下方にある。したがって，P波の初動から震源の方向を特定する場合，必ず最初に上下動を確認する。この問題においては，観測点でのP波初動の上下成分が上向きであるので，この観測点は，震源断層運動により地盤が震源から遠ざかる方向に動く「押し」の領域であることがわかる。つまり，震源はP波初動方向とは反対方向に存在する。そこで，P波初動の水平成分を見ると北であるので，震源は北と反対方向の南方向に存在していることがわかる。したがって震源の真上にあたる震央も南方向に存在する。

問2　この観測点での初期微動継続時間は2秒であった。地中を伝わるP波の速度が5km/s，S波の速度が3km/sであるとき，震源から観測点までの距離は何kmか。その数値として最も適当なものを，次の①～⑤のうちから一つ選べ。

①　12km　②　13km　③　14km　④　15km　⑤　16km

初期微動継続時間はP波が到達に要する時間と，S波が到達に要する時間の差であるので，震源距離をd（km）とすると，初期微動継続時間2（秒）$=\dfrac{d}{3}-\dfrac{d}{5}$　という式が成り立つ。したがって，$d=15$（km）である。大森公式$d=\dfrac{V_P V_S}{V_P - V_S}t$に数値を代入して求めてもよい。

34 ［大森公式と震源の深さ］（p.34）

解答
③

正誤 Check

同じ標高にある地震観測点A・B・Cが，右の図のような直角三角形の頂点に位置している。ある深さで地震が発生し，A・B・Cで観測されたP波到着からS波到着までの時間はすべて4秒であった。よって，震央はA・B・Cから等距離にあり，辺ACを直径としA・B・Cを通る円の中心に一致する。このとき震源の深さは何kmと推定されるか。最も適当な数値を，次の①～④のうちから一つ選べ。ただし，大森公式の比例定数kを6.25km/秒

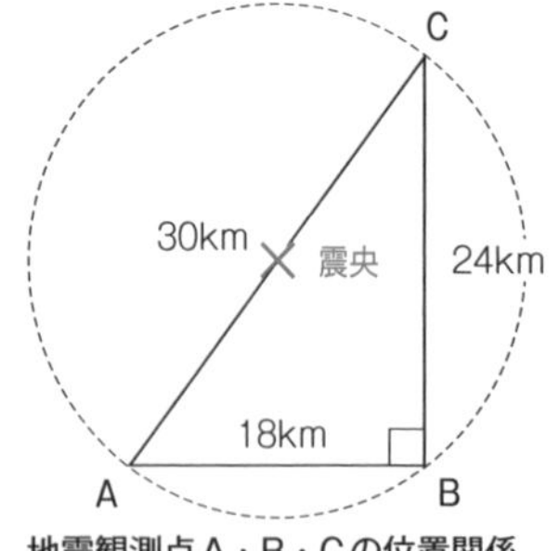

地震観測点A・B・Cの位置関係
破線はA・B・Cを通る円を表す。

とする。

① 10km　② 15km　◎③ 20km　④ 25km

まずは震央の位置を特定する。問題文中の説明にあるように，震央は△ABCに外接する円の中心になる。△ABCは直角三角形であるので，震央は辺ACの中点になる。したがって，震央距離は15kmとわかる。次に，大森公式から震源距離を求めると，震源距離 $d = 6.25 \times 4 = 25$（km）となる。以上から，観測点，震源，震央の関係は右図のような3辺の比が3：4：5の直角三角形で表される。したがって，震源の深さは，20kmとなる。

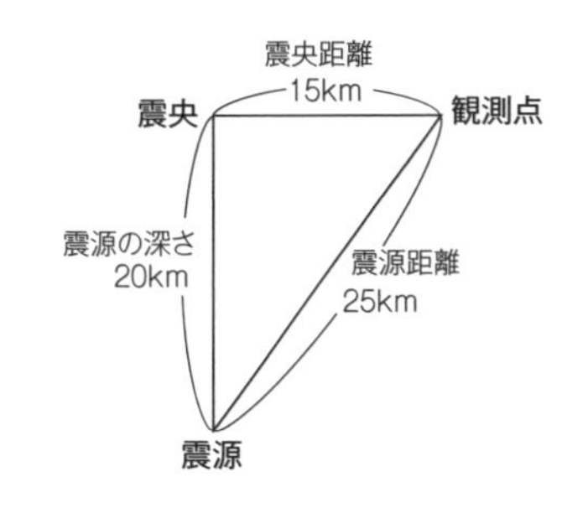

35 ［火山噴出物］（p.34）

解答

問1．②　問2．②

リード文 Check

料理好きの美砂（みさ）さんは，地学の授業で軽石を観察した。このとき，A軽石は次の図のように，休日につくるパンの内部に似ていることに気がついた。美砂さんは，「軽石に穴がたくさんあいている理由を考えるとき，パン内部の穴のでき方が参考になるのではないか？」と思った。そこで放課後に図書館で調べると，Bパンではイースト（パン酵母）の発酵で生じた二酸化炭素が膨張することで，内部にたくさんの穴をつくることがわかった。

美砂さんは，「マグマの中でも，何かが膨張して軽石にたくさんの穴をつくったのだろう」と考えた。

ベストフィット

A 軽石もパンも，発生する気体によって，無数の穴をつくり固まるという面で，共通の内部構造をもつ。

B 軽石においても，内部から発生する気体によってたくさんの穴ができることを示唆している。

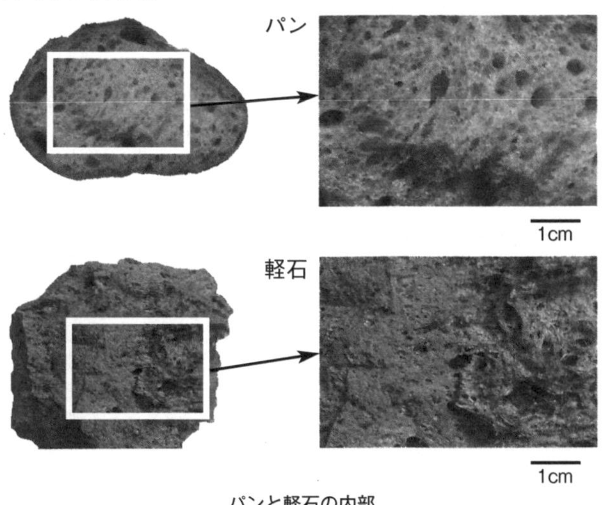

パンと軽石の内部

正誤 Check

問1 前ページの文章中の下線部に関連して，マグマではおもに何が膨張して軽石にたくさんの穴をつくるのか。最も適当なものを，次の①～④のうちから一つ選べ。

① 噴火時に火口で大量に取り込まれた空気
② マグマに含まれる水蒸気などのガス成分
③ マグマに含まれる二酸化ケイ素(SiO_2)成分
④ マグマを生じたマントルに含まれていた原始大気

噴火時には圧力から解放され，マグマは膨張し，水蒸気をはじめとするガス成分を遊離しながら噴出する。①のように，まわりの空気を大量に取り込むとは考えられない。③の記述にある二酸化ケイ素はガス成分ではない。④原始大気とは，地球の形成初期に地球に存在していた大気であり，これらが，現在のマントル中に取り込まれているということはあり得ない。

問2 多量の軽石や火山灰を噴出する火山噴火について述べた文として最も適当なものを，次の①～④のうちから一つ選べ。

① 海嶺(かいれい)で起こる噴火で，枕(まくら)を積み重ねたような構造の枕状溶岩をつくる。
② 噴煙が成層圏まで到達するような爆発的な噴火で，カルデラをつくることがある。
③ 溶岩が割れ目から洪水のように流れ出す噴火で，平坦(へいたん)で広大な溶岩台地をつくる。
④ ハワイ島のようなホットスポットで起こる噴火で，盾(たて)状火山をつくる。

安山岩質～流紋岩質の粘性の大きいマグマは，ガス成分を多く含み，爆発的な噴火を引き起こす。この際に，多量の軽石や火山灰を放出する。①の枕状溶岩，③の溶岩台地，④の盾状火山はいずれも粘性の小さい玄武岩質マグマについての記述である。

36 [震度とマグニチュード] (p.35)

解答

問1. ③　問2. ②　問3. ③

リード文 Check

浅い地震の場合，A震度は震央距離とともに一定の傾向で小さくなることが統計的に認められる。これを震度の距離減衰とよぶ。次のB図1は震度の距離減衰曲線をマグニチュード別に簡略化して描いたものである。

地震計による観測が行われなかった時代の地震でも，その揺れの強さを物語る文献の記事などから，次の図2のような震度分布図をつくれば，これをもとにしてマグニチュードを推定することができる。古い時代の大地震のマグニチュードはこのようにして決められている。

ベストフィット

A 一般的には震度は震央から離れるほど減衰するので，等震度線は震央を中心とするほぼ同心円状に分布する。ただし，地盤の性質や地殻構造の影響で距離減衰にしたがわない異常震域が見られることがある。

B 図で示されているとおり，同じ震央距離であれば，マグニチュードが1大きくなると，震度は概ね2大きくなることがわかる。一方，震度の距離減衰はマグニチュードの値にかかわらず，同じような傾向を示す。

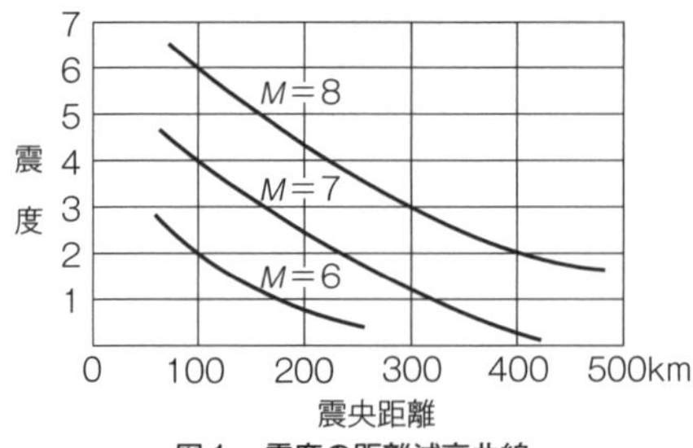

図1　震度の距離減衰曲線
図中のMはマグニチュードを表す。

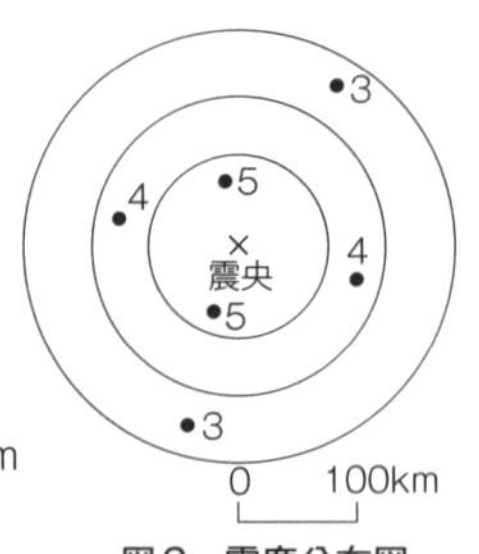

図2　震度分布図
図中の数字は震度を表し，円は震度の境界を表している。
(震度5は強弱に細分していない。)

正誤 Check

問1　震度について述べた文として最も適当なものを，次の①～④のうちから一つ選べ。

① 誤震度は地震のエネルギーを表すのに対し，誤マグニチュードは揺れの大きさを表す。
正マグニチュード　正震度

② 初期微動継続時間が長くなると，その分だけ震度も誤大きく観測される。
正小さく

初期微動継続時間が長いということは，震央距離が大きいということであり，震度の距離減衰にしたがえば，その分震度は小さく観測される。ただし，これは，あくまでも一般的な傾向であり，異常震域が存在することがあるので注意が必要である。

◎③ ある場所での震度は，震央がわからなくても決定することができる。
震度は地震計さえあれば計測可能であり，震央とは無関係である。

④ 誤震央がわからなくても，ある場所での震度を正確に観測すればマグニチュードは計算できる。
古典的なマグニチュードは，震央から一定距離にある地震計が記録した最大震幅をもとに決められていたが，震源断層の面積とずれの大きさからマグニチュードを算出する方法もある。いずれにしろ，ある場所での震度だけからマグニチュードを計算することはできない。

問2　震央距離100kmのところでは，マグニチュードが1違うと震度はどれくらいの差になるか。前ページの図1を見て最も適当な数値を，次の①～④のうちから一つ選べ。

① 1　◎② 2　③ 3　④ 4

例えば，震央距離100kmの地点では，$M=6$のとき震度は2，$M=7$のとき震度は4，$M=8$のとき震度は6となっており，Mが1大きくなると，震度は2大きくなる。

問3　前ページの図2は古い文献に記載された記事から•印の町の震度を推定してつくった震度分布図である。この図から震央距離100km付近の震度を読みとり，前の図1を使ってこの地震のマグニチュードを推定した。推定値として最も適当なものを，次の①～④のうちから一つ選べ。

① 5　② 6　◎③ 7　④ 8

問題文の指示にそのまましたがって考えればよい。まず，図2から，震央距離100kmの地点の震度は4であることがわかる。次に図1において，震央距離100kmでの震度が4になっているグラフを探すと，$M=7$があてはまる。

37 ［プレート運動とホットスポット］(p.36)

解答
問1．④　問2．⑤

リード文 Check

次の図は，中央海嶺(かいれい)で生み出されたプレートA・Bが中央海嶺に直交する向きに移動するようすを矢印で示した模式図である。中央海嶺のC部分とD部分との間にこれらと直交する[A]トランスフォーム断層が存在し，ここではプレートAとプレートBが互いにすれ違うように動いている。プレートB上には，マントル深部に固定された同一の[B]ホットスポットを起源とするマグマによって火山島E・Fがつくられている。火山島Eでは火山が活動中である。また，[C]火山島Fは，島から採取された岩石の年代測定によって，200万年前に形成されたことがわかっている。

ベストフィット

[A] トランスフォーム断層は，中央海嶺軸を結ぶ横ずれ断層である。図において中央海嶺CとDの位置は変化せず，それぞれプレートを生成し，両側にプレートを移動させるため，図中のトランスフォーム断層の場合，図の上側のプレートは左に，下側のプレートは右側に移動することになり，左横ずれ断層となる。

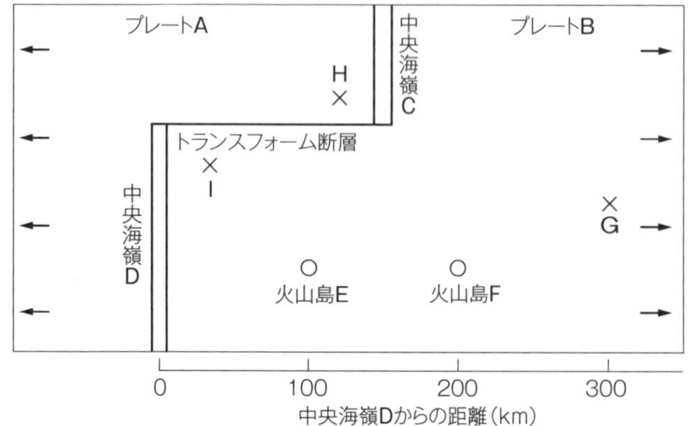

中央海嶺で生み出されたプレートA・Bのようす
矢印はプレートの移動する向きを示す。

B ホットスポットのマグマの供給源はプレートの下のアセノスフェアに存在するため，その位置は，プレート移動の影響を一切受けることがなく，不動である。
C 火山島Fは，現在活動中である火山島Eの地点で形成されたものである。したがって，200万年前には火山島Fは火山島Eの位置にあったことになる。

正誤 Check

問1 上の図のG点で深海掘削を行い，過去に中央海嶺のD部分で生み出された海洋底の岩石を採取することができた。この岩石の年代測定を行った場合に予想される年代値として最も適当な数値を，次の①～④のうちから一つ選べ。ただし，プレートの移動速度は一定であるとし，中央海嶺はホットスポットに対して移動しないものとする。

① 200万年前　② 300万年前　③ 400万年前　④ 600万年前

火山島Fは，200万年間で，火山島Eの位置から現在の位置までの100kmを移動した。地点Gを構成する海洋底は，Dの位置から300km移動したことになるので，移動に費やした時間，つまり地点Gの海洋底の年代は，200万$\times\frac{300}{100}$＝600万年となる。

問2 上の図のトランスフォーム断層をはさんだH点とI点の間の距離は今後時間とともにどのような変化をすると予想されるか。最も適当なものを，次の①～⑤のうちから一つ選べ。ただし，H点とI点はプレート上に固定されており，プレートは一定速度で移動し続けるものとする。

① 変化しない。　② 増加し続ける。
③ 減少し続ける。　④ 増加した後に減少する。
⑤ 減少した後に増加する。

中央海嶺C，Dの海嶺軸の位置は変化しないことに注意。地点Hは左方向に，地点Iは右方向に移動するため，HとIはしばらくの間は距離を縮め，中央海嶺CとDの中間付近で最接近する。その後，プレート移動にしたがって，両者の距離は再び大きくなっていく。

38 ［日本付近のプレートと地殻変動］(p.37)

解答
問1．②　問2．③　問3．③

正誤 Check

四国沖では，大陸プレートである［ア］の下に海洋プレートである［イ］が北西方向に沈み込んでおり，それらのプレートの境界で急激なずれが生じることによって巨大地震がくり返し発生してきた。最近では1946年に南海地震（マグニチュード8.0）が発生し，室戸（むろと）岬で大きな地殻変動が観測された。

問1 上の文章中の［ア］・［イ］に入れる語の組合せとして最も適当なものを，次の①～④のうちから一つ選べ。

	ア	イ
①	ユーラシアプレート	太平洋プレート
②	ユーラシアプレート	フィリピン海プレート
③	北アメリカプレート	太平洋プレート
④	北アメリカプレート	フィリピン海プレート

四国沖では大陸プレートであるユーラシアプレートに，海洋プレートであるフィリピン海プレートが沈み込んでいる。この場所には南海トラフが形成され，巨大地震がくり返し発生する。日本付近には４枚のプレートが存在する。日本付近のプレート構成は正確に把握しておく必要がある。

問２ 日本におけるマグニチュードや震度について述べた文として最も適当なものを，次の①〜④のうちから一つ選べ。

① 内陸直下で発生した地震のマグニチュードが7.0を誤超えたことはない。
正超えたことがある

一般に，内陸直下型の地震は海溝型地震より規模が小さいものが多いが，M 7.0を超えるものが発生することがある。近年では，兵庫県南部地震（M 7.3，1995年），鳥取県西部地震（M 7.3，2000年），岩手・宮城内陸地震（M 7.2，2008年），熊本地震（M 7.3，2016年）などがあげられる。

② 日本海溝沿いにはマグニチュード9.0を超える地震が誤しばしば発生する。
正きわめてまれに発生することがある

海溝型地震としては2011年にM 9.0の東北地方太平洋沖地震が発生したが，これ以前に，M 9.0を超える地震が起きた記録はない。なお，センター試験にこの問題が出題された時点では，日本海溝沿いで過去にM 9.0を超える地震の記録はなかった。

③ 震度は震度計の計測結果をもとにして決められている。

震度は，かつては，気象台の職員が，体感や被害状況などから判断していたが，現在では震度計の計測結果から決められている。

④ 震度の誤５〜７はそれぞれ強と弱の２段階にわけられている。
正５，６

日本の震度階級は，０〜７に加え，５，６にはそれぞれ強と弱の２段階が設定されており，全部で10段階の階級にわけられている。なお，震度０は，人は感じないが，震度計には記録される揺れを表す。

問３ 上の文章中の下線部の地殻変動において，室戸岬の上下方向と水平方向の動きを模式的に表す図として最も適当なものを，次の①〜④のうちから一つ選べ。

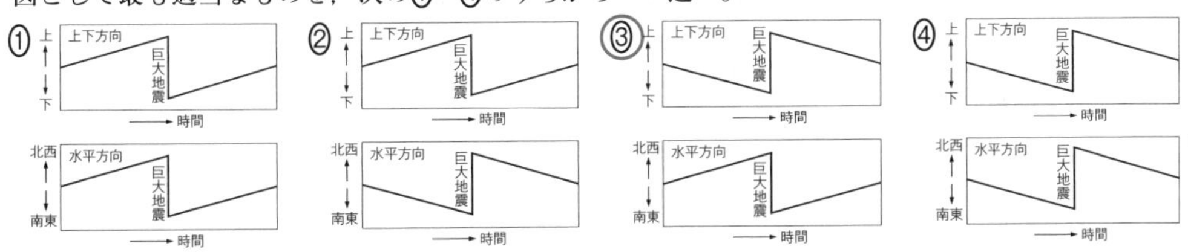

四国沖ではフィリピン海プレートが北西方向に移動し，沈み込んでいる。まず，上下方向について考えると，室戸岬では，通常，沈み込むプレートに引きずられる形で下方向に少しずつ地盤が動き，ひずみが蓄積される。そして，ひずみが限界に達すると地盤は一気に上方に跳ね上がり，地震を引き起こす。また，水平方向について見ると，地盤は通常，プレートの移動方向である北西方向に移動し，ひずみが限界に達し，地震が起こる際には，一気に南東方向に移動する。したがって，③が正しいことがわかる。

39 ［断層運動］(p.38)

解答

問1．② 　問2．④

リード文 Check

地層や岩石は，大きな力を受けると，さまざまな変形を示す。おもに水平方向の圧縮の力で生じる変形には［ア］や［イ］などがあり，引っぱりの力で生じる変形には［ウ］などがある。

A 日本列島中央部の主要な横ずれ断層の走向（断層面と水平面との交線の方向）には，右の図に示すように，おもに北東—南西方向と北西—南東方向の２種類がある。これらの断層のずれの方向から，この地域には，東西方向の圧縮の力がはたらいていることがわかっている。

日本列島中央部の主要な横ずれ断層の分布図

ベストフィット

A 横ずれ断層は，岩盤にはたらく張力・圧縮力に対して約45°斜交する方向に生じる。ユーラシアプレートと北米プレートの境界にあたる中部地方は，多数の活断層が存在し，そのほとんどが北東—南西方向か北西—南東方向である。これらの断層は東西方向の圧縮力を反映するもので，GPSによる水平方向の地殻変動データともよく一致している。

正誤 Check

問1 上の文章中の［ア］～［ウ］に入れる語の組合せとして最も適当なものを，次の①～④のうちから一つ選べ。

	ア	イ	ウ		ア	イ	ウ
①	褶曲（しゅうきょく）	正断層	逆断層	②	褶曲	逆断層	正断層
③	侵食	正断層	逆断層	④	侵食	逆断層	正断層

水平方向の応力により生じる変形のうち，圧縮力によるものは，逆断層と褶曲がある。一方，張力によるものは正断層のみである。

問2 上の文章中の下線部に関連して，これらの2種類の断層のずれの向きを示す図として最も適当なものを，次の①～④のうちから一つ選べ。

①

②

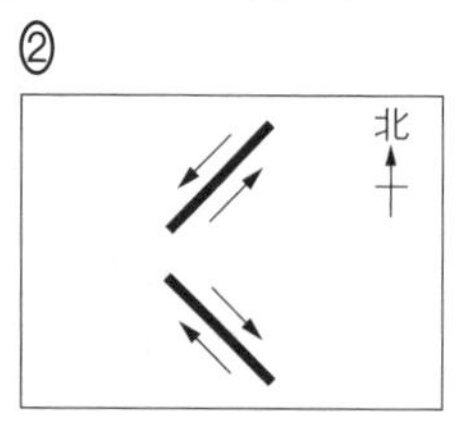

③

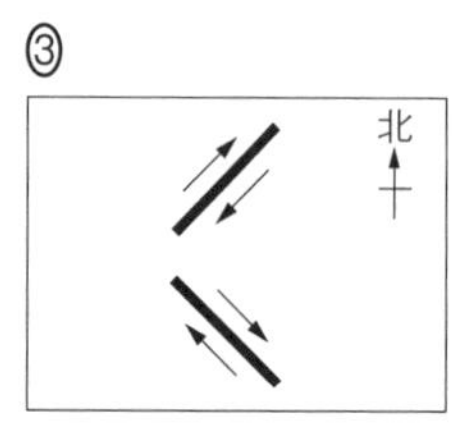

④

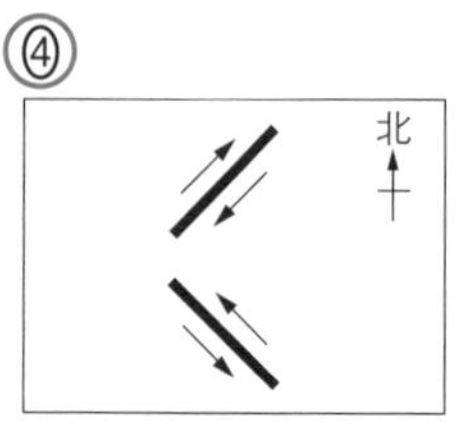

①～④のうち，①と③のような断層運動は起こり得ない。東西方向の圧縮力なので，断層をはさんで東側の地盤は西に，西側の地盤は東に動こうとしているものを選べばよい。したがって，正解は④となる。ちなみに，②に関しては，東西方向の張力がはたらいたときに生じる断層の動きを示している。

40 ［マグマの発生］(p.38)

解答

②

正誤 Check

マグマの発生する過程を考えるために，右の図にかんらん岩（無水）の融解曲線および地下の温度と圧力の関係を示した。点Pの状態にあるかんらん岩が上昇した場合に，点Q～Tのうち，どの点でマグマが発生するか。最も適当なものを，次の①～④のうちから一つ選べ。

① Q　②R　③ S　④ T

まず，図1において，地下の温度と圧力の関係を表す曲線(破線)はかんらん岩(無水)の融解曲線を下まわっているので，地下の物質は融解していない状態(固体)である。図に示したように，点Pにある物質が融解するには，2つの状態の変化が考えられる。一つは，圧力が一定のまま，温度が上昇することで融点を超える変化(図中のA)であり，もう一つは温度が一定のまま，圧力が低下することで融点を超える変化(図中のB)である。圧力は深さとともに大きくなるので，圧力の低下は深さが浅くなることと同じである。問題文には「かんらん岩が上昇した」とあるので，圧力が低下したということになり，図中のBの変化に相当する。以上より②が正しい。

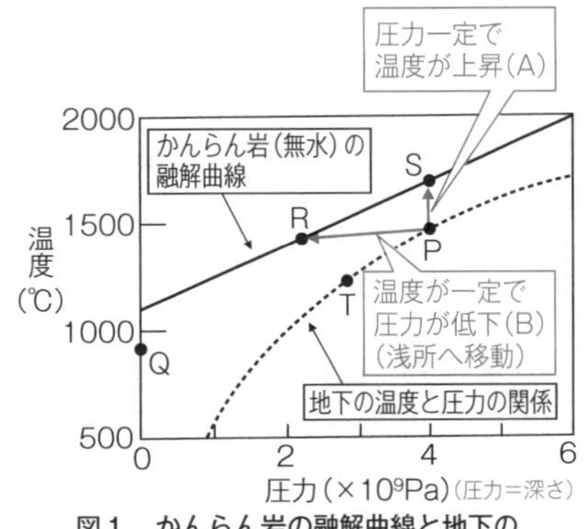

図1　かんらん岩の融解曲線と地下の温度と圧力の関係

なお，このように，地下にある高温の物質が上昇することによるマグマの発生は，海嶺(かいれい)やホットスポットでのマグマの生成要因となっている。ちなみに，かんらん岩は水を含むと融点を降下させる性質があり，日本のような島弧では，沈み込むプレートから水が供給されることが，マグマ発生の重要な要因となっている。

41 [変成作用と変成鉱物] (p.39)

解答

問1. ①　問2. ④

リード文 Check

A変成岩が再び変成作用を受けて，別の種類の変成岩に変わることがある。次の図1は，そのような例を模式的に示した平面図である。この地域には，変成岩と花こう岩が分布している。変成岩の地域は，特徴的に産する Al_2SiO_5 鉱物の種類により，X帯，Y帯，Z帯に区分される。X帯には紅柱石(こうちゅうせき)，Y帯にはらん晶石，Z帯には珪線石(けいせんせき)が産する。Bこれら3種類の鉱物は，互いに多形(同質異像)の関係にある。CX帯は，広域変成岩が花こう岩の貫入によって再結晶して，接触変成岩に変わった部分である。Y帯とZ帯の変成岩は，年代測定によって約1億年前に一連の広域変成作用によって形成されたことが推定された。なお，この地域には断層は存在しない。次の図2は，紅柱石，らん晶石，珪線石が安定になる温度と圧力の領域を示している。

ベストフィット

A 教科書に取り上げられている接触変成岩は，堆積岩を起源とするものが多いが，変成岩も花こう岩の貫入などにより別の変成岩になることがある。この際，すでに存在している変成鉱物が別の変成鉱物へと変化する。

B 多形の関係にある鉱物は，温度と圧力の条件により安定な結晶構造が変化し，どの鉱物になるか決まる。ただし，化学組成は一定(この場合，Al_2SiO_5)である。

C この地域の岩石が受けた変成作用を整理しよう。まずは，造山運動などに伴う広域変成作用(約1億年前)により，Y帯，Z帯ができ，その後，花こう岩の貫入による接触変成作用により，Y帯，Z帯の一部がX帯に変化した。

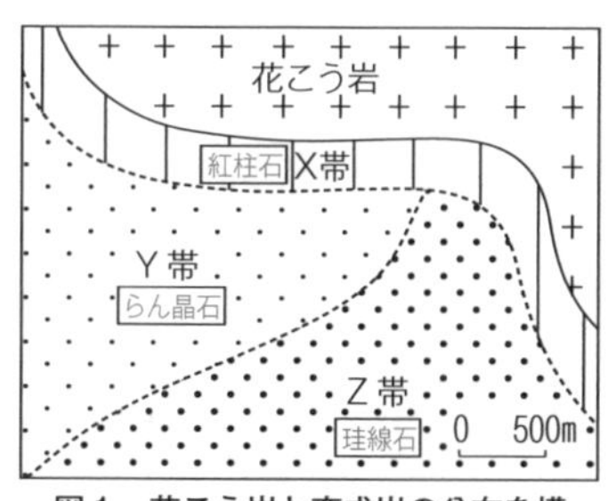

図１　花こう岩と変成岩の分布を模式的に示した平面図

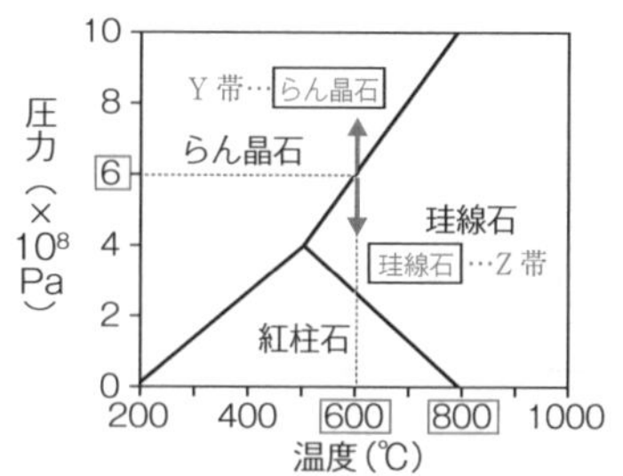

図２　紅柱石，らん晶石，珪線石が安定になる温度と圧力の領域

正誤 Check

問１　ある鉱物が$_D$再結晶して別の鉱物に変わる場合，一般にその変化は鉱物の外側から始まる。接触変成作用によって形成された**X**帯のうち，$_E$花こう岩からはなれた所では，再結晶が完全には起こらずに，広域変成作用によって形成された鉱物が一部残っていることがある。そのような岩石の薄片を偏光顕微鏡で観察した場合，広域変成作用と接触変成作用によってつくられたAl_2SiO_5鉱物は，次の図３に模式的に示した**a**～**f**のうち，どの組織をつくるか。その組合せとして最も適当なものを，下の①～⑥のうちから一つ選べ。

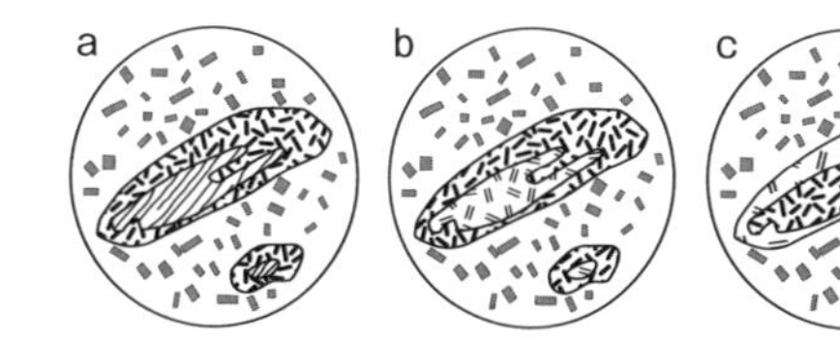

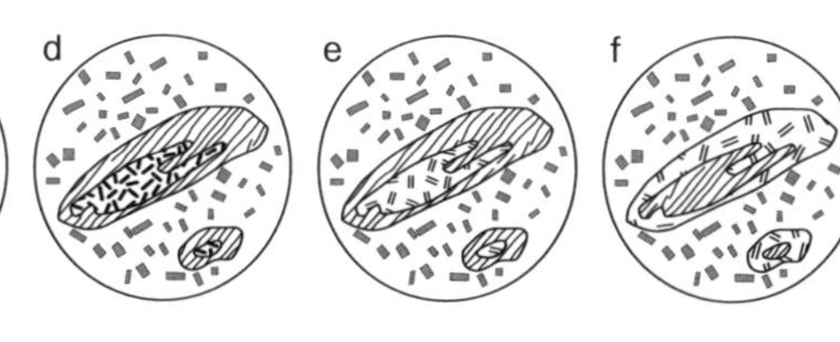

図３　共存する２種類のAl_2SiO_5鉱物の組織
Al_2SiO_5鉱物の周囲は他の鉱物の集合体からなる。各スケッチの直径は1mmである。

紅柱石　らん晶石　珪線石

(①) **a**と**b**　② **a**と**f**　③ **b**と**e**　④ **c**と**d**　⑤ **c**と**f**　⑥ **d**と**e**

長い説明の中に，解答の導き方がすべて説明してある。まず，再結晶して別の鉱物に変わる変化は外側から起こる（下線部**D**）。また，花こう岩からはなれた場所では，もとの変成鉱物が残っている（下線部**E**）。つまり，もとの変成鉱物（**Y**帯－らん晶石，**Z**帯－珪線石）が中心に残り，周囲は紅柱石に変化しているものが正解となる。以上より，**a**と**b**，つまり選択肢①が正しい。

問２　この地域の岩石を説明した文として最も適当なものを，次の①～④のうちから一つ選べ。

① 花こう岩は古生代に貫入した。

② 花こう岩が貫入した時，花こう岩に接する広域変成岩の少なくとも一部は，800℃以上に加熱され接触変成岩となった。

③ 変成作用の温度が一定であるとした場合，**Z**帯の広域変成岩は**Y**帯の広域変成岩に比べると，深い所で形成された。

(④) **Y**帯と**Z**帯の広域変成岩は，それが形成された後に，より浅い所へ上昇してから花こう岩の貫入を受けた。

①誤り。リード文中の説明から，**Y**帯，**Z**帯の変成作用は約１億年前（中生代末）であり，それ以降に花こう岩が貫入して接触変成作用を与えたことがわかる。したがって少なくとも花こう岩の貫入は中生代末以降である。②誤り。図２より，**X**帯に含まれる紅柱石の生成条件は，少なくとも温度が800℃以下（ちなみに，圧力は4×10^8Pa以下）でなければならない。800℃以上では珪線石が生成する。

③誤り。図２に示したように，例えば，変成時の温度が600℃で一定であったとすると，圧力が6×10^8Paより大きいとらん晶石が，小さいと珪線石（けいせん）が生成する。**Z**帯に含まれるのは珪線石であり，圧力が小さい，つまり浅い場所で生成される変成鉱物である。圧力の大小関係と深さの大小関係が一致することに注意しよう。④正しい。接触変成作用は，圧力の影響をあまり受けない浅い場所で進行する。図１ではＹ帯とＺ帯が接しており，これらは一連の広域変成作用で形成されたと記述がある。そこで，図２において，Ｙ帯に含まれるらん晶石とＺ帯に含まれる珪線石が同時に生成される条件（つまり，らん晶石と珪線石が接している部分）を見ると4×10^8Pa以上である。一方，Ｘ帯に含まれる紅柱石（こうちゅう）の生成条件は4×10^8Pa以下であり，浅い場所で変成作用を受けたことがわかる。

2章 | 大気と海洋

1節 大気の構造と運動　標準問題

42 [大気の層構造] (p.45)

解答

(1) X―対流圏　Y―中間圏　Z―熱圏
(2) イ―オゾン　ウ―紫外線　エ―酸素
(3) ④
(4) ③

ベストフィット 地球大気は，気温の変化の特徴から4つの層に区分される。

解説

(1) 大気圏の気温分布を地表に近い方からたどっていくと，まず，地表から上空約11kmまでは気温は低下していく。これは，大気が地表からの赤外線によって暖められるためであり，熱源である地表から遠ざかるほど温度は低くなる。下層の大気の方が気温は高いため，この領域では基本的に対流が生じやすい状態にあり，この領域を対流圏とよぶ。対流圏では対流の発生に伴い，さまざまな気象現象が発生する。対流圏からさらに高度を上げていくと，上空約50kmまで気温が上昇していく。これは，この領域に存在するオゾンが紫外線を吸収するためである。対流圏と異なり，この領域での大気は下層が低温で上層が高温であり，安定した成層状態となっているために成層圏とよばれる。なお，オゾン濃度の極大は上空20km ～ 30km付近であり，この領域をオゾン層とよんでいるが，気温の極大とは一致していない。これは，紫外線の吸収量のピークが上空50km付近にあり，オゾン層付近では，紫外線の到達量そのものがかなり少なくなっているためである。成層圏からさらに高度を上げていくと，再び気温は下降に転じ，上空約80km付近で極小となる。この領域を中間圏といい，この領域では主たる熱源は存在しない。そして中間圏からさらに高度を上げていくと，気温は再び上昇に転じる。これは，大気中の酸素分子や窒素分子がX線や紫外線を吸収するためであり，この領域を熱圏とよぶ。熱圏においてX線や紫外線を吸収した分子は原子に解離したのち，大部分が電離し，電離層を形成する。

(2) 上の(1)で説明したとおり，成層圏上層の上空約50km付近でオゾンの紫外線吸収量が最大となっている。成層圏オゾンは，地球大気中の酸素分子が太陽放射中の特定の波長域の紫外線を受けて生成する。一方，オゾンは特定の波長域の紫外線を吸収し，再び酸素に分解される。このような作用によりオゾンは一定の濃度を保ちつつ，太陽放射中の生体に有害な紫外線の大部分を吸収し，陸上での生物の生存を可能にしている。このように，成層圏にオゾンが存在するのは，地球大気中に一定量の酸素が蓄積されたためであり，遅くとも約4億年前にはオゾン層が形成されたと考えられている。

(3) 大気圧は，地表から離れ，高度が高くなるにつれ小さくなるが，高度に反比例するわけではない。一般に，地表付近では高度が5.5km高くなると，大気圧は約$\frac{1}{2}$になり，上空30kmでの大気圧は地表のおよそ1％程度である。この問題では，16km高度を増すごとに気圧が$\frac{1}{10}$になるとしている。したがって，上空16km付近での気圧は地上気圧の$\frac{1}{10}$，さらに16km上昇し，高度32kmでの気圧は$\frac{1}{10}\times\frac{1}{10}$，さらに16km上昇し，高度48kmでは，$\frac{1}{10}\times\frac{1}{10}\times\frac{1}{10}=\frac{1}{1000}$となる。

(4)　地球の大気組成は，地表から上空約80kmまでの中間圏まではほぼ一定である。これは，この領域では長い時間をかけて，大気がよく混合されていることを示している。ただし水蒸気は，そのほとんどが対流圏に存在しており，状態変化を伴いながら海洋などとの間を移動している。また，オゾンは成層圏での濃度が著しく高い。

43 [水の状態変化]（p.45）

解答

(1) 酸素
(2) ④
(3) ④
(4) 36（%）

ベストフィット 水は周囲から熱を吸収しながら，氷(固)→水(液)→水蒸気(気)と変化。逆の変化では周囲に熱を放出する。

解説

(1)　地球大気に含まれる成分で最も割合の大きいのは窒素だが，窒素は他の地球型惑星の大気にも含まれる。生物の光合成活動により蓄積された酸素が多量に含まれていることが，地球大気の大きな特徴である。

(2)　④大気中の水蒸気は，常に海洋との間でやりとりされている。このため，大気中の水蒸気は大部分が，地表付近(対流圏)に存在している。

(3)　①正しい。水蒸気が凝結して水滴になると，周囲に熱が放出される。凝結熱は台風のエネルギー源としても重要である。②正しい。液体を経ずに気体と固体との間で状態変化が起こることを昇華という。水蒸気から氷への状態変化は，雲の上層で起こっており，氷晶が成長する要因となっている。③正しい。水はあらゆる温度で蒸発する。例えば，洗濯物が乾くときに，洗濯物が100℃になっているわけではない。100℃で起こるのは沸騰であり，水の内部からも気化が起こる現象である。④誤り。水が蒸発する際には周囲から熱を奪う。したがって，海面の温度は低下する。

(4)　28℃の飽和空気に含まれる水蒸気量を100gとして考えてみる。まず，この空気の温度が4℃低下し，24℃になると，凝結する水蒸気は，$100\times0.20=20$gであり，80gの水蒸気が残る。さらに，温度が4℃低下し，20℃になると，凝結する水蒸気は，$80\times0.20=16$gであり，64gの水蒸気が残る。以上より，凝結して水となった水蒸気は$20+16=36$gであり，もとの水蒸気量の36%が凝結したことになる。

44 [水の状態変化と潜熱]（p.46）

解答

(1) 41%
(2) 6.5kJ

ベストフィット 露点温度での飽和水蒸気量が，空気に実際に含まれる水蒸気量となる。

解説

(1)　露点温度での飽和水蒸気量が実際に含まれる水蒸気量であるので，問題中の1 m^{3}の25℃の空気に含まれる水蒸気量は，10℃における飽和水蒸気量である9.4gということになる。25℃における飽和水蒸気量は23.1g/m^{3}なので，湿度は，9.4 ／ 23.1 × 100 ≒ 40.6（%）となる。

(2)　この空気に含まれる水蒸気量が9.4gであるのに対して，5℃の空気が含むことのできる水蒸気量は表より6.8 gである。したがって，5℃まで冷却した際には，9.4 − 6.8 = 2.6（g）が凝結して水滴となる。1 gの水蒸気の凝結につき2.5 kJの潜熱が放出されるので，放出される潜熱の総量は，2.5 × 2.6 = 6.5（kJ）となる。

45 ［大気中の水蒸気と温室効果］(p.46)

解答

①

ベストフィット　大気中の水蒸気は，重要な温室効果ガスの一つである。

解説

ア　気温上昇により飽和水蒸気量が大きくなるので，湿度が一定であれば，実際に含まれる水蒸気の量は増加することになる。**イ**，**ウ**　水蒸気は二酸化炭素とならび，重要な温室効果ガスの一つである。大気中の水蒸気量の増加とともに，温室効果も増大し，温室効果は促進される。

46 ［雲の発生と雨滴の成長］(p.46)

解答

(1) ア―上昇　イ―露点　ウ―氷晶

(2) ③

ベストフィット　雲の上層では氷晶が生成。雲の中を落下しながら成長し，雨滴となる。

解説

(1)　空気が上昇し，断熱膨張すると，空気の温度は下がる。そして，空気塊の温度が露点を下まわると凝結が起こり，雲が発生する。ただし，このとき，凝結核が必要であり，大気中の小さなほこりなどがそのはたらきをする。このように，雲の形成には上昇気流が必要であり，雲粒が落下してこないのは，上昇気流によって支えられているからである。そして，雲粒が一定の大きさまで成長すると，雨滴となって落下する。例えば，雲の上層の氷点下の領域で生成した氷晶が雲の中を落下し，周りの水滴を取り込みながら成長し，途中でとけて地表に落下すると雨となる。なお，この成長した氷晶がとけずに地表まで落下すると雪となる。

(2)　最終的に問われているのは，雨粒の体積が雲粒の体積のおよそ何倍かということである。問題文によると，雨粒の直径は雲粒の直径の100倍である。球の体積は，半径をrとすると$\frac{4}{3}\pi r^3$であるので，直径(半径)が100倍になれば，体積は$(100)^3$倍 = 100万(倍)となる。

47 ［雲の発生］(p.47)

解答

(1) 低下

(2) 露点

(3) 20 (hPa)

(4) ③

ベストフィット 温度の低下により空気に含むことができる水蒸気の最大量（飽和水蒸気圧）が小さくなり，空気に含まれる水蒸気の量を下まわると，水蒸気は凝結する。

解説

(1)(2) 問題に示されたグラフは飽和水蒸気圧曲線といい，それぞれの温度で，空気中に含むことのできる最大量を水蒸気の及ぼす圧力で示したものである。グラフからわかるように，空気中に含むことのできる水蒸気の最大量は温度が低くなるにつれ小さくなる。気温の低下により飽和水蒸気圧が小さくなり，実際に含まれる水蒸気の圧力よりも小さくなると，最大量を超えた水蒸気は凝結し水滴となる。この水蒸気が凝結し始める温度を露点といい，この時点で空気の湿度は100％（飽和）となる。

(3) 空気Pの温度は29℃であり，グラフより飽和水蒸気圧は40hPaである。相対湿度とは，飽和水蒸気圧で示される最大の水蒸気量に対して，実際にどのくらいの水蒸気を含んでいるかを示す数値であるので，湿度50％であれば，実際に含まれる水蒸気の圧力は $40 \times \frac{50}{100} = 20$（hPa）

(4) まず，空気Pについて考えてみよう。空気Pは(3)で求めたように，20hPaの水蒸気を含む。空気塊は，100m上昇するごとに1℃温度が下がる（断熱膨張による温度低下）ので，1000m上昇することで，10℃温度を下げ，19℃となる。この変化は下のグラフ中の矢印①で示される。グラフより，19℃となった時点で，空気Pの水蒸気圧は飽和水蒸気圧を超えておらず，凝結は起こらない。つまり，雲粒は生じない。次に，空気Qについて考えてみる。空気Qは24℃であり，飽和水蒸気圧は約30hPaであるが，湿度80％であるので，実際に含まれる水蒸気は $30 \times \frac{80}{100} = 24$（hPa）である。空気Qは500m上昇すると5℃温度を下げ，19℃となる。この変化は右のグラフの矢印②で表される。グラフより，空気Qはおよそ21℃となった時点で露点に到達し，以降，19℃になるまで水蒸気の一部は凝結し，雲粒を形成する。

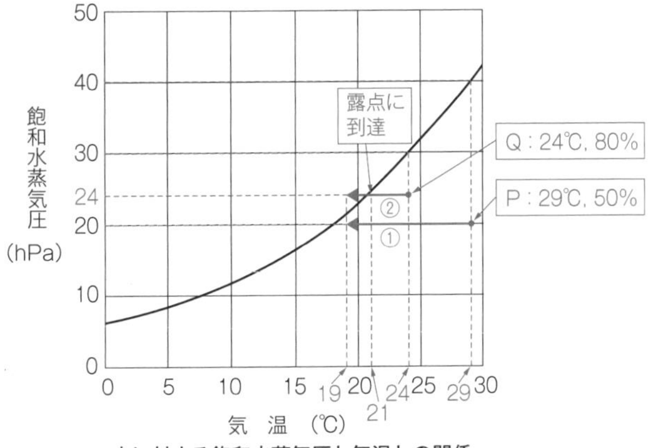

水に対する飽和水蒸気圧と気温との関係

2 節 大気の大循環　標準問題

48 ［太陽放射］（p.52）

解答

(1) 可視光線
(2) 垂直
(3) ①
(4) 太陽定数
(5) オ―小さい　カ―大気と海洋の循環
(6) (i) $1.37 \times \pi R^2$〔kW〕　(ii) 0.34〔kW/m^2〕
(7) 0.24〔kW/m^2〕

ベストフィット 太陽定数は，地球大気の上端で太陽光に垂直な$1m^2$の面が受け取る太陽放射エネルギーである。

解説

(1)　物体から放射される可視光線，赤外線，紫外線，X線，電波などはすべて電磁波とよばれる波の一種であり，電磁波の種類は，それらの波長によって決まる。ある物体が放射を行う際に，エネルギーのピークがどの波長になるか，つまり，物体がおもにどの電磁波を放射しているかは，物体の表面温度で決まる。太陽の表面温度は約5500℃であり，この程度の温度をもった物体の放射エネルギーのピークは可視光線とよばれる電磁波に相当する。可視光線は，我々の視覚で捉えることのできる電磁波の領域を指す。実際には，太陽放射エネルギーのピーク付近を捉えることができるように我々の視覚が進化してきたと考えられる。なお，地球表面の平均温度は約15℃であり，地球はおもに赤外線による放射を行っている。

(2)(3)(4)　地表が受け取る太陽放射エネルギーは，太陽光の入射角や，大気の反射や吸収，場所や時間によって異なる。そこで，大気の影響がない地球大気の上端で，太陽光に垂直な$1\,m^2$の平面が1秒間に受け取る太陽放射エネルギーを太陽定数と定義している。

(5)　物体からおもに放射される電磁波の種類は物体の表面温度によって決まるが，放射されるエネルギー量もまた物体の表面温度に依存する。非常に簡単に言えば，高温の物体ほど放射エネルギー量は大きい。したがって，地球放射のエネルギー量は地表温度によって決まる。もし，地球に大気や水がまったく存在しなければ，太陽放射によって温められた地表は，それぞれの地点で，「太陽放射＝地球放射」となる温度まで温まったところで熱平衡状態となり，一定の温度に保たれる。しかしながら，低緯度地域と高緯度地域で比較すると，低緯度で「太陽放射＞地球放射」，高緯度では「太陽放射＜地球放射」となっている。これは，大気と海洋の循環が，絶えず低緯度の熱を高緯度に運び，地球全体の地表温度の差を小さくしているからである。結果，低緯度の地表面は太陽からの受熱量が過剰となり，高緯度では受熱量が不足している状態となっている。現在の地球は低緯度での過剰な熱が高緯度の不足を補うように大気と海洋が循環し，長期的に見ると，それぞれの緯度での地表温度は安定した状態を保っている。

(6)　(i)地球は太陽光を球面で受け取るが，受け取る太陽放射エネルギーの総量は，地球の断面積が受け取るエネルギーに等しい。地球の半径をR（m）とすると，断面積はπR^2 (m^2)になる。太陽定数から，この面に$1\,m^2$あたり1.37kWの太陽放射が入射するので，地球が受け取るエネルギーの総量は，$1.37 \times \pi R^2$ (kW)となる。

(ii)(i)より，地球が受け取る太陽放射エネルギーの総量は$1.37 \times \pi R^2$ (kW)である。地球の半径をR(m)とすると，地球の表面積は$4\pi R^2$ (m^2)なので，地球が受け取る太陽放射エネルギーを地球表面全体で平均すると，$1.37 \times \dfrac{\pi R^2}{4\pi R^2} = 1.37 \times \dfrac{1}{4} = 0.3425$ (kW/m^2)となる。つまり，地球全体で平均すると，太陽定数の$\dfrac{1}{4}$となる。

(7)　上の(6)より，地球が受け取る太陽放射エネルギーは地球全体で平均すると0.3425 (kW/m^2)である。このうち，31％は宇宙空間に反射されるわけなので，地球の大気と地表が受け取る太陽放射は$100 - 31 = 69$％である。地球全体は長期的にみると，太陽放射によって加熱され続けてもないし，地球放射によって冷却され続けてもいない。つまり，「受け取った太陽放射＝放出した地球放射」の関係が成立している。したがって，求める単位面積当たりの地球放射量は，$0.3425 \times 69/100 \fallingdotseq 0.236$ (kW/m^2)となる。

49 [地球の熱収支] (p.52)

解答

(1) F, G, H, I
(2) ②
(3) ③, ⑤
(4) C＝F＋I－E
D＝F＋G－E－H

ベストフィット 地表，大気，宇宙空間(大気圏外)のそれぞれで，受け取る熱の総量と放出する熱の総量は等しくなっている。

解説

(1) 物体から放射される電磁波には，波長の短い側から，γ線，X線，紫外線，可視光線，赤外線，電波などがあり，物体からどの電磁波が強く放射されるかは，その表面温度に依存している。表面温度約5500℃の太陽からは，可視光線が最も強く放射され，ほかに紫外線や赤外線を含む。一方，表面温度が平均約15℃である地球表面や，地球大気，大気中の雲などから放射される電磁波の大部分は赤外線である。地球放射のような赤外線による放射は赤外放射とよばれる。
(2) 地球に入射した太陽放射は，約30％が雲や地表に反射され宇宙空間にもどされる。残りの70％の内訳は，約20％が地球大気による吸収，約50％が地表による吸収である。このように地球大気は，太陽放射の中で最大のエネルギーを占める可視光線に対しては透明度が高く，反射する量を除いたうちの，およそ7割が地球大気を素通りして地表まで届く計算になる。上に示した地球に入射する太陽放射の行方については，おおよその内訳を頭に入れておこう。
(3) ①誤り。入射した光に対する反射する光の割合をアルベド(反射能)という。(2)でふれたように，地球のアルベドは平均で約0.3であるが，くわしく見ると，海面は0.1以下，裸地は0.15～0.25，森林が0.1～0.2など，地表の状態により大きく異なる。簡単にいえば，アルベドの値は，白いほど1に近くなり，黒いほど0に近づく。特に，新雪は，0.8以上と突出して大きな値となる。これは，新雪におおわれた雪原に日が差すと反射光で目が眩むほどになることからもよくわかる。したがって，地球表面をおおう雪氷の面積が増加すると地球全体のアルベドも上昇し，結果，Aの地表に反射される量は増加することになる。②誤り。陸地に比べて白い雲のアルベドはかなり大きい。雲量が増加すれば，当然反射される光の割合は増加する。したがって，地表に届く太陽放射の割合は減少することになる。③正しい。図の中で，Dだけが放射ではない形でのエネルギーの移動を示している。この，放射以外のエネルギーの移動は，太陽放射を100とした場合，約30であり，エネルギー収支全体から見ると小さな値である。そして，このうちの大部分(約8割)は状態変化に伴って出入りする潜熱である。海面で水が蒸発する際に海洋から熱を奪い，上空で凝結することで熱を放出するというような例である。顕熱は物体が熱を受け取って状態変化をせずに自身の温度を上げるような熱の移動であり，顕熱によるエネルギー輸送量はわずかである。④誤り。地球大気は，太陽放射中の可視光線に対する性質と異なり，地表から放射される赤外線に対してはきわめて透明度が低く，その大部分(約9割)を吸収する。宇宙空間に直接抜けていく赤外放射はごく限られた波長域のものであり，「地球放射の窓」とよばれる。⑤正しい。(1)および④の説明で触れた地球大気の性質から，地球大気が暖まるプロセスは次のように整理できる。「太陽からエネルギー (可視光線)が入射→大部分が地球大気を通過→地表が吸収し加熱→地表から赤外線による放射→地球大気が吸収し，暖まる」。このように地表からの赤外放射を吸収することで，大気を暖めるはたらきを温室効果といい，赤外放射を吸収するはたらきをする大気成分(水蒸気，二酸化炭素，メタンなど)を温室効果ガスという。温室効果ガスの濃度が上昇すると***Y***に対するHの割合が増加するので，Iの割合は減少する。これが，まさに今，世界が直面している地球温暖化の要因と考えられている。
(4) 問題に示した図では，宇宙空間，大気圏，地表の3つの領域に区分されている。この図で重要なことは，それぞれの領域で，入ってくる熱量と出ていく熱量の総量は等しくなっている(熱平衡が保たれている)ということである。これは，考えてみれば当然のことである。例えば，地表が受け取る熱量よりも，放出する熱量のほうが小さければ，地表の温度は時間とともにどんどん上昇していくことになるが，実際には地表における年間の平均温度はほぼ一定である。まずは，宇宙空間と地球(大気圏＋地表)との収支を考えてみよう。宇宙空間から入ってくるエネルギーは太陽放射である***X***のみであり，この値は，地球から宇宙に出ているすべてのエネルギー量の和に等しい。そこで，***X***＝A＋B＋F＋Iとなる。ところで，***X***＝***A***＋B＋C＋Eであるので，前の式に代入すると，C＝F＋I－Eとなる。同様に，大気圏とそれ以外(宇宙空間，地表)との収支を考えてみると，D＋E＋H＝F＋Gとなる。よって，D＝F＋G－E－Hとなる。

50 [緯度別の熱収支の違い] (p.53)

解答

(1) ア―×　イ―×
(2) ③

ベストフィット 太陽から受け取る熱量と地球から放出される熱量の差を見ると，低緯度では熱が過剰，高緯度では熱が不足している。

解説

(1) **ア** 地球が吸収する太陽放射エネルギー量は，太陽光の地球への入射角によって決まる。すなわち，年間を通して太陽光入射角が大きい赤道付近では，太陽からの受熱量は大きく，逆に高緯度では少なくなる。**イ** 地球からの放射量は地表の温度によって決まる。地表の平均気温が高い赤道付近では，地球放射量は大きく，逆に気温が低い高緯度では地球放射量は小さい。これは，火にかけた直後の鍋に手をかざすと熱いが，冷えた鍋に手をかざしても熱さを感じないのと同じである。
(2) (1)で説明したとおり，太陽からの受熱量も，地球からの放熱量も，低緯度ほど大きく高緯度ほど小さい。ところが，大気や海洋の作用によって地表の温度差を小さくしようとする作用がはたらくため，低緯度と高緯度の温度差は比較的小さく，地球からの放熱量の差も比較的小さくなっている。このため，太陽放射エネルギーから地球放射エネルギーを引いた「正味の入射エネルギー量」は，低緯度では正(＋)の値に，高緯度では負(－)の値になる。つまり，低緯度では熱が過剰になり，高緯度では熱が不足することになる。この不均衡を解消するために大気や海水が循環し，熱を輸送する。堂々巡りのようだが，大気・海水の熱輸送→低緯度と高緯度の地表気温差が減少→地球放熱量の差が減少→低緯度で熱過剰，高緯度で熱不足→大気・海水の熱輸送…というはたらきで，地表の温度は，低緯度と高緯度の差が比較的小さい状態でバランスを保っている。なお，地球全体で見た時，太陽からの受熱量と地球からの放射量の総量は等しい。

51 ［地球の大気循環］（p.54）

解答

(1) 地球の自転
(2) ハドレー循環
(3) イ―貿易風　　ウ―偏西風
(4) 北東
(5) ジェット気流

ベストフィット 亜熱帯高圧帯より低緯度側ではハドレー循環，高緯度側では偏西風帯を形成。

解説

(1) 地球大気のモデルを単純に考えると，「赤道付近で暖められた空気は圏界面付近まで上昇→上空を高緯度に向かって移動→冷却されて地表付近に下降→低緯度に向かってもどる」という子午面内の対流になりそうであるが，実際にはずっと複雑である。その最大の要因が地球の自転である。地球表面を水平方向に向かって移動するあらゆる物体には，地球の自転による転向力(コリオリの力)が作用する。転向力は，物体の進行方向に向かって，北半球では直角右向き，南半球では直角左向きにはたらく。大気の移動についても例外ではなく，転向力による作用が大気の大循環を非常に複雑なものとしている。
(2) 大気の大循環は対流圏内で起こる。赤道付近で暖められて上昇した大気は，圏界面付近で高緯度方向に向きを変え，緯度30°付近で再び下降する。この下降気流が亜熱帯高圧帯を形成する。この地域は雲ができにくく，乾燥しているため，砂漠気候やステップ気候などの乾燥帯に属する気候区となっている。

　下降した空気は再び低緯度方向へと向かう流れをつくり赤道に戻ってくる。このような鉛直面内の循環をハドレー循環という。
(3)，(4) 北半球を例にすると，低緯度地域の地表付近では，ハドレー循環によって亜熱帯高圧帯から南に向かう大気の流れが形成される。しかし，この大気の流れも転向力の影響を受け，進路を右に変えられる。その結果，地表の風は概ね北東から南西に向かう風となり，「北東貿易風」とよばれる。また，南半球では同様のしくみにより「南東貿易風」となる。また，亜熱帯高圧帯で下降したハドレー循環の一部は，高緯度側にも流れていく。これは，北半球では，北に向かう流れとなるが，やはり転向力の作用により，中緯度地域ではほぼ西寄りの風となる。これが偏西風である。なお，「風向」や「○○寄り」といった言い方は，風が吹いて行く方向ではなく，風が吹いてくる方向を指すので注意が必要である。
(5) 偏西風帯では，上空ほど摩擦力の影響が小さく風速が大きくなる。圏界面付近で風速が極大となると，100m/sを超えるような強い西寄りの風の流れができる。この風の流れをジェット気流という。なお，旅客航空機の飛行高度は圏界面付近であるため，日本のような偏西風帯では，ジェット気流が航空機の航行速度などに大きな影響を与える。

52 ［温帯低気圧］（p.54）

解答

(1) A―寒冷前線　B―温暖前線
(2) C―積乱雲　D―乱層雲
(3) 短時間に狭い範囲で激しい雨や雷雨となる。
(4) ②

ベストフィット 温帯低気圧は，積乱雲を伴う寒冷前線と，乱層雲を伴う温暖前線の2種類の前線をもつ。

解説

(1) 温帯低気圧は，暖気と寒気がぶつかる境界面に形成される大気の渦である。温帯低気圧における暖気と寒気の境界面には2種類あり，寒冷前線，温暖前線とよばれる。北半球における発達期の温帯低気圧では，寒冷前線が中心から南西方向に，温暖前線が南東方向にのびる。なお，南半球の温帯低気圧が渦を巻く向きは，北半球の温帯低気圧を鏡に映した向きとなる。
(2) 寒冷前線は，寒気が暖気の下にもぐり込もうとする場所である。寒冷前線面の傾斜は急であり，暖気が垂直方向に上昇し，積乱雲とよばれる背の高い雨雲を形成する。一方，温暖前線は寒気の上に暖気が乗り上げようとする場所である。温暖前線面の傾斜は緩やかであり，暖気は緩やかに上昇し，乱層雲とよばれる層状の雨雲を広げる。
(3) 寒冷前線に伴って発生する積乱雲は，狭い範囲に背の高い厚い雲を形成する。このため，雨の降り方は激しく，ときに雷雨を伴う。ただし，雨域は狭く，同一の地点で雨が降り続く時間は短い。一方，温暖前線に伴って発生する乱層雲は，層状に広い範囲に広がる雨雲であり，広い範囲で穏やかな雨が長時間続くことになる。
(4) 南側から温帯低気圧の断面を見ると，前線面を境に，中央の暖気が両側の寒気にはさまれたような状態となる。西側から潜り込む寒気は，前線面の傾斜が急な寒冷前線を形成し，背の高い積乱雲が発達する。一方，暖気は東側の寒気に乗り上げるようにして温暖前線を形成し，水平方向に広がった積乱雲を伴う。したがって，②の断面図が正しい。前線面の形状は異なるがいずれの前線も，寒気が下に，暖気が上に移動しようとするものである。やがて温帯低気圧は，寒冷前線が温暖前線に追いつき，寒気の層の上に暖気の層が乗ったような状態の閉塞前線となり，最終的に消滅する。

3節 海洋の構造と海水の運動　標準問題

53 [海水の組成] (p.57)

解答

(1) ア―塩化物イオン　イ―マグネシウムイオン
(2) ④
(3) ②, ④

ベストフィット 海水に含まれる塩類で最も多いのは，NaCl，次いで$MgCl_2$。海水の塩分は平均約3.5% (35‰)。

解説

(1) 海水に含まれる塩類のうち，重量%で最も多いのは塩化ナトリウムNaCl，2番目に多いのは塩化マグネシウム$MgCl_2$，3番目に多いのは硫酸マグネシウム$MgSO_4$である。海水中の塩類のうち，多いものから少なくとも2番目までは覚えておこう。また，イオンの形で多いものから順に並べると，塩化物イオンCl^-，ナトリウムイオンNa^+，硫酸イオンSO_4^{2-}，マグネシウムイオンMg^{2+}となる。なお，これらの組成比は世界中の海洋でほぼ一定となっている。
(2) 海水の塩分(塩類の濃度)はさまざまな条件によって変動するが，平均で約3.5%である。なお，海水の塩分を表すのには千分率(‰；パーミル)が使われることもあるので注意したい。千分率で表すと35‰となる。いずれにしろ，海水1kg (1000g)中に35gの塩類を含むことになる。
(3) 海水の塩分を大きくするには，溶媒である水が除かれる作用を考えればよい。すなわち，②水が形成される，④蒸発が盛んに起こる，があげられる。通常，結氷する際に氷の中には塩類は入らないため，氷が形成されるということは水が除かれることに等しいことに注意したい。夏にジュースやスポーツドリンクを凍らせておくと，最初は濃いが，最後の方では氷がとけてほとんど味のしない飲み物が残って残念な思いをするのはこのためである。また，①，③，⑤はすべて水が供給される作用であり，塩分を小さくする。

54 ［海洋の構造］（p.57）

解答

(1) X—表層混合層　Y—水温躍層（やくそう）　Z—深層
(2) 風により海水がよくかき混ぜられているため。
(3) X　(理由)表層の水温は太陽からの受熱量に依存しているため。
(4) ④
(5) ③

ベストフィット 水深数100mに，水温が急激に低下する水温躍層が存在。

解説

(1)　一般的に海洋の構造は，水温の分布より3層からなる。水面から深さ100～300m付近の温度は，太陽からの受熱量などの影響を受け，深さによらず温度がほぼ一定となっており表層混合層とよばれる。一方，深さ1000mより深い場所では温度は緩やかに低下し，およそ2000m以深では，海水温は約2℃で変化しない。この領域を深層という。表層混合層と深層をつなぐ深さ数100m付近の領域では水温が急激に低下する。この領域を水温躍層とよぶ。ただし，観測点Bのような高緯度海域では，太陽からの受熱量が小さく，表層の水温が低いため水温躍層は存在しない。

(2)(3)　表層混合層では海水が風によくかき混ぜられており，深さによる温度変化がほとんどない。また，表層混合層の温度は，太陽からの受熱量に大きく依存するため，季節による変化や緯度による変化が著しい。

(4)　水は4℃で密度が最大となるが，海水の場合，温度が低いほど密度は増加していき，凝固点（標準的海水で約－1.9℃）で最大密度となる。温度が低下し，密度が大きくなった海水は深部へ沈み込んでいくが，低緯度地域（観測点A）の表層の水は深層の海水温に比べはるかに高い温度であるため，少しの温度変化で深層まで沈み込むということはあり得ない。一方，高緯度海域（観測点B）では，海面付近と深層との温度差が2℃程度であるため，海面付近で冷却された海水は比較的容易に深層まで沈み込むことができる。

(5)　北大西洋のグリーンランド付近では，結氷に伴って生成された低温，高塩分の海水が深層まで沈み込み，地球規模の海洋深層循環の出発点となっている。こうして沈み込んだ海水は，遠くは北太平洋まで移動し，表層に浮上する。この深層循環の移動速度はおよそ1mm/sとたいへん遅く，地球全体を循環するのに，1000～2000年程度を要すると考えられている。

55 ［地表の水循環］（p.58）

解答

(1) 雪氷（氷河，氷床）
(2) A—111　　B—40
(3) ②

ベストフィット 陸上，陸上大気，海洋，海上大気のそれぞれの地域で入ってくる水と出ていく水の量は等しい。

解説

⑴　地表の水は，97％を海水が占め，淡水である陸水はわずか３％足らずである。その中でも，圧倒的に存在量が大きいのが氷河であり，陸水のおよそ76％を占める。ちなみに，その他の陸水としては，割合の大きい順に地下水，湖沼水などがある。身近な陸水として思い浮かぶ河川水は，存在量としてはほんのわずかである。

⑵　まず，陸上（陸水）に出入りする水の量を考えてみよう。図より，陸上に入る水は［A］（10^{15}kg/年）で表される降水のみである。一方，出ていく水は蒸発71（10^{15}kg/年）と河川などによる海洋への流出40（10^{15}kg/年）である。ここで大切なのは，平均すると，陸上に入ってくる水と出ていく水の量は等しくなっているということである。この平衡が崩れているとすると，陸地の水が際限なく増加する，または減少するという事態になるからである。したがって，$A = 71 + 40$　$\therefore A = 111$（10^{15}kg/年）となる。海上大気に出入りする水についても，同様の関係が成り立つので$425 = B + 385$　$\therefore B = 40$（10^{15}kg/年）となる。

⑶　①正しい。海洋は大陸に比べて比熱が大きいため暖まりにくく冷えにくい。したがって，海洋の面積が大きい南半球のほうが季節による温度変化も小さい。②誤り。地表からの赤外放射は，その９割が大気中の温室効果ガスや雲により吸収されるため，直接宇宙空間に抜けるのはわずかである。③正しい。大気中の水蒸気は，地球環境を温暖に保つ重要な温室効果ガスの１つである。水蒸気が増えると当然温室効果は強まる。④正しい。入射光に対する反射光のエネルギーの割合をアルベドという。地球全体のアルベドは平均約0.31程度であるが，物質によりアルベドは大きく変わる。簡単にいえば，アルベドは白っぽいものほど大きく，黒っぽいものほど小さいといえる。地表をおおう雪や氷の面積が増えれば，地球全体のアルベドは大きくなり，宇宙空間へ反射される太陽放射量は増える。

4 節 日本の四季の気象と気候　標準問題

56 ［梅雨］（p.60）

解答

⑴ オホーツク海
⑵ 積乱雲
⑶ ①

ベストフィット 梅雨前線を形成するのはオホーツク海気団と小笠原気団。積乱雲の発生をもたらす上昇気流の発生条件は，地表は熱く，上空が冷たいことである。

解説

⑴　梅雨前線は，北側の冷たいオホーツク海高気圧（オホーツク海気団）と南側の暖かい小笠原高気圧（小笠原気団）がぶつかることで形成される停滞前線である。ともに水蒸気を多く含む湿った気団であるが，特に，小笠原高気圧によって南から湿った空気が流れ込む（このような湿った空気の張り出しを湿舌（しつぜつ）という）西日本の太平洋側では，積乱雲を伴った集中豪雨がもたらされやすい。なお，梅雨前線が小笠原高気圧に押し上げられ，北上して消滅すると夏となる。梅雨の末期には山陰地方などの日本海側が梅雨前線の南側に入り，集中豪雨となることがある。

⑵　梅雨前線などの停滞前線の前線面は垂直に近く，西日本では，南からの湿った風が前線面で強い上昇気流となり，積乱雲が発達する。

⑶　積乱雲は，強い上昇気流が起こる場所で形成される。相対的に地表ほど気温が高い状況ができれ

ば上昇気流が発生するので，積乱雲の発生条件は，地表が暖まるか，上空に寒気が流入するかのどちらかである。①誤り。下層が冷却されるので，海面付近に霧が発生する可能性はあるが，大気としては安定であり，積乱雲は発生しない。②正しい。地表に暖かくて軽い空気が流入するので，積乱雲が発生しやすい。③正しい。上空に寒気が流入するので，大気は不安定になり，積乱雲が発生する。冬のはじめに上空に寒気が流入すると，積乱雲の発生により雷が発生する。このような雷のことを「雪おこし」とよび，降雪をもたらす。④正しい。日射により下層の空気が暖まると，局所的に低圧部が形成され，積乱雲を伴う激しいにわか雨がもたらされる。夏の午後に見られる夕立が好例である。

57 ［日本の四季と天気図］(p.61)

解答

(1) アーシベリア高気圧　　イー太平洋高気圧(小笠原高気圧)
(2) 季節風が日本海を渡る際に対馬海流から多量の水蒸気を受け取るため。
(3) 春一番
(4) 温帯低気圧が東の海上にぬけ，西高東低の冬型の気圧配置にもどるため。
(5) 積乱雲
(6) 夕立(局地的な大雨)
(7) A—③　B—①　C—④

ベストフィット　冬は西高東低，夏は南高北低の固定された気圧配置で同じような天気が継続。

解説

(1)　大陸は海洋に比べて暖まりやすく，冷えやすい。このため，冬はユーラシア大陸が冷却され，シベリア高気圧が発達する。一方，東の海洋上には低気圧(アリューシャン低気圧)が形成され，気圧配置は西高東低の冬型となる。この気圧配置により，シベリア高気圧からは日本列島に向けて北西の季節風が流れ込む。夏を迎えると，ユーラシア大陸は熱せられ，相対的に温度の低い南東の海洋上に太平洋高気圧(小笠原高気圧)が発達する。これにより，南高北低の気圧配置となり，日本付近には南寄りの季節風が吹く。太平洋高気圧からの季節風は温暖で湿潤であり，日本付近は蒸し暑い晴天が続く。
(2)　もともと大陸起源の冬の季節風は低温で乾燥しているが，日本海で，暖流である対馬海流から水蒸気を供給され，湿潤な季節風に変質する。こうして日本海を渡る冬の季節風は，天気予報でもお馴染みの「寒気の吹き出しに伴う筋状の雲」として気象衛星画像上に現れる。この変質した季節風は日本列島で脊梁(せきりょう)山脈に沿って上昇し，日本海側の冬を象徴する暗い雪雲をつくり，多量の降雪をもたらす。一方，脊梁山脈を越えた風は乾燥したからっ風となり，太平洋側には乾燥した晴天がもたらされる。
(3)，(4)　春に近づくと，温帯低気圧の発生域が北上し，日本列島付近にさしかかるようになる。この時，南からの暖かい風が温帯低気圧に向かって流れ込み，一時的に春めいた陽気になる。このようなしくみで，立春後に最初に吹く南風を春一番とよぶ。春の到来を思わせる春一番であるが，この陽気は長続きしない。春一番をもたらした温帯低気圧は，翌日あたりには東の海上に移動し，西高東低の強い冬型の気圧配置にもどる。このような天気の変化を「寒のもどり」という。このような天気の変化をくり返しながら，しだいに日本列島付近は完全に温帯低気圧の通り道となり，春を迎える。温帯低気圧の後には大陸で形成された移動性高気圧が東進する。このようにして，春は，温帯低気圧による雨と移動性高気圧による晴天とが周期的にくり返される。
(5)，(6)　太平洋高気圧におおわれた夏の日に，強い日射により地表の温度が上がると，午後にかけて積乱雲が発達し，雷雨が発生することがある。このような雨を夕立といい，降雨により地表が冷却されることで短時間で雨は止む。

(7) A：間隔のせまい等圧線が縦にならび，ユーラシア大陸に高気圧が，日本の東の海上に低気圧が発達した西高東低の気圧配置となっている③が正解である。B：日本海付近を温帯低気圧が通過している①が正解である。温帯低気圧は発達しながら東進しており，等圧線の間隔がせまい。強い南風をもたらしていることがわかる。C：南東の海上から太平洋高気圧がはり出し，日本列島を広くおおっている④が正解である。なお，天気図②は日本付近に東西に延びる停滞前線が居座っており，典型的な梅雨の天気図である。

58 ［降水の要因と前線］(p.61)

解答

(1) ア—② エ—⑧
(2) イ—偏西風 ウ—温帯低気圧 オ—停滞

ベストフィット 中緯度地域に降水をもたらすのは温帯低気圧の通過。

解説

(1) **ア** 地球の緯度ごとの平均的な熱収支を比較すると，低緯度地域では，地球放射に対する太陽からの受熱量が過剰であるのに対し，高緯度地域では，地球放射量に対して太陽からの受熱量が不足している。このことが地球の緯度ごとの温度差を生んでいる要因であるが，日本を含む中緯度地域は，熱が過剰な低緯度と，熱が不足する高緯度との中間にあたり，南北の温度差が大きい地域となっている。**エ** 寒気と暖気の境界に前線面が形成されるのは両者の密度に違いがあるためである。密度の大きな寒気は暖気の下に潜りこもうとして寒冷前線面を形成する。また，密度の小さな暖気は寒気の上にのり上がろうとして温暖前線面を形成する。
(2) **イ** 日本を含む中緯度地域は偏西風帯に位置しており，偏西風が南北に蛇行しながら，低緯度から高緯度へ熱を輸送している。**ウ** 温帯低気圧は，高緯度側の寒気と低緯度側の暖気がぶつかる中緯度地域で発達する。このため，寒冷前線と温暖前線の2つの前線をもち，前線付近で降水をもたらす。温帯低気圧は，南北に蛇行しながら東進する偏西風によって西から東に移動し，周期的な天気の変化をもたらす。**オ** 寒気と暖気の勢力がつり合うと，前線面は南北にはあまり移動せず，東西にのびる停滞前線が形成される。6月から7月頃に日本付近に見られる梅雨前線はその典型であり，長期にわたりぐずついた天気をもたらす。

演習問題

59 ［飽和水蒸気圧曲線］(p.64)

解答

問1. ② 問2. ⑤

リード文 Check

右の図の曲線は温度と飽和水蒸気圧の関係を示している。A 大気中の水蒸気圧が何らかの過程で飽和水蒸気圧を超えると水蒸気の一部分は凝結し，雲・霧・露などが生じる。

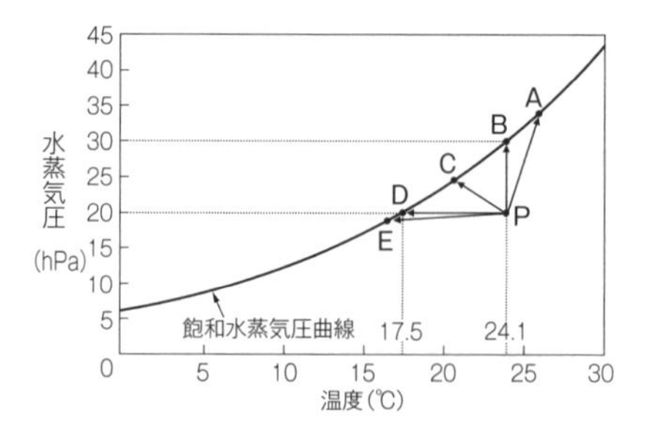

ベストフィット

A 飽和水蒸気圧は温度が高いほど大きい。凝結が起こるには，空気塊が冷却されなければならない。
B 露点とはその空気塊が湿度100％に達し，含まれる水蒸気圧が，その温度での飽和水蒸気圧に到達する温度である。つま

ア ある地点における地表付近の B 気温と露点（露点温度）を測定したところ，それぞれ24.1℃と17.5℃であった。図1中のP点は，そこでの気温と水蒸気圧を示している。この状態の空気塊が イ C 上昇して断熱膨張すると，ある高さで D 相対湿度が100％（飽和状態）になり雲が生じ始める。

り，露点温度における飽和水蒸気圧がその空気塊に含まれる水蒸気圧である。
C 空気が上昇すると，周囲と熱のやりとりを行わない体積膨張（断熱膨張）により温度が低下し，いずれ露点をむかえる。
D 空気塊が露点に到達したことを示す。

正誤 Check

問1 上の文章中の下線部アに関連して，この地点での相対湿度として最も適当な数値を，次の①～④のうちから一つ選べ。

① 61％　② 67％（正解）　③ 73％　④ 79％

グラフより，この空気塊の温度である24.1℃での飽和水蒸気圧は30hPaであり，実際にこの空気塊に含まれる水蒸気の圧力は20hPaである。湿度とは，空気塊が含むことができる水蒸気の量に対する実際に含まれている水蒸気の割合（％）を表すものであるので，この空気塊の湿度は，$\frac{20}{30} \times 100 \fallingdotseq 66.7$（％）となる。

問2 上の文章中の下線部イに関連して，空気塊が飽和に達する道筋を示すものは図のPA～PEのうちどれか。最も適当なものを，次の①～⑤のうちから一つ選べ。ただし，雲が生じるまでの空気塊では，水蒸気圧と気圧の比は一定であるとする。

① PA　② PB　③ PC　④ PD　⑤ PE（正解）

「水蒸気圧と気圧の比は一定であるとする」ということは，気圧が下がれば，それに比例して水蒸気圧も低下するということである。この空気塊に含まれる水蒸気圧が変化しなければ，上昇し，断熱膨張することにより温度を下げていくので，グラフをP→Dのようにたどればよい。しかしながら，実際には，上昇とともに周りの大気圧が低下し，それに比例して含まれる水蒸気圧も低下するので，道筋としてはP→Eとなる。問題によっては，単純化するために，上昇に伴う大気圧変化を無視するという設定も多い。周囲の大気圧変化を加味する問題は難易度としては高いが，問題文をよく読み，問題の設定にしたがうようにしよう。

60 ［地球の熱収支］（p.64）

解答

問1．④　問2．③

リード文 Check

地球周辺の宇宙空間では，A ほぼ一定量の太陽放射のエネルギーが，次の図に示されるように一様に伝わってきている。しかし，B 地表面が太陽放射に対してなす角度の違いのため，単位面積が受ける太陽放射はその地点の緯度・季節・時刻によって異なる。C 地球が受ける太陽放射のうち約31％は雲・大気・地表面などによって反射される。その結果，大気圏を含めて地球に吸収される太陽放射は，全地球表面で平均して

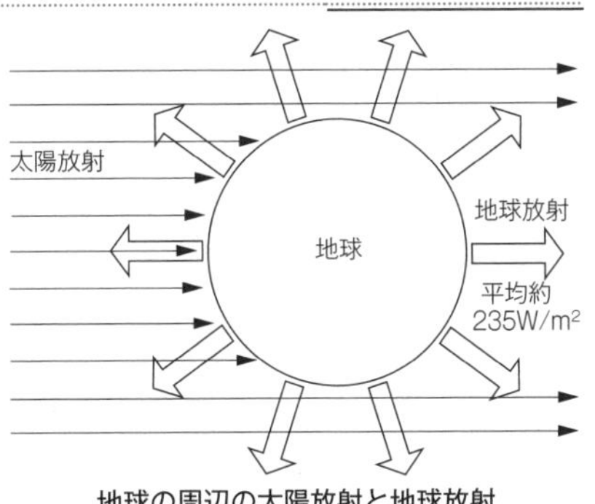

地球の周辺の太陽放射と地球放射

ベストフィット

A 太陽光に垂直な1 m^{2}の平面に入射する太陽放射は約1370 W/m^{2}であり，この値を太陽定数という。
B 太陽定数をQ（W/m^2）とすると，入射角がθのときの受熱量は，$Q \times \sin\theta$（W/m^2）となり，入射角90°で受熱量最大となる。
C この反射の割合をアルベドとよぶ。地球全体のアルベドの平均値が約0.31（31％）である。
D この結果，長期的には地球の気温は一定に保たれている。

約235W/m²になっている。D長期的に見ると地球の熱収支はつり合っており，地球は，これと同じ約235W/m²を地球放射として宇宙空間に放出している。

正誤 Check

問1　下線部に関連して，夏至の日に，赤道・北緯23.4°・北緯60°それぞれの地点において，地表面が受ける太陽放射の日変化を示す模式図として最も適当なものを，次の①～⑥のうちから一つ選べ。ただし，大気による吸収や雲による反射は考慮しなくてよい。

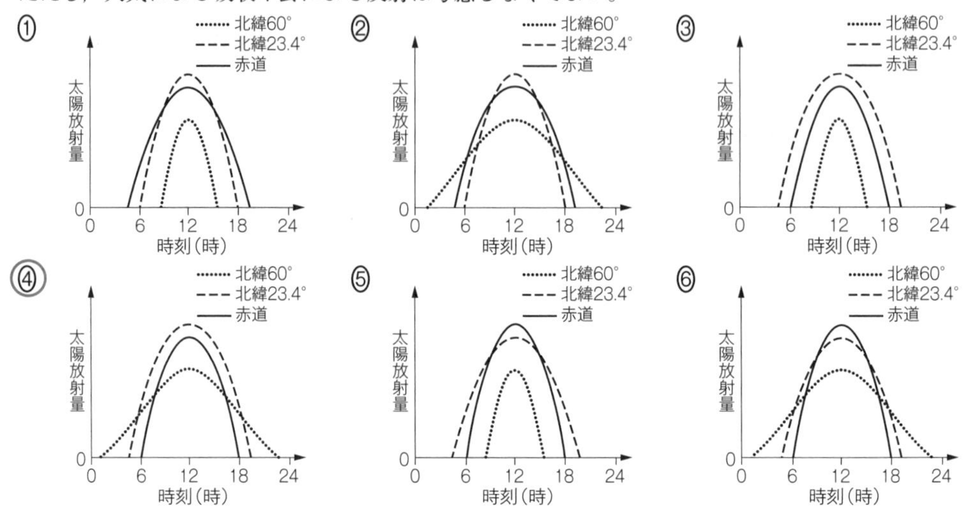

難解に見えるが，２つの要素に着眼することで解答は得られる。まず３地点で，南中時の受熱量を比較してみよう。下の図に示したとおり，南中高度は赤道で66.6°，北緯23.4°（つまり北回帰線上）で90°，北緯60°で53.4°となる。したがって，受熱量が大きいのは，南中高度が高い順に，北緯23.4°地点，赤道上，北緯60°地点となる。この大小関係を満たすのは，①，②，③，④である。次に，太陽放射を受ける時間帯の長さ(つまり昼間の長さ)を見てみよう。これは，グラフでは，曲線が横軸と交わっている点の幅で表されている。つまり，左側の交点が日の出，右側の交点が日の入りの時刻と考えられる。下の図において各地点は，自転によりそれぞれ赤い直線で描いた線分上を移動する。昼間の長さは，各点から引いた赤い直線に対する，矢印の幅で比較できる。図を見て明らかなように，昼間の時間帯が長いのは，北緯60°地点，次いで北緯23.4°地点，最も短いのが赤道上となる。①，②，③，④のうち，この関係と矛盾しないのは④である。

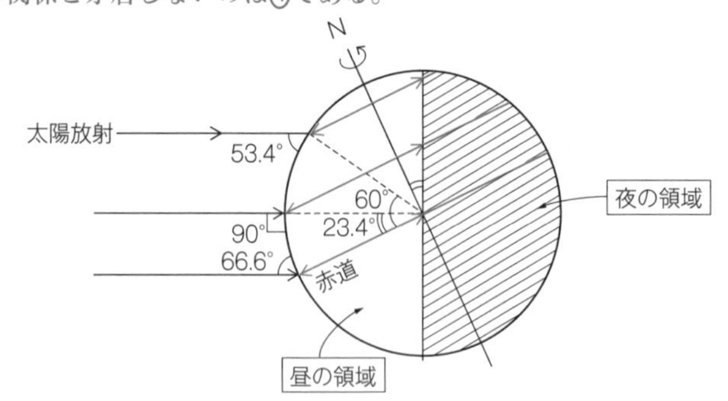

問2　大気中の二酸化炭素が増加して，温室効果によって地表面の温度が現在より高くなった状態を考える。地表面の温度が高くなっても，長期的にその温度に保たれていれば，熱収支がつり合っていると考えることができる。このような状態において，地球放射として宇宙空間に放出される放射

量に関して述べた文として最も適当なものを，次の①～④のうちから一つ選べ。ただし，太陽放射の約31％が反射されるという状況に変化はないものとする。

① 地表面からの赤外放射のうち，大気中の二酸化炭素に吸収される放射量が多くなるため，誤地球放射は約235W/m²より小さくなる。

正地球放射は235W/m²のまま変化しない。

温室効果が促進されれば，地球大気の温度が上昇し，大気の放射は大きくなるが，問題の設定によると，地球が吸収する太陽放射エネルギー量は変化しないので，地球放射自体は，吸収する太陽放射エネルギー量に等しく，235W/m²のまま変化しない。

② 地表面の温度が高くなって，放出する赤外放射の量が多くなるため，誤地球放射は約235W/m²より大きくなる。

正地球放射は235W/m²のまま変化しない。

これも①と同様の説明ができる。地表面の温度自体が高くなれば，地表の赤外放射は大きくなるが，地球が吸収する太陽放射エネルギー量は変化しないので，地球放射自体は変化しない。

③ 温室効果で地表面の温度が高くなっても，その温度が保たれた状態にあるため，地球放射は約235W/m²のまま変わらない。

正しい。地表の温度が上がれば，地表と大気との間の赤外放射のやりとりは大きくなるが，地球が吸収する太陽放射エネルギー量は変化しないので，地球放射自体は変化しない。

④ 増加した二酸化炭素が，宇宙に放出する量とほとんど同じ量の赤外放射を宇宙から吸収するため，地球放射はほぼ0W/m²になる。

誤り。大気が宇宙から吸収する（つまり太陽放射から吸収する）赤外放射よりも，地表から受け取る赤外放射の方が圧倒的に大きい。①，②と同様に地球が吸収する太陽放射エネルギーは変化しないので，地球放射が0W/m²になることはあり得ない。

61 ［海水の塩分濃度］（p.65）

解答

問1．③　問2．①

リード文 Check

A塩分を海水1kgにとけているすべての塩類の重さ（グラム，g）として千分率（パーミル，‰）で表すと，外洋の塩分は，おおよそ［ア］‰の範囲にある。イ低・中緯度域の外洋における海面付近の塩分の緯度分布は，右の図に示すような降水量と蒸発量の緯度分布をおもに反映している。B蒸発量は，赤道付近で極小になり，ほぼ南北に対称な分布をしている。一方，降水量は赤道よりやや北で最大になる。両半球とも緯度20～30°付近で降水量が極小になる理由は，この海域が［ウ］圧帯に属するからである。

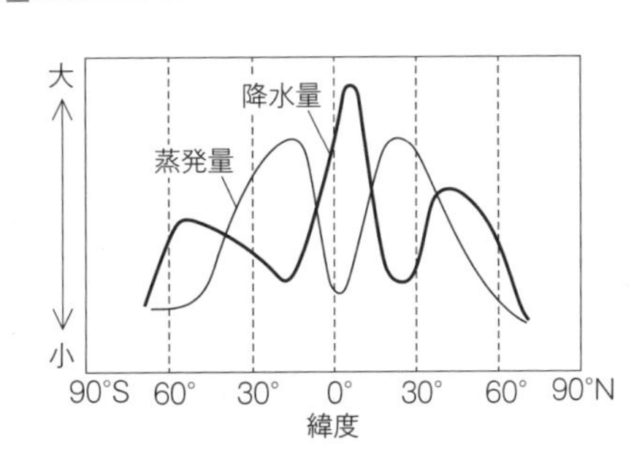

ベストフィット

A 塩分を表すのに千分率（‰）が用いられることがしばしばある。1kgの海水にとけている塩類の重さをgで表した数値がそのまま千分率となる。

B 赤道付近には低圧部である熱帯収束帯が存在し，上昇気流が形成され，雨が多く蒸発量は少ない。図のように，降水量と蒸発量の分布は，北半球と南半球でほぼ対称であるが，厳密には対称軸はやや北側にずれている。これは，両半球の陸地と海洋の分布割合が大きく異なることに原因がある。

正誤 Check

問1　上の文章中の ア ・ ウ に入れる数値と語の組合せとして最も適当なものを，次の①〜④のうちから一つ選べ。

	ア	ウ		ア	ウ		ア	ウ		ア	ウ
①	3.3 〜 3.8	高	②	3.3 〜 3.8	低	◎③	33 〜 38	高	④	33 〜 38	低

ア 世界の海洋における塩分の平均は約35パーミルである。**ウ** 緯度20 〜 30°付近では，赤道方向からの大気が下降する高圧部となっている。これは，ハドレー循環の一部であり，亜熱帯高圧帯とよばれている。下降気流が支配的なこの地域は，乾燥帯に属し，雲ができにくいため，降水量が少なく，蒸発量が多い。

問2　上の文章中の下線部**イ**に関連して，塩分の緯度分布の模式図として最も適当なものを，次の①〜④のうちから一つ選べ。

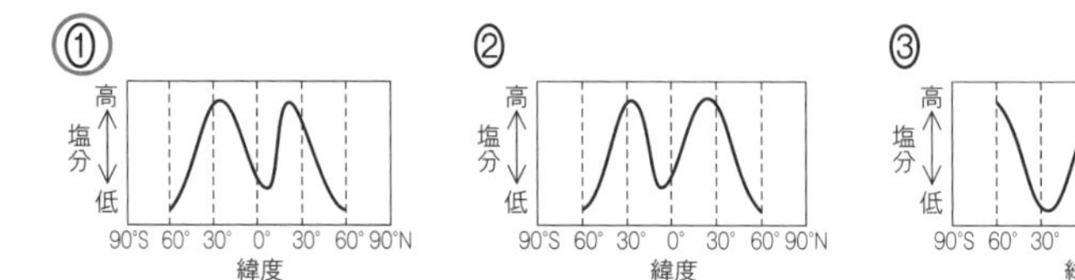

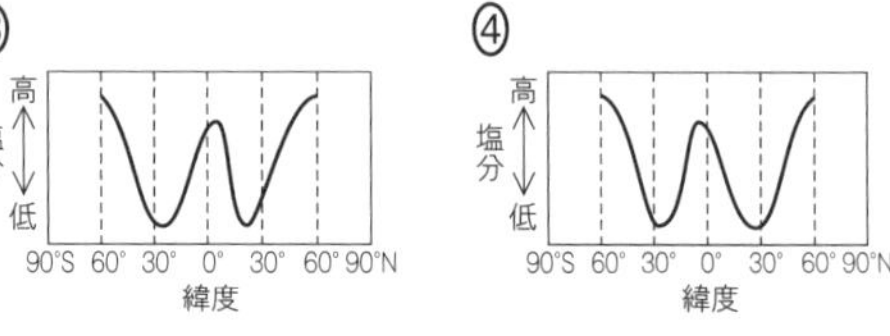

塩分に大きく作用するのは蒸発量と降水量である。降水量が多く，蒸発量が少ないほど塩分は小さくなるので，赤道付近に塩分の極小が，逆に緯度20 〜 30°付近に極大が存在し，北半球と南半球で対称なグラフになる。これに該当するのは①と②であるが，問題文の中でも指摘されているとおり，この対称軸は少し北半球側にずれているため，①が正解となる。

62 ［海水の構造］(p.66)

解答

問1．②　問2．③

リード文 Check

右の図は，高緯度域（北緯50°）と低緯度域（北緯10°）での典型的な海水温の鉛直分布を示している。この図から，A 低緯度域の深層の水温は，高緯度域の表層から深層にかけての水温とほぼ等しいことがわかる。ア 低緯度域の深層が低温である理由は，B 高緯度域で表層から深層へ沈み込んだ海水が，低緯度域の深層へ流れるためである。イ そのほかにも，大洋の水温分布を形成するさまざまなしくみがある。

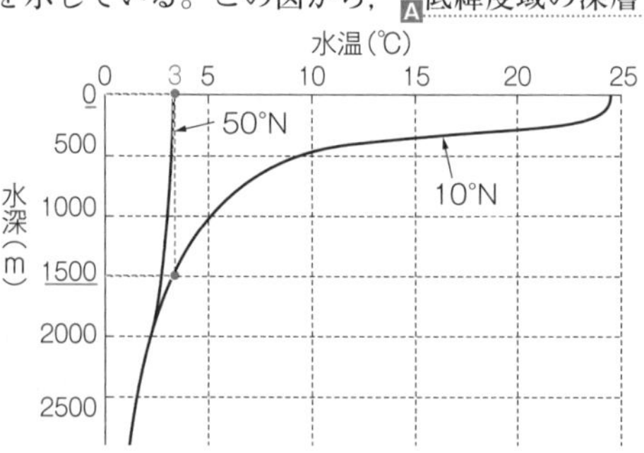

ベストフィット

A 表層の海水温は太陽からの受熱量に依存するため，低緯度地域ほど高くなるが，深さ2000 m以下の深層では緯度による違いはない。また，高緯度域では，表層の海水温と深層の海水温に大きな差がなく，水温躍層（やくそう）は存在しない。

B このような循環が生じるのは，高緯度海域で，低温，高塩分による高密度の海水が形成され，もぐり込むためである。このような循環を熱塩循環という。

正誤 Check

問1　上の文章中の下線部**ア**に関連して，上の図に示された海水温の鉛直分布と対応する南北断面の水温分布として最も適当なものを，次の①〜④のうちから一つ選べ。

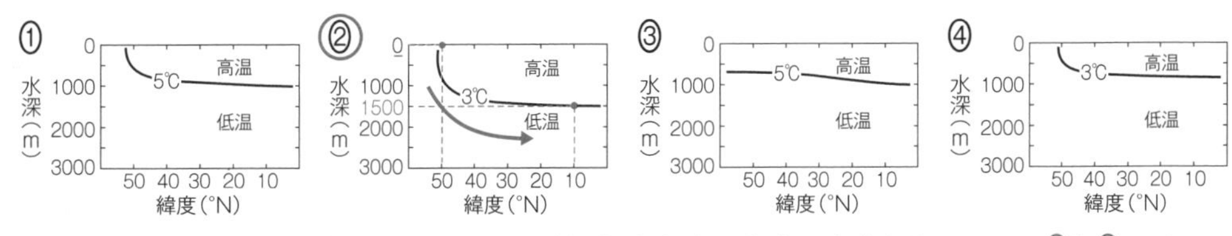

まず，北緯50°付近では水面までたどっても3℃を超える海水は存在しないので，①と③のグラフはあり得ない。そこで，問題に与えられている図から，北緯50°と北緯10°における，3℃の海水の深さを読むと，それぞれ0m（水面付近），1500mという深さが読み取れる。これと一致するのは②のグラフである。なお，文中にある，「高緯度域で表層から深層へ沈み込んだ海水が，低緯度域の深層へ流れる」とあるのは，図②中に矢印で示したような海水の動きを説明している。図で示したように，高緯度海域の表層の低温海水がもぐり込み，低緯度海域の深層の低温海水となっている。

問2　上の文章中の下線部**イ**に関連して，大洋の水温分布の形成過程について述べた文として**適当でないもの**を，次の①～④のうちから一つ選べ。

①　高緯度ほど日射量が減少するため，海洋全体で見ると海面水温は高緯度ほど低い。

正しい。表層の海水温は太陽光の受熱量に依存しており，高緯度では表層の水温は低い。

②　風や波により鉛直方向に海水がかき混ぜられるため，海洋表層には水温がほぼ一様な層ができる。

正しい。温度がほぼ一定となっている表層の領域を表層混合層という。

③　貿易風により表層の海水が吹き寄せられるため，赤道太平洋の表層は誤西部より東部の方が暖かい。
正東部より西部の方が

貿易風は東から西に向かって流れる風である。したがって，表層の温水塊は西部に流され，東部海域では，冷水塊が湧昇(ゆうしょう)する。その結果，水温は西部で高く東部で低くなっている。

④　黒潮は暖かい海水を輸送するため，黒潮に沿って海面水温は周りより高くなる。

正しい。黒潮は代表的な暖流の1つである。

63 [海水の温度と塩分]（p.66）

解答

問1．③　問2．③　問3．④

正誤 Check

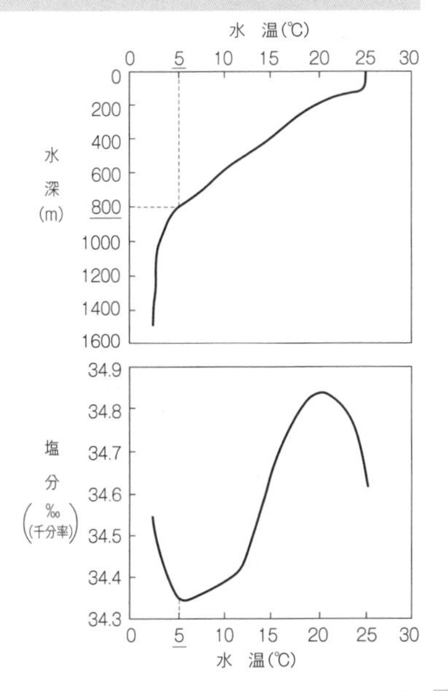

太平洋のある場所において，海洋中のさまざまな深さで水温と塩分を測定したところ，右の図のような結果が得られた。

問1　この場所における主水温躍層(やくそう)の深さはどれくらいか。最も適当なものを，次の①～④のうちから一つ選べ。

①　0～100m　　②　0～500m
③　200～800m　　④　800～1400m

水温躍層（主水温躍層）は水温が急激に低下する領域である。上のグラフより，水深200～800mが水温躍層であることがわかる。

問2　塩分が極小になっているところの水深はどれくらいか。最も適当なものを，次の①～④のうちから一つ選べ。

①　50m　　②　300m
③　800m　　④　1500m

まず，塩分と水温の関係を示した下のグラフから，塩分が極小となっている部分の水温を読み取ると5℃である。次に，上のグラフから水温が5℃となっている深さを読み取ると800mとなる。このように，2つのグラフや図から順番に数値を読み取って解答を得るパターンは大学入学共通テストでしばしば見られる。この問題の場合，上下のグラフの共通点が水温であることに気づけば解答はすぐに得られるはずである。

問3 塩分が極小になっているところにあるような，低塩分で，水温が上層水より低く，深層水よりはやや高い海水は，どこで，どのようにしてつくられたと考えられるか。最も適当なものを，次の①～④のうちから一つ選べ。

① この場所で，台風に伴う強い風によって上下の海水が激しく混合してつくられた。
② 南極周辺の海洋で，冬期に海水が盛んに結氷することによってつくられた。
③ 熱帯の海洋で，降水を上まわる量の激しい蒸発によってつくられた。
④ 亜寒帯の海洋で，蒸発を上まわる量の降水や海氷の融解などによってつくられた。

問われている海水は，比較的低温であるが塩分は低い海水の成因である。②のように形成される海水は，きわめて温度が低く，また，結氷により水が除かれたため，塩分も高い。このような海水はきわめて密度が大きく，深層までもぐり込み，低緯度まで循環する。したがって，求める解答ではない。④のように亜寒帯の海洋で氷が融解するなどしてできた海水は，氷がとけることにより低塩分であり，水温が低く密度はやや高い。このため，深層水よりも浅い深さにもぐり込み，循環する。

64 ［海水の深層循環］（p.67）

解答

問1．③ 問2．③

リード文 Check

海洋には，A深層循環（熱塩循環）とよばれる，表層から深さ数千mにまで及ぶ海水の循環があり，長期的な地球の気候を決める重要な要因となっている。

ある特定の場所で沈み込んだ海水は，深層をゆっくりと流れ，地球の大洋をめぐると考えられている。右の図に示すように，深層循環は各大洋をつなぐベルトコンベアーにたとえられ，沈み込んだ海水が再び表層近くへ上昇するまでに［ ア ］年を要すると考えられている。この年数と深層循環の経路の長さ数万kmを用いると，B深層の流れの平均的な速さは1mm/s程度と見積もることができる。

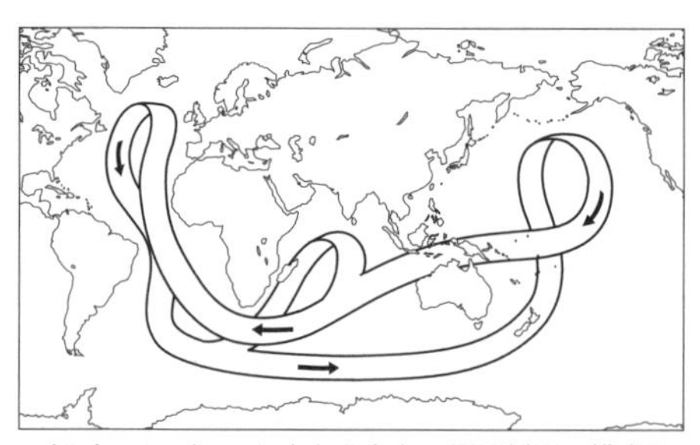
ベルトコンベアーにたとえられる深層循環の模式図
図中の矢印は流れの向きを示す。

ベストフィット

A グリーンランド沖で沈み込んだ高密度海水は，深層まで沈み込み，図に示されるように世界の海を巡り，北太平洋まで到達する。このような循環によって熱の移動だけでなく，海面でとかし込んだCO_2の輸送なども担っており，地球全体の長期的な気候に大きく関係していると推測されている。

B 表層を移動する海流の一般的な流速は数10cm/s～1m/s程度であるのに対し，深層循環による海水の移動速度は非常にゆっくりしている。深層循環の動きは直接測定できるものではなく，沈み込んでからの海水の年代を調べることで求められている。

正誤 Check

問1 上の文章中の下線部に関連して，深層循環形成のおもな原因を述べた文として最も適当なものを，次の①～④のうちから一つ選べ。

① 風によって形成された表層の海流が，高緯度で深層にもぐり込むため。

② 盛んな蒸発によって重くなった海水がその場で沈み込むため。

③ 高緯度で冷却され，さらに結氷による高塩分化の影響を受けて重くなった海水が沈み込むため。

④ 地熱によって暖められた深層水が，低・中緯度でゆっくりと上昇するため。

③が正しい。深層循環の原動力は，高緯度海域で結氷により取り残された低温高塩分の高密度海水が沈み込むことによるものである。②のように，亜熱帯高圧帯などで蒸発によって高塩分化すると海水の密度は大きくなるが，高い温度の影響の方が大きいので，深層まで沈み込むことはない。

問2 上の文章中の［ア］に入れる数値として最も適当なものを，次の①～④のうちから一つ選べ。

① 5～10　② 50～100　③ 1000～2000　④ 10000～20000

問題文中の説明にしたがえば，数万kmを1 mm/sで移動するのに何年かかるかを計算すればよい。まず，「数万km」では計算できないので，とりあえず5万kmとでもして計算することにする。1秒間に1 mm移動するので，年間の移動量は，$1 \times 60 \times 60 \times 24 \times 365$（mm）となる。5万km $= 5 \times 10^{10}$ mmなので，移動に要する時間は，$\dfrac{5 \times 10^{10}}{1 \times 60 \times 60 \times 24 \times 365} \fallingdotseq 1600$（年）となり，③が適当であると判断できる。正攻法でいくとすればこのような計算を行うことになると思うが，深層循環のもぐり込みから湧昇（ゆうしょう）するまでの時間が2000年程度ということは多くの教科書にも記載されており，このおよその数値は覚えておくべきだろう。

65 ［海洋の構造と海水の循環］（p.67）

解答

問1．①　問2．④　問3．⑥

リード文 Check

外洋の水深数百メートル付近には，深くなるにつれて水温が急激に［ア］する層があり，［A］とよばれる。

外洋の水深数百メートル付近には，深くなるにつれて水温が急激に［ア］する層があり，［A］とよばれる。[A]この層より上の層と下の層では，海水の循環の特徴が大きく異なる。下の層では，［イ］の海面付近から沈み込んだ重い水が地球全体の海洋にゆっくり広がるように流れる。北太平洋における上の層では，次の図に示すように[B]環状の水平方向の流れがあり，この流れはおもに［ウ］のはたらきで引き起こされる。

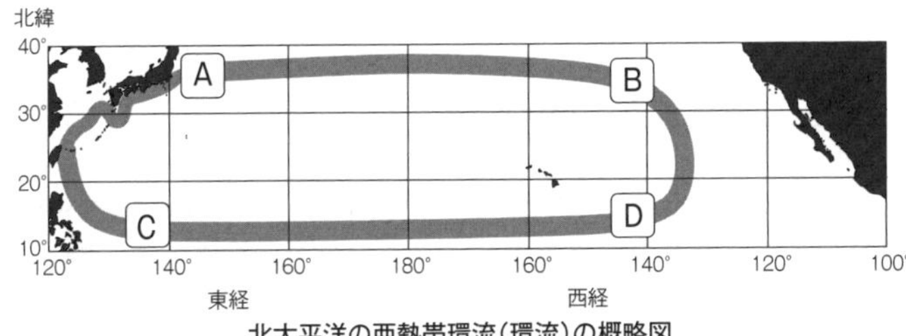

北太平洋の亜熱帯環流（環流）の概略図

ベストフィット

[A] 上層の循環は，風の力を原動力とし，海水の動きが速いが，下層（深層）の循環は，高密度の海水がもぐり込むことで起こり，海水の動きが非常に遅い。

[B] 風の力と地球の自転による転向力のはたらきで形成される循環であり，亜熱帯環流とよばれる。北半球では時計回り，南半球では反時計回りの循環となる。

正誤 Check

問1 前の文章中の［ア］～［ウ］に入れる語の組合せとして最も適当なものを，次の①～⑧のうちから一つ選べ。

	ア	イ	ウ		ア	イ	ウ
①	低下	高緯度	風	②	低下	高緯度	降水
③	低下	赤道域	風	④	低下	赤道域	降水
⑤	上昇	高緯度	風	⑥	上昇	高緯度	降水
⑦	上昇	赤道域	風	⑧	上昇	赤道域	降水

ア 海洋は一般に，深さ数100m付近で水温が急減に低下する領域があり，水温躍層とよばれている。
イ 下の層（深層）の循環は，高緯度海域で低温，高塩分で高密度となった海水が沈み込むことで起こる。
ウ 図に示される上の層（表層）の水平方向の循環は，まず，風に引きずられる形で起こる。これに，地球の自転による転向力がはたらき，水平方向の環状の循環を形成する。

問2 前の文章中の［ A ］に入る語句として最も適当なものを，次の①～⑤のうちから一つ選べ。

① 急冷層　② 表層混合層　③ 対流層　④ 水温躍層（やくそう）　⑤ 深層

問1で説明したとおり，水温が急激に低下する領域を水温躍層という。

問3 亜熱帯環流付近の海水は，海面近くで加熱または冷却されながら，環流によって輸送される。前の図中の北太平洋の海域A～Dのうち，海面近くの年平均水温が最も高い海域と最も低い海域の組合せとして最も適当なものを，次の①～⑧のうちから一つ選べ。

	水温が最も高い海域	水温が最も低い海域		水温が最も高い海域	水温が最も低い海域
①	A	C	②	A	D
③	B	C	④	B	D
⑤	C	A	⑥	C	B
⑦	D	A	⑧	D	B

北半球の亜熱帯環流が時計回りであることさえ知っていれば，解答は難しくない。緯度の低い海域（図中のD～C区間）を長く移動した海水は長く暖められ，緯度の高い海域（図中のA～B区間）を長く移動した海水は長く冷やされるわけであり，C地点の海水が最も高温で，B地点の海水が最も低温と推測できる。

66 ［水蒸気の移動と熱の出入り］（p.68）

解答

問1．②　問2．②　問3．③　問4．③

リード文 Check

地球表層の水の総量は，およそ1.5×10^{24}gと見積もられている。そのほぼ97%は，地球表面の約7割を占める海洋に存在し，A残りの大部分は雪氷や地下水，湖水や河川水として陸地の表層に存在する。ア大気中には，総量の0.001%というごくわずかな水が存在しているにすぎない。

地球表面が暖められると，地球表面の水は蒸発し，水蒸気となって大気に含まれる。イ大気中の水蒸気は，大気とともに移動する。B水蒸気を含む空気塊が上昇し気温が下がると，水蒸気は凝結して水滴または氷晶となり，雲をつくる。そして，雨や雪となって地球表面に戻る。陸上に降った水は，その一部は蒸発し，一部は河川に集まり海に注ぐ。ウ蒸発量と降水量は，陸と海の違いや緯度の違いなど，場所によって大きく異なるが，地球表面全体で平均すると，いずれも1年に1000mm程度である。

ベストフィット

A 淡水のうち約70%が氷河などの雪氷，約29%が地下水であり，河川や湖沼などに存在する水の量はごくわずかである。
B 空気塊の上昇に伴い断熱膨張が起こり，空気塊の温度が低下し，露点をむかえ，水滴または氷晶が形成される。

正誤 Check

問1 水が蒸発するときは熱を必要とし，水蒸気が凝結するときは熱を放出する。したがって，文章中の下線部**イ**の水蒸気の移動を，熱の移動とみることができる。このような熱の移動をどうよぶか。最も適当なものを，次の①～④のうちから一つ選べ。

① 熱伝導　　⓶ 潜熱輸送　　③ 長波放射　　④ 短波放射

液体が気体になるといった状態変化は，必ず熱の出入りを伴っており，状態変化に伴って出入りする熱を潜熱という。

問2　雲について述べた文として**誤っているもの**を，次の①～⑤のうちから一つ選べ。

① 雲粒は，氷点下の気温でも水滴のままで存在することがある。

正しい。氷点下でも液体の状態で存在する水を過冷却水という。

⓶ 上昇気流の中で，水蒸気が凝結し雲ができているときの気温の下がり方は，水蒸気を含まないときよりも誤大きい。

正小さい

空気が上昇すると断熱膨張により温度を下げるが，水蒸気の凝結を伴う場合，放出された凝結熱で空気塊自身が暖まるため，温度の下がり方は小さくなる。

③ 温暖前線が近づくときは，巻雲などの上層の雲がはじめに出現することが多い。

正しい。温暖前線が遠いときには前線面は高層にあるため，巻雲などがまず出現する。前線が近づくにつれ前線面の高度は低くなり，高層雲などが現れ，前線付近では乱層雲による雨が降る。

④ 寒冷前線の付近では，積乱雲が出現しやすい。

正しい。寒冷前線では積乱雲により激しいにわか雨が降る。

⑤ 高気圧の中は下降気流があるので，低気圧の中よりも雲ができにくい。

正しい。雲の発生には上昇気流が必要であるが，高気圧の中心には下降気流が形成されており，雲は発生しにくい。

問3　文章中の下線部**ウ**に関し，一般に，同一地点の年降水量と年蒸発量とは等しくない。地球上のいろいろな地点で，年降水量Pと年蒸発量Eの差$P-E$を求め，緯度ごとに合計すると，$P-E$の緯度方向の分布が得られる。その模式図として最も適当なものを，次の①～④のうちから一つ選べ。

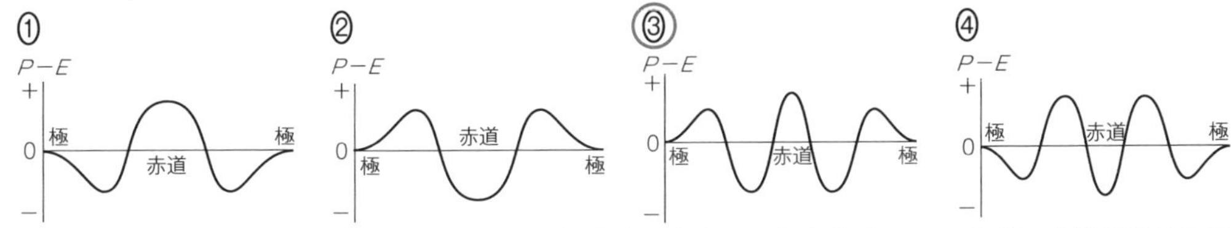

$P-E$の値は，降水量が多いほど，また，蒸発量が少ないほど大きくなる。まず，赤道付近は熱帯収束帯にあたり，上昇気流が形成され，降水量が多くなっており，蒸発量は比較的少ない。また，中緯度地域では温帯低気圧が頻繁に発生するなど，蒸発量を大きく上回る降水がもたらされる。この2か所に極大を持つのは③のグラフである。なお，亜熱帯高圧帯が存在する緯度30°付近は下降気流が支配的であり，降水は少なく蒸発量が多いため，グラフは極小値をとっている。

問4　前の文章中の下線部**ア**の事実から，地球表面全体で平均したとき，地球表面$1cm^2$当たりの上空の大気に含まれる水の量は，降水量になおすと，およそ何mmになるか。最も適当なものを，次の①～④のうちから一つ選べ。ただし，地球の表面積は，$5 \times 10^{18} cm^2$とする。

① 0.3mm　　② 3mm　　⓷ 30mm　　④ 300mm

まず，地球の大気中に存在する水の総量を計算すると，$1.5 \times 10^{24} \times \frac{0.001}{100} = 1.5 \times 10^{19}$ (g) となる。液体の水の密度は約 $1 g/cm^3$であるので，体積にすると1.5×10^{19} (cm^3)。これを，5×10^{18} (cm^2) の面積で平均すると，面積 $1 cm^2$あたりの高さ(＝降水量)となる。$\frac{1.5 \times 10^{19}}{5 \times 10^{18}} = 3$ (cm) $= 30$ (mm) であ

り，答えは③となる。

67 ［水の循環と地球環境］（p.69）

解答

問1．③　問2．③　問3．①，②，④

リード文 Check

海洋では深くなるほど水温が低くなっているのに対し，大気の対流圏では上空に行くほど気温は低くなっており，A海洋と大気はそれぞれの温度の高い部分で接している。両者の接している海面での総蒸発量は総降水量より［ア］，陸域ではその反対になっており，海面での総蒸発量と総降水量の差は［イ］量とつり合っていて，地球上の水や物質の循環と密接に関連している。

ベストフィット

A 大気も海洋もその温度構造の要因（熱源）はすべて太陽放射エネルギーである。地球に入射する太陽放射の約5割は大気を素通りして地表に届く。このエネルギーにより，海洋の表面が暖められる。また，大気は地表からの赤外放射により暖まる。結果として，大気も海洋も地表または海面から離れるほど温度が低下する。

正誤 Check

問1　上の文章中の［ア］・［イ］に入れる語句の組合せとして最も適当なものを，次の①～④のうちから一つ選べ。

	ア	イ
①	少なく	河川や地下水による水の輸送
②	少なく	湖沼や氷河による水の貯留
③	多く	河川や地下水による水の輸送
④	多く	湖沼や氷河による水の貯留

地球上で水は，大気，陸域，海域と大規模に循環をしている。しかし，大気中の水蒸気量，陸水の存在量，海水の量など，長期的に見ると地球上の各領域で平均的な水の存在量に変化がない。これは，それぞれの領域において水の移出入量がつり合っているためである。陸域から海域へ絶えず河川の流入があることを考えれば，陸域では「蒸発量＜降水量」，海域では「蒸発量＞降水量」となっていることは判断できる。つまり，陸域での蒸発を上回る降水量が河川などにより海域へ流入し続けているということである。各領域における水の移出入量のつり合いが保たれている状態では，陸水である湖沼や氷河の貯水量も長期的に見て変化しないと考えてよい。なお，近年の地球温暖化による氷河の融解などはこのようなバランスが崩れている現象であり注視していく必要がある。

問2　上の文章中の下線部に関連して，大気と海洋の構造について述べた次の文a～cの正誤の組合せとして最も適当なものを，次の①～⑧のうちから一つ選べ。

a　高度が高くなるほど気圧が低くなっているので，冷たい空気が，暖かい空気の上に乗っている状態が安定的に存在しうる。

正しい。大気が「安定的に存在」するというのは，下層に密度の大きな（重い）空気が，上層に密度の小さい（軽い）空気が存在している状態である。同じ組成の空気の密度は，気圧に比例し，絶対温度〔K〕に反比例する。対流圏では高度5.5km上昇すると気圧は約$\frac{1}{2}$になり，密度は半減することになる。一方，気温は5.5kmで約35℃ほど低下し，密度は大きくなる。しかし，地表の平均気温15℃（絶対温度288K）から考えると，大気圧の変化に比べて温度の変化が密度に及ぼす効果は圧倒的に小さい。したがって，上空の空気ほど密度が小さくなっている。

この説明文の正誤の判断がまぎらわしいのは，対流圏は下層が暖かく，上空が冷たいため対流が生じやすい（＝大気は不安定）ということを学習しているからである。ただし，対流が起こるのは，地表が局地的に暖められた場合や，地表の空気が何らかの要因で上昇した場合である。空気塊が上昇した場合，空気塊の気圧はまわりの気圧とつり合っているので，温度の違いがそのまま密度の違いとなる。上昇した空気塊の温度（断熱膨張により温度は低下）が，周囲の空気の温度（気温減率に基づき温度は低下）よりも高ければ，その空気は上昇を続ける（＝対流が起こる）ことになる。対流圏で対流が生じやすいのは確かであるが，何のきっかけもなく対流圏全体で常時対流が起きているわけではない。

b　対流圏における高度に対する気温の低下率，および海洋における深度に対する水温の低下率はそれぞれほぼ一定である。

誤り。対流圏における気温の低下率（気温減率）は平均で約0.65℃/100mであるが，特に，地表に近い領域では，時間帯で太陽からの受熱量が大きく変化し，気温減率も変化する。また，放射冷却により逆転層が生じるなど，気象条件の影響も大きく受ける。一方，海洋における深度に対する温度の低下率は深さによって全く異なる。水深数100m付近の水温躍層で温度の急激な低下が見られるが，表層混合層や深層では温度の変化は小さい。

c　低緯度の海洋表層では継続的に熱が加えられているにもかかわらず深層で水温が低くなっているのは，高緯度でつくられた冷水が運ばれてくるからである。

正しい。海洋表面付近は太陽放射エネルギーを受け取るため水温が高いが，深層との温度差が極端に大きいのは，高緯度海域で，冷却された低温，高密度の海水が沈降し，長い時間をかけて低緯度海域の深層まで運ばれてきているからである。この大きな温度差の結果，水温躍層という水温が急降下する領域ができる。

	a	b	c		a	b	c		a	b	c
①	正	正	正	②	正	正	誤	③（正解）	正	誤	正
④	正	誤	誤	⑤	誤	正	正	⑥	誤	正	誤
⑦	誤	誤	正	⑧	誤	誤	誤				

問3　暖かい空気の方が冷たい空気よりも軽いという性質によって生じる大気の構造や動きについて述べた文として適当なものを，次の①～⑤のうちからすべて選べ。

以下の選択肢①～⑤の記述はすべて内容的には誤りはない。温度差から生じる大気の密度差によってもたらされる現象として適するものを選ぶ問題である。

①（正解）　夏の晴天日の午後に積乱雲が発達し，雷雨をもたらすことがある。

よく晴れた夏の日の午後には，暖まった地表により大気が局所的に加熱され，強い上昇気流が積乱雲を発生させ，夕立をもたらす。

②（正解）　台風は強い上昇気流を伴っている。

台風内部では，凝結した水蒸気が潜熱を放出し，大気を加熱することで，強い上昇気流が生まれる。

③　曇天日の1日の中での温度差は，晴天日に比べて小さいことが多い。

雲の多い日の日中は，太陽からの受熱量が小さいので，気温は上がりにくい。一方，夜間は，大気中に多く含まれる水蒸気の温室効果により，放射冷却が進みにくい。結果的に一日の温度差が小さくなる。しかし，これは空気の密度差による効果ではない。

④（正解）　海岸近くでは，天気のよい昼間に，海から陸に向かって風が吹く。

陸地は海洋と比較して比熱が小さく，同じように太陽からの放射エネルギーを受けた場合，海洋よりも暖まりやすい。したがって，天気のよい昼間の陸域の空気は暖められ，軽くなって上昇気流を発生させる。逆に，相対的に温度の低い海域には下降気流が生じ，その結果，海域から陸域に向かって風（海風）が吹くことになる。

⑤　成層圏では上空に行くほど温度が高い。

成層圏上空の温度が高いのは，成層圏上層にあるオゾンが太陽からの紫外線を吸収し，大気を暖めているからである。暖まり軽くなった空気が上昇してできた構造ではない。

68 ［日本の四季］（p.70）

解答

A—⑤　B—①　C—⑦　D—⑥

正誤 Check

日本では，四季折々，さまざまな気象現象が生じる。次にあげる気象現象A～Dの原因と最も関係の深い記述はどれか。次の解答群①～⑦のうちからそれぞれ一つずつ選べ。

A　春一番　　　　B　夏の午後に発達する雷雲

C　秋晴れ　　　　D　冬の北西季節風

＜解答群＞

① 地表面が日中の強い日射で局所的に加熱され，大気が不安定になる。
② 海岸付近では，1日周期で向きが反転する風が吹く。
③ 梅雨前線に沿って，小型の低気圧が発生する。
④ 山を越えた空気塊の気温は，高くなることがある。
⑤ 前線を伴った温帯低気圧が，発達しながら日本付近を通過する。
⑥ 大陸上の気温と海洋上の気温の差によって，広範囲の風が生じる。
⑦ 移動性高気圧の圏内では，弱い下降気流が生じる。

A：冬はシベリア高気圧が発達し，温帯低気圧の通り道は南に追いやられている。しだいに春に近づくと，この温帯低気圧の通り道は，北上と南下をくり返しながら，長期的には北上する。2月下旬頃になると，温帯低気圧が日本海付近を通過することがあり，温帯低気圧に向かって南からの暖かい風が吹き込み，春めいた陽気となる。このようなしくみでその季節最初に吹く強い南風を春一番という。したがって，⑤の説明が適当である。通常，春一番をもたらした温帯低気圧の通り道は再び南下するので，すぐに冬の天気に戻る。このような動きをくり返しながら，季節は春へと動く。

B：夏は小笠原高気圧におおわれてよく晴れ，太陽の高度が高く地表面の受熱量が大きい。午後にかけて地表面の温度は非常に高くなり，局所的な低圧部が形成されると，強い上昇気流を起こし，積乱雲を発生，雷雨を伴った激しいにわか雨となる。したがって，①の説明が正しい。このような雨を夕立とよぶ。特に，緑地が少なく，コンクリートやアスファルトでおおわれた大都市部では地表の温度上昇が顕著であり（いわゆるヒートアイランド現象），極端に激しい雷雨がもたらされることがある。近年では，ゲリラ豪雨という言葉も使われるようになった。夕立は降雨により地面が冷却されると止むため，短時間しか降雨は続かない。

C：秋や春には温暖で乾燥した移動性高気圧が日本付近に達し，乾燥した晴天をもたらす。したがって，⑦の説明が正しい。これらの晴天は「秋晴れ」，「五月晴れ」などとよばれる。

D：冬と夏の天気の共通した特徴は，同じような天気が長い期間続くことである。これは，大陸と海洋の熱的性質の違いから生じるものである。海洋は大陸に比べて比熱が大きく，暖まりにくく冷えにくいので，冬には相対的に大陸が低温になりシベリア高気圧が形成される。そして，シベリア高気圧から北西の季節風が日本に流れ込み，日本海側の降雪，太平洋側の晴天をもたらす。したがって，⑥の説明が正しい。一方夏は，相対的に海洋側が低温になり，小笠原高気圧が形成される。日本付近には南東の季節風が吹き，湿潤な小笠原高気圧の勢力により，蒸し蒸しとした晴天となる。その他の解答について見てみると，②は海陸風の説明である。原理的には季節風と同じしくみで，昼夜で逆向きの風が吹く。夜が冬に，昼が夏に相当すると考えるとよい。③梅雨の説明である。停滞前線である梅雨前線と温帯低気圧は，暖気と寒気のぶつかる場所という意味では本質的には同じものである。停滞前線上ではしばしば温帯低気圧が形成される。④フェーン現象の説明である。湿った空気が脊梁(せきりょう)山脈を越える際に，水蒸気が凝結すると，降雨として水蒸気を手放すとともに，空気塊は凝結熱(潜熱)を受け取る。こうして，風下側では，乾燥した高温の風が吹くことになる。

69 ［高・低気圧と熱の輸送］(p.70)

解答

①

正誤 Check

偏西風の吹く中緯度地域に日々の天候変化をもたらす温帯低気圧や移動性高気圧は，低緯度から高緯度への熱エネルギーの輸送に重要な役割を果たしている。これらの高・低気圧に伴い，地表付近では，温暖域と寒冷域，南風の卓越する領域と北風の卓越する領域とがそれぞれ東西方向に交互に並んで存在している。これら東西方向の温度分布と南北風分布とが一定の位置関係を保つことによって，熱エネルギーが高緯度地域へと効率的に輸送されるのである。

北半球において，温帯低気圧と移動性高気圧により熱エネルギーが北向きに最も効率よく輸送されるとき，地表付近の気圧分布と気温分布はどのような関係になるか。それらの関係を表す模式図として最も適当なものを，次の①～④のうちから一つ選べ。ただし，図中で影をつけた部分は暖気を示し，そうでない部分は寒気に対応する。また，円形の実線は等圧線を表す。

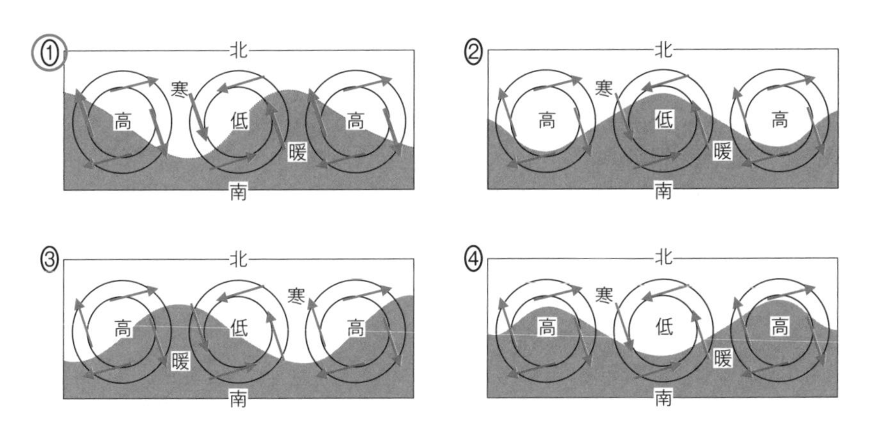

高緯度側の寒気と低緯度側の暖気がぶつかる中緯度地域では，偏西風の南北の蛇行に伴って温帯低気圧や移動性高気圧が形成され，結果として高緯度側へ熱を輸送する(フェレル循環)。ノーヒントで選択肢から解答するのは難しいが，文中の下線の部分が理解できれば解答は比較的容易になる。つまり，温暖域に南風が，寒冷域に北風が卓越していれば最も効率的に熱が高緯度側へ輸送されることになる。そこで，選択肢の図に，低気圧には反時計回りに吹き込む風を，高気圧には時計回りに吹き出す風を記入してみると，①が最も効率的に熱輸送を行える状態であることがわかる。この問題のように，リード文が長いと難しい印象を受けるが，実は解答の方法が丁寧に示してあることが多い。リード文が長いのは「読めばわかる問題」と考え，丁寧に読解しよう。

70 ［前線と風向］(p.70)

解答

問1．ア―④　イ―②　問2．③

リード文 Check

日本のある地域をA温帯低気圧が通過した。この低気圧は中心付近からBア南東側に延びる前線とCイ南西側に延びる前線を伴っていた。この低気圧に伴う前線がちょうど通過しているとき，この地域の6か所の観測点P～UにおいてD風の分布が右の図のようになっていた。

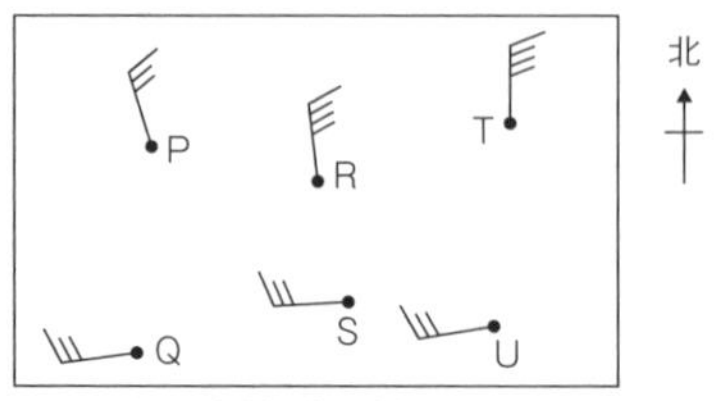

図1　ある時刻の観測点P～Uでの風向・風速

ベストフィット

A 日本のような中緯度地域で，高緯度の寒気と低緯度の暖気がぶつかる境目にできる低気圧。
B 南西側の暖気が，北東側の寒気に乗り上げるようにしてできる前線。
C 北西側の寒気が南東側の暖気にもぐり込むようにしてできる前線。
D 図中の天気図記号において矢羽の向きは風向（風が吹いてくる方向），矢羽の数は風速を表す。

正誤 Check

問1　上の文中の下線部**ア**および**イ**の前線の名称として最も適当なものを，次の①～⑥のうちからそれぞれ一つずつ選べ。

①　寒帯前線　イ②　寒冷前線　③　温帯前線　ア④　温暖前線
⑤　停滞前線　⑥　閉塞（へいそく）前線

北半球に見られる温帯低気圧の模式図は右のようになる（図2）。前線とは，寒気と暖気が接する境界面であり，中心から南東に延びるのは温暖前線で，南からの暖気が寒気に乗り上げる境界面である。一方，南西に延びるのは寒冷前線で，北からの寒気が暖気の下にもぐり込む境界面である。なお，寒冷前線が温暖前線に追いつくと閉塞前線となり，下層に寒気，上層に暖気という安定な成層状態になって，低気圧は消滅する。

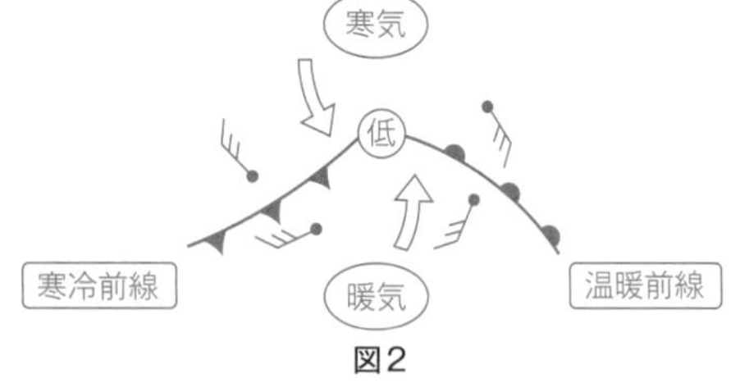

図2

問2　上の図の前線を示した図として最も適当なものを，次の①～④のうちから一つ選べ。

①
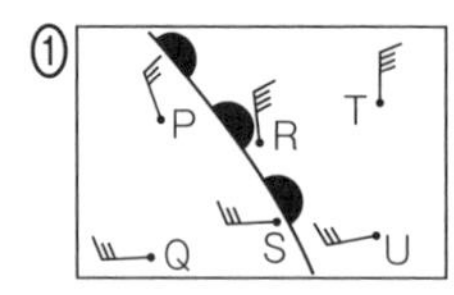

②
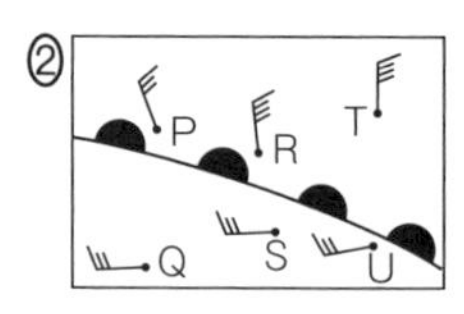

③
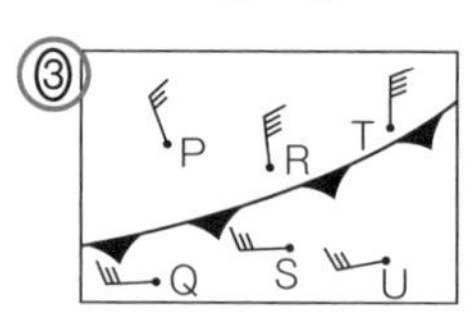

④
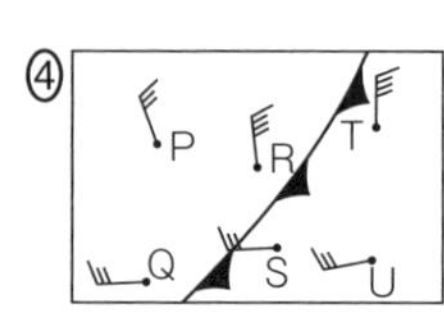

図2に，風向の分布を表す記号を記した。選択肢のうち，図2に適合するのは③である。

71 ［台風の通過と風向きの変化］(p.71)

解答

問1．① 問2．③ 問3．②

リード文 Check

ある年の9月初旬の14時頃に本州の南岸を[A]台風が[B]南から北へ通過した。この地域には，図1に示されているように，西から東に順に観測所A，B，Cが数十km間隔で並んでおり，台風の中心は観測所Bの近くを通過した。図2のX，Y，Zの三つのデータは，観測所A，B，Cのいずれかで観測された[C]風向，風力，気圧の変化を示している。なお，[D]気圧は海面更生された値である。

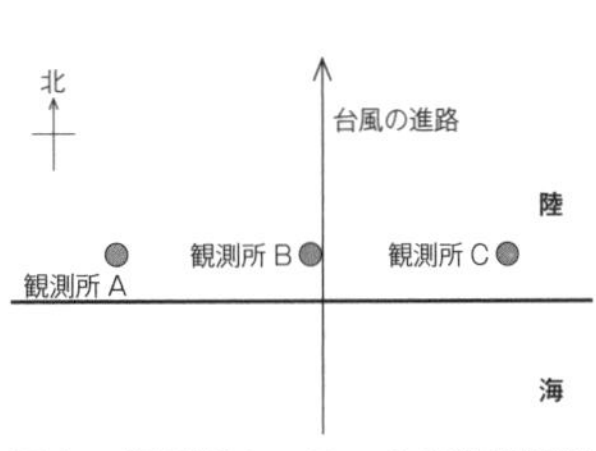

図1　観測所A，B，Cの位置関係と台風の進路

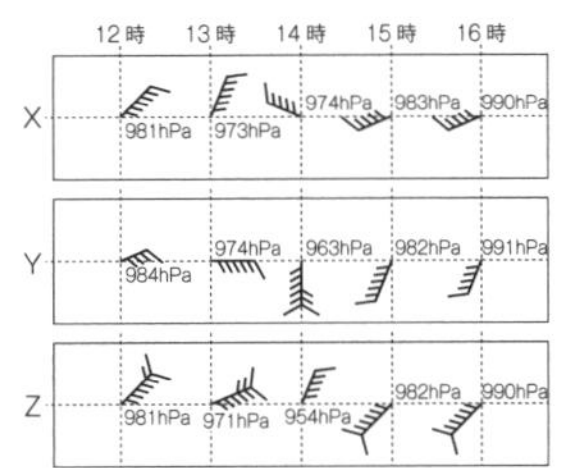

図2　観測所A，B，Cのいずれかで観測された風向，風力，気圧の変化

ベストフィット

[A] 北半球の西太平洋上に発生する熱帯低気圧のうち，最大風速が17.2m/sを超える強さに発達したものを台風とよぶ。

[B] 台風は，上空5～7km付近の風に流され移動する。7～9月に発生した台風は，太平洋高気圧の西側を沿うようにして北上し，日本が位置する偏西風帯に入ると加速しながら進路を東に変えて移動する(転向点とよばれる)。

[C] 図中の天気図記号において矢羽の向きは風向(風が吹いてくる方向)，矢羽の数は風速を表す。

[D] 地上付近の気圧は，水平方向の変化は小さいが，鉛直方向の気圧変化は大きく，100mで10hPa以上変化する。このため，天気図を作成する際などには観測点の気圧を平均海面高度での気圧になるように補正する。

正誤 Check

問1　台風について述べた文として最も適当なものを，次の①～④のうちから一つ選べ。

① 台風は北緯約5°～20°の領域で発生することが多い。

台風の発生には26℃以上の暖かい海水が定常的に存在することが必要であり，この条件を満たすのは，低緯度海域ということになる。ところが，赤道上では，暖かい海水は存在するが，渦の形成の要因となる転向力(コリオリの力)が作用しないため，台風の発生は見られない。したがって，台風のおもな発生域は赤道からやや離れた緯度5°～20°付近の海洋上となっている。

② 北半球で発生した台風は，赤道を越えて南半球に移動することが多い。

誤り。北半球の熱帯海域で発生した台風は，太平洋高気圧の風に流され，その西側を沿うように北上する。赤道を越えて南半球に移動することはない。

③ 台風の発生初期段階において，寒冷前線や温暖前線を伴うことがある。

誤り。前線は寒気と暖気がぶつかってできる境界面である。寒気と暖気がぶつかる領域に発達するのは温帯低気圧であり，温帯低気圧には寒冷前線と温暖前線が見られる。一方，台風は，暖かい空気だけからなるため，前線はもたない。

④ おもに[誤]顕熱の放出によって，台風は強化される。

[正]潜熱

誤り。台風のエネルギー源は，水蒸気が凝結する際に発生する潜熱である。暖かく湿った空気が凝結して潜熱を放出し，上昇気流が促進されることで，台風は発達していく。

問2　発達した台風について述べた文として最も適当なものを，次の①～④のうちから一つ選べ。

① 台風の目のまわりには，発達した[誤]層雲が広い範囲で観測される。

[正]積乱雲

誤り。発達した台風の中心付近は下降気流が存在し，雲の少ない領域となっており，「台風の目」とよばれる。一方，その周りには激しい上昇気流により，「アイウォール」とよばれる高さ10kmほどの積乱雲が発達し，暴風雨となっている。

② 台風の目のなかでは，強い上昇気流と強い雨が観測される。

誤り。①の説明を参照。

③ 対流圏上層では，風が時計回りに渦巻きながら台風の中心付近から外側に向かって吹き出している。

正しい。台風は強い低気圧であり，地上付近(対流圏下層)では，地球の自転(転向力)の影響を受け，反時計回りに風が吹き込み，上昇気流となって対流圏上層まで到達する。一方，対流圏上層まで到達した空気は圏界面に沿うようにして中心から外側に向かって流れていく。この風は，中心から時計回りの渦を描くように吹き出すが，これも，地球の自転の影響によるものであり，地上の高気圧から吹き出す風と同じである。

④ 対流圏下層では，風が誤時計回りに渦巻きながら外側から台風の中心付近に向かって吹き込んでいる。　正反時計回り

誤り。③の説明を参照。

問3 観測所A，B，Cに対応するデータの組合せとして最も適当なものを，次の①～⑥のうちから一つ選べ。

	観測所A	観測所B	観測所C		観測所A	観測所B	観測所C
①	X	Y	Z	②	X	Z	Y
③	Y	X	Z	④	Y	Z	X
⑤	Z	X	Y	⑥	Z	Y	X

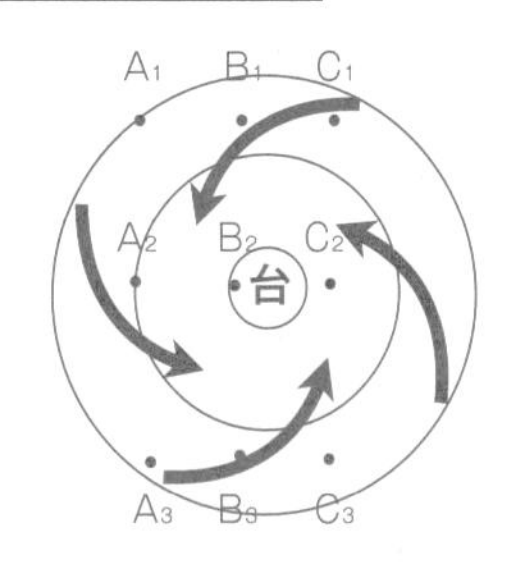

台風の大きさはさまざまであるが，強風域が数百kmにおよぶことが普通である。観測所Bを台風が通過した際には観測所A，Cも，台風の中心にかなり近い部分が通過したと考えられ，X，Y，Zのどの地点もかなり大きな風力を記録している。解答のポイントは台風通過時の気圧と風向である。発達した台風を天気図で見ると，中心に近いほど等圧線が密になっており，中心からの距離で気圧はかなり違う。そこで，中心付近が通過した14時に最も気圧が小さいZが観測所Bであるという予想が立つ。次に，通過時の風向の変化を考えてみよう。図のように，台風が北上することで，各観測所A，B，Cと台風との位置関係が，それぞれ「$A_1 \rightarrow A_2 \rightarrow A_3$」のように変化したとしよう。中心が近づきつつある「１」の場所では，どの観測地点もおおむね東寄りの風となり，通過後の「３」の位置では，どの観測地点もおおむね西寄りの風となるので，中心が通過する「２」の位置での風に注目するのが近道である。Xは中心が通過する14時に北西寄りの風となっているので，観測所Aである。Yは南寄りの風となっているので，可能性としては観測所Cしかない。気圧から観測所Bであると予想したZは，北東寄りの風となっており，やはり観測所Bと考えてよい。以上より，②が正解である。

3章 | 宇宙，太陽系と地球の誕生

1 節 宇宙の誕生　標準問題

72 [天文単位]（p.75）

解答

(1) 5.2〔天文単位〕
(2) 0.28〔天文単位〕
(3) 4.2〔時間〕

ベストフィット 1天文単位は，太陽－地球間の距離であり，約1億5000万kmである。

解説

(1) 「1 au（天文単位）$= 1.5 \times 10^8$km」であるので，$7.78 \times 10^8 / 1.5 \times 10^8 \fallingdotseq 5.18$〔au〕となる。つまり，木星の公転軌道は地球の公転軌道の5倍程度である。このように，太陽系における惑星どうしの距離関係を把握するためには天文単位は大変便利な単位である。

(2) 地球と金星が最も遠い位置関係にある時，両者の距離は，地球の公転半径と金星の公転半径の和になる。地球の公転半径は1 auであるので，金星の公転半径は$1.72 - 1 = 0.72$〔au〕である。一方，地球と金星が最も接近した場合，両者の距離は，公転半径の差になるので，$1 - 0.72 = 0.28$〔au〕となる。

(3) 光速度は3.0×10^5〔km/s〕なので，これを時速に変換すると，$3 \times 10^5 \times 60 \times 60$〔km/h〕となる。$1\text{ au} = 1.5 \times 10^8$kmなので，30天文単位の距離を光が進むのに要する時間は，
$1.5 \times 10^8 \times 30 / (3.0 \times 10^5 \times 60 \times 60) \fallingdotseq 4.16$〔時間〕となる。

73 [銀河系の形状]（p.76）

解答

(1) アー②　イー③
(2) ウーハロー　エーバルジ
(3) ③
(4) ④

ベストフィット 太陽系が属する銀河系は1000億個以上の恒星からなる渦巻銀河である。

解説

(1)，(2)，(3) 太陽は約1000億個以上もの恒星からなる銀河系を構成する一天体に過ぎない。銀河系では，恒星が直径約10万光年の範囲に円盤状に分布しており，この部分を円盤部（ディスク）という。円盤部の中心から直径約2万光年の範囲には厚みのある部分があり，バルジとよばれる。太陽系はこの中心部から約2.8万光年ほど離れた円盤部に位置している。我々が夜空に目にしている天の川は，銀河系の円盤部を，円盤部の中から見ているものであり，いて座の方向に銀河の中心であるバルジがある。また，銀河の円盤部やその周りには，200個程度の球状星団が分布している。球状星団は数万～数百万個の老齢な恒星が密集した天体である。これらの球状星団までの距離を測定した結果，球状星団は，銀河系の円盤部を取り巻く直径約15万光年の球状の領域の範囲に分布していることがわかった。この領域をハローという。

(4) 宇宙には銀河系以外にも多くの銀河が存在し，その数は2000億個を超えると考えられている。

銀河の形状にはそれぞれ個性があるが，アメリカの天文学者であるエドウィン・ハッブルが提唱した銀河の分類が有名である。それによると，銀河は，楕円銀河，渦巻銀河，棒渦巻銀河，不規則銀河などに大別され，我々の属する銀河系は渦巻銀河に分類される。選択肢の①は不規則銀河，②は楕円銀河，③は棒渦巻銀河，④は渦巻銀河を表しており，銀河系は④に該当する。

74 ［銀河の構造］(p.76)

解答

(1) ①
(2) ①
(3) ②

ベストフィット 銀河の円盤部は星間ガスが多く存在する恒星誕生の場である。

解説

(1) ①正しい。バルジは，銀河の中心部にあたり，恒星が密集している場所である。銀河系の円盤部は天の川として見えるが，夏になるといて座のあたりに特に明るい領域が見られる。これがバルジである。②誤り。ハローには老齢な恒星の集まりである球状星団が分布している。星間ガスの密度が高いのは円盤部である。③誤り。円盤部は星間物質が密集し，恒星の誕生の場となっている。④誤り。円盤部は恒星誕生の場であり，若い恒星が多い。若い恒星には，青色から白色の明るい恒星が多く含まれ，円盤部は青白く見える。
(2) ①正しい。星間物質は自ら光を放つことはないが，背景の恒星の光をさえぎって暗く見えたり(暗黒星雲)，逆に，手前にある恒星の光を反射して輝いたり(散光星雲)することで観測される。②誤り。暗黒星雲は星間ガスが密集している場所であり，恒星誕生の場である。③誤り。暗黒星雲は温度が低く，星間ガスが収縮して分子が形成されている。これらは分子から放出される特定の電波からその存在が確認され，分子雲とよばれる。④誤り。①の説明参照。
(3) 太陽は，銀河系の円盤部の中心部から約2.8万光年離れた場所にある。

75 ［宇宙の誕生と進化］(p.77)

解答

(1) ④
(2) ビッグバン
(3) (i)水素，ヘリウム　(ii)酸素，ケイ素
(4) 原子核と電子が分かれた状態にあり，電子にさえぎられて光が直進できない状態にあったため。
(5) ①

ベストフィット 宇宙は，約138億年前，ビッグバンから始まり，現在も膨張を続けている。

解説

(1) 長い間，さまざまな方法で宇宙年齢の計算が試みられてきたが，現在，最も矛盾なく説明できると考えられている宇宙の年齢は約138億年である。
(2) 1929年にエドウィン・ハッブルは，「銀河の後退速度は地球からの距離に比例する」というハッブルの法則を発見した。これは，宇宙全体が膨張しているという証拠である。この事実から，1948年にジョージ・ガモフは宇宙が超高温で高密度の状態(ビッグバン)から始まったとするビッグバン宇宙を提唱した。ガモフの提唱したビッグバン宇宙は，宇宙に始まりや終わりはないとする定常宇宙を

主張する科学者たちから非難を浴びたが，ビッグバンの証拠となる事実が見つかり，それまでの宇宙観は一変することとなった。なお，ビッグバンという名前は，ガモフに批判的なグループが，その理論を馬鹿げたものだと揶揄(やゆ)した際に用いた言葉がそのまま定着したものである。

(3)　宇宙の誕生直後(38万年後)には，最も簡単な構造の原子である水素原子とヘリウム原子が形成された。一方，地球の地殻の大部分はケイ酸塩鉱物からなる火成岩である。ケイ酸塩鉱物の骨格は酸素とケイ素である。

(4)　水素原子やヘリウム原子が形成される前の宇宙は，水素やヘリウムの原子核と電子が離れた状態のまま存在していた。そのため，光は密に存在する電子に散乱されて，直進することができず，宇宙は霧につつまれたような不透明な状態であったと考えられている。宇宙誕生から38万年後に原子核と電子が結合し，水素原子とヘリウム原子が形成されると，宇宙では光が直進できるようになり，見通せる状態になった。この出来事は「宇宙の晴れ上がり」とよばれる。

(5)　①正しい。宇宙は誕生直後の超高温，超高密度の状態(ビッグバン)から急激な膨張とともに温度を下げ，10万分の1秒後には陽子(水素の原子核)や中性子が形成されたと推測されている。3分後にはすでに陽子と中性子が結合し，ヘリウムの原子核が形成されていたと考えられている。②誤り。宇宙の晴れ上がりをむかえ，光が直進できる見通せる宇宙となったのは，宇宙誕生から38万年後であると考えられている。③誤り。最初の恒星が誕生したのは宇宙誕生から数億年後である。④誤り。太陽の年齢は約50億年である。宇宙の年齢が約140億年であるから，太陽系の誕生は，宇宙誕生から約90億年後ということになる。

＜宇宙の誕生後のおもなイベント＞

0秒〔宇宙誕生→ビッグバン〕→　10万分の1秒〔陽子(水素原子核)，中性子形成〕
→　3分〔ヘリウム原子核形成〕
→　38万年〔水素原子，ヘリウム原子形成＝「宇宙の晴れ上がり」〕
→　数億年〔最初の恒星誕生〕　→　90億年〔太陽系誕生〕

2節 太陽の誕生

標準問題

76 [太陽の活動] (p.80)

解答

(1) A―黒点　B―粒状斑　C―プロミネンス(紅炎)　D―コロナ
(2) 周囲に比べて温度が低いため。
(3) 太陽が自転しているため。
(4) ②

ベストフィット　光球面全体に見られる粒状斑は，直下の対流層の活動を反映。絶えず出現と消滅をくり返す。

解説

(1)，(2)　A：黒点は光球(約5800K)よりも温度が低く(約4000K)，暗く見える。これは，黒点に強い磁場が存在し，中心部からの熱の流れ(対流)を妨げているからである。B：光球面状には，直下の対流層の動きを反映した粒状の模様が出現と消滅をくり返しており，粒状斑とよばれる。高温のガスが湧き上がってくる場所が粒状斑中央の明るく見える部分である。C：彩層からコロナの中に吹き上がるガス雲がプロミネンス(紅炎)である。周縁部では明るい炎のように見えるが，光球面を真上から見た場合は，暗い筋状の模様として観測される。D：彩層の外側に広がる高温の希薄な大気層がコロナである。皆既日食の際に，薄桃色の彩層の外側に広がる真珠色の淡い光として観測される。

(3) 黒点の位置を継続的に観測すると，地球の公転方向と同じ方向に移動していくのが確認される。これは，太陽が地球の公転と同じ方向に自転しているからである。なお，黒点の移動速度から太陽の自転周期を計算すると，赤道付近で25日程度，極付近では30日を超える。緯度によって自転周期が異なるのは，太陽が固体ではなくガスの塊であるためであり，同様の現象はガス惑星である木星型惑星でも見られる。
(4) コロナの温度は100万～200万Kで，光球面の5800Kと比べるとはるかに高温である。熱源から離れた場所の方が圧倒的に温度が高いという状態は感覚的にも理解しにくいが，実際のところ，この高温の原因はよくわかっていない。コロナからは，X線，紫外線などの電磁波のほか，太陽風も放出されている。

77 ［太陽のエネルギー］(p.80)

解答

(1) ①
(2) イ—水素　ウ—ヘリウム
(3) エ—核融合反応　オ—主系列星
(4) 4.0×10^{23}〔kW〕
(5) ④

ベストフィット 太陽のエネルギー源は水素の核融合反応。

解説

(1) 原始太陽が形成されたのは，今から約50億年前である。原始太陽の周りには原始太陽系円盤も形成され，現在の太陽系の原形となった。
(2)，(3) **イ，ウ，エ** 太陽の中心部では，4つの水素原子から1つのヘリウム原子が生成される核融合反応が進行し，莫大なエネルギーを発生している。なお，核融合反応には超高温，超高圧の条件が必要であり，中心付近の限られた領域でしか進行しない。太陽は水素の塊であるが，核融合反応を起こす水素は全体の10%程度である。
オ 恒星の進化の段階において，中心核で水素の核融合反応が進行し，安定的にエネルギーを放出する状態を主系列星といい，太陽はまさに主系列星の段階の只中にいる恒星である。もともと太陽のような恒星は，星間物質が濃集した星間雲から生まれる。まず，星間雲の状態から重力によってガスが収縮して原始星（原始太陽）となる。そして，さらに収縮を続け，中心部の温度が1000万Kを超えると中心部で水素の核融合反応が始まり，主系列星の段階になる。主系列星は重力によって収縮しようとする力と，内部で発生するエネルギーによる圧力がつり合った安定した状態にある。一定の水素が核融合反応を起こすと，中心核は収縮し，外層は急激に膨張して，主系列星の次の段階である赤色巨星と変化していき，やがてその一生を終える。
(4) 太陽定数は，地球の大気圏上端で，太陽光に垂直な$1m^2$の面が1秒間に受ける太陽放射エネルギーの大きさを表す数値である。問題にあるように，太陽表面からはどの方向にも同じ強さの放射が行われているとすると，太陽から1.5×10^8kmの距離にあるすべての地点に，$1.4kW/m^2$のエネルギーが到達していることになる。一点から等距離にある点の集合は球面となるので，太陽定数に，太陽と地球の距離を半径とする球の面積をかけたものが求める値となる。$1.5 \times 10^8km = 1.5 \times 10^{11}m$であり，$\pi = 3.14$とすると，求める値は，$1.4 \times 4 \times 3.14 \times (1.5 \times 10^{11})^2 \fallingdotseq 3.95 \times 10^{23}$〔kW〕となる。
(5) ①誤り。太陽が自転していることは，黒点が太陽表面を東から西に移動して見えることからわかる。太陽の自転方向は，北極側から見て反時計回りで，地球の公転方向と同じである。②誤り。太陽は水素とヘリウムをおもな成分とするガス球である。一方，地球の大気は，窒素と酸素が主成分である。③誤り。地球に季節変化があるのは，地球の自転軸（地軸）が公転面に対して垂直になっていないことが理由である。地軸を傾けた状態で公転しているため，季節によって太陽の入射角に違いが生じ，季節変化が生じる。④正しい。オーロラは，太陽から放出された太陽風（荷電粒子の流れ）が高緯度地域の上空に侵入し，大気分子に衝突することで発光する現象である。太陽の活動が活発になると，太陽面爆発（フレア）が盛んに発生するなどして，地球に到達する荷電粒子の量が増加し，オーロラの活動が活発になる。

3節 惑星の誕生と地球の成長　標準問題

78 ［太陽系の惑星］(p.85)

解答

ア―小さ　イ―小さ　ウ―大き　エ―木星　オ―木星　カ，キ―火星，木星

ベストフィット 太陽系の惑星は，２つのグループにわけられる。地球型惑星は小さな岩石惑星，木星型惑星は巨大なガス惑星である。

解説

ア，イ 最大の木星型惑星である木星の半径は，最大の地球型惑星である地球の約11倍，質量は約300倍ある。**ウ** 地球型惑星と木星型惑星は大きさだけでなく，その成分もまったく異なる。地球型惑星は，いわば岩石の塊である。一方，木星型惑星は巨大なガスの塊である。この組成の違いからわかるように，地球型惑星の密度は大きく，木星型惑星の密度は小さい。**エ** 地球型惑星がもつ衛星は，地球の衛星である月，火星の衛星であるフォボスとダイモスの３つだけであり，水星と金星には衛星は存在しない。これに対して，木星型惑星はすべての惑星が十数～数十個の衛星をもっている。また，惑星の環といえば，土星が有名であるが，すべての木星型惑星に環が存在することがわかっている。**オ** 地球型惑星の自転周期は木星型惑星と比較すると長く，最も短いのが地球で約24時間，最も長い金星では，約243日にもなる。一方，木星型惑星の自転周期は10～10数時間程度と非常に短く，自転のスピードが速い。**カ，キ** 地球型惑星は火星より内側に，木星型惑星は木星より外側に存在している。火星と木星の間には数万個を超える小惑星が公転する小惑星帯が存在している。

79 ［惑星の内部構造］(p.85)

解答

(1) A―③　B―②　C―⑤
(2) A―⑥　B―⑦　C―①
(3) A―⑥　B―④　C―①

ベストフィット 木星型惑星のうち，木星と土星は内部に金属水素の領域をもつのに対し，天王星と海王星は内部に氷の領域をもつ。

解説

(1)　地球型惑星は中心部に金属の核をもち，その周りをマントルと地殻の２層の岩石層がおおっている。
(2)(3)　木星型惑星は，中心部におもに岩石からなる核をもち，表面が液体水素の層でおおわれている点が共通した特徴である。ただ，核と液体水素の間の領域は，木星と土星では金属水素，天王星と海王星では氷となっており，２つのタイプに区分できる。金属水素とは，高圧下のもとで水素が金属に似た性質となっているものである。

80 [惑星の特徴] (p.85)

解答

(1) 金星
(2) 天王星
(3) 土星
(4) 水星

ベストフィット 金星は，濃厚な大気による温室効果のため昼夜をとわず約460℃の高温になっている。

解説

(1) 金星の特徴は，二酸化炭素を主成分とする濃厚な大気である。この大気により地球とは比較にならないほど強い温室効果が作用し，約460℃という高温になっている。
(2) 自転軸が横倒しということから天王星であると判断できる。天王星と海王星は大気中のメタンの作用により青みがかって見える。
(3) 地球からも観測できる美しい環をもつ土星は，太陽系の中で最も平均密度の小さい天体である。
(4) 太陽に近く，大気をほとんどもたない水星は，昼と夜で400℃から－180℃という激しい温度変化を生じる。また，表面が多数のクレーターにおおわれているのも水星の特徴である。

81 [天体の大きさ] (p.85)

解答

A，B，E

ベストフィット 地球型惑星で最大の惑星は地球。太陽の大きさは地球のおよそ100倍。

解説

A：正しい。太陽の大きさは地球の109倍ほどあるが，約100倍と覚えておけば十分である。ちなみに，太陽系最大の惑星である木星は地球の約11倍であるので，「地球の10倍が木星で，木星の10倍が太陽」と，３天体の大きさの関係をまとめて覚えておくとよい。B：正しい。地球型惑星で最大の惑星は地球である。そして２番目に大きいのが金星で，地球の約0.94倍である。ほとんど同じ大きさだが地球の方が少し大きいということは頭に入れておこう。C：誤り。太陽系外縁天体に分類される冥王星は地球の１／５にも満たない小さな天体であり，地球の衛星である月よりも小さい。D：誤り。太陽と太陽から最も遠い位置を公転する海王星までの距離はおよそ30天文単位である。E：正しい。太陽系が属する銀河系の円盤部の直径は約10万光年であり，中心部から約2.8万光年離れた円盤部に太陽系は位置している。

82 [太陽系のなり立ち] (p.86)

解答

(1) アー46　イー微惑星
(2) ①，④
(3) ③

ベストフィット 太陽系の惑星は約46億年前，微惑星の衝突と合体により形成された。

解説

(1) **ア** 地球をはじめとする太陽系の惑星は約46億年前にほぼ同時に形成された。**イ** 太陽系の創生期には，まず，星間物質(塵(ちり)とガス)が太陽を中心として円盤状に集まり原始太陽系星雲を形成した。星間物質は次第に集積し，直径1～10km程度の微惑星まで成長した。さらに微惑星が衝突と合体をくり返し，原始惑星が形成された。

(2) ①正しい。地球型惑星の核は鉄を主成分とする金属である。②誤り。海洋の存在の有無は地球型惑星の分類には無関係。なお，現在海洋が存在するのは地球だけであるが，火星にも液体の水が存在した形跡がある。③誤り。木星型惑星の核は岩石と金属である。④正しい。すべての木星型惑星にリングがあることがわかっている。ただし，地表から光学望遠鏡により観測可能なリングは土星にしかない。

(3) ①正しい。木星の大気は水素が約80質量%，ヘリウムが約20質量%であり，ほぼこの2つの気体からなっているが，アンモニアやメタンも微量に含まれている。②正しい。生物の光合成活動により多量の酸素を含むのは，他の地球型惑星に見られない地球の大きな特徴である。③誤り。金星の地表面の大気圧は地球のおよそ90倍(90気圧)である。金星は，二酸化炭素を主成分とする濃厚な大気により強い温室効果がはたらいている灼熱の惑星である。④正しい。火星は大きさが地球の半分程度しかなく，大気を引き止めておくのに十分な引力がはたらかない。このため，大気は非常に希薄であり，地表の大気圧は地球のおよそ0.6% (0.006気圧)ほどしかない。

83 [地球の誕生と大気の変遷] (p.86)

解答

(1) 水素
(2) マグマオーシャン
(3) 金属(または，鉄)
(4) 二酸化炭素
(5) 光合成を行う生物(の出現)

ベストフィット 原始大気から，二酸化炭素は大きく減少し，酸素が蓄積され，現在の地球大気の組成となった。

解説

(1) 星間物質の密度が高い領域である星間雲から生まれた原始太陽は，自らの重力により収縮し，中心部の密度と温度が十分に高くなると，水素の核融合反応が始まり，安定した主系列星となった。

(2) 原始地球の大気は現在よりも濃厚で，水蒸気や二酸化炭素を多量に含むものであった。このため，非常に強い温室効果がはたらき，多数の微惑星の衝突によって発生した熱が保たれて地表の温度は上昇していき，地表面がとけてマグマオーシャンの状態になった。

(3) マグマオーシャンの状態となった地球は内部の温度も高温になり，とけ出した鉄やニッケルなどの密度の大きな金属成分が中心部に集まって核を形成した。これにより，地球内部はマントルと核の2層の構造となった。

(4)，(5) やがて，地球へ落下する微惑星の数が減ると，マグマオーシャンの状態から少しずつ地球は冷却していき，地表面は固結し地殻が形成された。また，大気中の水蒸気は凝結し，高温の雨となって降り注ぎ，原始海洋を形成した。この海洋の形成により地球の大気組成は劇的に変化する。まず，多量に含まれていた二酸化炭素の多くは海洋にとけ，石灰岩として沈殿した。また，海洋の中で原始生命が誕生し，その中から現れた光合成を行う生物により，大気中の酸素濃度は上昇していった。こうして，窒素と酸素からなる現在の地球大気となった。

84 [惑星間物質] (p.87)

解答

(1) **ア**―小惑星　**イ**―彗星　**オ**―塵(ちり)
(2) 隕石
(3) 氷
(4) **ウ**―エッジワース・カイパーベルト(カイパーベルト)　**エ**―オールトの雲
(5) 流星

ベストフィット 小惑星は火星と木星の間の小惑星帯に集中。

解説

(1) **ア** 小惑星は，現在50万個以上発見されているが，大部分が火星と木星の軌道の間に集中しており，小惑星帯とよばれている。最大の小惑星はケレス(セレス)であるが，それでも直径は約950kmほどしかない。太陽系創生期に微惑星が衝突と合体をくり返し惑星に成長したと考えられており，その残骸(ざんがい)が小惑星であると考えられている。つまり，小惑星には太陽系創生期の情報が閉じ込められている。2010年に小惑星探査機「はやぶさ」が小惑星イトカワから，2020年には「はやぶさ2」が小惑星リュウグウから小惑星のかけらを持ち帰ったことは記憶に新しい。なお，小惑星の大部分が小惑星帯に集中しているのは，木星の大きな重力の影響であると考えられている。**イ**，**オ** 彗星の核は塵を多量に含んだ氷(揮発成分)であり，これらが蒸発することで，その周りにコマとよばれる大気をもつ。彗星はその構造から「汚れた雪玉」と表現されている。太陽に近づくと，核の揮発成分は盛んに蒸発し，太陽の光の圧力などにより，太陽と反対方向に尾をたなびかせる。太陽に接近するほど揮発成分の蒸発は激しくなり，尾は長くなる。このとき，核に含まれていた多量の塵も放出され，惑星間に取り残される。

(2) 小惑星は，サイズの小さいものほど数が多く，塵サイズのものまで合わせると無数に存在すると考えられている。これらの小惑星やその断片，その他の惑星間物質が燃え尽きずに地表に落下したものが隕石である。隕石は，小惑星と同様，太陽系創生期の重要な情報を閉じ込めている。

(3) (1)の**イ**，**オ**の解説参照。

(4) 周期が200年未満の短周期彗星は，太陽系の外側に円盤状に広がるエッジワース・カイパーベルトとよばれる小天体の分布域を起源とすると考えられている。また，周期が200年以上の長周期彗星は，エッジワース・カイパーベルトのさらに外側の小天体が球殻状に分布するオールトの雲とよばれる領域を起源とすると考えられている。

(5) 惑星間の固体物質が燃え尽きずに地表に落下すると隕石となるが，小さな塵が地球大気に突入すると上空で燃え尽き，流星として観測される。特に，彗星の通り道には多量の塵が残されており，この領域を地球が通過すると流星群が観測される。なお，流星のうち，特に明るく輝くものを火球とよび，昼間でも観測できるものもある。

85 [月の表面] (p.87)

解答

(1) **ア**―衛星　**イ**―隕石の衝突　**ウ**―クレーター
(2) ④

ベストフィット 地球のクレーターの多くは，水と大気と地殻変動で姿を消している。

解説

(1) **ア** 地球型惑星のうち，衛星をもつ惑星は地球と火星だけである。月は地球の唯一の衛星であり，火星にもフォボスとダイモスの２つの衛星しかない。**イ・ウ** クレーターの成因については，過去には火山活動によるものなどさまざまな説が唱えられた。しかしながら，現在では，クレーター周辺で高圧型の変成岩が見つかっていることや，衝突実験による検証などから，クレーターが多数の隕石衝突によって生じたことが明らかになっている。

(2) 地球はおよそ46億年前に多数の微惑星の衝突により形成した。月は，原始地球の形成後，比較的大きな天体が地球に衝突し，双方の破砕物質が集積して形成したと考えられている（ジャイアントインパクト説）。このように，地球と月はきわめて近い位置にある兄弟のような天体である。月の表面のクレーターの多くは，およそ40億年前までの太陽系形成初期に形成されたものであり，太陽系形成初期には地球にも多数の隕石が衝突したことは容易に想像ができる。それにもかかわらず地球の表面に月のような多数のクレーターが見られないのは，大気と水による風化と侵食，およびプレート運動と活発な火山活動により地球の表面が絶えず変化しているからである。以上の理由から，選択肢④が明らかな誤りである。

86 ［地球における生命の誕生］（p.87）

解答

(1) ②

(2) ア―オゾン　イ―紫外線

ベストフィット 原始生命は海の中で誕生。オゾン層の形成により生物の陸上進出が可能になった。

解説

(1) 大陸と海洋では熱的性質に大きな違いがある。海洋は陸に比べて比熱が大きく，太陽からの受熱量の変化に対して，温度変化を起こしにくい。このような性質をもった海洋が表面の７割を占めることで，地球表面の昼と夜，夏と冬の温度変化は小さくなっている。

(2) 原始地球の地表には，現在の数倍の強度の紫外線が降り注いでいたと考えられ，このような環境で生命が誕生することは考えられない。最初の生命は，深海底の熱水噴出孔付近で誕生した細菌の仲間だと推測されている。その後，ラン藻(そう)類などが出現し，光合成により酸素を放出し始める。しだいに光合成をする生物は増加していき，大気中の酸素濃度も上昇していった。そして，オルドビス紀(4.9億～4.4億年前）までには成層圏付近の酸素からオゾン層が形成され，生体に有害な紫外線が吸収されるようになり，生物の陸上進出が始まった。

演習問題

87 [太陽系の天体] (p.90)

解答

問1. ②　問2. ①

リード文 Check

地球から6年あまりの旅を終え，フランクさんの乗った宇宙船が土星に到着した。土星と太陽との平均距離（軌道長半径）はおよそ10天文単位である。ここからは，土星の軌道の内側にA地球を含む五つの惑星が見える。これらの惑星の間には，［ア］とよばれる小天体が，特に［イ］の軌道の内側に多く見られる。Bこの小天体は，太陽系ができた当時の特徴を残すものとして注目され，21世紀初頭には日本の探査機「はやぶさ」による探査も行われた。

ベストフィット

A 土星の軌道の内側にある惑星は，土星に近い順に，木星，火星，地球，金星，水星である。木星と火星の間に小惑星帯が存在する。

B 小惑星は，惑星の起源となった微惑星の残骸（ざんがい）である。小惑星は約46億年前の太陽系創成時の状態をとどめており，太陽系形成の謎を解く手がかりとなる。

正誤 Check

問1 上の文章中の［ア］・［イ］に入れる語の組合せとして最も適当なものを，次の①～④のうちから一つ選べ。

	ア	イ		ア	イ
①	小惑星	火　星	②	小惑星	木　星
③	彗　星	火　星	④	彗　星	木　星

惑星間を公転する小天体を小惑星という。小惑星の大部分は木星と火星の間のいわゆる小惑星帯に密集している。小惑星帯は，土星から見ると木星の軌道の内側ということになるので②が正解。

問2 木星と太陽との平均距離はおよそ5天文単位である。土星から見たときの，木星と太陽のなす最大の角度は何度か。最も適当な数値を，次の①～④のうちから一つ選べ。

①　30度　　②　45度　　③　60度　　④　90度

ある惑星から見たとき，その惑星より内側の軌道にある惑星は，太陽からある角度以上離れることはない（外側の惑星であれば，太陽と正反対（180°）の位置にくることがある）。内側の惑星と太陽とのなす角度の最大値を最大離角とよぶ。最大離角となる位置は，2か所あるが，いずれも，観測者のいる惑星から，内側の惑星の軌道に引いた接線の位置にその内側の惑星がきたときとなる。土星から見て，木星が最大離角の位置にきたときの位置関係は右の図のようになる。図に示したように，三辺の比が1：2：$\sqrt{3}$の直角三角形から，最大離角は30°であることがわかる。

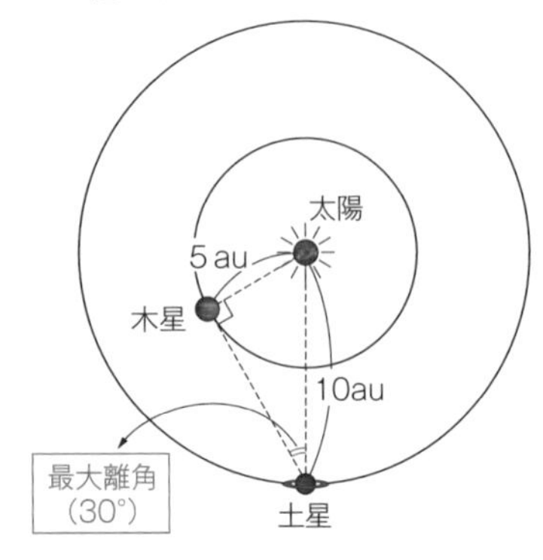

88 [星間雲と恒星の誕生] (p.90)

解答

問1. ②　問2. ②

リード文 Check

宇宙空間には星間ガスの密集した部分があり，A星間雲とよばれる。近くにある明るい星の光を受けて輝いて見える星間雲は散光星雲とよばれる。一方，背後の星や散光星雲の光を吸収して暗く観測される星間雲は暗黒星雲とよばれる。

B右の図に示されているのはオリオン座の一部の天体写真である。ここにはさまざまな星間雲の姿が見られる。

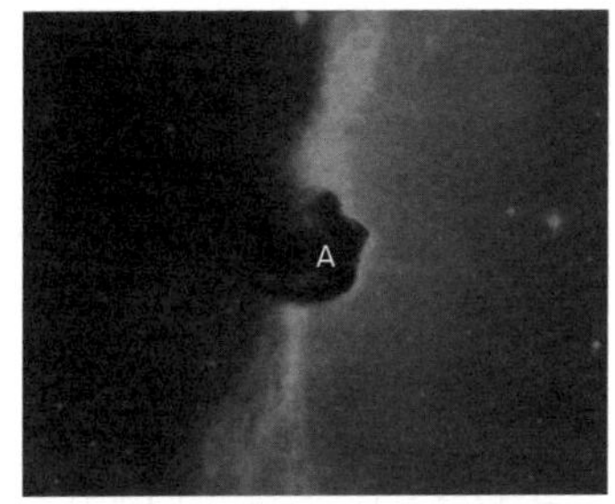

オリオン座の一部の天体写真

ベストフィット

A 星間ガスの密度が特に高くなっている場所が星間雲であり，恒星誕生の場となっている。散光星雲や暗黒星雲として観測される。

B 写真中央部Aはオリオン座に見られる暗黒星雲の1つ，馬頭星雲である。右側を上にしてみると，馬の頭のような形を呈しているためこのような名前がついた。オリオン座付近には散光星雲として有名なオリオン星雲も見られるなど，いま，まさに恒星が盛んに誕生している場所である。

正誤 Check

問1 右の図に関して述べた文として，**適当でないもの**を，次の①～④のうちから一つ選べ。

① 右側の領域に広がって光っている部分は散光星雲であり，この近くに星間雲を照らす明るい星がある。

② 散光星雲と暗黒星雲の分布を見ると，星間雲は右側の領域だけに存在している。

③ Aで示されている黒い部分は暗黒星雲であり，この部分は周囲の散光星雲より太陽系に近い位置にある。

④ 左側の領域は右側の領域と比べて見える恒星が少なく，ここに遠方の星を隠す暗黒星雲が存在している。

①正しい。右側の領域は，明るい雲のように見えるが，これは，手前の恒星に照らされた星間雲であり，散光星雲とよばれる。②誤り。星間雲は右側に散光星雲として見えているが，左側の暗い領域も，背景の恒星や散光星雲の光をさえぎっている星間雲であり，暗黒星雲とよばれる。③正しい。Aの暗黒星雲は，背景にある散光星雲の光をさえぎっているため，手前に存在していることがわかる。④正しい。写真右側と比べて左側に恒星が少ないのは，手前にある星間雲（暗黒星雲）に光をさえぎられているからである。

問2 星間雲について述べた文として最も適当なものを，次の①～④のうちから一つ選べ。

① 暗黒星雲では，多数のブラックホールが光を吸収している。

② 密度の高い部分が重力で収縮して，恒星が誕生する。

③ 高温であるため，星間分子はほとんど含まれていない。

④ 星間雲に含まれる星間塵（じん）は，ほとんどヘリウムでできている。

①誤り。暗黒星雲が暗く見えるのは，背景の恒星などの光を吸収しているためであり，ブラックホールとは無関係である。②正しい。星間雲では星間ガスの密度の高い部分が重力により収縮し，原始星を形成し，いずれ中心部で核融合反応を起こして恒星となる。③誤り。星間雲には低温のものがあり，分子が形成されている。これらは，特定の電波によって分子の存在が確認でき，分子雲とよばれる。④誤り。星間雲に含まれる星間塵は気体ではなく固体微粒子であり，氷，ケイ酸塩，鉄などが含まれる。水素やヘリウムなどの気体は星間ガスの主成分である。

89 ［太陽の観察］（p.90）

解答

問1．⑤　問2．③

リード文 Check

次の図1の左図は，ある日の太陽表面のスケッチであり，右図は同様に6日後の同時刻に得たスケッチである。図1には10°おきに経線と緯線が記してある。このスケッチから低緯度ではA見かけの自

転周期は ア 日であり，これは高緯度での自転周期より イ ことがわかる。

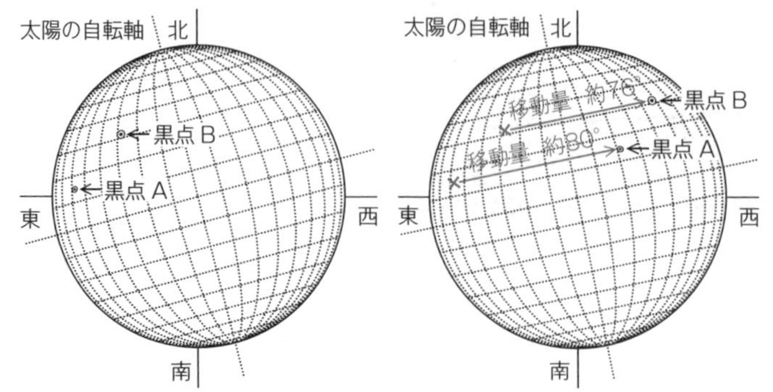

図1　太陽黒点のスケッチ
各図の東西南北は天球面上における方向を示す。

ベストフィット

A 地球から観測して，黒点が太陽の表面を一周するように見える時間。実際には，観測者がいる地球は太陽の自転と同じ方向に公転しているため，真の太陽の自転周期は，見かけの自転周期よりもやや短くなる。

正誤 Check

問1　上の文章中の ア ・ イ に入れる数値と語の組合せとして最も適当なものを，次の①～⑥のうちから一つ選べ。

	ア	イ		ア	イ
①	8	短い	②	8	長い
③	14	短い	④	14	長い
⑤	27	短い	⑥	27	長い

「低緯度での見かけの自転周期」とあるので，日面緯度15°付近にある黒点Aが太陽の表面を一周(360°移動)するように見える時間を計算すればよい。図1に示したように，黒点Aは6日間で経度で約80°移動したように見えるので，見かけの周期をxとすると，$6:x = 80°:360°$　$\therefore\ x = 27$（日）となる。

一方，やや緯度が高い(日面緯度30°付近)地点にある黒点Bから見かけの自転周期を計算してみよう。黒点Bの6日間での移動量は経度で約76°であるので，見かけの周期をx'とすると，$6:x' = 76°:360°$　$\therefore\ x' = 28.4$（日）である。

以上より，低緯度での見かけの自転周期は約27日であり，高緯度よりも低緯度の方が見かけの自転周期は短い(自転速度が速い)ので⑤が正しい。なお，太陽の自転周期が赤道で最も短いことは教科書にも明記されており，知っておくべき知識であろう。自転速度が緯度により異なるという現象は，太陽や木星型惑星のようなガス球で見られる現象であり，地球型惑星のような固体球では起こらない。

問2　上の図1のスケッチでかかれた黒点Aは緯度方向に約2°の広がりをもっている。このことから黒点Aは地球の直径のおよそ何倍であるか。太陽の直径は地球の約100倍であることを考えて，最も適当なものを，次の①～⑤のうちから一つ選べ。

①　$\frac{1}{200}$倍　　②　$\frac{1}{20}$倍　　③　2倍　　④　20倍　　⑤　200倍

まず，地球の直径をLとして考える。太陽の直径が地球の100倍であるとすると，太陽の直径は$100L$となり，その円周は$100L\times\pi$である。「緯度方向」とは，経線(子午線)に沿った大きさということであり，太陽の円周である$100L\times\pi$は緯度360°に相当する経線の長さである。したがって，緯度2°に相当する黒点Aの大きさをlとすると，

$$360°:2° = 100L\times\pi : l \qquad \therefore l \fallingdotseq 1.7\times L$$

となり，黒点Aの大きさは地球直径Lの約2倍である。したがって③が正しい。

90 [惑星の密度と性質]（p.91）

解答

問1．④　問2．②　問3．④

リード文 Check

太陽系の惑星は質量や半径などにより，(a)木星型および地球型の2種類に大きくわけられる。われわれの[A]太陽系以外にも惑星系（系外惑星系）が数多く発見されている。そのうちいくつかの惑星については(b)質量と半径がともに測定され，平均密度が推定されている。右の図1は，太陽系の8個の惑星と，最近発見されたある系外惑星Pについて，質量と半径の関係を示したものである。なお，図1中の実線は，[B]密度が地球の密度と等しいことを示す線である。

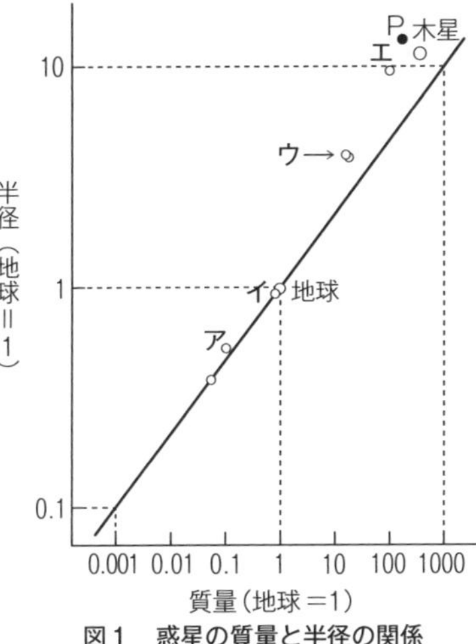

図1　惑星の質量と半径の関係
○は太陽系の惑星を，●は系外惑星Pを示す。

ベストフィット

[A] 太陽系以外（太陽系の外）の恒星の周りを公転する惑星を系外惑星といい，1990年代に初めて発見されて以来，1800個以上確認されている。地球と同質量程度の系外惑星も存在し，地球外生命の存在も期待される。

[B] 密度＝質量／体積であり，質量と体積の比が等しければ密度は等しい。一方，半径Rの惑星の体積Vは，$V=\frac{4}{3}\pi R^3$で表されるので，体積は半径の3乗に比例する。つまり，質量と半径の3乗の比が等しければ密度は等しいといえる。例えば，図1に示されたように，質量が1000倍で半径が10倍（つまり体積1000倍）であれば，密度は等しい。

正誤 Check

問1　右の図1中の太陽系の惑星ア～エのうち，金星と土星はどれとどれか。その組合せとして最も適当なものを，次の①～⑧のうちから一つ選べ。

	金星	土星		金星	土星
①	ア	ウ	②	ア	エ
③	イ	ウ	④	イ	エ
⑤	ウ	ア	⑥	ウ	イ
⑦	エ	ア	⑧	エ	イ

金星は地球に比べて大きさも質量も地球よりやや小さく（半径約95%，質量約82%），物理的性質が地球に最もよく似た惑星である。ゆえに金星は**イ**である。また，土星は木星よりも大きさ，質量ともやや小さく，密度はすべての惑星中で最小（平均約0.7g/cm^3）である。ゆえに土星は**エ**である。以上より④の選択肢が正しい。

なお，図1において，直線から左上にずれるほど密度は小さく（半径は大きく，質量は小さくなる），逆に右下にずれるほど密度は大きい。土星である**エ**はグラフから左上に最も大きくずれており，密度の小ささが推測できる。また，直線の右下には惑星の分布はなく，地球が太陽系で最大密度（約5.5g/cm^3）の惑星であることもわかる。**ア**は火星，**ウ**付近の2つの点は天王星と海王星である。

問2　上の文章中の下線部(a)に関連して，太陽系内の木星型惑星について述べた文として最も適当なものを，次の①～④のうちから一つ選べ。

① 木星型惑星の大気は，おもに二酸化炭素や窒素からなる。

② 木星型惑星は，すべて環（わ）（リング）と多数の衛星をもつ。

③　木星型惑星の半径は，太陽から遠くなるほど大きくなる。

④　木星型惑星は，地球型惑星よりも低速で自転している。

①誤り。木星型惑星の大気の主成分は水素とヘリウムである。地球型惑星のうち，金星と火星の大気の主成分が二酸化炭素や窒素である（水星には大気がほとんどない）。②正しい。望遠鏡で観察できる環をもつのは土星だけだが，他の木星型惑星もすべて環をもつことが明らかになっている。また，木星型惑星はすべて多数（10数～数10個）の衛星をもつ。③誤り。木星型惑星のうち，太陽に近い軌道をまわる木星，土星に比べ，より遠くの軌道をまわる天王星，海王星のほうが半径は小さく，木星，土星の半分以下の大きさである。④誤り。地球型惑星の自転周期は，金星の243日をはじめ，比較的長い（つまり，自転速度は遅い）。一方，木星型惑星の自転周期は10数時間程度と短く，自転速度は速い。自転により生じる遠心力が木星型惑星の偏平率を大きくしている一つの要因である。

問３　上の文章中の下線部(b)に関連して，図１中の太陽系惑星との比較から系外惑星Ｐの平均密度とおもな構成物質を推定できる。その組合せとして最も適当なものを，次の①～④のうちから一つ選べ。

	平均密度	おもな構成物質
①	木星よりも大きい	岩石や氷
②	木星よりも大きい	液体や気体の水素
③	木星よりも小さい	岩石や氷
④	木星よりも小さい	液体や気体の水素

惑星Ｐは，木星と比較して質量はやや小さいが，半径はやや大きい。したがって，密度は木星よりも小さい。問１の解説でも触れたように，図１において，直線から左上方向へのずれが木星より大きいことからも木星よりも密度が小さいことは明らかである。また，木星よりもやや密度が小さいことから，惑星Ｐの主要な構成物質は水素のような密度の小さいガス成分であることが推測される。以上より，④の選択肢が適当である。

91　［天体を構成する元素］(p.92)

解答

問１．③
問２．①
問３．②

リード文 Check

次の会話を読み，下の問いに答えよ。

生徒：太陽系には，どんな元素がどれくらいありますか？

先生：太陽系の元素の中で個数比の多いものから順に並べると次の表のようになります。

生徒：Ａ元素ｘとヘリウムは，他よりずいぶんと多いですね。３番目の元素ｙは何ですか？

先生：元素ｙは地球の大気で２番目に多い元素です。元素ｚは，Ｂダイヤモンドにもなりますし，Ｃ天王星や海王星が青く見えることにも関係します。

生徒：なるほど。地球の核に含まれる元素で最も多い［　ア　］は，太陽系の中で個数比が多い上位４番目の元素には入らないのですね。この元素組成の違いの原因は何でしょうか？

ベストフィット

Ａ 太陽の主成分である元素ｘやヘリウムは，宇宙全体で見ても，最も多く含まれる元素である。これらの元素の原子は最も質量が小さく，簡単な構造の原子であり，宇宙誕生直後につくられた。

Ｂ ダイヤモンドは地球深部の超高圧条件下で生成する物質である。ダイヤモンドと黒鉛は同じ一つの元素からなる物質であり，同素体とよばれる関係にある。

先生：地球の形成過程を反映しているのかもしれません。

生徒：地球は［イ］誕生したのですよね。ところで，［ア］は，そもそも，どこでつくられるのですか？

先生：太陽より質量のかなり大きい恒星でつくられることもありますし，D恒星の進化の最後に起こる爆発現象でつくられることもあります。

生徒：私も将来，星の誕生や進化と元素の関係を調べてみたいと思います。

C 天王星や海王星は大気に含まれるメタンCH_4成分が太陽光の中の赤い光を吸収するため，青みを帯びて見える。

D 太陽の10倍程度の質量の恒星は，「超新星爆発」とよばれる現象によりその一生を終える。この時，多くの重元素が生成されると考えられている。

表　太陽系の中で個数比が多い上位4番目までの元素（個数比はヘリウムを1としたときの値を示す）

元素名	個数比	元素名	個数比
x	1.2×10	ヘリウム	1
y	5.7×10^{-3}	z	3.2×10^{-3}

正誤 Check

問1　会話文中の［ア］・［イ］に入れる語の組合せとして最も適当なものを，次の①～⑥のうちから一つ選べ。

	ア	イ
①	鉄	原始太陽に微惑星が衝突して
②	鉄	原始太陽のまわりのガスが自分の重力で収縮して
③	鉄	原始太陽のまわりの微惑星が衝突・合体して
④	ニッケル	原始太陽に微惑星が衝突して
⑤	ニッケル	原始太陽のまわりのガスが自分の重力で収縮して
⑥	ニッケル	原始太陽のまわりの微惑星が衝突・合体して

ア：地球の核は鉄を主成分とし，ほかにニッケルも含む。このような核は，地球が誕生したころ，高温のためとけ出した密度の大きい金属成分がその重さにより地球の中心に沈み込み，集積したものであると考えられている。

イ：星間雲から生まれた原始太陽の周りのガスは収縮しながら回転し，偏平な円盤状となって原始太陽系円盤となった。やがて，その中に1～10km程度の大きさの微惑星が大量につくられ，これらの微惑星が衝突と合体をくり返して原始惑星が形成された。さらに原始惑星も衝突と合体をくり返すことで成長し，現在の惑星に進化したと考えられている。

問2　表のx，y，zの元素名の組合せとして最も適当なものを，次の①～⑥のうちから一つ選べ。

	x	y	z		x	y	z
①	水素	酸素	炭素	②	水素	炭素	酸素
③	酸素	水素	炭素	④	酸素	炭素	水素
⑤	炭素	水素	酸素	⑥	炭素	酸素	水素

x：太陽の主要元素は，宇宙の主要元素と同じである。大部分が水素であり，次に多いものがヘリウムである。y：地球大気に最も多く含まれるのは窒素であり，およそ8割を占める。そして，2番目に多いのは酸素であり，およそ2割を占める。z：ダイヤモンドの成分ということから炭素とわかる。表の数値からも明らかなように，太陽系において，第3位の酸素や第4位の炭素でも，水素やヘリウムに比べると，桁違いに少ない。

問3　太陽系の起源や天体の化学組成などを調べるために，日本の探査機「はやぶさ2」のように，太陽系の小天体に探査機を送り，岩石試料を地球に持ち帰り直接分析することが試みられている。太陽系の小天体の一種である小惑星の画像の例として最も適当なものを，次の①～④のうちから一つ選べ。

① 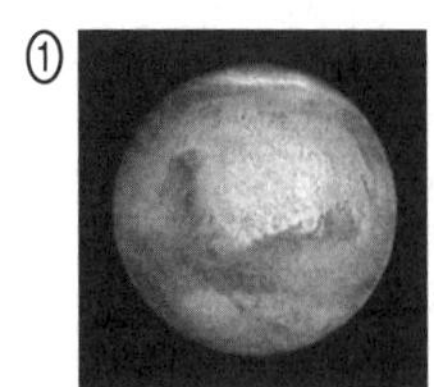
② 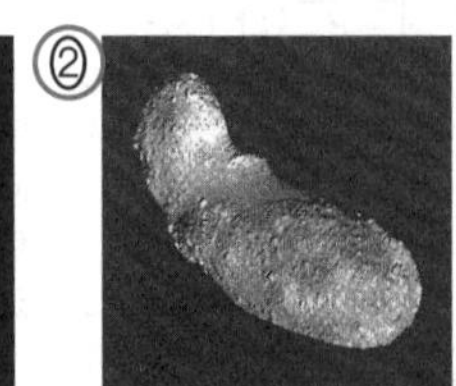
③ 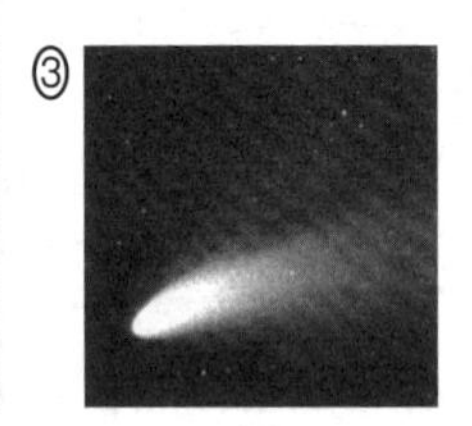
④ 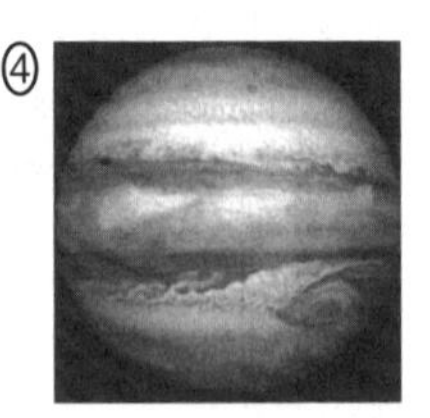

小惑星は，惑星間を公転する小天体であり，その多くが，火星と木星との間の小惑星帯に存在している。小惑星は，惑星のもとになった微惑星や，微惑星の衝突により生じた破片であると考えられている。つまり，小惑星は太陽系の惑星の起源となった物質を保存しているということになる。②の写真は，2010年に地球に帰還した探査機「はやぶさ」が微粒子のサンプリングに成功した小惑星イトカワの写真である。ちなみに，「はやぶさ２」は，小惑星リュウグウのサンプルを回収し，2020年に無事地球に帰還した。なお，①は火星，③は彗星，④は木星の写真である。

92 ［惑星表面の大気圧］（p.93）

解答

③

リード文 Check

気圧は気象現象にとって重要な物理量であり，[A]地表の気圧は１m^2あたりの地表面の上にある空気にはたらく重力の大きさに対応する。次の表は，金星と火星の地表気圧，惑星の半径，および[B]一定質量の物体にはたらく重力の大きさを，地球を１とした時の相対値で示したものである。この表をもとに金星が保持している大気の総質量は地球のそれの100倍であることがわかる。火星が保持している大気の総質量は地球のそれのおよそ何倍か。数値として最も適当なものを，次の①～④のうちから一つ選べ。

ベストフィット

[A] 一般に大気圧の大きさはPaで表すが，1 Pa = 1 N/m^2であり，大気圧は1 m^2の面に対して上空の大気がおよぼす重力の大きさである。

[B] 同じ質量の物体に対してはたらく重力の大きさは，惑星によって異なる。質量の大きな惑星ほど大きな重力を及ぼす。

	金星	地球	火星
地表気圧	90	1	0.005
惑星の半径	1	1	0.5
一定質量の物体にはたらく重力の大きさ	0.9	1	0.4

正誤 Check

① 5×10^{-2}　② 8×10^{-3}　③ 3×10^{-3}　④ 5×10^{-4}

火星の地表面１m^2の上にある空気の質量が地球のx倍であるとする。この空気がおよぼす重力の大きさが地表気圧であり，火星の地表において一定質量の物体にはたらく重力の大きさは地球の0.4倍なので，$x \times 0.4 = 0.005$　∴　$x = 1.25 \times 10^{-2}$〔倍〕となる。一方，表の数値から，火星の半径は地球の1/2倍であり，球の表面積は半径の２乗に比例するので，火星の表面積は地球の$(1/2)^2 = 1/4$〔倍〕である。したがって，総質量は，$1.25 \times 10^{-2} \times 1/4 = 3.125 \times 10^{-3}$〔倍〕となる。

4章 | 古生物の変遷と地球環境の変化

1節 地層のでき方　標準問題

93 [流水の作用] (p.98)

解答

(1) 砂→泥→礫

(2) Ⅰ―ウ　Ⅱ―イ　Ⅲ―ア

ベストフィット 堆積している状態から最も弱い流速で侵食・運搬されるのは砂である。

解説

(1) 堆積した状態から流速を大きくしていくことで,堆積物の粒子は動き出す(侵食される)。したがってグラフから,どの粒子から曲線Aを超え,領域Ⅰに入っていくかを見ればよい。まず,流速が32cm/sを少し超えたところで,$\frac{1}{8}$mmの粒子(砂)が曲線Aを超える。次に,もう少し流速が大きくなり,流速が64cm/sになると,粒径が$\frac{1}{32}$mmの粒子(泥)が曲線Aを超える。最後に,流速が128cm/sを少し超えたあたりで,粒径が4mmの粒子(礫)が曲線Aを超える。以上から,流速を大きくしていくと,砂→泥→礫の順に動き始める。このグラフからわかるように,砂は最も侵食されやすい粒子といえる。礫は大きくて重いため動きにくく,泥は粒子が細かく互いの吸着力が大きいため動きにくい。泥粒子の吸着力が大きいことは,泥団子をつくった経験があればわかるであろう。逆に,砂粒子は容易には固まらず,さらさらと流れていく。

(2) 領域Ⅰは(1)の説明で触れたとおり,侵食され,運搬が始まる領域である。一方,流速が小さくなり,曲線Bより下の領域Ⅲに入ると,粒子は移動をやめ,堆積する。したがって,領域Ⅱは運搬されているものは運搬され続け,堆積しているものは堆積を続ける領域ということになる。なお,最も小さな流速で侵食されるのは砂であるが,堆積作用に関しては,流速の低下に伴い,単純に粒径の大きなものから堆積する。このようなはたらきを級化作用といい,こうしてできた地質構造が級化層理(級化成層)である。

94 [河川による作用] (p.99)

解答

(1) カーブの外側では流速が大きく,内側では流速は小さくなっている。

(2) ア―侵食　イ―堆積

(3) ③

ベストフィット 河川がカーブしている場所では,外側では侵食作用が,内側では堆積作用が進行する。

解説

(1)(2) 河川は流れの急な上流域では河床を削る下方侵食が進行し,V字谷のような特徴的な地形をつくる。一方,流れの緩やかな中〜下流域では,側方侵食により流路を移動させ,大きく蛇行していくことも多い。もともと河川は多少曲がりながら流れているのがふつうであるが,流路がカーブしている場所では,カーブの外側には強い水流がぶつかり,壁面を侵食していく。一方,その対面の内側では流速は小さく，堆積作用が進行する。このようにして，河川の蛇行は次第に大きくなっていく。なお，蛇行河川の両岸には，洪水などによってもたらされた堆積物からなる自然堤防の背後に水はけの悪い低地である後背湿地ができることが多い。
(3) 選択肢の柱状図を見ると，河川が侵食した不整合面の下の基盤岩と，最上位の植物片に富む泥(後背湿地となってからの堆積物)は共通であるので，その間の3枚の地層を選択することになる。地点Xは，流路の遷移に伴って，流速の大きなカーブの外側の位置から，流速の小さなカーブの内側の位置へ変化しているので，堆積物の種類は粒径の大きな礫(れき)から粒径の小さな砂へと変化しているはずである。したがって，③の柱状図が正しい。

95 [堆積構造] (p.99)

解答

(1) A—級化層理(級化成層)　B—斜交葉理(斜交層理，クロスラミナ)
(2) A—エ　B—ウ

ベストフィット 級化層理は粒径の小さい側が上位，斜交葉理は，葉理を切っている側が上位である。

解説

(1) A—運搬されている粒子は，河口などで流速が減少すると，粒径の大きいものから順に堆積する。こうして級化層理が形成される。B—川底などで流水の作用により筋状の模様が形成されたものが葉理(ラミナ)である。この葉理は，流速の変化や，流れの向きの変化により，古い葉理を切るようにして，新しい葉理をつくっていく。このようにしてできる堆積構造が斜交葉理である。
(2) 基本的に地層は下から順に堆積するので，下位のものほど古く，上位のものほど新しい。地層が水底などで堆積してできたことを知っている我々からすると，きわめて当たり前に思えるこの考え方は，地球史を解明する上での最も基本的な原則であり，地層累重の法則とよばれている。ところが，日本などの変動帯では，地殻変動により地層が褶曲(しゅうきょく)し，上下が逆転していることが珍しくない。そこで，地層が逆転していないかどうかを見極める必要がある。このような作業を地層の上下判定といい，級化層理や斜交葉理などの地質構造を利用して判断する。A—粒径が小さくなっている側が堆積時の上位である。B—葉理を切っている側が堆積時の上位である。あるいは，葉理が丸まっている側が堆積時の下位であると考えてもよい。

96 [地質構造の新旧] (p.100)

解答

(1) (i)基底礫　(ii)B，C
(2) E→D→A→Y→C→Z→X→B

ベストフィット 地層の新旧は下位から順に判定。古い地質構造は新しい地質構造に切られている。

解説

(1) (i)不整合面は，地盤の隆起や海水面の低下(海退)などにより，地表に露出した際に形成された侵食面である。水底での堆積作用は連続的に進行するので，整合の関係にある地層の堆積時期に大きな時間間隔はないが，不整合面は大きな環境の変化をはさむため，不整合をはさんだ上下の地層の堆積時期には大きな時間間隔が存在している。そして，不整合面の直上には，侵食を受けた際に生じた礫層(礫岩層)が見られることが多い。このような礫を基底礫岩という。(ii)基底礫岩はすで存在していた堆積層や火成岩体などが侵食されたものである。当然，不整合面の後に形成された堆積物を含むことはない。不整合**Y**の基底礫岩に，その後に堆積した砂岩層**C**や礫岩層**B**が含まれることはあり得ない。また，地質断面図は地質構造の一部分を切り取ったものであることに注意しよう。問題の図では不整合**Y**と泥岩層**E**は接していないように見えるが，ほかの場所でどのような関係になっているかは不明である。したがって，不整合**Y**の基底礫に泥岩層**E**が含まれる可能性は否定できない。

(2) 地層累重の法則という大原則から，深部ほど古い地質構造となっているので，下位にある地層から新旧を判断していくとよい。そして，古い地質構造は新しい地質構造に切られている。したがって，地質構造の形成順は，基本的には地質構造が切られているものから順に並べていけばよい。加えて，接触変成作用が生じていれば，変成作用を受けている地層は変成作用の原因となった熱を与えた火成岩体の貫入よりも古いことがわかる。この2点をもとに形成順を明らかにしていく。問題文に地層の逆転はないと明記されていることを確認し，新旧関係を判定していこう。泥岩層**E**，石灰岩層**D**は整合の関係であり，下位から順に連続的に堆積したものである。これらの堆積岩は火成岩**A**により接触変成を受けていることから，火成岩**A**の貫入は，**E**，**D**の堆積後であり，**E→D→A**となる。その火成岩**A**は不整合**Y**で侵食され，その上に砂岩層**C**が堆積しているため，**A→Y→C**となる。さらに，砂岩層**C**以前の地層は断層**Z**によりずれているので**C→Z**となる。そして，断層**Z**は不整合**X**で侵食され，その上に礫岩層**B**が堆積しているので，**Z→X→B**となる。

97 [堆積岩] (p.100)

解答

(1) ア―砕屑(さいせつ)岩　イ―生物岩　ウ―化学岩　エ―火山砕屑岩
(2) ア―②　イ―⑤　ウ―①，③，⑤　エ―④
(3) ②
(4) ⑤→②→①→④→③

ベストフィット 堆積岩は，砕屑岩，火山砕屑岩，化学岩，生物岩の4つに区分。

解説

(1)(2) 堆積岩は，成因や構成物によって，砕屑岩，火山砕屑岩，化学岩，生物岩の大きく4つに区分される。泥岩，砂岩，礫岩など，既存の岩石が侵食されてできた砕屑粒子が堆積，固結したものが砕屑岩であり，火山噴出物が堆積，固結したものが火山砕屑岩である。火山砕屑岩は，構成する噴出物により，凝灰岩(火山灰からなる)，火山角礫岩(おもに火山岩塊からなり火山灰を含む)，凝灰角礫岩(おもに火山灰からなり火山岩塊を含む)など細かく分類される。また，水の中の化学成分が，水の蒸発により再結晶したり，沈殿して固結したりしたものが化学岩である。化学岩は，おもな成分により，石灰岩($CaCO_3$)，チャート(SiO_2)，石こう($CaSO_4$)，岩塩($NaCl$)などの種類がある。さらに，生物の遺骸(いがい)が堆積して固結したものが生物岩である。生物体の大部分を構成する有機物は分解されてしまうため，堆積岩として残る成分は限られる。代表的なものが，サンゴやフズリナの殻などからなる石灰岩($CaCO_3$)と，放散虫や珪藻の殻などからなるチャート(SiO_2)である。石灰岩やチャートは，その成り立ちから化学岩に分類されるものと，生物岩に分類されるものがあるので注意が必要である。

(3) ②が正しい。石灰岩は，炭酸カルシウム$CaCO_3$の殻や骨格をもつ生物の遺骸からなる。

(4) 砕屑岩ができるには，一般的に以下のようなプロセスが必要である。
(i)既存の岩石が温度変化や大気，水のはたらきによりもろくなる。(風化作用)
(ii)流水などにより削られ，小さな破片や粒子になる。(侵食作用)
(iii)流水よって，標高の低い位置へと運ばれる。(運搬作用)

(iv)流速が小さくなったところで移動を停止する。(堆積作用)
(v)地層の圧力による脱水や粒子間に化学成分が沈殿することなどにより固結する。(続成作用)
砕屑物が堆積しただけではただの堆積物であり，続成作用により固結することで堆積岩となる。

2 節 化石と地質時代の区分　標準問題

98 [地層の対比] (p.102)

解答

(1) 逆断層
(2) 示相化石
(3) 鍵(かぎ)層
(4) 短い期間に，広い範囲にわたって堆積し，含まれる鉱物などの特徴を調べることで他の火山灰層とも区別しやすい。
(5) ④

ベストフィット 短期間に広範囲に堆積し，他の地層と区別しやすい火山灰層は，代表的な鍵層である。

解説

(1) 花こう岩の上位層が傾きのない水平な地層であることと，粘土層にはさまれる火山灰層はもともと同一の地層であったことが明記されているので，火山灰層の鉛直方向のずれがそのまま断層の動きを示している。図において断層の左側にあたる上盤が上方にずれていることから，両側からの圧縮力がはたらくことで生じた逆断層であることがわかる。
(2) 堆積当時の環境を推定することができる地層を示相化石という。示相化石となりうる生物の条件は，特定の環境のもとでしか生息できない生物ということである。たとえば，暖かい浅海に生息する造礁性サンゴや，淡水や汽水域に生息するシジミなどは，代表的な示相化石となる。
(3)(4) 地層は，侵食や植生におおわれるなどして，連続性を欠いた状態で広範囲に分布していることが普通である。そこで，広域的な地質分布や層序を把握するためには，特定の地層に着目し，離れた場所での地層の新旧関係を明らかにする必要があり，このような作業を地層の対比という。地層の対比に重要な，離れた地点にあっても，同時期に堆積したことがわかる地層を鍵層という。鍵層となる条件は，短い期間に，広い範囲に堆積し，他の地層と区別することが容易であるということである。火山灰は，限られた期間に広範囲に降下する。また，火山ごとに噴出物に含まれる鉱物の種類や化学組成に特徴があるので，似たような他の火山灰とも区別しやすい。このような理由から，火山灰層や火山灰が固結した凝灰岩層は代表的な鍵層として利用される。
(5) 図において，左側の火山灰層は標高1100m付近に位置するが右側のものは－600m付近に位置するので，両者の標高差は約1700mである。この標高差は180万年間の断層の活動により生じたものであるので，1万年あたりの変位量は，$1700/180 \fallingdotseq 9.4$m/万年となり，④が最も近い値となる。

99 [示準化石による地層の対比] (p.102)

解答

(1) 種としての生存期間が短い(進化の速度が速い)。/地理的分布が広い。/産出する個体数が多い。
(2) ア—O　イ—D

ベストフィット 示準化石による地層の対比は，産出化石の組合せで考える。

解説

(1) 示準化石とは，地質学的な時代を知る，いわば時計として使われる化石である。時計であるからには，より正確な時代を知ることができるほうがよいわけで，種としての生存期間が短いほどより少ない誤差で時代を示すことができる。また，地球上のどこでも(地理的分布が広い)，比較的容易に手に入る(産出個体数が多い)ことが，共通の指標として利用される条件である。このような示準化石の条件は，地層の対比に利用される鍵層の条件とよく似ている。鍵層も，離れた複数の場所で，堆積時期が同時であることを示す時計として使われる地層である。

(2) 複数の示準化石を用いての地層の対比は少し複雑だが，一方の露頭の地層について，以下のいずれかの組合せを見つけることができれば，その条件に合うもう一方の露頭の地層を探せばよい。

(i) その地層にしか産出しない化石の組合せを見つける。

(ii) その地層にしか見られない，産出する化石と産出しない化石の組合せを見つける。

この考えに基づき，露頭Xの地層と同時期に堆積した可能性のある地層を露頭Yで探すと以下のようになる。

・A層…b，eがともに産出し，かつfは産出しない → 露頭Yに該当する地層なし
・B層…b，e，fがともに産出する → O層が該当
・C層…b，c，fが産出する → P層が該当
・D層…b，d，fがともに産出する → 露頭Yに該当する地層なし
・E層…a，d，fがともに産出する → Q層に該当する

3節 古生物の変遷と地球環境　標準問題

100 [地球大気の変遷] (p.106)

解答

(1) ②
(2) 二酸化炭素
(3) 縞(しま)状鉄鉱層
(4) 海水にとけ，石灰岩として堆積した。／光合成により生物体に固定された。

ベストフィット 地球の原始大気の主成分は二酸化炭素であり，他の地球型惑星と共通。

解説

(1) 最古の化石は約35億年前のものである。この当時の生物は，細胞内に核膜をもたない原核生物であった。約27億年前に現れたシアノバクテリア(ラン藻類)は光合成色素をもち，地球で最初に光合成を始めた原核生物である。シアノバクテリアが集合して形成されるドーム状の構造物をストロマトライトという。

(2) 原始大気の成分は，水蒸気を除くと，二酸化炭素が最も多く，次いで窒素が含まれる。酸素はほとんど含まれていなかったと考えられ，現在の他の地球型惑星の大気組成に類似している。

(3) 大気中の酸素は生物の光合成により蓄積されていったものである。シアノバクテリアから始まった光合成は，まず，海水中の酸素濃度を増加させ，海水中の鉄イオンと結合し，酸化鉄として大量に海底に沈殿した。これが，約25億年前頃に形成された縞状鉄鉱層である。現在，鉄資源として重要な鉄鉱石の多くは，この頃形成された縞状鉄鉱層から産出したものである。

(4) 原始大気に多量に含まれていた二酸化炭素の大部分は海洋にとけ，カルシウムイオンと結合して石灰岩(炭酸カルシウム)として沈殿した。また，25億年前以降は，はじめはシアノバクテリアなどの生物が，やがて植物が盛んに光合成を行うようになり，取り込まれた二酸化炭素は生物体に固定さ

れ化石となった。このような2つの要因から大気中の二酸化炭素は減少し，現在では大気中の約0.04％を占めるに過ぎない。

101 ［生物の大量絶滅］（p.106）

解答

(1) ①
(2) 12％
(3) ②

ベストフィット ペルム紀末の大量絶滅は地球史上最大規模。原因は酸素濃度の著しい低下。

解説

(1) フズリナ(紡錘虫)は，古生代末の石炭紀～ペルム紀(二畳紀)に生息した有孔虫で，古生代末期の代表的な示準化石である。炭酸カルシウムの殻をもち，多くは石灰岩中に産出する。トリゴニア(三角貝)とイノセラムスは二枚貝の一種であり，中生代を代表する示準化石である。中生代は二枚貝が繁栄した時期であり，モノチスも中生代の重要な示準化石である。また，アノマロカリスは，古生代カンブリア紀の初めに出現したバージェス動物群を代表する遊泳性の節足動物である。選択肢のうち，**ア**が古生代末，**イ**が中生代末に絶滅した生物の化石となっているのは①である。

(2) 地球の誕生は今から約46億年前であり，古生代の始まりは約5.4億年前である。これらの年代は必ず覚えておくこと。$5.4 / 46 \times 100 \fallingdotseq 11.7$％である。

(3) ペルム紀末すなわち，古生代末の大量絶滅は，海洋の無脊椎動物の90％以上の種が失われたと考えられており，地球史上最大規模の大量絶滅である。中生代末の恐竜の絶滅はよく知られているが，絶滅した生物種の数でいえば，古生代末の大量絶滅のほうがはるかに規模が大きい。この古生代末の大量絶滅の要因は，超大陸パンゲアの形成という地球規模での地殻変動により火山活動が活発化し，酸素濃度が著しく低下したためだと考えられているので②が正しい。①の全球凍結(スノーボールアース)が起きたのは，約22.6億年前，約7億年前，約6.4億年前である。③の約10万年周期での氷期と間氷期のくり返しが進行しているのは，新生代第四紀，つまり現在の地球である。④の地球の表面が溶融し，マグマオーシャンの状態にあったのは地球誕生の直後である。

102 ［植物の変遷］（p.106）

解答

③

ベストフィット 大気中の酸素濃度上昇によりオゾン層が形成されたことで，陸上植物が出現した。

解説

地球に誕生した生命は，自らの生命活動により，地球の環境を変化させていった。特に，光合成を行う生物によって大気中に酸素が蓄積されていったことで，地球の大気組成は他の地球型惑星に見られない非常に個性的なものとなった。光合成を行う植物の進化と酸素濃度の上昇，オゾン層の形成を関連させて理解しておくことはとても重要である。地球最古の化石は約35億年前のものであり，原核生物である細菌の一種であると考えられているが，このような生物の中から，光合成を行う最初の生物であるシアノバクテリアが誕生し，やがて真核生物である藻類が誕生した。古生代に入ると藻類の繁栄によりさらに大気中の酸素濃度は上昇し，4.4億年前から始まるシルル紀までには現在のようなオゾン層が形成されていたと考えられる。そして，生体にとって有害な紫外線を吸収してくれるオゾン層の形成により，ようやく生物の陸上進出が可能となった。クックソニアはシルル紀に現れた最古の陸上植物の一つと考えられている。その後，古生代末期には，リンボク，ロボク，フウインボクなどの大型シダ植物が大繁栄した。この後，中生代は裸子植物が繁栄，そして，中生代に出現した被子植物が新生代を代表する植物となった。現在並みのオゾン層が形成された時期が4～5億年前，中生代の始まり(古生代の終わり)が2.5億年前，新生代の始まり(中生代の終わり)が6600万年前という数値を覚えていれば，③が正しいことが判断できる。これらはすべて頭に入れておくべき年代である。

103 [化石と地質時代] (p.107)

解答

①―アノマロカリス　②―トリゴニア(三角貝)　③―貨幣石(ヌンムリテス)
④―フズリナ(紡錘虫(ぼうすいちゅう))　⑤―アンモナイト　⑥―三葉虫　⑦―ビカリア
古生代―①, ④, ⑥
中生代―②, ⑤
新生代―③, ⑦

ベストフィット 主要な示準化石は名前だけでなく，写真やスケッチも確認しておくこと。

解説

①古生代カンブリア紀のはじめに現れたバージェス動物群を代表する化石である。多種多様な動物からなるバージェス動物群の出現は，「カンブリア紀の大爆発」とよばれ，現在の動物の祖先にあたると考えられる生物も多数存在する。一方で，アノマロカリスに代表されるように，現生の生物とつながらない生物も多く見つかっている。②中生代に繁栄した二枚貝である。殻が三角形になっていることから名付けられた。中生代は，トリゴニア以外にも，イノセラムス，モノチスなど，二枚貝が繁栄した時代である。③新生代古第三紀に繁栄した。炭酸カルシウムの殻をもつ大型有孔虫である。形が貨幣のような形をしていることから名付けられた。④古生代石炭紀～ペルム紀にかけて繁栄した炭酸カルシウムの殻をもつ有孔虫である。外観はラグビーボールのような形状を呈す。広範囲に分布し，産出量も多く，重要な示準化石となっている。⑤中生代を代表する示準化石である。軟体動物頭足類に分類され，分類上はイカやタコに近い。進化に伴って，殻の表面の模様(縫合線)や殻の巻き方が多様化した。⑥古生代を代表する示準化石である。節足動物に属し，楕円(だえん)形の殻が縦に走る筋により3つにわかれているため，三葉虫と名付けられた。⑦新生代新第三紀を代表する示準化石である。巻き貝であり，殻の表面に多数の突起をもつのが特徴。日本での産出も多いためか，大学入試での登場も非常に多い。生息した時代とともに必ず覚えておくべき化石である。

104 [地質断面図と地史の解読] (p.107)

解答

(1) ア―向斜　イ―逆断層
(2) C層
(3) ②
(4) ④

ベストフィット 断面図から地史を読解する場合，図に地層の時代を書き込み，形成順を整理する。

解説

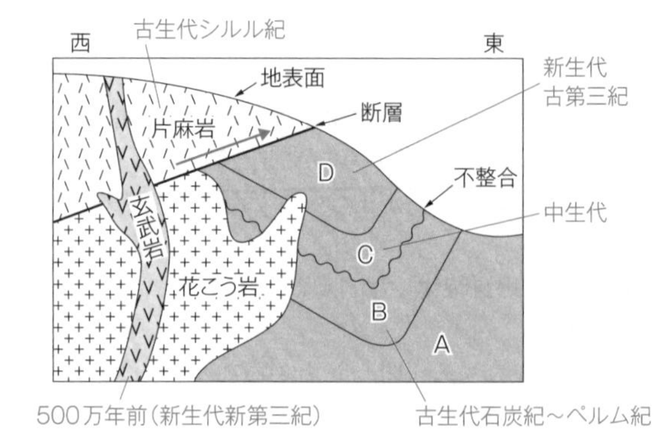

(1) **ア** 褶曲構造は，下に凸になった部分が向斜，上に凸になった部分が背斜である。**イ** 問題文中に，片麻岩は断層により西方からもたらされたとあるので，右の図の矢印のような移動をしたことになる。地盤が断層面を重力に逆らって乗り上げるように移動しているので逆断層と判断できる。

(2) **B**層はフズリナが産出するので古生代石炭紀～ペルム紀，**C**層はトリゴニアが産出するので中生代，**D**層は貨幣石が産出することから新生代古第三紀とわかる。

(3) まずは，この断面図の中の地層や地質構造の形成順を整理するほうが，ミスも少なく，結果的に近道である。断面図から，構造を切られているものから順に並べていくと，下に示したような地史が読み取れる。褶曲構造形成の正確な時代は不明であるが，不整合面を含む**A**層から**D**層全体が褶曲しており，少なくとも褶曲が形成されたのは**D**層の堆積以降である。したがって，②の記述が明らかな誤りである。

(4) 上の図で示したとおり，断層の形成は花こう岩の形成から玄武岩の貫入までの間である。花こう岩の貫入は少なくとも，**D**層が堆積した新生代古第三紀以降であり，玄武岩の貫入は新生代新第三紀であることから，断層の形成時期は，新生代古第三紀～新第三紀の間である。よって，④が正解となる。

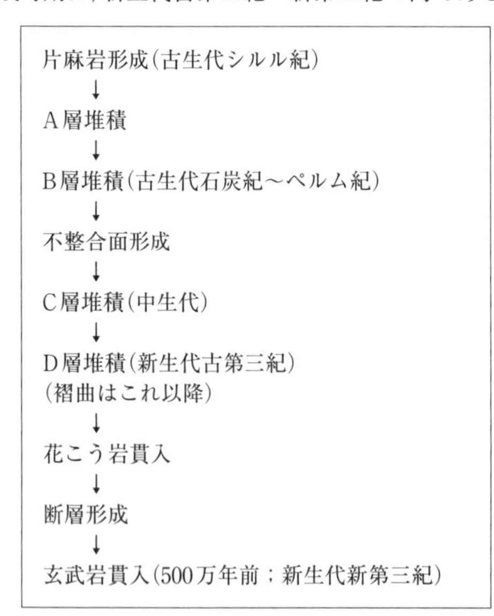

演習問題

105 ［海岸段丘］(p.110)

解答

③

リード文 Check

海洋プレートの沈み込みに伴い，海岸付近の地形はたえず変化している。次の図はある岬の地形断面図である。この岬は，[A]地震時には急激に大きく隆起し，次の地震までには1mm/年で徐々に沈降している。岬付近の地形を調べたところ，３段の[B]海岸段丘が見られた。段丘a，段丘b，段丘cはそれぞれ今から200年前，600年前，1000年前に起こった地震で形成された。過去1200年にわたって地点Pの海面からの高さはどのように変化したか。最も適当なものを，次の①～④のうちから一つ選べ。ただし，この1200年間において気候変動による海水準変動はなかったとする。また，地点Pでは侵食や風化の影響はないとする。

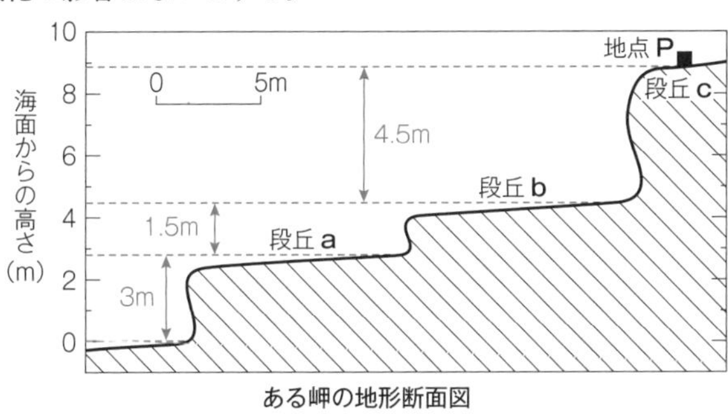

ある岬の地形断面図

ベストフィット

[A] 海洋プレートが大陸プレートに沈み込む場合，沈み込まれる大陸プレートは，海洋プレートに引きずられ，少しずつ沈降していきながらひずみを蓄積していく。やがて限界に達すると，沈み込んでいた大陸プレートは跳ね上がり，逆断層を伴う海溝型の地震が発生する。この際，大陸側のプレートは大きく隆起する。海洋プレートの沈み込みはこの後も続くので，再び少しずつ沈み込んでは大きく隆起する動きをくり返す。

[B] 海岸付近の地盤は波浪の影響を受けて平らに侵食され，切り立った海食崖と平らな海食台という典型的な海岸地形が形成される。このような場所で，著しい地盤の隆起が起こると，海食台であった場所は陸上に現れ段丘面となり，その下に新たな海食台が形成される。このような変動がくり返されることでできる階段状の海岸地形を海岸段丘という。日本では，高知県の室戸岬にある海岸段丘がよく知られている。

正誤 Check

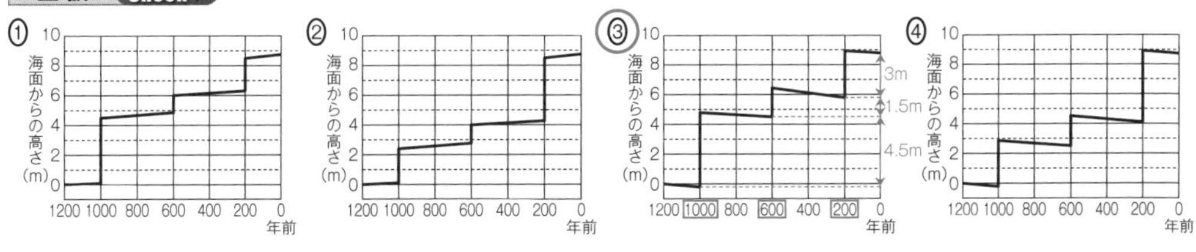

まず，問題文中にも説明してあるように，この場所では，1000年前，600年前，200年前の地震の際に大きく隆起し，その間の期間は少しずつ沈降しているので，グラフは③か④にしぼられる。地点Pの位置する段丘cは図中では最も古い段丘面であり，1000年前まではほぼ海抜０mであり，侵食を受けていた。そして，1000年前の地震で地盤は隆起し，新しい侵食面として現在の段丘bが形成された。同様に，600年前の地震で侵食面は段丘aに移動し，200年前の地震で侵食面が現在の海面付近の地盤へと移動した。断面図より，段丘cと段丘bの標高差は約4.5m，段丘bと段丘aの標高

差は約1.5m，段丘aと海面との標高差は約3mである。この標高差が，それぞれ1000年前，600年前，200年前の隆起量と一致している図は③である。

106 [地球環境の変遷] (p.110)

解答

問1．ア—② イ—⑥　問2．③　問3．④　問4．③　問5．③

リード文 Check

約46億年前に太陽系が誕生し，その中で地球においては，A二酸化炭素，水蒸気，窒素などを主体とする原始の大気が形成されたが，その後，化学的な作用や生物の活動によってその組成が大きく変化した。気温はしだいに低下し，大気中の二酸化炭素は大幅に減少した。約［ア］億年前の地層からは，最古の生物の化石と考えられている微生物の化石が発見されている。B最初の大型多細胞生物の化石は先カンブリア時代末期の地層から発見されているが，それらにはまだ明確な骨格はなかった。約［イ］億年前にCカンブリア紀になると生物の多様性は急激に増加し，二酸化ケイ素，炭酸カルシウムなどの骨格をもつものが増加した。Dシルル紀になると，陸上に最初の維管束植物が登場して大気の酸素濃度はさらに上昇し，その後，節足動物や脊椎(せきつい)動物などが陸上に進出した。古生代後期には現在と同様の窒素と酸素を主体とする大気になった。

ベストフィット

A 現在の大気と比較した原始大気の特徴としては，二酸化炭素と水蒸気の割合が多いことと，酸素がほとんど含まれていないことがあげられる。

B 最初の大型多細胞生物の化石はエディアカラ生物群とよばれている。殻や外骨格をもたず，印象化石として産出している。

C カンブリア紀に現れた外骨格をもつ多様な動物群をバージェス動物群という。現生の生物の祖先と考えられる生物が多数産出。

D 大気中の酸素濃度上昇にともないオルドビス紀ごろに形成されたオゾン層は，生体に有害な紫外線を吸収することで生物の陸上進出を可能にした。オルドビス紀のコケ植物に続き，シルル紀には維管束を備えた最初の大型植物であるシダ植物が陸上に出現した。

正誤 Check

問1 上の文章中の［ア］・［イ］に入れるのに最も適当な数値を，次の①～⑥のうちから一つずつ選べ。

① 45　ア② 35　③ 25　④ 16　⑤ 11　イ⑥ 5.4

②地球最古の化石は約35億年前の原核生物のものである。⑥約5.4億年前に多様な多細胞生物が爆発的に出現し，古生代(カンブリア紀)が始まった。

問2 前の文章中の下線部に関連して，当時の大気の二酸化炭素が減少した理由について述べた文として最も適当なものを，次の①～④のうちから一つ選べ。

① 二酸化炭素は水素によって還元され，有機物が生成した。
② 二酸化炭素は熱によって炭素と酸素とに分解された。
③ 二酸化炭素は海洋に吸収され，石灰岩などとして堆積(たいせき)した。
④ 二酸化炭素はドライアイスとして地殻に固定された。

①誤り。大気中の二酸化炭素は，後に，生物の光合成により有機物として生物体に固定されたが，水素により還元された事実はない。②誤り。二酸化炭素が熱によって炭素と酸素に分解されることはない。③正しい。大気中の二酸化炭素は大量に海洋にとけ，海水中のカルシウムイオンと結合し，石灰岩(炭酸カルシウム)として沈殿，堆積した。④誤り。ドライアイスはかなりの低温，高圧条件でしか固体で存在することはできず，地殻中でドライアイスが安定に存在することは不可能である。

問3 先カンブリア時代の生物の活動と地球環境について述べた文として最も適当なものを，次の①～④のうちから一つ選べ。

① ストロマトライト(コレニア)は，主にサンゴによってつくられた。

② 海水の量はしだいに減少して，生物の多様性が減少した。
③ 呼吸や発酵によって海洋の酸素濃度が上昇し，大量の石油が形成された。
④ 光合成によって海洋の酸素濃度が上昇し，縞(しま)状鉄鉱層が形成された。

①誤り。ストロマトライトは，シアノバクテリアの群集によって形成されるドーム状の構造物である。②誤り。海水の量が減少した事実はなく，先カンブリア時代を通して生物の多様性は確実に上昇していったと考えられる。③誤り。呼吸や発酵によって有機物は酸化，分解される。酸素が放出されることはない。④正しい。約25億年前頃に光合成が盛んになり，酸素が多量に放出されるようになると，海水中の酸素は鉄イオンと結びつき，縞状鉄鉱層を形成した。

問4 生物起源の堆積物について述べた文として最も適当なものを，次の①～④のうちから一つ選べ。

① 誤浅海で堆積した石灰岩は，主に放散虫やカイメンなどの二酸化ケイ素の骨格からなる。
正深海底で堆積したチャート
② サンゴ，フズリナ(紡錘虫(ぼうすいちゅう))，三葉虫などの骨格が集まって，誤チャートがつくられた。
正石灰岩
③ 生物起源の有機物が集積して，石油や石炭の材料となった。
④ 砂岩の石英粒子は貝や有孔虫の殻が集積したものである。

誤り。砂岩中の石英粒子は，花こう岩などに含まれる造岩鉱物の一つである石英が風化されずに残ったものである。なお，貝や有孔虫の成分は炭酸カルシウムであり，石英の成分である二酸化ケイ素とは異なる。

問5 地球環境を考える上で重要な氷床について述べた文として**誤っているもの**を，次の①～④のうちから一つ選べ。

① 先カンブリア時代は一般に温暖な時代であったが，その末期に氷床が発達した。
② 古生代では石炭紀やペルム紀に氷床が発達した。
③ 中生代は寒冷な時代で，全時代を通して氷床が発達した。
④ 第四紀における氷床の形成と消滅によって，海面の高さが数十～百メートルほど変化した。

①正しい。先カンブリア時代は全般的に温暖な時代であったが，その末期にあたる6億年前頃の地層から氷河の存在を示す堆積物が見つかっており，地球全体が氷におおわれる全球凍結の状態にあったと考えられている。②正しい。古生代末期には南半球に氷河が発達したことがわかっている。③誤り。中生代は，極地方の氷河も後退するほど温暖な時代であったと考えられている。これは，火山活動の活発化により二酸化炭素濃度が増加し，温室効果が促進されたことなどが要因と考えられている。④正しい。第四紀は氷期と間氷期をくり返す氷河時代である。

107 [地質調査] (p.111)

解答

問1. ① 問2. ④

リード文 Check

ジオくんは，図の(a)に示したある地域の道路沿いの[A]露頭Xから露頭Zまでの地質を調べた。露頭Xでは花こう岩と結晶質石灰岩を観察し，露頭Yでは図の(b)のスケッチを作成した。[B]露頭Xの結晶質石灰岩は，露頭Yと同じ石灰岩が変成した岩石である。また，露頭Zでは露頭Yと同じ泥岩が露出していた。

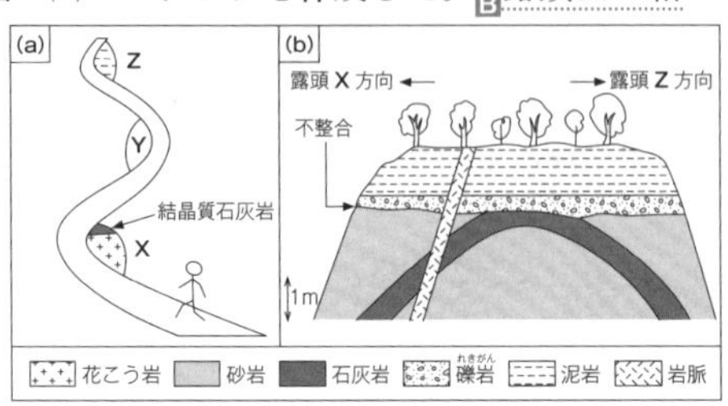

(a)露頭Xと露頭Y，露頭Zの位置を示す図
(b)露頭Yのスケッチ(露頭面は平面とする)

ベストフィット

[A] 露頭はこのように，連続せず途切れ途切れに露出していることが普通である。このような離れた露頭から地域全体の地質を明らかにする場合，火山灰層などの鍵層を用いて地層の新旧関係を明らかにする必要がある。このような操作は地層の対比とよばれる。

[B] この問題においては離れた露頭において同一であることが確認されている岩石が示されている。この部分を鍵層のように用いて，各露頭における新旧関係を考えていくことができる。

正誤 Check

問1 上の図(b)に示した露頭Yで観察された岩脈，不整合，褶曲が形成された順序として最も適当なものを，次の①～④のうちから一つ選べ。

① 褶曲 → 不整合 → 岩脈　② 褶曲 → 岩脈 → 不整合
③ 不整合 → 褶曲 → 岩脈　④ 不整合 → 岩脈 → 褶曲

地質断面図が示されている場合，形成時期の古い地質構造は新しい地質構造に切られている。図(b)において，この原則に沿ってならべると，石灰岩を含む褶曲構造は不整合面で侵食されており，侵食面とその下の褶曲構造は岩脈に切られているので，①の「褶曲→不整合→岩脈」が正しい。

問2 露頭Yで見られた不整合面上の礫岩には，露頭Xの花こう岩が礫として含まれていた。また，露頭Xの花こう岩は白亜紀に形成されたことがわかっている。露頭Yの石灰岩と露頭Zの泥岩から産出する可能性のある化石の組合せとして最も適当なものを，次の①～④のうちから一つ選べ。

	露頭Yの石灰岩	露頭Zの泥岩		露頭Yの石灰岩	露頭Zの泥岩
①	ビカリア	リンボク	②	ビカリア	モノチス
③	三葉虫	クックソニア	④	三葉虫	デスモスチルス

問題に記述されている手がかりから，この地域全体の地質形成史を明らかにしてしまった方が解答への近道である。まず，問1から，露頭Yにおいて，「石灰岩→不整合→泥岩→岩脈」という形成順が確定している。また，露頭Xにおいて，花こう岩による変成作用により形成された結晶質石灰岩のもととなった石灰岩は露頭Yのものと同じであると明記してあるので，「石灰岩→花こう岩」という形成順になる。さらに，露頭Yの不整合面上の礫(基底礫)には露頭Xの花こう岩が含まれるので，「花こう岩→不整合」という形成順になる。以上を整理し，問題文に与えられている形成年代を加えると「石灰岩→花こう岩(白亜紀)→不整合→泥岩→岩脈」となる。解答の選択肢を確認すると，露頭Yの石灰岩は中生代白亜紀以前であるので，古生代の示準化石である三葉虫があてはまる。また，露頭Zの泥岩は，露頭Yの泥岩と同一のものであり，形成年代は中生代白亜紀以降となる。含まれる可能性のある化石は新生代新第三紀の示準化石であるデスモスチルスがあてはまる。したがって④が正しい。な

お，ビカリアは新生代新第三紀，リンボクは古生代後期，モノチスは中生代前期の示準化石である。また，クックソニアは古生代シルル紀に出現した最古の陸上植物の一つである。

108 ［地質断面図］(p.112)

解答

問1．③　問2．③　問3．②,④　問4．①

リード文 Check

右図に示すのは，ある地域の地表および地下のようすである。地層Xからは[A]三角貝(トリゴニア)の化石が，地層Yからは[B]三葉虫の化石が産出した。また，地層Zからは，[C]デスモスチルスの化石が産出した。地表近くにある水平な地層Zは，傾いた地層を不整合におおっている。また，直立した[D]横ずれ断層が，傾いた地層と岩体㋑を切っている。それらのずれのようすから，この断層は［ア］横ずれ断層と判断される。岩体㋐，㋑，㋒は，マグマが地下で冷えて固まったものである。岩体㋐と㋑のように地層を切って貫入した板状の岩体を［イ］とよぶ。

ベストフィット

A 中生代の示準化石である。
B 古生代の示準化石である。
C 新生代新第三紀に生息した哺乳類。この時代の代表的な示準化石である。
D ずれの方向は水平方向のみであることを示唆している。

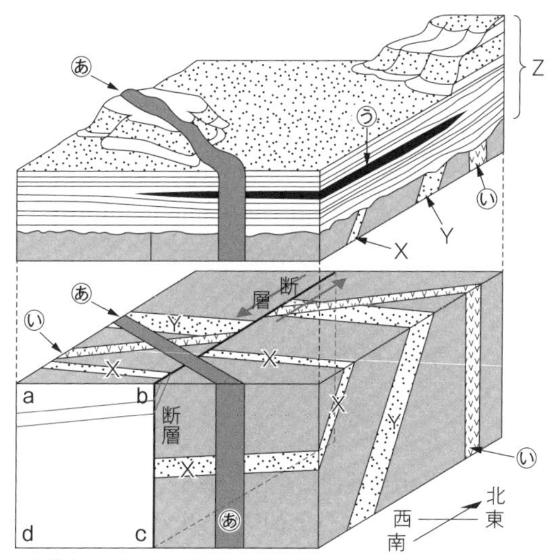

南北方向と東西方向の鉛直断面図および水平断面図
ただし，鉛直断面図は，水平断面図を境に上下に切り離されて描かれている。東西断面図の四角形abcdの部分は描かれていない。

正誤 Check

問1 上の文章中の［ア］・［イ］に入れる語の組合せとして最も適当なものを，次の①～④のうちから一つ選べ。

	ア	イ
①	右	岩脈
②	右	岩床
③	左	岩脈
④	左	岩床

ア 地層Xまたは，地層Yのずれから，上の図中の矢印のようなずれが推測できる。したがって，左横ずれ断層である。

イ ㋐，㋑のようにマグマが地層を切って貫入した状態を岩脈という。一方，岩体㋒のように地層に沿って貫入した場合を岩床という。

問2 上の図中の地層**X**，**Y**，**Z**が堆積(たいせき)した時代の組合せとして最も適当なものを，次の①～④のうちから一つ選べ。

	地層X	地層Y	地層Z		地層X	地層Y	地層Z
①	新生代	古生代	中生代	②	古生代	中生代	新生代
(③)	中生代	古生代	新生代	④	中生代	新生代	古生代

前ページの解説にあるように，それぞれの時代に代表的な示準化石が産出している。

問3 上の図に示された事象の前後関係について述べた文として正しいものを，次の①～⑥のうちから二つ選べ。ただし，解答の順序は問わない。

① 断層が動いた後，地層**X**が堆積した。
(②) 地層**Y**が堆積した後，火成岩㋑が貫入した。
③ 火成岩㋒が貫入した後，火成岩㋑が貫入した。
(④) 火成岩㋒が貫入した後，火成岩㋐が貫入した。
⑤ 火成岩㋐が貫入した後，断層が動いた。
⑥ 火成岩㋒が貫入した後，地層**Z**が堆積した。

上の地質断面図から，構造を切られているものから並べると，下に示したような形成順になる。なお，岩体㋒は岩床であるから，地層**Z**の堆積後に層理面に沿って貫入したものである。この形成順と矛盾しないものは②と④である。

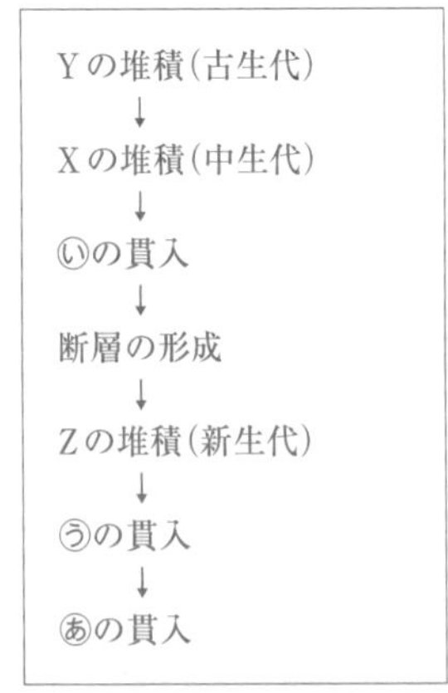

問4 上の図の地層**X**は，四角形abcdの範囲にも存在する。断層の両側で地層の傾斜が変わらないとして，手前側の鉛直断面図として最も適当なものを，次の①～④のうちから一つ選べ。

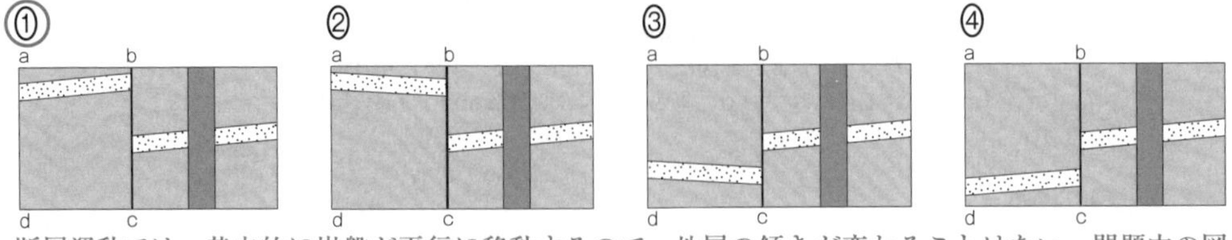

断層運動では，基本的に岩盤が平行に移動するので，地層の傾きが変わることはない。問題中の図において，断層より左側の地盤中の断層面内の地層**X**と，右側の地盤の東側断面内の地層**X**は平行であり，四角形abcd内の地層**X**と，右側の岩盤の南側断面図内の地層**X**は平行であることから，前ページの地質断面図に示したように，地層**X**の分布が推測できる。以上より①が正しいことがわかる。

109 [地質柱状図と古環境の推定] (p.113)

解答

問1. ③　問2. ①　問3. ③　問4. ②　問5. ③

リード文 Check

さまざまな原因によってつくられた湖は，周辺から流入する砕屑(さいせつ)物などが，連続的に堆積してしだいに浅くなり，沼そして湿地へと変化していく。湖底の堆積物には，当時の湖周辺に生育していた A 植物群の花粉・胞子の化石や生息していた動物の化石，B 飛来した火山灰などが含まれていることがあり，湖周辺の古環境の復元や堆積物の年代決定に重要な役割を果たしている。

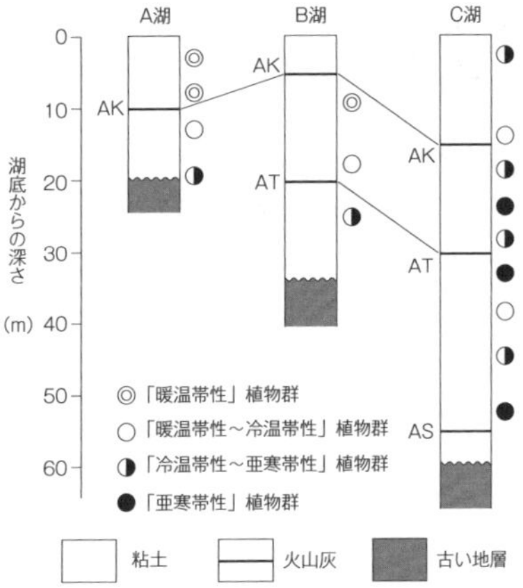

右の図は，日本にある三つの湖A湖，B湖，およびC湖について，堆積物の柱状図と堆積物中の植物群の移り変わりのあらましを示したものである。C 火山灰は，上位からAK層(6000年前)，AT層(25000年前)，AS層(70000年前)であり，三つの湖の湖面はほぼ同じ標高にある。

ベストフィット

A 花粉は丈夫な外膜におおわれているため，分解されにくく，化石として残りやすい。地層中の花粉化石の種類や割合を調べることで，過去の環境などを推定できる場合がある。

B 火山灰は，短期間に広範囲に堆積する。離れた地点にある地層中の火山灰層で鉱物組成などを調べて，同一の火山灰であることがわかれば，同時に堆積したことがわかる。このような操作を地層の対比といい，火山灰層のような地層の対比に利用できる地層を鍵層という。

C A湖，B湖，C湖の三地点において，AK層，AT層，AS層はそれぞれ同時期に堆積したことを示している。湖底からそれぞれの火山灰層までの深さが異なるのは，それぞれの湖で堆積速度が異なるためである。

正誤 Check

問1 湖のできる原因は，いろいろある。三日月湖のできかたについて述べた文として最も適当なものはどれか。次の①～④のうちから一つ選べ。

① 石灰岩地域のドリーネに水がたまった。
② 陸地の一部が断層で陥没して，水がたまった。
③ 蛇行河川の流路の一部分が残された。
④ 海岸部の入り江が，砂州で外海との連絡を断たれた。

三日月湖は河川の蛇行が進み，新しい流路が形成され，屈曲部が三日月状に取り残されてできた湖のことである。したがって，③が正しい。①のドリーネはカルスト地形に特徴的に見られる窪地であり，石灰岩台地が化学的風化を伴い侵食されてできる。②は断層湖とよばれる。アフリカなどに見られる地溝湖もこの仲間である。④はラグーン(潟湖)の説明である。

問2 火山灰層は，たがいに遠く離れた堆積物の同時面を知る手がかりとして重要であり，このような同時面の目印になる地層を鍵(かぎ)層という。次の①～④のうちから鍵層の条件として**誤っているもの**を一つ選べ。

① 長い期間にわたって堆積した。　② 広い範囲に堆積した。
③ 含まれる鉱物に特徴がある。　④ 色が他の層と区別しやすい。

鍵層は，短期間に，広範囲に堆積し，他と区別しやすい(鉱物組合せが特徴的)ことが条件である。このような条件を満たす地層は火山灰層または凝灰岩層が代表的である。①のように長い期間にわたって堆積した場合，堆積時期の特定が難しくなるので誤りである。鍵層は，地層の解析において時計のような役目をする地層であり，その条件は示準化石とよく似ている。

問3　火山灰層などの鍵層を利用して，遠く離れた地域に分布する地層の同時性を調べることをどういうか。次の①～④のうちから最も適当なものを一つ選べ。

①　測　定　　②　探　査　　③　対　比　　④　鑑　定

基本的な用語を問う問題である。地層からある程度の広がりをもった地域の地史を読み解くにあたって，地層の対比はきわめて重要な作業である。

問4　上の図のA湖，B湖，およびC湖の三つの湖の堆積物中の，植物化石群から推定された古気候の変化について述べた文として，**誤っているもの**はどれか。次の①～④のうちから一つ選べ。

①　A湖の周辺地域は，次第に暖かくなってきている。

②　B湖の周辺地域は，25000年前ごろ最も暖かかった。

③　A湖，B湖，およびC湖のうち，最も北に位置するのはC湖である。

④　C湖では，「亜寒帯」から「暖温帯～冷温帯」への気候がくり返されている。

①正しい。湖底の堆積物であるので，地層の下位から上位へと時間が経過している。柱状図から読み取れる通り，A湖では下位の「冷温帯性～亜寒帯性」植物群から上位の「暖温帯性」植物群へと気候が暖かくなっていることがわかる。②誤り。25000年前は火山灰層AT層が堆積した部分である。柱状図の植物群から読み取ると，AT層よりさらに上位にいくほど気候は暖かくなっていることがわかる。③正しい。湖の標高が同じであり，同時期であるAK層付近の植物群を見ると，C湖の植物群が最も寒冷な地域，すなわち最も北側に位置するとわかる。④正しい。C湖の柱状図を見ると，「亜寒帯性」(●)から「暖温帯性～冷温帯性」(○)への気候変動が少なくとも2回くり返されている。

問5　上の図のA湖，B湖，およびC湖の堆積物の厚さはそれぞれ異なるが，最近の6000年間における平均堆積量の最も小さい湖とその値はいくらか。次の①～⑥のうちから最も適当なものを一つ選べ。

①　A湖の0.8mm/年である。　　②　A湖の0.1mm/年である。

③　B湖の0.8mm/年である。　　④　B湖の0.1mm/年である。

⑤　C湖の0.8mm/年である。　　⑥　C湖の0.1mm/年である。

最近6000年間における堆積量は火山灰層AK層より上位の地層の厚さに相当する。柱状図を比較して明らかなように，6000年間の堆積量が最も小さいのはB湖であり，およそ5mと読み取れる。したがって，6000年間の平均は，$\dfrac{5\times10^3\ (\mathrm{mm})}{6000\ (\text{年})} \fallingdotseq 0.83\ (\mathrm{mm}/\text{年})$となり，正しいのは③である。

110 [柱状図の推定] (p.114)

解答

③

正誤 Check

右の図1は，ある地点Pでの工事中の道路の壁面と道路面に見られる固結した地層のスケッチである。この場所では，岩盤を切り通したために，道路と両側の崖(がけ)に地層が露出している。道路は水平で一定の幅をもち，南北方向に伸びている。道路の両側の崖は鉛直に切り立っている。西側の崖には，級化層理が見られる地層が露出している。なお，この地点Pを含む周辺地域では，断層も褶曲(しゅうきょく)も不整合もなく，地層の厚さも一定である。地点Pで見られる地層について，その重なりの順序(層序)と地層の厚さの比率を表した柱状図として最も適当なものを，次の①～⑥のうちから一つ選べ。

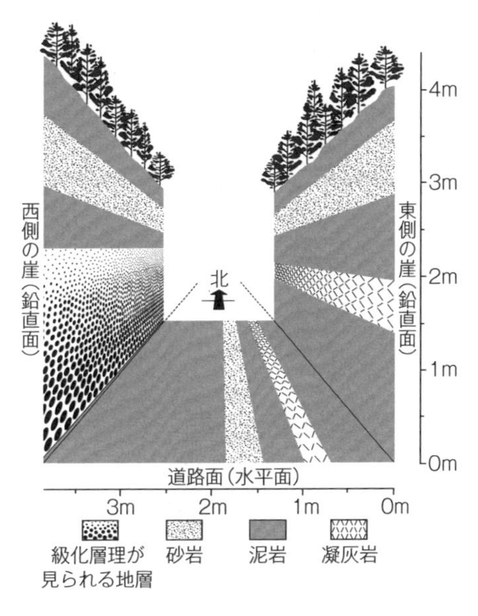

図1　地点Pでの工事中の道路の壁面と道路面に見られる地層のスケッチ
級化層理が見られる地層の黒丸の大きさの違いは，粒径の変化を表している。

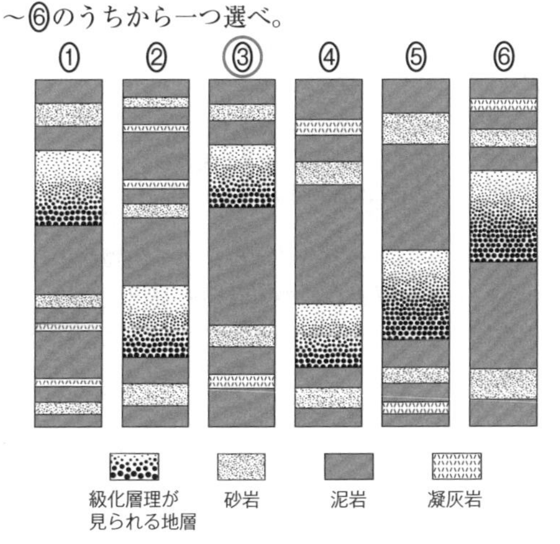

この場所の露頭は，南北方向の断面であり，南北面に地層の傾斜は見られない。したがって，東西方向の断面を描くことができれば，層序は明確になる。右の図のように，東西断面を想定し，まずは，鍵層(かぎそう)として利用できる凝灰岩の層理面をつなぐ。問題文にあるように，この場所では断層，褶曲がなく，地層の厚さも一定であるので，この凝灰岩層に平行に層理面をつなげば，断面図が描ける。こうして描けた東西断面図で，地層に直交する方向に切り取れば柱状図となる。

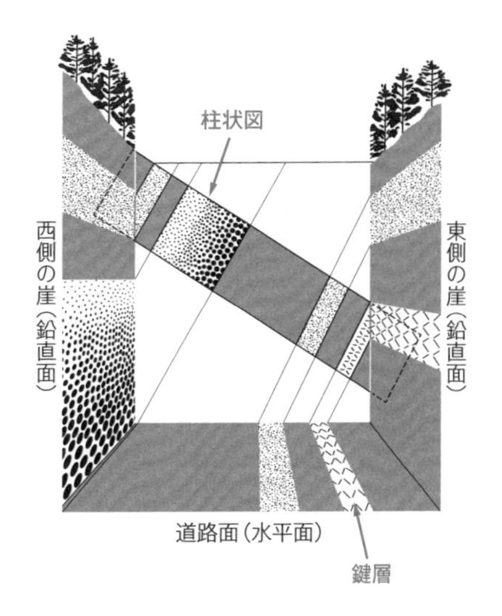

111 ［地層と化石］（p.114）

解答

②

正誤 Check

図１は地質時代Ⅰ～Ⅴにおける生物１～４の生存期間を示している。また，図２はある地域の２地点(**ア・イ**)に分布する地層の柱状図と生物１～４の化石の産出状況を示している。この２地点には同じ凝灰岩(ｔ層)が堆積(たいせき)している。地層間の関係や堆積した時代について述べた文として最も適当なものを，次ページの①～④のうちから一つ選べ。

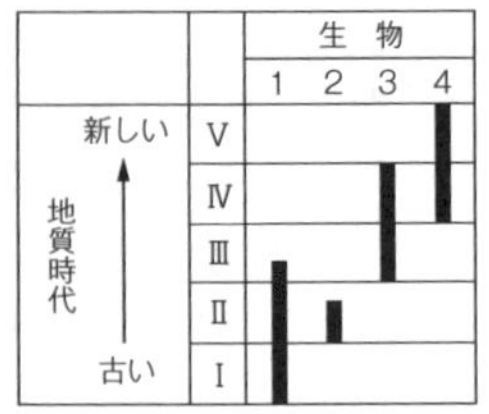

図１　地質時代Ⅰ～Ⅴにおける生物１～４の生存期間

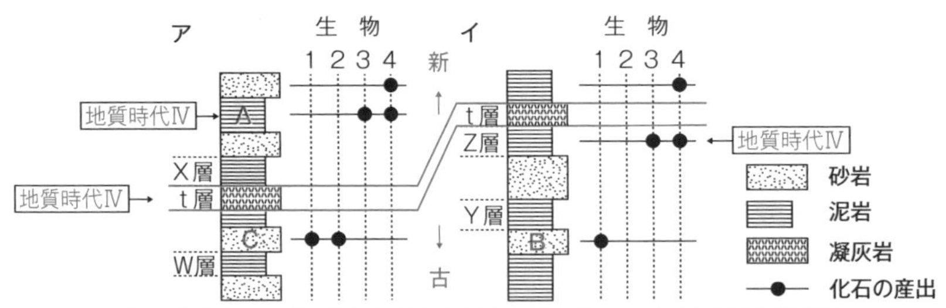

図２　２地点ア・イに分布する地層の柱状図と生物１～４の化石の産出状況

図１から，生物１～４に対応する地質時代を確認すると，生物１…時代Ⅰ・Ⅱ・Ⅲ，生物２…時代Ⅱ，生物３…Ⅲ・Ⅳ，生物４…Ⅳ・Ⅴ である。生物２のように種としての生存期間が短い生物が時代の正確な特定に有効なのはもちろんのこと，複数の生物が同時に産出する場合にも，より正確な時代特定が可能になることに注意しながら堆積時期を推定していこう。まず，鍵(かぎ)層である凝灰岩(ｔ層)は同時期に堆積したことから，２つの柱状図のｔ層をつなぐ。地点**ア**の柱状図において，ｔ層の上位の地層(図中の**A**)に生物３と４が両方とも産出することから，この地層(図中の**A**)の堆積時期は地質時代Ⅳであることがわかる。また，地点**イ**の柱状図において，ｔ層の下位の**Z**層にも生物３と４が両方とも産出することから，**Z**層の堆積(たいせき)時期も，地質時代Ⅳであることがわかる。したがって，ｔ層堆積時期は地質時代Ⅳであると特定できる。

① **X層は，生物１の生存期間中に堆積した可能性がある。**
② **Y層は，地質時代Ⅱに堆積した可能性がある。**
③ **W層とZ層は，同時に堆積した可能性がある。**
④ **ｔ層は，地質時代Ⅲに堆積した可能性がある。**

①誤り。**X**層は，上位の泥岩層(図中の**A**，地質時代Ⅳ)より古く，下位にあるｔ層(地質時代Ⅳ)より新しい。したがって，**X**層の堆積時期は地質時代Ⅳであり，生物１の生存期間ではない。②正しい。**Y**層の堆積時期についてわかることは，**Z**層の下位にあたるので地質時代Ⅳより古く，**Y**層の下位の地層(図中の**B**)に生物１が産出するので，地質時代Ⅰよりも新しいということである。したがって地質時代Ⅱに堆積した可能性は否定できない。③誤り。**W**層の上位の地層(図中の**C**)に生物１，２が含まれることから**W**層の堆積年代は地質時代Ⅱより古い。一方，**Z**層は地質時代Ⅳに堆積したことがわかっており，同時代に堆積した可能性はない。④誤り。上で説明したように，ｔ層の堆積時期は地質時代Ⅳである。

112 ［地殻変動と柱状図］（p.115）

解答

問1．② 問2．②

リード文 Check

図1は，ある地域の地下断面図である。Aこの地域は全体的に沈降しており，B中生代に形成された花こう岩の上に第四紀の堆積物が堆積している。花こう岩の上面の深さが場所により異なっているのは，くり返す断層の活動により断層の両側の平均沈降速度が異なり，沈降量に違いが生じたためである。図2は，図1の地点Xと地点Yから地下に向かって鉛直方向に掘削する調査（ボーリング調査）によって得られた柱状図である。第四紀の堆積物はすべて水深約10ｍの浅海に堆積したものであり，現在も水平である。なお，堆積物が堆積していた期間の海面の高さは一定であり，またC断層Fの運動には水平方向のずれはなかったものとする。

ベストフィット

A 第四紀に沈降をくり返している地域が関東平野などの大きな平野を形成している。

B 花こう岩が侵食され，その上に不整合に第四紀の堆積物が堆積している。

C 断層Fのずれは鉛直方向のみである縦ずれ断層であり，図1より正断層であることがうかがえる。

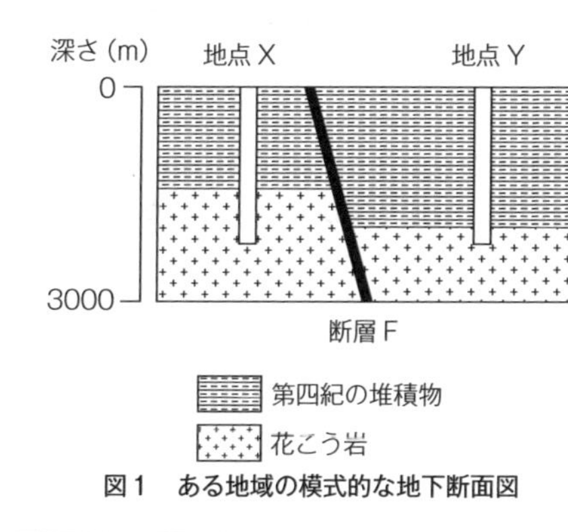

図1　ある地域の模式的な地下断面図

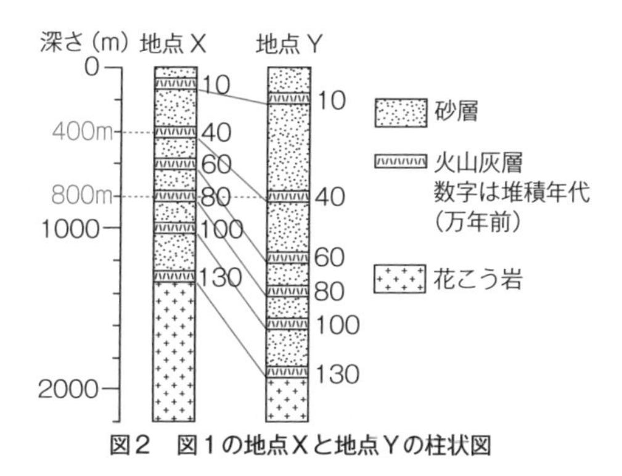

図2　図1の地点Xと地点Yの柱状図

正誤 Check

問1　断層Fが活動を開始した時期として最も適当なものを，次の①～④のうちから一つ選べ。

① 40万年前　② 60万年前　③ 80万年前　④ 100万年前

まず，図2の柱状図において鍵層である火山灰層の同じ年代どうしを直線で結ぶ。問題文に，第四紀堆積物である砂層は，同じ深さに水平に堆積しているとあるので，鍵層までの深さを地盤の沈降量と考えてよい。図2を見ると，60万年前までは，X，Y両地点の鍵層を結ぶ線分は平行であり，鍵層間の堆積層の厚さ（つまり沈降量）は等しいことがわかる。ところが，60万年前以降は，その厚さがY地点の方が大きく，地盤全体の沈降量に，Y地点では断層Fのずれによる沈降量がプラスされていると考えることができる。したがって，断層Fの活動が開始したのは約60万年前である。

問2　断層Fが活動を開始して以降の断層両側の平均沈降速度の差として最も適当なものを，次の①～④のうちから一つ選べ。

① 5ｍ/万年　② 10ｍ/万年　③ 15ｍ/万年　④ 20ｍ/万年

断層Fが活動を開始して以降ということであるので，60万年前以降の沈降速度を求めなければならない。図2の火山灰層の深さが沈降量であるので，火山灰層の年代から沈降速度が求められる。まず，地点Xでは，40万年前の火山灰層の深さが400ｍであるので，その沈降速度（1万年あたり）は，$\frac{400}{40}=10$ｍ/万年となる。一方，地点Yでは，同じ40万年前の火山灰層の深さが800ｍであるので，$\frac{800}{40}=20$ｍ/万年となる。したがって，両者の差は$20-10=10$ｍ/万年と求められる。

5章 地球の環境

1節 日本の自然環境　標準問題

113 [日本付近の地震] (p.118)

解答

(1) ②

(2) 海洋プレート―フィリピン海プレート　大陸プレート―ユーラシアプレート

ベストフィット 日本付近では，大陸プレートに海洋プレートが沈み込み，海溝型地震が発生。

解説

(1) 図に示してある北海道―東北沖では，大陸プレートである北米プレートに，海洋プレートである太平洋プレートが沈み込み，海溝を形成している。海洋プレートがもぐり込むのは，海洋プレートの上部が密度の大きな海洋地殻(玄武岩質岩類)からなるためである。このような場所では，沈み込む海洋プレートに引きずられた大陸プレートが跳ね上がり，巨大地震を起こすことがある。このようなタイプの地震を海溝型地震とよぶ。海溝はプレートの収束帯であり，圧縮の力がかかる。したがって，海溝型地震で形成される断層は逆断層である。

海溝型地震の特徴は，マグニチュード８クラスの巨大地震が起こることと，周期的にくり返し地震が発生することである。過去にくり返し地震が発生していながら，最近地震が発生していない地域を地震空白域という。空白域は，ひずみエネルギーが蓄積され，近いうちに地震の発生する可能性が高い。

(2) 日本列島は，４つのプレートが複雑にひしめき合い，世界でも有数の地震大国となっている。東北日本では，北米プレートに太平洋プレートが沈み込み，西南日本ではユーラシアプレートにフィリピン海プレートが沈み込んでいる。特に，東海～四国沖の南海トラフは現在，最も巨大地震の発生が危惧(きぐ)されている場所である。なお，伊豆―小笠原海溝では，フィリピン海プレートに太平洋プレートが沈み込み，伊豆―小笠原島弧が形成されている。伊豆―小笠原島弧は，海洋プレートに海洋プレートがもぐり込み，新しい大陸性の地殻(島弧)が形成されている場所であり，大陸地殻形成の視点から世界的に注目されている場所である。

114 [液状化現象] (p.119)

解答

②

ベストフィット 液状化が起こりやすい条件は，砂質などの軟弱地盤であることと，そこに十分な地下水が含まれていること。

解説

液状化現象とは，地震動によって地盤を形成している砂粒子が水中に浮遊し，液状になる現象である。地震動がおさまると，砂粒子は元の状態よりも隙間の少ない状態で再堆積(たいせき)するため，地盤沈下や地下水の噴出などが起こる。①誤り。液状化現象による建物の倒壊など，都市部で液状化現象が起こると被害は大きくなるが，都市部以外でも液状化現象は起こる。②正しい。一般的に，標高の低い場所ほど地下水位は高く(地下水が地表近くに存在)，液状化現象が起こりやすい。とりわけ，臨海地域の埋立地などは地盤が軟弱であり，液状化現象が非常に起こりやすい。③誤り。液状化現象が起こるためにはある程度の震度が必要であるが，マグニチュードとの明確な関係はない。マグニチュード8はまれにしか起こらない巨大地震であり，液状化現象は比較的大きな地震であれば普通に見られる現象である。④誤り。液状化現象は，岩盤が砂を主体としているほうが起こりやすいことは確かであるが，泥質の地盤でも液状化現象が起こることがある。砂と泥との区分は定義上粒径$\frac{1}{16}$mmとされているだけであり，「砂以外では(絶対に)起こらない」というように読み取れる表現には疑問を感じるべきである。

115 ［津波］(p.119)

解答

④

ベストフィット 津波の原因は地震による海底の地盤変動。

解説

①正しい。津波は，入り江の奥に行くほど高くなり，大きな被害をもたらすことが知られている。これは，入り江の奥ほど水深が浅く，海面の幅が狭くなるからである。ただし，直線上の海岸でも津波が被害を及ぼすことはある。②正しい。海溝型の巨大地震は太平洋側で起こるので，過去にも大きな津波がたびたび押し寄せているが，日本海側でも海に近い場所で地震が起きることはあり，当然津波も発生する。③正しい。太平洋地域で起きた地震による津波が，数千km離れた日本に到達することはしばしばある。1960年のチリ地震で発生した津波は17000km離れた日本に，およそ1日かけて到達するなど，環太平洋の広い範囲に被害を及ぼした。④誤り。台風などの風によって直接生じた波は風浪とよばれ，波頂がとがっている。また，風浪が遠くに伝わると波頂が丸みをおびたうねりとなる。

116 ［気象災害］(p.119)

解答

③

ベストフィット 冬の季節風の原因は，西高東低の冬型の気圧配置。

解説

①誤り。日本のような中緯度地域では，春や秋などは温帯低気圧と移動性高気圧の東進により，気圧配置は日々変化し，1週間程度の周期的な天気の変化が見られる。しかし，夏や冬には同じような気圧配置が長く続く。したがって，年によっては，平年より低温の状態が1週間以上続くことは起こりうる。②誤り。晩霜が起こるのは，春先に，日本列島が移動性高気圧におおわれ，強い放射冷却が起こるときである。一般に，移動性高気圧の等圧線の間隔は大きく，日中は穏やかな晴天となる。③正しい。強い冬の季節風が生じるのは，ユーラシア大陸側にシベリア高気圧，日本の東方海上に低気圧が発達し，西高東低の気圧配置となるときである。このとき，日本海側では大雪が降り，太平洋側は乾燥した晴天となる。④誤り。梅雨前線に台風が近づくと，南側から前線に向かって暖かい湿った空気が供給され，大雨となる。天気予報などでは，「台風が梅雨前線を刺激して……」などという表現がよく使われる。

117 ［火山の恩恵］(p.119)

解答

②，③

ベストフィット 火山地帯では高い地温勾配を利用した地熱発電が可能。

解説

① 誤り。九州南部のシラス台地に代表されるように，火山灰層は水の透過性が高く，保水力が低いため水稲には不向き。栄養分も少ないため，農作物は限られる。② 正しい。火山地帯では地温勾配(深さに伴う温度上昇の割合)が大きく，地球内部からの熱の流れ(地殻熱流量)が大きい。このような場所では地熱発電が有効である。世界有数の火山大国である日本でも40か所ほどの地熱発電所で電力を供給しているが，その発電量は日本の電力需要全体の0.3％にすぎない。ちなみに，中央海嶺上に位置するアイスランドでの地熱発電は歴史が古くよく知られており，全体の約30％を地熱発電でまかなっている。③ 正しい。火山地形は独特の景観をつくり出す。国立公園に指定されているものも多い。④ 誤り。石油は生物の遺骸(いがい)が埋没し，長い時間をかけて変化してできる。不透水層にはさまれた地層や岩体に貯留し，採掘される。火山灰の分布とは無関係である。

2節 地球環境の科学　標準問題

118 ［エルニーニョ現象］(p.122)

解答

(1) ア―西　イ―東　ウ―西　エ―東

(2) オ―低く　カ―弱く

(3) ②

ベストフィット エルニーニョ現象発生時には貿易風が弱まり赤道付近全体の海水温が上昇する。

解説

(1)(2)　太平洋の赤道付近の海域では，通常，貿易風の影響により表層の暖水は西に移動し，東側から冷水が湧昇(ゆうしょう)している。このとき，低温の東部海域では海上の空気が冷却され高圧部となり，下降気流が形成される。逆に，高温の西部海域では海上の空気が暖められ，低圧部となり，上昇気流が形成される。その結果，下の左図のような鉛直面の循環が形成されることになる。エルニーニョ発生時には，この貿易風が弱まり，下の右図のように西部海域に集められていた暖水は東側に広がる。すると，通常時のような東部が高圧部，西部が低圧部という気圧配置ははっきりしなくなり，貿易風はさらに弱くなる。

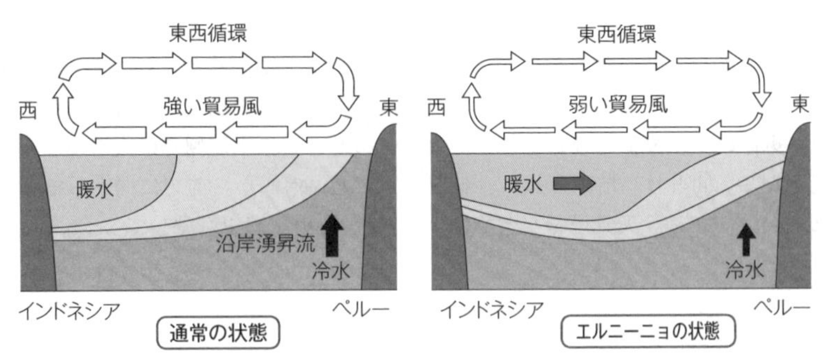

(3)　①正しい。大気中の水蒸気の多くが海洋から供給されている。なお，大気中の水蒸気は凝結し降雨となり，一部は陸地を経由するなどして，海水に戻り，地球全体で循環している。②誤り。海洋は陸地に比べて比熱が大きく，暖まりにくく冷めにくい。このような性質が季節風や海陸風の原因となっている。③正しい。海水の大循環は大気の大循環とともに，熱を低緯度から高緯度へと輸送している。④正しい。海洋は，大気中の二酸化炭素濃度が上昇すると，時間をかけて二酸化炭素を吸収する。逆に，大気中の二酸化炭素濃度が低下すると大気に二酸化炭素を放出する。このようにして，海洋は，大気中の二酸化炭素濃度をある程度調節するはたらきをしている。

119 ［大気汚染と環境問題］（p.122）

解答

(1) 化石燃料の燃焼により大気中に放出される窒素酸化物や硫黄酸化物が雨水にとけること。
(2) フロン(フロンガス)
(3) オゾンホール
(4) 地域―南極　季節―春

ベストフィット 酸性雨の原因はNO_XとSO_X，オゾン層破壊の原因はフロンガス。

解説

(1)　雨水は，通常，大気中の二酸化炭素をとかし込んでいるため弱い酸性である。ところが，人間の生産活動などで放出された窒素酸化物(NO_X)や硫黄酸化物(SO_X)が雨水にとけると，硝酸や硫酸を含む強い酸性の雨となる。このような雨を酸性雨といい，建造物の溶解や森林，農作物の枯死など，深刻な影響を及ぼす。
(2)　オゾン層破壊の原因は，フロンとよばれる化学物質である。フロンは塩素やフッ素を含む炭化水素の総称であり，化学的に安定なため，冷蔵庫などの冷媒や，精密機器の洗浄剤として広く使われていた。しかし，放出されたフロンは，その化学的安定性ゆえに，成層圏まで到達し，遊離した塩素原子がオゾン層を破壊していくことがわかった。現在では，塩素を含まない代替フロンが開発され，使用されているが，代替フロンもCO_2の１万倍といわれる強い温室効果をもつという点が大きな問題となっている。なお，フロン自体も強い温室効果をもつ気体である。
(3)(4)　オゾン層の一部が破壊され，極端にオゾン濃度が小さくなった領域をオゾンホールという。オゾンホールは春先の南極上空に特に顕著に見られる。これは，冬の南極付近の上空に，南極をとりまく強い西風による巨大な渦が形成されるためである。この巨大な渦の中に塩素分子が蓄積され，春季になると太陽光を受けてこの塩素分子から反応性の高い塩素原子が放出され，オゾンを破壊する。この南極上空のオゾンホールを最初に発見したのは，1982年，日本の南極昭和基地での観測によるものである。

120 ［二酸化炭素濃度の増加］（p.122）

解答

(1) ③
(2) (i)金星　(ii)水星　(iii)火星
(3) (i)①　(ii)③
(4) (i)植物　(ii)5.8×10^2〔ppm〕
(5) ③

ベストフィット 大気中のCO_2濃度は化石燃料の消費により上昇を続けている。

解説

(1) 「二酸化炭素の濃度が高くて温暖」とくれば，中生代である。したがって，③の白亜紀が正しい。とくに，中生代末期の白亜紀は，地球全体で火山活動が活発化し，大気中の二酸化炭素濃度は現在の２～５倍ほどあり，温室効果によって気温が上昇した。一方で，海底の酸素は欠乏状態にあり，海底に堆積した有機物から大量の石油が生成されたと考えられている。

(2) (i)金星では，二酸化炭素を多く含む厚い大気により，強い温室効果がはたらくため，地表温度が約460℃という灼熱の世界となっている。(ii)水星は，太陽から単位面積に受ける熱エネルギーが地球の７倍ほどあり，昼間の表面温度は約400℃に達する。一方で，大気がほとんど存在しないため，夜間の温度は約－180℃にもなる。(iii)火星は，公転半径が地球の1.5倍ほどあり，太陽からの受熱量は小さい。その上，大気の量は地球の１％以下で，温室効果は弱く，表面温度は平均－60℃と低い。わずかな水が氷として存在すると考えられている。

(3) (i)温室効果ガスは，太陽光の主成分である可視光線は通すが，地表から放射される赤外線は吸収する性質をもっている。このため，地表からの熱は一度大気に吸収され，大気を暖める。したがって，①の説明が正しい。これらの気体が，植物の栽培などに使われる温室のガラスと同じようなはたらきをするため，温室効果とよばれる。(ii) CO_2以外の温室効果ガスとしては，水蒸気，メタン，オゾンのほか，人工的に生産されたフロン，さらにはフロンの代用として使用されている代替フロンなどがある。窒素や酸素には温室効果のはたらきはない。

(4) (i)グラフに示されているとおり，大気中のCO_2濃度には，春に高く秋に低いという季節変化が見られる。これは，植物の光合成活動によるものである。秋から冬の間，植物の光合成によるCO_2の吸収は小さくなる一方，呼吸によるCO_2の放出は続くため，大気中のCO_2濃度は上昇し続け，春に極大をむかえる。一方，春から夏にかけては光合成が活発になり，大気中のCO_2は植物に吸収され，有機物に変えられて植物体の一部を構成する。このため，大気中のCO_2濃度は減少し続け，秋に極小をむかえる。なお，南極など植生の影響が小さい場所では季節変化は小さくなる。(ii)グラフから，平均の二酸化炭素濃度は，2002年に375ppm，2014年に400ppmであることが読み取れる。この数値から，１年あたりの平均の増加量を計算すると，$400-375 / 2014-2002 = 25 / 12$〔ppm/年〕となる。したがって，2014年から2100年までの86年間の予想増加量は，$25 / 12 \times 86 \fallingdotseq 179$〔ppm〕となり，2100年の予想平均濃度は，$400+179=579$〔ppm〕となる。

(5) ①正しい。温室効果が強められれば，平均地上気温は上昇する。②正しい。南極などをおおっている氷河が融解すれば海面は上昇する。また，水温上昇による海水の膨張も海面上昇を促す。③誤り。地球から放出される赤外放射の総量は，地球が太陽から受け取る熱量に等しい。地球の太陽放射に対する反射率は変化しないとあるので，地球が太陽から受け取る熱量に変化はなく，地球から宇宙への赤外放射の総量も変化しないことになる。④正しい。温室効果により大気の温度が上昇すれば，大気から地表面への赤外放射は増加する。

演習問題

121 [日本付近の火山活動] (p.126)

解答

問1．② 問2．④

リード文 Check

地球上の火山は，それぞれの分布域ごとに，噴火の様式や火山噴出物の種類に特徴があり，火山災害にも違いが認められる。A日本のような，［ア］では［イ］質の噴出物が多く，マグマの粘り気が強いので，B火砕流などの爆発的な噴火活動による大きな災害を受ける危険性がある。Cアイスランドや Dハワイのような地域の火山では，比較的粘り気が弱い［ウ］質のマグマがくり返し噴出している。これらの地域では大量の溶岩流による火山災害が知られている。

ベストフィット

A 日本列島は，島弧とよばれる弧状列島の典型であり，比較的粘性の高いマグマの活動による成層火山が多く見られる。

B 粘性が高いマグマは揮発性物質（ガス成分）を多く含み，噴出とともに発泡して，火砕物とガスが混じった流動性の高い状態となって山体を流下する。このような現象を火砕流とよぶ。

C アイスランドは大西洋中央海嶺(かいれい)の真上に位置する島である。島全体が東西に引き裂かれようとしており，活発な火山活動が見られる。

D ハワイ島には粘性の低いマグマから形成される盾状火山が多く見られる。

正誤 Check

問1 上の文章中の［ア］に入れる語句として最も適当なものを，次の①～④のうちから一つ選べ。

① プレートが造られる海嶺(かいれい)沿い
② プレートが沈み込む海溝付近
③ 大陸プレートの中央部付近
④ 海洋プレートの中央部付近

日本列島は，沈み込むプレートの作用により発生するマグマによって形成された火山列島であり，島弧とよばれる。プレートの沈み込みによって形成されるくさび形の溝地形を海溝とよぶ。

問2 上の文章中の［イ］・［ウ］に入れる語句の組合せとして最も適当なものを，次の①～④のうちから一つ選べ。

	イ	ウ		イ	ウ
①	玄武岩	流紋岩	②	玄武岩	安山岩
③	安山岩	流紋岩	④	安山岩	玄武岩

イ 日本列島のような島弧では，安山岩質マグマによる火山活動が多く見られる。このようなマグマは比較的粘性が高く，富士山に代表されるような成層火山を形成する。日本列島全体に「○○富士」とよばれる「ご当地富士」が多く存在するのは，日本全体に富士山同様の成層火山が多いためである。なお，安山岩の名前の由来は，英語の「andesite（アンデサイト）」からきており，アンデス山脈で産出する火成岩から命名されている。このことからもわかるとおり，アンデス山脈も日本と同じように海溝と平行に形成される島弧の仲間である。厳密には，アンデス山脈は弧状列島ではないため陸弧とよばれている。**ウ** アイスランドは中央海嶺の海嶺軸上に存在する島であり，ハワイは太平洋の中央部に存在するホットスポットを起源とする火山である。いずれも，マントルから直接マグマが供給されているという特徴をもち，玄武岩質のマグマによる火山活動が見られる。

122 ［地震と地震災害］（p.126）

解答

問1．② 問2．②

正誤 Check

地震に関する次の問いに答えよ。

問1 地震の揺れについて述べた文として最も適当なものを，次の①～④のうちから一つ選べ。

① 浅い地震では，震源に近いほど震度が大きくなる傾向は見られない。

② 大きな地震動で砂の層に液状化が起こることがある。

③ ある地点の震度は，地震のマグニチュードによって決められる。

④ 地盤の性質が違っても，地震による揺れの大きさは同じである。

①誤り。地震の規模によらず，震源に近いほど震度が大きくなる傾向が見られる（震度の距離減衰）。ただし，地下の岩盤の性質などにより，震源から遠い場所の方が震度が大きくなることもある（異常震域という）。②正しい。地下水を多く含んだ砂の層は，地震動により液状化を起こしやすい。③誤り。それぞれの地点での震度は，地震の規模だけでなく，震源距離，地盤の性質などによって決まる。④誤り。地震の揺れの大きさは地盤の性質に大きく影響を受ける。

問2 地震の源となる断層について述べた文として**誤っているもの**を，次の①～④のうちから一つ選べ。

① 活断層は何回もくり返して動く性質がある。

② 海溝やトラフで起こる地震は小規模であり，断層のずれも小さい。

③ 地震断層とは，震源となった断層の一部が地表に現れたものである。

④ 震源の断層面が広いほど，地震の規模が大きい傾向がある。

①正しい。活断層とは，数十万年以内にくり返し活動し，今後も活動が見込まれる断層のことである。②誤り。海溝とトラフは，プレートが沈み込む場所にできるくさび形の地形であり，本質的には同じものである（トラフは海溝に比べ，水深がやや浅く傾斜が緩やかな地形を指す）。海溝やトラフでは，いわゆる海溝型の地震が発生する。海溝型地震ではM 8.0を超えるような巨大地震もしばしば発生する。2011年に起こった東北地方太平洋沖地震も海溝型地震であり，M 9.0の超巨大地震であった。また，四国沖の南海トラフでは，現在，巨大地震発生の可能性が高いことが指摘されている。③正しい。地震断層とは震源断層が地表に現れたものである。④正しい。地震の規模とは，地震によって放出されるエネルギーの大きさを表すものであり，断層面の面積が大きいほど，また，断層のずれが大きいほど大きくなる。このような要素から計算されるマグニチュードは，モーメントマグニチュードとよばれる。

123 ［地盤災害］（p.126）

解答

問1．③ 問2．④ 問3．②

正誤 Check

日本列島には急傾斜の山地が多く，人々がその周辺で生活しているため，土石の移動による災害を頻繁にこうむってきた。このような災害には山崩れ，岩なだれ，地すべり，土石流などによるものがあり，地形と深く関連して起こっている。

たとえば，急斜面では落石・山崩れが発生する可能性がある。傾斜の緩い山地や丘陵地帯でも，内部にすべりやすい部分や多量の地下水があると，ア<u>地すべり</u>が起こる危険がある。一方，平坦（へいたん）な場所であっても谷の出口付近では，山崩れなどに伴って発生するイ<u>土石流</u>に対する注意が必要である。これらの災害は集中豪雨，地震や火山の噴火によって引き起こされることが多い。

危険の想定される地域では，どの地点でどのような災害が起こるかを予想した_ウハザードマップ(防災図・災害予測図)を作成し，注意をよびかけることが望ましい。

問1　上の文章中の下線部**ア**について述べた文として**誤っているもの**を，次の①～④のうちから一つ選べ。

①　地すべりによる土塊の移動速度は遅いが，人命・財産に被害が及ぶことがある。
②　地すべりの発生は，地質条件と地下水の分布に深く関連する。
◎③　粘土層が分布する地域では，地すべりが発生しにくい。
④　地すべりの発生を抑止するために，地下水の抜き取りが効果的である。

地すべりは，大雨などにより表層の地盤に大量の水がしみ込み，広範囲にわたって表層の地盤が滑り落ちる現象である。地下水を含む粘土層がある場合，粘土層が滑り面となって地すべりを起こしやすくする。一般に，地すべりによる移動速度は体感できない程度に緩やかである(年間数mm～数cm程度)が，長年にわたり地すべりが進行すると，建築物にゆがみが生じたり，損壊したりするなど，深刻な被害をもたらすことがある。以上から，③の説明が誤りである。

問2　上の文章中の下線部**イ**について述べた文として最も適当なものを，次の①～④のうちから一つ選べ。

①　集中豪雨で発生した土石流は，地盤の液状化のおもな原因となる。
②　土石流は岩片・土砂・空気からなり，高速で山の斜面を流れ下る。
③　土石流は，土塊があまり乱されずに，ゆっくりと移動する現象である。
◎④　土石流は，発生源から数キロメートル離れた地点まで到達することがある。

①誤り。集中豪雨と液状化には因果関係はない。液状化は砂質地盤で地震動によってもたらされる現象である。②誤り。土石流は，岩石片や土砂と水が混じり合って高速で山の斜面の谷筋を流れ下る現象である。③誤り。②の説明参照。④正しい。土石流が谷筋や河川に沿って数キロメートル以上移動することはしばしばある。

問3　上の文章中の下線部**ウ**について述べた文として最も適当なものを，次の①～④のうちから一つ選べ。

①　ハザードマップは地形図の上に地層の分布を示したものである。
◎②　ハザードマップは，地形・地質と過去の災害例を基に作成されている。
③　火砕流の危険地域を知るためにハザードマップを利用するのは不適切である。
④　地盤沈下の速さを判断するためには，ハザードマップが有効である。

①誤り。地形図上に地層の分布を示したものは地質図である。②正しい。ハザードマップの作成にあたっては，地形や地質の分布だけでなく，過去に起こった災害のデータも重要である。③誤り。火砕流などの火山災害についてのデータもハザードマップには盛り込まれている。④誤り。地盤沈下の原因は人為的なものや自然現象によるものなどさまざまであるが，ハザードマップからその沈下速度を見積もることはできない。

124 [火山と気象] (p.127)

解答

問1．①　問2．①　問3．①　問4．③

正誤 Check

地球の気候は，人間の活動による影響を受けるようになる以前から，さまざまな要因によって変化してきた。比較的短期間(数年)の気候変化としては，大規模な火山噴火が原因のものがある。成層圏まで吹き上げられた噴煙中に含まれる二酸化硫黄が変質した［ア］の微小な液滴は，2～3年間成層圏を浮遊し，気候に影響を及ぼす。1991年のピナツボ火山噴火の後，地表の平均気温が明らかに低下したことが報告されている。

問1　火山活動に伴う現象について述べた文として**適当でないもの**を，次の①～④のうちから一つ選べ。

① マグマから放出される火山ガスの大部分は，二酸化硫黄や硫化水素である。
② マグマに加熱されて高圧になった水蒸気が周囲の岩石を破壊して起こる爆発を，水蒸気爆発という。
③ 堆積(たいせき)した多量の火山砕屑(さいせつ)物などが，大雨で一気に流されて土石流が発生することがある。
④ 火山噴火により山体崩壊が起こると，多量の崩壊物が谷や斜面を流れ下ることがある。

①誤り。火山ガスの成分は大部分が水蒸気であり，ほかに二酸化炭素，二酸化硫黄，硫化水素などを含むが割合は少ない。②正しい。水蒸気爆発は，マグマに触れた水蒸気が気化することで爆発する現象である。③正しい。火山砕屑物が堆積した地域に大雨が降ると土石流が発生しやすい。④正しい。大規模な山体崩壊は山の形が変わってしまうこともあり，甚大な被害をもたらす。

問2　文章中の［ア］に入れる物質として最も適当なものを，次の①～④のうちから一つ選べ。

① 硫酸　② 塩酸　③ アンモニア　④ エタノール

火山から放出された二酸化硫黄が大気中で酸化され，水蒸気と反応すると霧状の硫酸(硫酸ミスト)となる。したがって，①が正しい。二酸化硫黄の化学式はSO_2であり，選択肢の中から，硫黄Sを含む化合物を探せば解答は容易である。①硫酸はH_2SO_4，②塩酸はHCl，③アンモニアはNH_3，④エタノールはC_2H_5OHである。

問3　火山噴火に伴って生成され，成層圏を浮遊する微粒子が，地上気温の低下をもたらす理由として最も適当なものを，次の①～④のうちから一つ選べ。

① 微粒子が日射の一部を反射するから。
② 微粒子が温室効果気体の水蒸気を減らすから。
③ 微粒子から生成される水素がオゾン層をより厚くするから。
④ 微粒子が生成される際に熱を吸収するから。

①正しい。火山噴火によって生成される微粒子は成層圏を浮遊し，太陽光をさえぎるため，地表の温度低下をもたらす。②誤り。微粒子が水蒸気を減らすということはない。③誤り。微粒子から水素が生成されることもなければ，水素がオゾン層を厚くすることもない。④誤り。微粒子が生成される際に熱を吸収するということはない。

問4　赤道付近に位置する火山の噴火に伴って，成層圏まで吹き上げられた噴煙が，1時間に約40km真東に移動しているのが観測された。この緯度帯の成層圏では，一様な西風が吹いていると仮定すると，噴煙が地球を一周するのにかかる時間はおよそどれくらいか。最も適当なものを，次の①～④のうちから一つ選べ。

① 1～2日　② 1～2週間　③ 1～2か月　④ 1～2年

地球の円周は約40000km（これは知っておくべき数値である）であるので，時速40kmで1周すると，$\frac{40000}{40}=1000$（時間）を要することになる。これを「日」に直すと，$\frac{1000}{24}\fallingdotseq 42$（日）となり，③が正しい。

125 ［地球環境に関わる問題］(p.128)

解答

問1．④　問2．②　問3．①

正誤 Check

問1　オゾンやオゾンホールに関して述べた文として最も適当なものを，次の①～④のうちから一つ選べ。

①　オゾンは，冷蔵庫やエアコンなどの冷媒として使用される気体である。

②　オゾンは，太陽からの紫外線を吸収して地表付近の大気を暖めるので，温室効果ガスの一つとみなされている。

③　フロンがほとんど排出されなくなったことによって，オゾンホールの面積は近年急激に減少している。

④　オゾン層は，太陽からの紫外線の作用によるフロンの分解で生じた塩素原子によって破壊される。

①誤り。冷蔵庫やエアコンなどの冷媒として使用される気体はフロンである。フロンはオゾン層破壊の要因となっている物質である。②誤り。オゾン層は成層圏にあり，成層圏上部の大気を暖めている。また，オゾンも温室効果ガスの一つであるが，温室効果とは，地表からの赤外放射を吸収し，大気を暖めるはたらきである。③誤り。1987年のモントリオール議定書により国際的にフロンの放出が規制され，オゾンホールの拡大を抑制することはできているが，オゾン層の破壊は続いており，オゾンホールの解消にはまだ数十年程度の時間が必要であると考えられている。④正しい。フロンは，炭素，フッ素，塩素を含む人工的に合成された物質である。化学的に安定であり，放出されると成層圏まで到達する。そして，成層圏で太陽放射中の紫外線を受け，分解し，塩素原子を遊離する。この塩素原子がオゾン分子を分解するという反応が次々にくり返し進行し，オゾン層が破壊されている。

問2　近年，地球規模での気温の上昇(地球温暖化)が起こっており，地球の平均気温は最近100年間で約0.7℃上昇したとみられる。地球温暖化に関して述べた，次の文a・bの正誤の組合せとして最も適当なものを，次の①～④のうちから一つ選べ。

a　水蒸気は温室効果ガスの一つである。

b　最近100年間の上昇率のまま気温が上昇した場合，現在から100年後の地球の平均気温は古生代以降で最も高くなる。

	a	b
①	正	正
②	正	誤
③	誤	正
④	誤	誤

a：正しい。水蒸気は代表的な温室効果ガスであり，ほかに，二酸化炭素，メタンなどがある。b：誤り。地球史を通してみれば，0.7℃という温度の変化はそれほど大きな値ではない。例えば，温暖な時代として知られる中生代白亜紀は，現在よりも5℃以上も気温が高かったと考えられている。ただし，わずか0.7℃程度の温度上昇による地球環境の変化も，人間生活には深刻な影響を与えるということを認識しておきたい。

問3　気象現象や気候変動は，しばしば地球上の生命や人間の活動に大きな影響を及ぼす。この気象現象や気候変動に関して述べた文として最も適当なものを，次の①～④のうちから一つ選べ。

①　台風のエネルギー源は，暖かい海から蒸発した大量の水蒸気が凝結して雲となるときに放出される潜熱である。

②　エルニーニョ(エルニーニョ現象)は，大西洋の赤道域で発生する。

③　海洋の平均水温と平均水位は，地球温暖化にもかかわらず，最近数十年間で低下し続けている。

④　第四紀の氷期は，地球の歴史のなかで最も寒冷であると考えられている。

①正しい。熱帯低気圧が特に強い勢力に発達したものが台風であるが，そのエネルギー源は水蒸気が凝結する際に放出する潜熱である。この熱により強い上昇気流が生じ，台風は発達を続ける。②誤り。エルニーニョが発生するのは，太平洋の赤道付近東部海域である。この地域で生じた海水温の上昇が，日本を含む世界的な気候に影響を及ぼす。③誤り。地球の平均気温の上昇に伴い，海洋の平均

水温も上昇している。また，それに伴う海水の膨張や氷床の融解などで平均水位も上昇している。④ 誤り。古生代以前の約22.6億年前，約7億年前，約6.4億年前には，地球全体が氷河におおわれた全球凍結(スノーボールアース)とよばれる時期があったことがわかっており，第四紀の氷期よりもはるかに気温の低い状態であった。

126 [エルニーニョ現象] (p.128)

解答

問1. ①　問2. ③　問3. ③

リード文 Check

次の図1は，太平洋低緯度域の地図である。赤道域では，A海面水温が高い海域ほど相対的に海面気圧が低くなる傾向があり，B東西の水温差が大きいほど海上で [ア] に向かう風が吹きやすい。

図1中の太枠で示した海域の海面水温の分布を次ページの図2に示す。図2a，bのうち，[イ] はC貿易風の強さが変化して顕著なエルニーニョ現象が発生したときの図，他方は平年(通常年)の図である。どちらの図でもウ海面水温は西部より東部の方が低いが，東西の水温差は異なる。

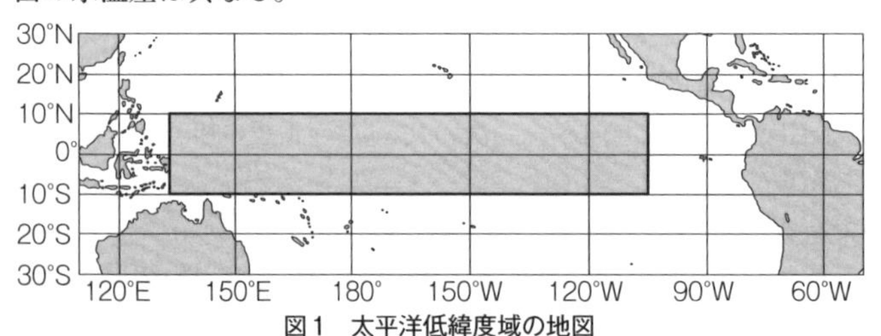

図1　太平洋低緯度域の地図

a
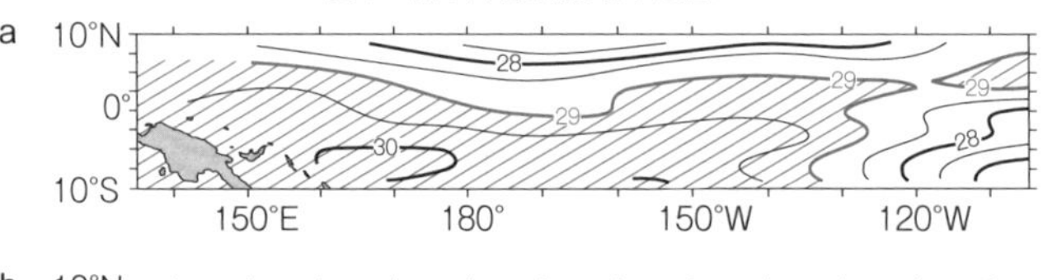

b
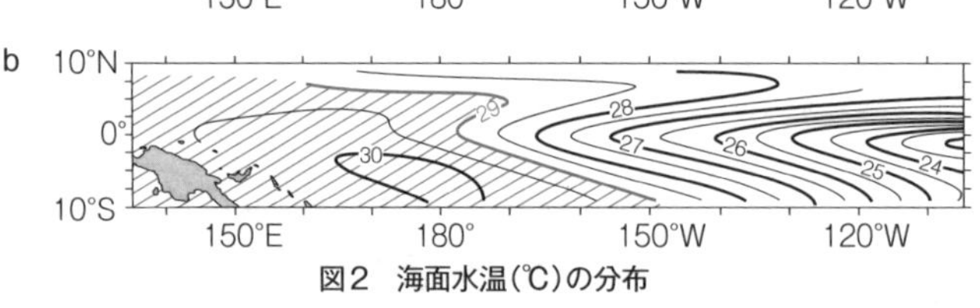

図2　海面水温(℃)の分布

ベストフィット

A 高温の海水に接している空気は暖められ，膨張し，低圧部を形成する。低圧部では上昇気流が発生する。

B 海水温の差が気圧の差となる。水温差が大きいほど気圧傾度力が大きくなる。

C 赤道付近に卓越する東風である。この風により，表層の暖水塊は西側に運ばれる。

正誤 Check

問1 前ページの文章中の [ア]・[イ] に入れる語句と記号の組合せとして最も適当なものを，次の①～④のうちから一つ選べ。

	ア	イ		ア	イ
①	低温域から高温域	a	②	低温域から高温域	b
③	高温域から低温域	a	④	高温域から低温域	b

ア 問題文中に説明があるとおり，海面水温が高い場所には低圧部ができる。逆に，海面水温が低い場所には高圧部ができることになるので，風の向きは，高圧部から低圧部，すなわち，低温域から

高温域となる。**イ** 問題文の最後のあたりに，エルニーニョが発生すると，東西の海面水温の差が変化することが説明されている。実際には，エルニーニョ発生時には，西側の暖水塊が東部海域に広がり，東西の水温差が小さくなる。前ページの図の等温線から赤道付近の海面水温を読むと，図２aでは西部海域（150°E付近）でおよそ29.5℃であるのに対し，東部海域（110°W付近）ではおよそ28℃である。一方，図２bでは，西部海域ではおよそ29.5℃であり，図２aとほとんど変わらないが，東部海域ではおよそ23.5℃であり，東西で大きな水温差が生じている。したがって，東西の水温差の小さい図２aがエルニーニョ発生時であるとわかる。また，前ページの図２に示したように，29℃以上の暖かい海水の分布域を確認しても，図２aのエルニーニョ発生時における暖水塊の東部海域への広がりがよくわかる。

問２ 前ページの文章中の下線部**ウ**について，太平洋赤道域東部の海面水温が西部より低いのはなぜか。その理由として最も適当なものを，次の①～④のうちから一つ選べ。

① 厚い雲によって太陽光が遮断されやすいから
② 急峻（きゅうしゅん）な山岳地帯から冷たい河川水が流入するから
◎③ 下層から冷たい海水がわき上がるから
④ 海水が蒸発する際に気化熱を奪うから

基本的に，太平洋の赤道地域では，貿易風とよばれる東風が卓越しており，表層の暖かい海水は西に運ばれる。このため東部海域では，深部より冷たい海水が湧昇（ゆうしょう）している。したがって，③が正しい。

問３ エルニーニョ現象が発生しているときには，貿易風の強さと太平洋赤道域西部の表層の暖かい水の厚さが平年より変化している。この変化について述べた文として最も適当なものを，次の①～④のうちから一つ選べ。

① 貿易風は強く，暖かい水の厚さは薄くなっている。
② 貿易風は強く，暖かい水の厚さは厚くなっている。
◎③ 貿易風は弱く，暖かい水の厚さは薄くなっている。
④ 貿易風は弱く，暖かい水の厚さは厚くなっている。

通常時は，東風である貿易風が強く吹くことで表層の暖かい海水が西側に運ばれ，西部海域では暖水の厚さが厚くなっている。エルニーニョが発生すると，この貿易風が弱まり，西側の暖水塊は東側に戻される。したがって，③の説明が正しい。

127 ［炭素の循環］（p.129）

解答
②

正誤 Check

炭素は，いろいろと姿を変えながら，気圏，水圏，生物圏，および岩石圏を循環する。例えば，地質時代には大気中の二酸化炭素が生物活動や水循環を通して固定され，<u>セメント原料として重要な非金属鉱床</u>が形成された。下線部のこの鉱床を構成する岩石の説明文の組合せとして最も適当なものを，次の①～⑥のうちから一つ選べ。

a ハンマーでたたくと火花が出るほどにかたい。
b 地下水にとけやすく特異な地形をつくる。
c 接触変成岩の大理石と化学成分が同じである。
d 放散虫化石が特徴的に多く含まれ，日本列島に多い。

① a・b　◎② b・c　③ c・d
④ a・c　⑤ b・d　⑥ a・d

文章中の説明にあるとおり，炭素Cは，二酸化炭素として大気中や海水中に存在するほか，石灰岩として沈殿したり，光合成により生物に取り込まれ，生物体を構成する有機化合物となったりする。また，生物を起源とする石油や石炭などの化石燃料の主要な構成元素でもあり，人間が化石燃料を燃やすことにより二酸化炭素として再び大気に放出される。このように，炭素Cは形を変えながら地球のあらゆる領域を循環している。下線部の非金属鉱床を構成する岩石とは石灰岩である。bの説明にあるように，石灰岩は二酸化炭素を含む地下水にとけ，カルスト地形を形成する。また，cの説明にある大理石とは，結晶質石灰岩ともよばれ，石灰岩の接触変成作用によって形成される変成岩であり，化学成分はいずれも$CaCO_3$（炭酸カルシウム）である。なお，aとdの説明は堆積岩であるチャートの説明である。チャートは放散虫などの浮遊性プランクトンの遺骸が堆積するなどしてできる。化学組成は石英と同じSiO_2であり，非常にかたい。昔は火打ち石として用いられた。

128 [走時曲線] (p.130)

解答

問1．⑥　問2．①

リード文 Check

[A]走時曲線は，地震波が伝わる時間と震央距離の関係を表したものである。図1は，地表付近で発生したある地震のP波とS波の走時曲線を示す。直線Aは［ア］の，直線Bは［イ］の走時曲線である。また，図1は[B]地震の震央距離(km)が，初期微動継続時間(s)に比例していることを示しており，その比例定数は，図1から［ウ］(km/s)と求まる。

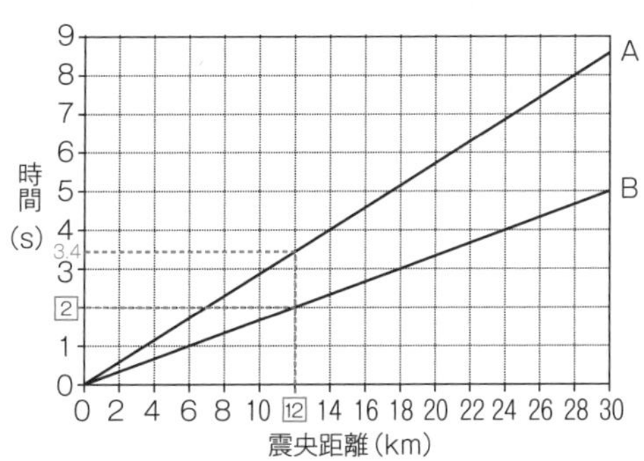

図1　ある地震のP波とS波の走時曲線

ベストフィット

[A] 走時とは，震源を発した地震波が観測点まで到達するのに要する時間のことである。走時曲線の横軸は震央距離，縦軸は時間(走時)であり，グラフの傾きが大きいほど，地震波の伝播速度は小さい。なお，震源が浅い場合，震央距離は震源距離にほぼ等しい。

[B] 図1の走時曲線では，直線Aと直線Bとの差(間隔)が初期微動継続時間に相当する。震央距離が大きくなるにつれ，2本の直線の間隔は大きくなることから，震央距離が初期微動継続時間に比例していることがわかる。

正誤 Check

問1　上の文章中の［ア］～［ウ］に入れる語と数値の組合せとして最も適当なものを，次の①～⑥のうちから一つ選べ。

	ア	イ	ウ		ア	イ	ウ
①	P波	S波	3.5	②	P波	S波	6.0
③	P波	S波	8.4	④	S波	P波	3.5
⑤	S波	P波	6.0	⑥	S波	P波	8.4

まず，問題に「地表付近で発生した」とあるので，震央距離＝震源距離と考えればよいということを確認しておこう。

観測点に最初に到達する地震波がP波であり，続けて到達する地震波がS波である。例えば，図1で震央距離12kmの場所には，地震発生後，まず2秒後に直線Bの地震波が到達し，続けて3.4秒後に直線Aの地震波が到達する。よって，［ア］にはS波が，［イ］はP波があてはまる。

また，震央距離をD (km)とし，初期微動継続時間をT (s)とすると，DはTに比例しているので，$D = kT$ (k：比例定数(大森定数))という大森公式が成り立つ。震央距離12kmでの初期微動継続時間は，$3.4 - 2 = 1.4$ (s)なので，大森公式に代入すると，$12 = k \times 1.4$　$\therefore k \fallingdotseq 8.5$　となり，［ウ］は選択肢の中では8.4が適当である。グラフの読み取り誤差があるが，選択肢から解答を得るには十分な精度である。以上より，⑥が正しい。

なお，比例定数を求める別解として，P波，および，S波の速度を求めてから大森公式を導出してもよい。まず，震央距離12kmでのP波の到達時間は2秒であるので，P波速度は，$\frac{12}{2}=6$（km/s）である。また，震央距離14kmでのS波の到達時間は4秒であるので，S波速度は，$\frac{14}{4}=3.5$（km/s）である。初期微動継続時間をT（s）とし，震源距離をD（km）とすると，速度3.5km/sのS波が震源距離D（km）に到達するのに要する時間は$\frac{D}{3.5}$(s)，同様に速度6km/sのP波が到達するのに要する時間は$\frac{D}{6}$(s)である。この時間の差がT（s）になるので，

$T=\frac{D}{3.5}-\frac{D}{6}$　　$\therefore D=8.4\times T$　となり，比例定数は8.4と求められる。

問2　走時曲線は震源の深さによって異なる。地表付近で地震が発生したときのP波の走時曲線と，深い場所で地震が発生したときのP波の走時曲線とを比較した図として最も適当なものを，次の①～⑥のうちから一つ選べ。ただし，破線は地表付近で地震が発生したときの走時曲線を，実線は深い場所で地震が発生したときの走時曲線を示す。

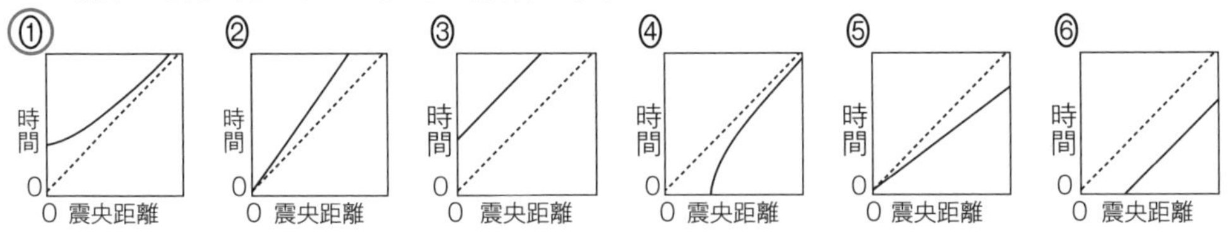

下の図で示したように，深い場所で地震が発生した場合，震央距離≒震源距離とはならず，震央距離＜震源距離となる。例えば，震央(震央距離０)での震源距離は震源の深さに等しく，震源を発したP波が地表に到達するまでの時間が震央での走時となる。つまり，走時曲線は原点を通らず，縦軸が0よりやや上の位置から始まる。したがって，選択肢①か③にしぼられる。

一方，下の図で示されたように，震央→観測点１→観測点２のように，震央距離が大きくなればなるほど震央距離Dと震源距離Lの違いは小さくなり，その比は１に近づく（図において，$D／L=\sin\alpha$であり，震央距離が大きくなり，αが90°に近づくと，DとLの比は１に近づく）。つまり，震央距離が限りなく大きくなると$D≒L$となり，震源の深さのちがいがほぼ無視できるようになる。以上より，震央距離が大きくなるにつれ，実線が点線に近づいていく①の選択肢が適当である。

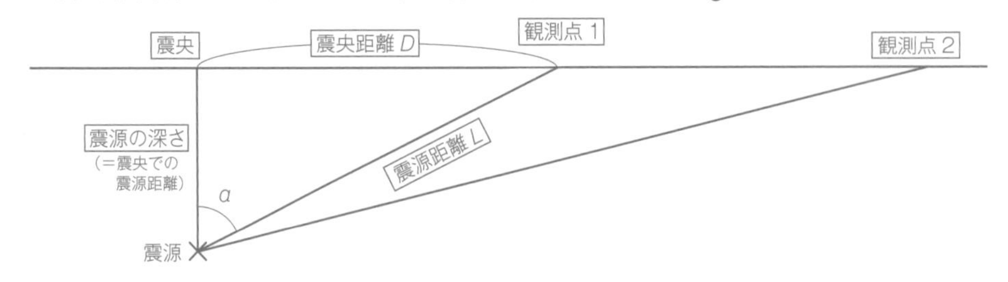

129 ［地球の内部構造］(p.131)

解答

問1．⑨　問2．②，⑤　問3．⑥　問4．①

リード文 Check

Ａ地球のマントルは岩石でできているが，高温であるため流動性がある。一方，核は液体の外核と固体の内核の２層にわかれており，その主成分は，［ア］。(a)内核が外核よりも高温であるにもかかわらず固体の状態であるのは，核の物質の融点が圧力の上昇とともに高くなるからである。そして，Ｂ地球内部は高温であるが，内部の熱が表面に運ばれるので，地球はその長い歴史を通じて徐々に冷えている。地球の冷却とともに［イ］し，外核と内核は現在の大きさになったと考えられる。

ベストフィット

Ａ マントルは固体である。しかし，長い時間スケールで見ると流体のように移動し，マントル対流を形成している。

Ｂ 地球の中心部は約5000℃の高温であると推定されており，そのおもな熱源は，地球誕生時の微惑星の衝突エネルギーが熱として蓄えられたものである。地球は誕生以来，この莫大な熱エネルギーを絶えず宇宙空間に放出し冷却を続けている。地球上で見られる火山活動，プレート運動，それに伴う地震活動などは，すべて地球の冷却の過程で引き起こされている現象である。

正誤 Check

問1 上の文章中の［ア］にあてはまる文として最も適当なものを，次の①～⑨のうちから一つ選べ。

① 外核は金属水素，内核はケイ素である　② 外核はケイ素，内核は金属水素である

③ 外核はケイ素，内核は鉄である　④ 外核は鉄，内核はケイ素である

⑤ 外核は鉄，内核は金属水素である　⑥ 外核は金属水素，内核は鉄である

⑦ 外核も内核も金属水素である　⑧ 外核も内核もケイ素である

⑨ 外核も内核も鉄である

地球の外核と内核の区別は，物質の状態によってわけられたものであり，外核も内核も組成は鉄を主体とし，少量のニッケルを含む合金であると考えられている(標準問題6(1)の解説を参照)。なお，金属水素とは，水素が高圧のために金属に似た性質となったもので，木星や土星など，巨大ガス惑星の内部に見られる。

問2 地殻とマントルについて述べた文として適当なものを，次の①～⑤のうちからすべて選べ。

① 海洋プレートには，中央海嶺以外に活動的な火山は存在しない。

誤り。海洋プレート上には中央海嶺以外にも，マントルプルームから直接マグマを供給されているホットスポットに火山が見られる。太平洋の中央に位置するハワイ島がその代表例。

② プレートは，地殻とマントル最上部を合わせた部分であり，リソスフェアともよばれる。

正しい。マントル上部に相当する地表からの深さが約100～250kmまでの領域は，温度が融点に近くなっており，部分的に溶融するなど，流動性に富む。この領域をアセノスフェアとよぶ。一方，その上層にあたる地表から深さ約100kmまでの領域は，流動性に乏しい固い岩盤となっており，リソスフェアとよばれている。地球上をおおうプレートの実体はこのリソスフェアであり，地殻とマントル最上部を合わせた部分に相当する。

③ アセノスフェアは，リソスフェアよりも下のマントル全体である。

誤り。上の②の解説を参照。マントルは深さ約2900kmにまでおよび，深さ約660km付近で上部と下部にわけられるが，アセノスフェアに相当する領域は上部マントルのさらにそのごく一部である。

④ リソスフェアは，アセノスフェアよりもやわらかく流動しやすい。

誤り。上の②の解説を参照。流動しやすいのはアセノスフェアのほうである。

⑤ 地殻とマントルの境界(モホロビチッチ不連続面)は，海洋地域よりも大陸地域の方が深い。

正しい。地殻とマントルの境界であるモホロビチッチ不連続面は，海洋地域では深さおよそ5～10kmにあるのに対して，大陸地域では平均30～50kmの深さにある。

問3　上の文章中の下線部(a)に関連して，外核と内核の境界付近における温度と融点を表した模式図として最も適当なものを，次の①～⑥のうちから一つ選べ。ただし，図中で実線は温度，破線は融点を示す。

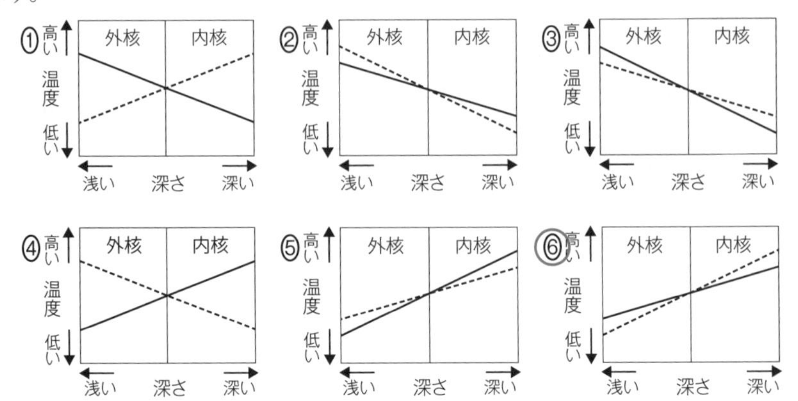

適するグラフを選ぶポイントは次の(i)～(iii)の３つである。

(i)　リード文の下線部(a)に明示してあるとおり，外核に比べ，内核の温度は高い。したがって，温度を表すグラフ中の実線は右上がりになる(④，⑤，⑥にしぼられる)。

(ii)　同じく下線部(a)に明示してあるとおり，核の構成物質の融点は圧力の上昇とともに高くなる。深さとともに圧力は上昇するので，融点を表す破線のグラフは右上がりになる(⑤と⑥にしぼられる)。

なお，圧力が上昇すると融点が高くなるのは，マントル物質も含めてほとんどの物質に共通する性質である。マントル(アセノスフェア)の溶融条件の一つが圧力の低下であるのはこのためである(圧力の低下→融点の降下，溶融)。ちなみに，水は圧力が上昇すると融点が低くなるきわめて特異な物質である。

(iii)　外核は液体となっていることから，外核では温度が融点を越えているので，グラフは「温度(実線)＞融点(破線)」となる。逆に，内核では温度が融点を下回っているので「温度(実線)＜融点(破線)」となる(正解は⑥)。

問4　文章中の［　イ　］にあてはまる文として最も適当なものを，次の①～④のうちから一つ選べ。

① 液体である外核が固化することで，内核が成長
② 固体である内核が液化することで，内核が成長
③ 液体である外核が固化することで，外核が成長
④ 固体である内核が液化することで，外核が成長

地球が冷却していることを考えれば，冷却とともに液体の部分が固化していき，固体の内核が成長していることを直感的に選択することもできるが，問３で選択したグラフを用いれば，よりその変化が明確になる。右に示したように，問３の⑥のグラフにおいて，地球が冷却していくと考えて温度を表す実線を平行に下に移動してみる。すると，「温度＞融点」となっている外核の部分は小さくなっていき，内核の領域が大きくなっていく。いずれ，核全体が固体となることが予想される。

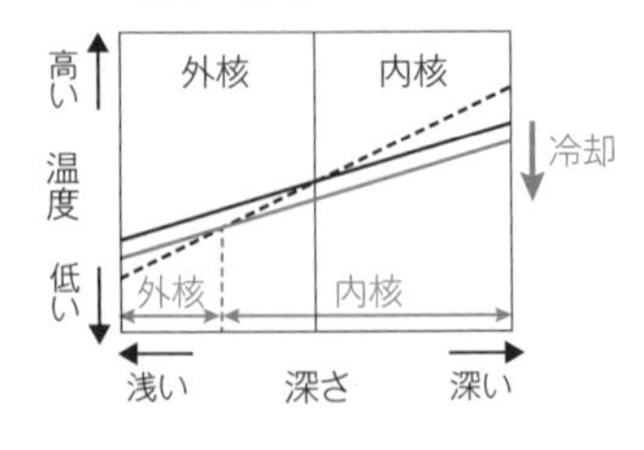

地球の冷却による核の変化については教科書には記載はない。この問題は，単純に知識を問う問題ではなく，問３を受けて考察する問題である。このような考察問題の場合，リード文やリード文中の図はもちろん，前の問題の中など，粘り強く手掛かりを見つけて解答する練習が必要である。

130 ［岩石の特徴と性質］(p.132)

解答

問1．④　問2．②　問3．②

正誤 Check

問1　高校生のＳさんは，次の方法ａ～ｃを用いて，花こう岩と石灰岩，チャート，斑れい岩の四つの岩石標本を特定する課題に取り組んだ。下の図１は，その手順を模式的に示したものである。図１中の ア ～ ウ に入れる方法ａ～ｃの組合せとして最も適当なものを，下の①～⑥のうちから一つ選べ。

＜方法＞

ａ　希塩酸をかけて，発泡が見られるかどうかを確認する。

ｂ　ルーペを使って，粗粒の長石が観察できるかどうかを確認する。

ｃ　質量と体積を測定して，密度の大きさを比較する。

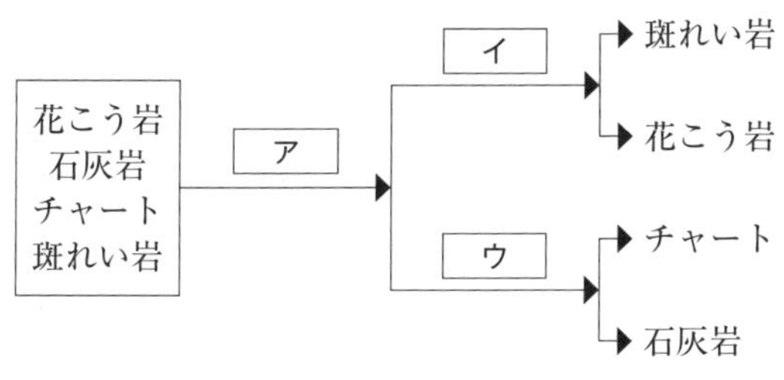

図１　四つの岩石標本の特定の手順

	ア	イ	ウ
①	a	b	c
②	a	c	b
③	b	a	c
④	b	c	a
⑤	c	a	b
⑥	c	b	a

まず， ア は，火成岩（斑れい岩・花こう岩）と堆積岩（チャート・石灰岩）をわける操作である。斑れい岩と花こう岩はいずれも火成岩のうち深成岩に分類されるものであり，粗粒の長石類を含む。一方，主成分がSiO_2であるチャートと主成分が$CaCO_3$である石灰岩は，火成岩の造岩鉱物である長石を含むことはない。よって， ア にはｂの操作があてはまる。次に， イ は，苦鉄質の深成岩である斑れい岩と，珪長質の深成岩である花こう岩を区別する操作である。含まれる造岩鉱物を調べたり，色指数を比較するなど，いくつかの識別法があるが，有色鉱物を多く含む斑れい岩（密度：約3.3g/cm^3）は花こう岩（密度：約2.7g/cm^3）に比べ密度が大きいので，ｃの操作で区別することができる。 ウ は，堆積岩であるチャートと石灰岩を区別する操作である。これらの堆積岩は，白っぽい色を呈するものが多く，見た目の区別が難しいことも多い。チャートは極めてかたいが，石灰岩は比較的やわらかいので，硬度を調べるという方法もあるが，化学成分による識別としては，希塩酸をかけて反応を見るというａの操作が有効である。チャートの成分であるSiO_2は化学的に安定であり酸とほとんど反応しないが，石灰岩の成分である$CaCO_3$は酸に弱く，希塩酸と反応して二酸化炭素を遊離させ気泡を発生させる。以上から，④が正しい。

問2　次の文章中の エ ・ オ に入れる語の組合せとして最も適当なものを，下の①～④のうちから一つ選べ。

枕状溶岩は，マグマが水中に噴出すると形成される。次の図２は，積み重なった枕状溶岩の断面が見える露頭をスケッチしたものである。マグマの表面が水に直接触れたため，右の拡大した図中で，表面に近い部分ａは，内部の部分ｂよりも冷却速度が エ と予想できる。冷却速度の違いは，部分ａの方が部分ｂより石基の鉱物が オ ことから確かめられる。

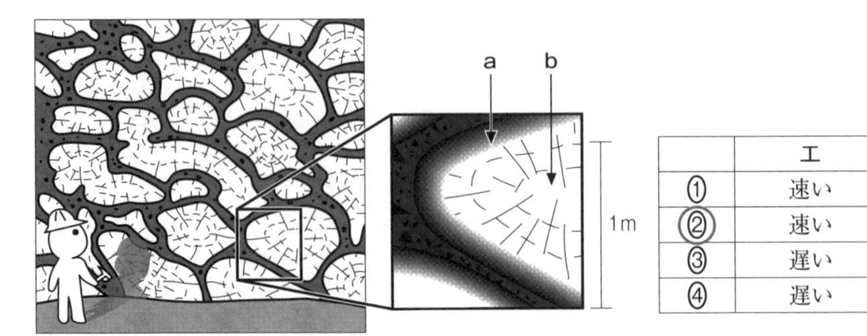

図2　積み重なった枕状溶岩の断面が見える露頭とその一部を拡大したスケッチ

	エ	オ
①	速い	粗い
②	速い	細かい
③	遅い	粗い
④	遅い	細かい

枕状溶岩は，水中での溶岩噴出の証拠となる火山岩の形態としてよく知られている。水中で溶岩が噴出したため，溶岩は俵状の塊となって積み上げられたような形態になる。俵状に固結した溶岩の周縁部(図中のa)は急冷され，石基の部分は結晶化できずにガラス質となっているか，非常に微細な結晶となっている。一方，俵状の構造の中心部(図中のb)は，いくらか冷却速度は遅いので，周縁部に比べると石基を構成する鉱物の粒径は大きいと考えられる。

問3　溶岩X～Zの性質(岩質，温度，粘度)について調べたところ，次の表1の結果が得られた。表1中の粘度(Pa･s)の値が大きいほど，溶岩の粘性は高い。この表に基づいて，「**SiO_2含有量が多い溶岩ほど，粘性は高い**」と予想した。この予想をより確かなものにするには，表1の溶岩に加えて，どのような溶岩を調べるとよいか。その溶岩として最も適当なものを，次の①～④のうちから一つ選べ。

表1　溶岩X～Zの性質

	岩　質	温度(℃)	粘度(Pa･s)
溶岩X	玄武岩質	1100	1×10^2
溶岩Y	デイサイト質	1000	1×10^8
溶岩Z	玄武岩質	1000	1×10^5

① 1050℃の玄武岩質の溶岩
② 1000℃の安山岩質の溶岩
③ 950℃の玄武岩質の溶岩
④ 900℃の安山岩質の溶岩

粘性について，表中のデータから推測できることは2つある。まず，溶岩Xと溶岩Zを比較することで，「温度が低いほど，粘性は高い」という予測が成り立つ。また，溶岩Yと溶岩Zを比較することで，「苦鉄質(SiO_2少：玄武岩質)よりも珪長質(SiO_2多：デイサイト質)のほうが粘性は高い」という推測が成り立つ。2つ目の推測について，SiO_2含有量との相関を明確にするためには，中間質である安山岩質の溶岩の粘性を調べ，両者の中間的な値となることを確かめるのがよい。ただし，溶岩の温度は粘性に影響を与えることがわかっているので，当然，同じ温度の溶岩で比較する必要がある。よって，②が正しい。

131　[大気と海洋による熱輸送]（p.133）

解答

問1．④　　問2．②

リード文 Check

太陽から放射される電磁波のエネルギーは［ア］の波長域で最も強い。一方，地球はおもに［イ］の波長域の電磁波を宇宙に向けて放射している。A地球が太陽から受け取るエネルギー量と，地球が宇宙に放出するエネルギー量は，地球全体ではつり合っているが，B緯度ごとには必ずしもつり合っていない。これは，(a)大気と海洋の循環により熱が南北方向に輸送されていることと関係している。

ベストフィット

A この2つのエネルギー量がつり合っているために，地球は長期的に見て，暖まりも冷めもせず，一定の温度を保っている。

B 低緯度地域では，「受熱量>放熱量」となっているのに対し，高緯度地域では「受熱量<放熱量」となっている。低緯度で過剰に受け取った熱は絶えず高緯度側に輸送され続けている。

正誤 Check

問1 文章中の ア ・ イ に入れる語の組合せとして最も適当なものを，右の①～⑥のうちから一つ選べ。

物体がどの電磁波で最も強くエネルギーを放射しているかは，物体の表面温度で決まる。太陽の表面温度は約5500℃であり，放射エネルギーのピークは可視光線である。一方，地球表面の平均温度は約15℃であり，地球から宇宙空間に向けて，おもに赤外線による放射を行っている。

	ア	イ
①	紫外線	可視光線
②	紫外線	赤外線
③	可視光線	紫外線
④	可視光線	赤外線
⑤	赤外線	紫外線
⑥	赤外線	可視光線

問2 文章中の下線部(a)に関して，次の図1は大気と海洋による南北方向の熱輸送量の緯度分布を，北向きを正として示したものである。海洋による熱輸送量は実線と破線の差で示される。大気と海洋による熱輸送量に関して述べた文として最も適当なものを，次の①～④のうちから一つ選べ。

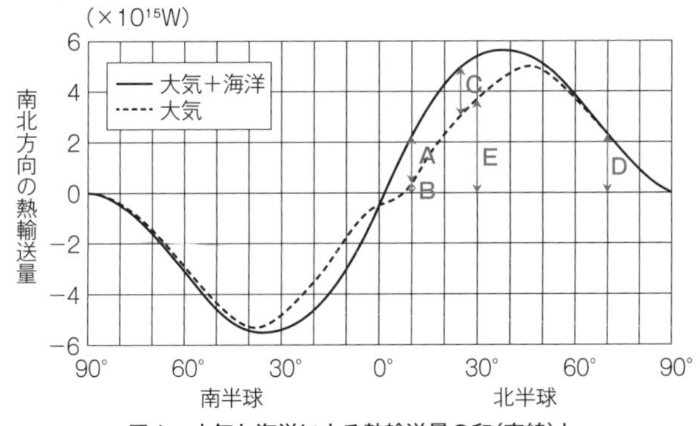

図1 大気と海洋による熱輸送量の和（実線）と大気による熱輸送量（破線）の緯度分布

① 大気と海洋による熱輸送量の和は，北半球では南向き，南半球では北向きである。
② 北緯10°では，海洋による熱輸送量の方が大気による熱輸送量よりも大きい。
③ 海洋による熱輸送量は，北緯45°付近で最大となる。
④ 大気による熱輸送量は，北緯70°よりも北緯30°の方が小さい。

①誤り。図1が「北向きを正として」示してあることにさえ注意して見れば，誤りであることは明らかである。太陽放射によって受け取るエネルギー量と，地球放射によって宇宙空間に放出されるエネルギー量を緯度別に比較すると，低緯度では太陽放射の方が，高緯度では地球放射の方が大きな値となっている。つまり，低緯度の地表面は太陽からの受熱量が過剰となり，高緯度では受熱量が不足している状態となっている。このため，常に「低緯度（受熱量過剰）→高緯度（受熱量不足）」という方向に熱が輸送されている。したがって，熱の輸送方向は，北半球では北向き，南半球では南向きである。
②正しい。北緯10°での海洋による熱輸送量は上の図中のA，大気による熱輸送量はBの部分となる。

圧倒的に海洋による熱輸送量の方が大きい。③誤り。海洋による熱輸送量が最大になるのは，北緯25°付近(図中C)である。④誤り。大気による熱輸送量は，北緯70°（図中D)よりも北緯30°（図中E)の方が大きい。

132 [身近な現象と科学] (p.134)

解答

問1. ①　問2. ④　問3. ①, ③, ④　問4. ④

リード文 Check

次の文章は，科学者のA寺田寅彦(とらひこ)による随筆「茶碗(ちゃわん)の湯」(大正11年)からの抜粋である。

ここに茶碗が一つあります。中には熱い湯が一ぱいはいっております。ただそれだけでは何のおもしろみもなく不思議もないようですが，よく気をつけて見ていると，だんだんにいろいろの微細なことが目につき，さまざまの疑問が起こってくるはずです。ただ一ぱいのこの湯でも，自然の現象を観察し研究することの好きな人には，なかなかおもしろい見物(みもの)です。

第一に，湯の面からは白い湯気が立っています。これはいうまでもなく，[ア]です。(中略)

次に，茶碗のお湯がだんだんに冷えるのは，(a)湯の表面や茶碗の周囲から熱がにげるためだと思っていいのです。もしB表面にちゃんとふたでもしておけば，冷やされるのはおもにまわりの茶碗にふれた部分だけになります。そうなると，(b)茶碗に接したところでは湯は冷えて重くなり，下の方へ流れて底の方へ向かって動きます。その反対に，茶碗のまんなかの方では逆に上の方へのぼって，表面からは外側に向かって流れる，だいたいそういう風な循環が起こります。(以下略)

ベストフィット

A 明治～昭和前期の物理学者であり，自然科学をテーマにした優れた作品を残した随筆家でもある。夏目漱石の門下生であったこともよく知られている。

B 空気は，空間に閉じ込め，対流させなければ優れた断熱性をもつ。空気を多く含むことのできる羽毛や羊毛が暖かいのはそのためである。茶碗にふたをして湯面との間に水蒸気で飽和した空気を閉じ込めておけば，蒸発もおこらず，伝導による熱の移動も抑えられる。結果，熱は茶碗の側面を伝わって放出されることになる。

正誤 Check

問1 文章中の[ア]に入れる語句として最も適当なものを，次の①～④のうちから一つ選べ。

① 熱い水蒸気が冷えて，小さなしずくになったのが無数に群がっているので，ちょうど雲や霧と同じようなもの

② 熱い湯から立ちのぼった気体が光を反射したもの

③ 熱いところと冷たいところとの境で光が曲がるために，光が一様にならずちらちらと目に見える，ちょうどかげろうと同じようなもの

④ 小さな塵(ちり)が群がり粒の大きい塵となったのがちらちらと目に見えたもの

水蒸気は無色の気体であり，目には見えないし，光を反射することもない。二酸化窒素のような有色の気体もあるが，気体は透明で光を透過させる。白く不透明な湯気はもちろん水蒸気ではなく，湯面から蒸発してできた水蒸気が冷却，凝結して微水滴になったものであり，本質的には雲や霧と同じものである。

問2 文章中の下線部(a)に関連して，茶碗の湯が表面から冷える過程として最も適当なものを，次の①～④のうちから一つ選べ。

①　可視光線の反射　②　紫外線の放射　③　二酸化炭素の放出　④　潜熱の放出

茶碗の湯が表面から冷えるのは，湯面から蒸発するときに蒸発熱として湯から熱を奪うためである。

奪った熱の一部は，凝結して湯気になる際に凝結熱としてまわりの空気に渡され，対流を生じさせる。このようにして，茶碗の湯はどんどん冷却されていく。蒸発熱や凝結熱のように，物質の状態変化にともなって出入りする熱を潜熱という。

問3 文章中の下線部(b)に関連して，温度差をおもな原因とする鉛直方向の動きが，全体の動きを駆動している現象として適当なものを，次の①～⑤のうちからすべて選べ。

① 海洋の深層循環　② 続成作用　③ 粒状斑
④ ハドレー循環　⑤ 液状化現象

①正しい。海洋の深層循環は，高緯度海域で冷却された高密度の海水が沈降することで生じる地球規模の循環である。②誤り。続成作用とは，堆積した砕屑粒子が，上に重なる地層の圧力や水の溶解成分の析出などで固結し，堆積岩となる作用である。③正しい。粒状斑は太陽の光球面上に見られる粒状の模様。光球面の下の対流層で，高温のガスが浮き上がってくる部分が明るく見え，熱を放出して冷えた成分が周囲に沈み込んでいく部分が暗く見えることにより粒状の模様が形成される。④正しい。ハドレー循環は，低緯度で見られる子午面内(鉛直方向)の大気循環。例えば，北半球においては，まず，赤道で暖められた大気が上昇し北上する。そして緯度30°付近で熱を周囲の大気に放出し，冷えた空気が下降し南下することでハドレー循環が形成される。⑤誤り。液状化現象は，地下水を多く含む砂地などが地震の際に液体のような状態になる現象。地震動によって砂粒子が水の中に浮遊した状態になることが原因である。

問4 著者はこの随筆の別の箇所で，茶碗の湯から湯気が渦を巻きながら立ち上るようすについて記述している。このことに関連して，上向きの流れや渦がもたらす現象や自然災害について述べた文として最も適当なものを，次の①～④のうちから一つ選べ。

① オゾンホールは，渦を伴う上昇気流がオゾン層に穴をあけることで発生することが多い。

誤り。春先の南極上空で顕著に見られるオゾンホールは，人工合成されたフロンから遊離した塩素原子によって起こる。

② 親潮は，台風の渦による気圧の変化や海水の吹き寄せによって生じる。

誤り。親潮などの海流は，地球規模で海面付近を吹く風により駆動している。なお，台風による気圧の低下と吹き寄せによって起こるのは高潮とよばれる潮位が上昇する現象である。

③ 火砕流は，火山噴火に伴う火山灰が成層圏まで達するような強い上向きの流れである。

誤り。火砕流はマグマ中のガス成分が遊離し，火山ガスと火山砕屑(さいせつ)物が混ざった流動性の高い火砕物が高速で山腹を流れ下る現象である。

④ 積乱雲は，強い上昇気流を伴い激しいにわか雨や雷雨をもたらすことがある。

正しい。日射により地表が暖められるなどして地表の空気が暖められると，軽くなった空気は激しく上昇し，積乱雲を生じる。

133 ［台風と高潮］(p.134)

解答

問1．②　問2．①

リード文 Check

台風はしばしばA高潮の被害をもたらす。これは，(a)B気圧低下によって海水が吸い上げられる効果と，(b)C強風によって海水が吹き寄せられる効果とを通じて海面の高さが上昇するからである。次の図1は台風が日本に上陸したある日の18時と21時の地上天気図である。

ベストフィット

A 高潮は台風など強い低気圧の接近時に，吸い上げと吹き寄せにより海面が高くなる現象である。

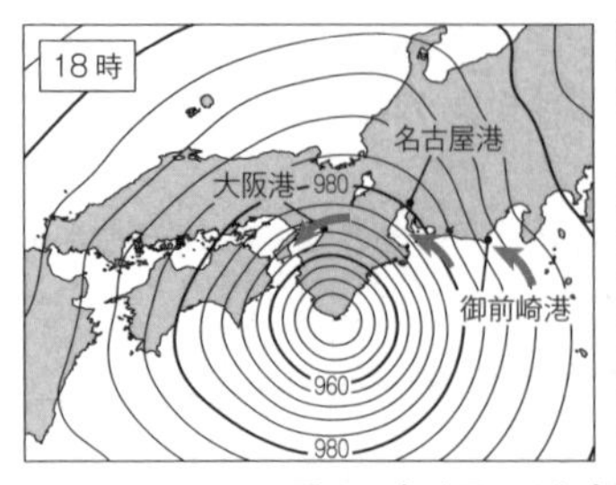

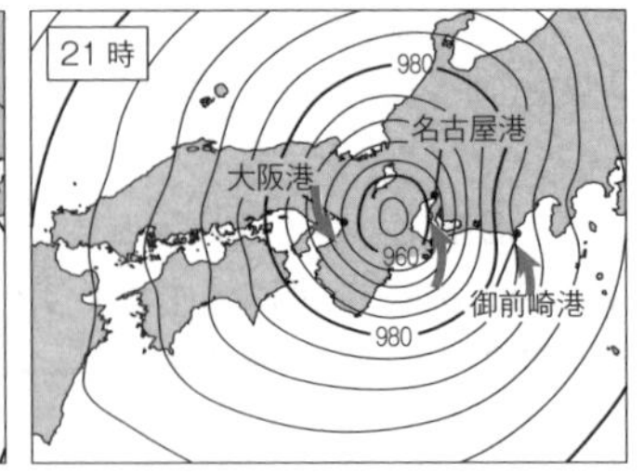

図１　ある日の18時と21時の地上天気図
等圧線の間隔は4hPaである。

B ある地点で気圧が下がると，相対的に周辺地域の気圧のほうが大きくなり，海面が押し上げられる。1hPaは，およそ1cmの水の柱のおよぼす圧力に等しいので，1hPaの気圧低下で，約1cmの海面上昇が生じる。
C 強風が海水を海岸に集めることで海面が上昇する。特に，海水が集まりやすい湾の奥では影響が大きくなる。また，台風の進行方向に対して右側にあたる領域は危険半円とよばれ，強風となりやすい。日本付近を台風が北上する場合に南向きの湾が危険半円に位置すると，強い南風により，吹き寄せの影響が大きくなる。加えて，台風の通過が満潮と重なるような場合は特に注意が必要である。

正誤 Check

問１　図１の台風において**下線部(a)の効果のみ**が作用しているとき，名古屋港における18時から21時にかけての海面の高さの上昇量を推定したものとして最も適当なものを，次の①～④のうちから一つ選べ。なお，気圧が1hPa低下すると海面が1cm上昇するものと仮定する。

①　9cm　　②　18cm　　③　36cm　　④　54cm

図１より，名古屋港の気圧は，18時には980 hPaであるが，台風の中心が最接近した21時には962hPaに低下している。よって，両者の気圧差は980-962 = 18hPaであり，1hPaの気圧低下により1cmの海水上昇が生じるので，気圧低下の影響による海面の上昇は18cmと考えられる。

問２　次の表１は，図１の台風が上陸した日の18時と21時のそれぞれにおいて，文章中の**下線部(b)の効果のみ**によって生じた海面の高さの平常時からの変化を示す。X，Y，Zは，大阪港，名古屋港，御前崎港のいずれかである。各地点に対応するX～Zの組合せとして最も適当なものを，下の①～⑥のうちから一つ選べ。

表１　下線部(b)の効果による海面の高さの平常時からの変化(cm)。＋は上昇，－は低下を表す。

	18時	21時
X	－66	＋5
Y	＋63	＋215
Z	＋31	＋32

	大阪港	名古屋港	御前崎港
①	X	Y	Z
②	X	Z	Y
③	Y	X	Z
④	Y	Z	X
⑤	Z	X	Y
⑥	Z	Y	X

吹き寄せによる海面の上昇が起こる第一条件は，海岸の向きが風が吹き込む方向となっていることである。加えて，海岸が湾のような形状になっていると吹き寄せの効果は大きくなるし，当然風速が大きいほど海面上昇は大きくなる。このような観点から図１の天気図と表１のデータを見てみよう。まず，18時の時点で，大阪湾に位置する大阪港付近では，大阪湾から外に出ていくような向きに風が吹いている。一方，名古屋港や御前崎港付近では，南向きの湾や海岸に向かって南からの風が吹きつけている。特に，名古屋港は南に開いた伊勢湾の奥にあり，吹き寄せの影響は大きい。この時点で，海面が低下している**X**は大阪港，海面が最も上昇している**Y**が名古屋港，その次に海面が上昇している**Z**が御前崎港ということがわかる。念のため21時のデータも確認しておくと，大阪港では，風向きが海岸線に対してはほぼ平行な方向であるため，吹き寄せによる影響は少ない。したがって，海面の増減がほとんどない**X**は大阪港である。一方，名古屋港と御前崎港では相変わらず南寄りの風が吹

きつけている。特に，名古屋港に関しては，等圧線の間隔が18時よりも狭いことから風速も大きくなっており，湾形状のため海水の収束がさらに進行していると考えられる。よって，18時の段階と比べて海面上昇が大きくなっているYが名古屋港，海面上昇がほとんど変化していないZが御前崎港であると考えられる。以上より，正解は①である。

134 ［宇宙と地球の歴史］（p.135）

解答

問1．①　問2．④　問3．①

リード文 Check

次の文は，宇宙からの光と地球・生命の歴史に関するヒロさんとソラさんの会話である。

ヒロ：夜空に見える[A]星の光は，地球まで届くのにかかる時間だけ昔に放たれた光なんだね。

ソラ：そうなんだよ。［ア］のような天体なら1500年くらい前に放たれた光だから，地球は有史時代でそれほど昔とはいえないけど，[B]われわれの銀河系の中心付近の天体になると，3万年も前に放たれた光を見ていることになるよ。

ヒロ：3万年前というと，地球上では［イ］の時代だね。もっと古い歴史まで調べてみると，表1のように宇宙から届く光が放たれた年代と地球の歴史とを並べて見られるよ。

ソラ：宇宙は広大で深遠なものだと思っていたけれど，地球と生物進化の歴史も奥深いものなんだね。

表1　宇宙からの光と地球・生命の歴史

年　代	光を放った天体など	地球と生命の事象	生息していた生物
約1500年前	［ア］	クラカタウ火山の噴火	
約3万年前	銀河系中心付近の天体	［イ］	マンモス
約200万年前	アンドロメダ銀河	氷床の発達	ホモ・ハビリス
約5000万年前	[C]おとめ座銀河団	インド亜大陸の衝突	貨幣石（ヌンムリテス）
約5億年前	おおぐま座銀河団	生物の爆発的進化	［ウ］
約［エ］年前	3C330銀河団	地球の誕生	
約137億年前	宇宙背景放射		

ベストフィット

[A] 広大な宇宙空間の中で距離を表すのに用いる「光年」という単位は，1年間に光が進む距離を1光年と定義したものである。したがって，「光年」で表される数値は，観測されている光が何年前に放たれた光かを表す数値でもある。遠くの恒星や銀河を観察するということは，それだけ昔に放たれた光，つまり昔の姿を観察するということにほかならない。日本が誇る「すばる望遠鏡」は，約129億光年の彼方にある銀河の光をとらえることに成功しているが，これは，宇宙ができた初期の姿を見ていることになる。

[B] 太陽系は銀河の中心からおよそ3万光年離れているということになる。なお，銀河系の円盤部の半径はおよそ5万光年である。

[C] 銀河の多くは銀河どうしで集団をつくって宇宙空間に分布している。このうち，数百～数千個の銀河の集団を銀河団という。おとめ座銀河団は銀河系に最も近い銀河団である。

正誤 Check

問1　前ページの会話文中および表1中の［ア］・［イ］に入れる語句の組合せとして最も適当なものを，次の①～④のうちから一つ選べ。

	ア	イ
①	オリオン大星雲（オリオン星雲）	最後の氷期
②	オリオン大星雲（オリオン星雲）	全球凍結

③　大マゼラン雲(大マゼラン銀河)　　最後の氷期
④　大マゼラン雲(大マゼラン銀河)　　全球凍結

宇宙における天体や銀河の空間的なスケールと地球の歴史に関する知識を融合した特徴的な問題である。

ア：地球(太陽系)から約1500光年離れたところにある天体があてはまる。オリオン大星雲はオリオン座の中に見える散光星雲である。散光星雲は，星間物質が高密度で集まった星間雲が恒星に照らされて雲のように見えるものであり，恒星の集まりではない。散光星雲は，銀河系内の，それも太陽系にかなり近い場所(数1000光年程度)にあるものでなければ観測はできない。一方，大マゼラン雲は大マゼラン銀河とも記載されている通り，銀河系とは別の銀河(系外銀河)であり，距離は桁違いに遠い。銀河系自体の大きさは直径約15万光年であり，銀河系から近い系外銀河の一つである大マゼラン銀河は，銀河系から16万光年ほど離れた場所にある。両者の正確な距離を知識として問うているわけではなく，多くの恒星が集まって銀河となり，さらに多くの銀河が集まって宇宙を形成していること，および，銀河系の直径が約15万光年であることがわかっていれば解答は可能である。

イ：約260万年前以降の第四紀は氷期と間氷期をくり返す氷河時代である。最終氷期は，およそ２万年前に終わったので，３万年前は最終氷期の只中ということになる。全球凍結は，先カンブリア時代に複数回起こったことがわかっており，時代が全く異なる。

問２　上の表１中の［ウ］・［エ］に入れる語と数値の組合せとして最も適当なものを，次の①～④のうちから一つ選べ。

	ウ	エ		ウ	エ
①	デスモスチルス	38億	②	デスモスチルス	46億
③	三葉虫	38億	④	三葉虫	46億

ウ：表１中にある，約５億年前に起きた「生物の爆発的進化」とは，古生代カンブリア紀のバージェス動物群の出現のことである。選択肢のうち，古生代の示準化石は三葉虫が該当する。デスモスチルスは新生代新第三紀の大型哺乳類であり，時代が全く異なる。

エ：地球の誕生した年代を問うやさしい問題。絶対に覚えておかなければならない数値である。

問３　前ページの会話文中の下線部に関連して，次の図１に，地球のある地点における地質断面を示す。泥岩からは恐竜の化石が，砂岩からはビカリアの化石がそれぞれ産出している。断層の種類と不整合の形成時期の組合せとして最も適当なものを，次の①～④のうちから一つ選べ。ただし，断層は横ずれ断層ではなく上下方向にのみ動いたものとする。

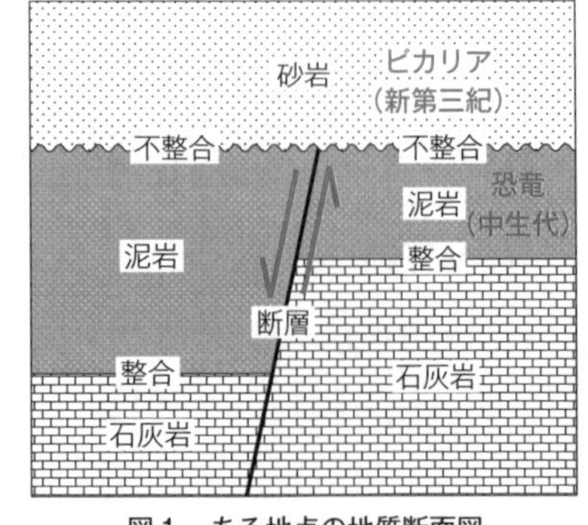

図１　ある地点の地質断面図

	断層の種類	不整合の形成時期
①	正断層	新第三紀
②	正断層	石炭紀
③	逆断層	新第三紀
④	逆断層	石炭紀

断層の種類：石灰岩と泥岩の境界面のずれから，上盤である左側の地盤が下方にずれた正断層であることがわかる。不整合の形成時期：恐竜は中生代の，ビカリアは新生代新第三紀の，それぞれ代表的な示準化石である。示準化石からわかる地質年代を含めて，断面図からわかる地史を整理すると，「石灰岩の堆積→泥岩の堆積(中生代)→断層の形成→不整合面の形成→砂岩の堆積(新生代新第三紀)」となる。選択肢において，不整合が下位の泥岩層より古い古生代石炭紀に形成されることはあり得ない

ので，あてはまるのは新生代新第三紀となる。

135 ［火山災害］(p.136)

解答

問1．③　問2．②　問3．③

リード文 Check

日本列島には多様な自然環境が存在する。それはA多くの恵みを私たちに与えてくれる一方で，(a)さまざまな自然災害をもたらす。自然災害に備えるために(b)Bハザードマップがつくられている。ハザードマップで示された自然災害の範囲の予測は，状況によって変化する場合があるため，それを理解して利用することが重要である。(c)自然災害によっては発生直後に被害の予測が行われるものもある。

ベストフィット

A 地震，火山，台風など自然災害が多い印象の日本であるが，豊かな水資源や多様な景観，地下資源や温泉など，その恩恵も多い。

B ハザードマップは災害危険予測図ともいい，さまざまな災害について，危険性が高い地域を地図上に示したものである。自然災害が発生した際にその被害を最小限におさえることが目的であり，多くの自治体で発行されている。

正誤 Check

問1　文章中の下線部(a)に関連して，自然災害を引き起こす現象について述べた次の文a・bの正誤の組合せとして最も適当なものを，下の①～④のうちから一つ選べ。

a　地盤がかたい場所ほど地震による揺れ(地震動)が増幅されやすい。

b　津波が沖合から海岸に近づくと，津波の高さは高くなる。

	a	b
①	正	正
②	正	誤
③	誤	正
④	誤	誤

a：誤り。地震の揺れ(震度)は，震源距離が大きくなると，小さくなる傾向にある。しかし，震源から遠くても，揺れが大きくなる場合があり，このような場所を異常震域という。異常震域となる理由としては，その場所の地盤が軟弱であることや，地震波が伝播してくる経路にある地盤の性質上地震波のエネルギーが減衰しにくい場合などがある。地盤が固くて安定している場所では地震による揺れは増幅されにくい。

b：正しい。津波は，水深の浅い海岸付近に到達すると，伝播速度が小さくなる一方で，波高が急激に大きくなる。2011年，東日本大震災を引き起こした東北地方太平洋沖地震では，大きな津波が高い建築物をも呑み込むなどして，未曽有の大災害となった。

問2　文章中の下線部(b)に関連して，火山噴火と自然災害に関する次の問いに答えよ。

次の図1は，成層火山であるX岳が，現在の火口から噴火したことを想定したハザードマップである。図1には，火砕流や溶岩流の流下，火山岩塊の落下，厚さ100cm以上の火山灰の堆積が予想される範囲が重ねて示してある。この火山が想定どおりの噴火をしたときに，地点ア～エで起きる現象の可能性について述べた文として最も適当なものを，次の①～④のうちから一つ選べ。

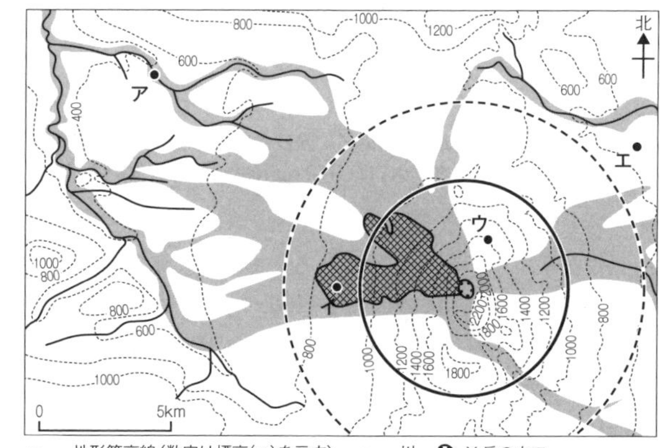

図1　X岳のハザードマップ

① 地点**ア**は火口から離れているため，噴火してから数時間経って火砕流が到達する可能性が高い。
② 地点**イ**には，火砕流や溶岩流の流下だけでなく，火山灰の降下の可能性も高い。
③ 地点**ウ**が火口に対して風上側にある場合には，そこに火山岩塊が落下してくる可能性は低い。
④ 地点**エ**は，火砕流や溶岩流の流下，火山岩塊の落下や火山灰の降下のいずれも可能性が低い。

①誤り。火砕流は，マグマから遊離した火山ガスと火山砕屑(さいせつ)物が混ざり合った状態で，高速で山体を流下する現象である。その速度は山体の斜度にもよるが，時速100km以上となることもある。地点アは火口からの距離が15km程度であり，発生から10 ～ 10数分程度で火砕流が到達すると考えられる。②正しい。地点イは，火砕流，溶岩流，100cm以上の降灰のすべての領域に含まれている。③誤り。風の影響を受けるのは火山灰であり，重さのある火山岩塊は風の影響はほとんど受けない。なお，地点ウは火口から2kmほどの位置にあり，風の影響があっても降灰の被害は免れない。④誤り。地点エは，火口からの距離や地形的な要因から火山岩塊や溶岩流，火砕流の予測からは外れているが，100cmの降灰予測の円から少し外れているからといって，降灰の可能性が低いというのは明らかな誤りである。火山灰は軽くて風によって容易に飛ばされるので，大規模噴火の場合，地球規模で火山灰が飛散することもある。

問3 文章中の下線部(c)に関連して，火山噴火による降灰分布予測に関する次の文章を読み，［ア］・［イ］に入れる語と数値の組合せとして最も適当なものを，次の①～④のうちから一つ選べ。

次の図2は，火山**A**が噴火した直後に発表された12時間後までの降灰分布予測である。この地域では，噴火時刻の12時間後まで［ア］の風が吹くと予測されている。この風の風速が10m/sであるとすると，**B**市で火山灰が降り始めるのは噴火時刻のおよそ［イ］時間後と予測できる。

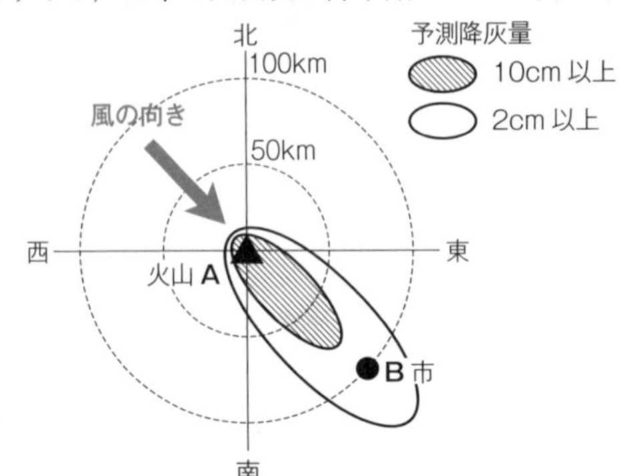

図2 火山Aが噴火した直後に発表された降灰分布予測図
図中の同心円は火山Aの火口から50km,100kmの等距離線を示す。

	ア	イ
①	南　東	3
②	南　東	10
③	北　西	3
④	北　西	10

ア：図2の降灰分布予測では，降灰の多い領域が火口から南東方向に分布しているので，この日の風は北西から南東に向けて吹くと考えられる。風向きは「風が吹いてくる方向」で表記することを忘れないように。**イ**：B市は火口から100kmの地点にある。風速10m/s = $10 \times 10^{-3} \times 60 \times 60$ = 36km/hなので，この風に乗って，同じ速さで火山灰が移動すると仮定すると，B市に到達するのに要する時間は，100/36 ≒ 2.7〔時間〕となる。よって，選択肢の中では3時間後が適当な数値である。

年　　　　組　　　　番